Paul Weiß
Bernd Gutheil
Dirk Gust
Peter Leiß

EMVU-Messtechnik

Aus dem Programm
Elektrische Energietechnik

Vieweg Handbuch Elektrotechnik
herausgegeben von W. Böge

**Arbeitshilfen und Formeln
für das Technische Studium**
Band 4: Elektrotechnik / Elektronik / Digitaltechnik
herausgegeben von W. Böge

Handbuch Elektrische Energietechnik
herausgegeben von L. Constantinescu-Simon

Elektrische Maschinen und Antriebssysteme
von L. Constantinescu-Simon, A. Fransua und K. Saal

Elektrische Energietechnik
von W. Courtin

Elektrische Maschinen und Antriebe
von K. Fuest und P. Döring

Elektromagnetische Verträglichkeit
von A. Rodewald

EMVU-Messtechnik
von P. Weiß, B. Gutheil, D. Gust und P. Leiß

vieweg

Paul Weiß
Bernd Gutheil
Dirk Gust
Peter Leiß

EMVU-Messtechnik

Messverfahren und -konzeption im Bereich
der Elektromagnetischen Umweltverträglichkeit

Mit 165 Abbildungen und 68 Tabellen

Herausgegeben von Otto Mildenberger

Die Deutsche Bibliothek - CIP-Einheitsaufnahme
Ein Titeldatensatz für diese Publikation ist bei
Der Deutschen Bibliothek erhältlich.

Herausgeber:
Prof. Dr.-Ing. Otto Mildenberger lehrt an der Fachhochschule Wiesbaden in den Fachbereichen
Elektrotechnik und Informatik.

Alle Rechte vorbehalten
© Friedr. Vieweg & Sohn Verlagsgesellschaft mbH, Braunschweig/Wiesbaden, 2000
Softcover reprint of the hardcover 1st edition 2000

Der Verlag Vieweg ist ein Unternehmen der Fachverlagsgruppe BertelsmannSpringer.

Das Werk einschließlich aller seiner Teile ist urheberrechtlich geschützt.
Jede Verwertung außerhalb der engen Grenzen des Urheberrechts-
gesetzes ist ohne Zustimmung des Verlags unzulässig und strafbar. Das
gilt insbesondere für Vervielfältigungen, Übersetzungen, Mikrover-
filmungen und die Einspeicherung und Verarbeitung in elektronischen
Systemen.

www.vieweg.de

Konzeption und Layout des Umschlags: Ulrike Weigel, www.CorporateDesignGroup.de

ISBN 978-3-322-89882-1   ISBN 978-3-322-89881-4 (eBook)
DOI 10.1007/978-3-322-89881-4

Vorwort

Wenn Sie ein neues Buch annonciert finden oder es in Ihrer Hand halten und aufschlagen, werden Sie sich fragen: Bin ich gemeint bzw. kann ich damit etwas anfangen? Nutzt es mir etwas?

An wen also wendet sich dieses Buch, welche Vorkenntnisse werden vorausgesetzt? Muss ich Elektrotechnik oder Physik studiert haben oder genügt das Abitur? – Naturwissenschaftlich-technische Grundkenntnisse werden vorausgesetzt, aber nicht unbedingt ein entsprechendes Fachstudium. Die Kapitel 2 (Physikalische Grundlagen von Feldern, Wellen und Strahlen) und 3 (Physikalische Wirkungen) sind dazu gedacht, im gegebenen Fall die notwendigen Voraussetzungen für das weitere Verständnis zu schaffen.

Hier mögen auch die Geschichte und die Entstehung dieses Buches von Interesse sein, d. h. zunächst die Frage, wie es zur Beschäftigung mit Elektromagnetischer Verträglichkeit in technischer und biologisch-medizinischer Hinsicht an der Universität Kaiserslautern kam.

Eine europäische „Richtlinie" zur Elektromagnetischen Verträglichkeit, die in ihrer Verbindlichkeit einem Gesetz entspricht, wurde im Jahre 1989 erlassen und 1992 in Deutschland als Gesetz (EMVG) wirksam, und zwar mit einer Übergangsfrist bis zum 31.12.1996. Die darin geforderten technischen Überprüfungen und auszustellenden Bescheinigungen waren derart, dass damit insbesondere die kleineren und mittleren Unternehmen („KMUs") Gefahr liefen, in personeller und apparativer Hinsicht überfordert zu sein. Deshalb richtete das für die Wirtschaft des Bundeslandes Rheinland-Pfalz zuständige Ministerium in Mainz bereits im Jahre 1993 an der Fachhochschule Koblenz und am Lehrstuhl der Autoren an der Universität Kaiserslautern jeweils eine Technologie-Transferstelle für Elektromagnetische Verträglichkeit ein, mit der primären Aufgabe, die KMUs bei der Erfüllung der Vorschriften zu unterstützen. Dies erforderte einen erheblichen finanziellen Aufwand für die Prüfeinrichtungen, die über Fördermittel beschafft werden konnten. – Infolge der zunehmenden Diskussion über die biologisch-medizinische Wirkung elektrischer und magnetischer Felder und elektromagnetischer Wellen wurde der Aufgabenbereich der Kaiserslauterer Technologie-Transferstelle mit einer weiteren Förderungsmaßnahme um den Bereich der Elektromagnetischen Verträglichkeit für die Umwelt („EMVU") erweitert.

Für diese - sowohl für die Wirtschaft wie auch für die Universität Kaiserslautern - effektiven und nachhaltigen Förderungsmaßnahmen durch das für die Wirtschaft des Landes Rheinland-Pfalz zuständige Ministerium in Mainz möchten wir hiermit ausdrücklich danken. – Wir waren in der Lage, die gerätetechnischen und personellen Voraussetzungen für die Zulassung als Messstelle für Messungen nach der 26. Verordnung zur Durchführung des Bundes-Immissionsschutzgesetzes (26. BImSchV) an Niederfrequenzanlagen zu erfüllen. Die Bekanntgabe erfolgte durch Bescheid des Ministeriums für Umwelt und Forsten in Rheinland-Pfalz.

Des Weiteren danken wir allen jenen, die zum Aufbau der Technologie-Transferstelle EMV und EMVU durch Rat und Tat und durch ihre Arbeit beigetragen haben. Dies sind Studierende als Studien- und Diplomarbeiter und als wissenschaftliche Hilfskräfte sowie wissenschaftliche Mitarbeiter, die besonders mit ihren Doktorarbeiten einen Anteil an der Transferstelle haben. – An der Universität Kaiserslautern haben auch die Universitätsleitung und die Zentralen Einrichtungen (Zentrale Technik, Verwaltung, Rechenzentrum und Bibliotheken) ihren konstruktiven Beitrag zum Gelingen der Transferstelle beigetragen. Auch ihnen besonderen Dank!

Erlauben Sie noch einige Bemerkungen zu Sinn und Zweck dieses Buches und zur Notwendigkeit einer soliden EMVU-Messtechnik. Wir wollen hier nicht in die bekannte Diskussion über zumutbare elektromagnetische Belastungen und über die Richtigkeit bestehender Grenzwerte eintreten, sondern diese Aufgabe all denen überlassen, die weltweit über solche Wirkungen oder Schädigungsmechanismen ständig wissenschaftlich arbeiten. Vielmehr möchten wir dazu beitragen, daß die elektromagnetischen Belastungen richtig und vor allem dokumentier- und reproduzierbar erfasst werden können.

Zu welchem Zweck dient dies aber dann?

Einerseits muss man zuverlässig feststellen können, ob aktuell gültige Grenzwerte eingehalten werden und wie groß die Sicherheitsmarge ist. Letzteres ist von Bedeutung, um bei einer eventuellen späteren Verschärfung der Grenzwerte frühere Belastungen retrospektiv einschätzen zu können. Viele nordamerikanische Studien stützen sich bei den statistischen (epidemiologischen) Untersuchungen zu möglichen Zusammenhängen zwischen der elektromagnetischen Belastung und Tumorerkrankungen auf den „Wiring-Code". Dabei handelt es sich lediglich um eine grobe Abschätzung der Belastung unter Berücksichtigung der auf ein Wohnhaus zugehenden oder nahe daran vorbeiführenden elektrischen Leitungen.

Zur Veränderung bzw. Verschärfung von deutschen Grenzwerten sei noch ein Beispiel genannt:

Lange Zeit galt für die Belastung bei unserer Netzfrequenz von 50 Hz nach den VDE-Richtlinien beim allgemein zugänglichen Bereich der Öffentlichkeit ein Grenzwert von

- 20 kV/m für das elektrische Feld und
- 5 mT für das magnetische Feld.

Die 26. Verordnung zum Bundes-Immissionsschutzgesetz (26. BImSchV) vom 01.01.1997 legt für den öffentlich zugänglichen Bereich bei 50 Hz hingegen

- 5 kV/m für das elektrische Feld und
- 0,1 mT für das magnetische Feld

als Grenzwert fest. Das bedeutet eine Verschärfung um den Faktor vier beim elektrischen Feld und sogar um den Faktor 50 beim magnetischen Feld!

Deshalb ist eine solide, auch in späteren Jahren nachvollziehbare EMVU-Messtechnik vonnöten.

Das vorliegende Buch liefert die erste umfassende Darstellung der EMVU-Messtechnik. Wir hoffen, dass es dem technisch interessierten Laien hilft, die Zusammenhänge der EMVU zu verstehen und dem Fachmann bei der Durchführung von Messungen und deren Bewertung Unterstützung bietet.

Viel Freude und Erkenntnisgewinn beim Lesen dieses Buches!

Inhaltsverzeichnis

1 Einleitung 1

2 Physikalische Grundlagen von Feldern, Wellen und Strahlen 3
   2.1 Das elektromagnetische Spektrum im Überblick 3
      2.1.1 Natürliche Quellen 5
      2.1.2 Künstliche Quellen 6
         2.1.2.1 Niederfrequenzbereich 6
         2.1.2.2 Hochfrequenzbereich 7
   2.2 Das elektrische Feld 7
      2.2.1 Statische elektrische Felder 7
         2.2.1.1 Influenz 13
         2.2.1.2 Dielektrika 14
      2.2.2 Elektrische Wechselfelder 15
   2.3 Das magnetische Feld stromdurchflossener Leiter 16
      2.3.1 Statische magnetische Felder 17
         2.3.1.1 Magnetische Feldstärke eines Einzelleiters 18
         2.3.1.2 Magnetische Feldstärke einer Doppelleitung 19
      2.3.2 Wirkungen magnetischer Felder 21
         2.3.2.1 Kraft im magnetischen Feld 21
         2.3.2.2 Induktionswirkung des magnetischen Feldes 23
      2.3.2 Magnetische Wechselfelder 24
   2.4 Elektromagnetische Felder 25
      2.4.1 Wichtige Parameter elektromagnetischer Wellen 25
         2.4.1.1 Frequenz 25
         2.4.1.2 Modulation 26
         2.4.1.3 Polarisation 27
      2.4.2 Ausbreitung elektromagnetischer Wellen 27
      2.4.3 Dämpfung 27
      2.4.4 Leistungen 28
      2.4.5 Antennen 29
         2.4.5.1 Isotroper Strahler 30
         2.4.5.2 Vertikale Rundstrahler 30
         2.4.5.3 Antennen mit ausgeprägter Richtwirkung 31
      2.4.6 Antennenparameter 34
   2.5 Leistungs- und Spannungsberechnungen 35

3 Physikalische Wirkungen 37

3.1 Allgemeine Grundlagen 37

3.2 Kopplungswege elektromagntischer Störsignale 39

    3.2.1 Galvanische Kopplung 40

    3.2.2 Kapazitive Koplung 42

    3.2.3 Induktive Kopplung 44

    3.2.4 Strahlungskopplung 46

4 Biologische Wirkungen 53

4.1 Allgemeines 53

4.2 Indirekte Wirkungen 54

4.3 Gesicherte Erkenntnisse und diskutierte Wirkungen 56

    4.3.1 Niederfrequenzbereich 57

    4.3.2 Hochfrequenzbereich 58

    4.3.3 Der aktuelle Stand im Überblick 60

4.4 Bewertung aus Sicht der Messtechnik 62

5 Gesetze, Normen, Verordnungen und Empfehlungen 65

5.1 Übersicht 65

5.2 BImSchG und BImSchV 66

    5.2.1 Bundesimmisionsschutzgesetz (BImSchG) 66

    5.2.2 26.Verordnung zum Bundesimmisionsschutzgesetz (26. BImSchV) 69

        5.2.2.1 Anwendungsbereich 69

        5.2.2.2 Grenzwerte für Hochfrequenzanlagen 70

        5.2.2.3 Grenzwerte für Niederfrequenzanlagen 70

        5.2.2.4 Ermittlung der Feldstärke- und Flussdichtewerte 71

        5.2.2.5 Anzeige von Anlagen 71

        5.2.2.6 Ausnahmeregelungen 71

5.3 LAI-Hinweise zur Durchführung der Verordnung über elekktromagnetische Felder 71

    5.3.1 Hinweise zur Umsetzung der Verordnung 72

        5.3.1.1 Anwendungsbereich der 26. BImSchV 72

        5.3.1.2 Definitionen 72

    5.3.2 Anzeige einer Anlage 74

5.3.3 Sachverständige Stellen 74
    5.3.3.1 Grundsätzliche Anforderungen an sachverständige Stellen 75
    5.3.3.2 Anforderungen an sachverständige Stellen
          für Hochfrequenzanlagen 75
    5.3.3.3 Anforderungen an sachverständige Stellen
          für Niederfrequenzanlagen 76
    5.3.3.4 Antragsverfahren 77

5.4 Regulierungsbehörde für Telekommunikation und Post (RegTP) 78
    5.4.1 Struktur und Aufgaben der RegTP 78
    5.4.2 Bundesweite Messaktionen 79
    5.4.3 Messvorschriften der RegTP 82
        5.4.3.1 Messvorschrift BAPT 212 MV 20 82
        5.4.3.2 Messvorschrift BAPT 212 MV 21 86
        5.4.3.3 Messvorschrift BAPT 212 MV 22 88

5.5 DIN VDE 0848 88
    5.5.1 DIN VDE 0848 Teil 1: Definitionen, Mess- und Berechnungsverfahren .. 90
        5.5.1.1 Messungen 90
        5.5.1.2 Berechnungen 95
    5.5.2 DIN VDE 0848 Teil 2: Schutz von Personen im Frequenzbereich
        30 kHz bis 300 GHz 98
    5.5.3 DIN VDE 0848 Teil 3: Schutz von Personen mit Körperhilfsmitteln 101
    5.5.4 DIN VDE 0848 Teil 4: Schutz von Personen im Frequenzbereich
        von 0 Hz bis 30 kHz 104
    5.5.5 E DIN VDE 0848 Teil 5 (Explosionsschutz) 107
        5.5.5.1 Einbindung der DIN-VDE 0848 Teil 5 in den Explosionsschutz.... 107
        5.5.5.2 Normenentwicklung 108
        5.5.5.3 Wesentliche Merkmale der E DIN VDE 0848-5 108
        5.5.5.4 Praktische Bedeutung und Bewertung 109
    5.5.6 DIN VDE 0848 Teil 11: Messung von niederfrequenten
        magnetischen und elektrischen Feldern 110

5.6 DIN VDE 0210 und 0211 110

5.7 DIN VDE 0228 113

5.8 BfS- und SSK-Empfehlungen 115

5.9 BGFE-Veröffentlichungen 117

5.10 FGF-Veröffentlichungen 119

5.11 WHO, IRP A, INIRC und ICNIRP 120

5.12 MPR, TCO und EN 50279 122

5.13 EMVG-Gesetz 125

5.14 Europaweite und internationale Bestrebungen 126

5.15 Kritische Institute und alternative Ansätze 127
    5.15.1 Kritische Institute 128
    5.15.2 Baubiologie 129
    5.15.3 Radiästhesie und Geopathologie 131
    5.15.4 Bürgerinitiativen und Selbsthilfeorganisationen 132

6 Messtechnik 133

6.1 Allgemeines 133
6.2 Strom und Spannung 134
    6.2.1 Messtechnik 134
    6.2.2 Messgeräte 138
6.3 Statische elektrische Felder 141
    6.3.1 Messtechnik 141
    6.3.2 Messgeräte 143
6.4 Statische magnetische Felder 144
    6.4.1 Messtechnik 144
    6.4.2 Messgeräte 146
6.5 Niederfrequente Wechselfelder 148
    6.5.1 Messtechnik 148
        6.5.1.1 Messung niederfrequenter elektrischer Felder 148
        6.5.1.2 Messung niederfrequenter magnetischer Felder 150
    6.5.2 Messgeräte 153
6.6 Elektromagnetische Felder 157
    6.6.1 Messtechnik 157
        6.6.1.1 Effektivwertmessung 157
        6.6.1.2 Pulsspitzenleistungsmessung 158
        6.6.1.3 Isotrope Messungen 159
    6.6.2 Messgeräte 160
        6.6.2.1 Spektrum-Analysator 160
        6.6.2.2. Messempfänger 161
        6.6.2.3 Breitbandige Messgeräte 162
        6.6.2.4 Detektoren mit grenzwertbezogener Anzeige 164
        6.6.2.5 Antennen 164
6.7 Berechnung, Simulation und Messung 168
    6.7.1 Allgemeines 168
    6.7.2 Grundsätzliches zur Simulationstechnik im NF-Bereich 169
    6.7.3 Grundsätzliches zur Simulationstechnik im HF-Bereich 170
    6.7.4 Messung oder Simulation? 170

6.8 Messgeräteausstattung und Kostenbetrachtung 171
    6.8.1 Das messtechnisch Notwendige 171
    6.8.2 Kostenbetrachtung 171

7 Messkonzeption 173

7.1 Allgemeines 173
    7.1.1 Spot-Messung und Dauermessung 173
    7.1.2 Übersichtsmessung 173
    7.1.3 Analyse der elektromagnetischen Umgebung 174
    7.1.4 Simulation und Berechnung 174

7.2 Angebot und Kostenfragen 174

7.3 Messungen im Niederfrequenzbereich 177
    7.3.1 Allgemeines 177
    7.3.2 Hochspannungsfreileitungen 178
        7.3.2.1 Die Freileitung als Messobjekte der EMVU 178
        7.3.2.2 Messung elektrischer und magnetischer Felder unter
                Freileitungen 178
        7.3.2.3 Die Simulation von Hochspannungsfreileitungen 194
        7.3.2.4 Simulation oder Messung bei Hochspannungsfreileitungen 200
        7.3.2.5 Beispieluntersuchung für eine Hochspannungsfreileitung 201
    7.3.3 Trafostation 206
        7.3.3.1 Allgemeines 206
        7.3.3.2 Messung von Trafostationen 207
        7.3.3.3 Die Simulation von Trafostationen 215
        7.3.3.4 Messung oder Berechnung bei Trafostationen? 226
        7.3.3.5 Beispieluntersuchung einer Trafostation 226

7.4 Messungen im Hochfrequenzbereich 231
    7.4.1 Allgemeines 231
        7.4.1.1 Emissionsquellen 231
        7.4.1.2 Modulationsarten 231
    7.4.2 Mobilfunkstationen 233
        7.4.2.1 Technische Parameter 233
        7.4.2.2 Messkonzeption an einer Mobilfunk-Basisstation 235
        7.4.2.3 Messungen im Nahbereich der Sendeanlage 236
        7.4.2.4 Messungen an Mobilfunk-Handys 237
        7.4.2.5 Berechnungen an einer Mobilfunk-Basisstation 237
    7.4.3 Messungen an Rundfunksendeanlagen 242
        7.4.3.1 Messungen 242
        7.4.3.2 Messbeispiele 243
        7.4.3.3 Berechnungsgrundlagen 245

7.5 Auswertung und Prüfbericht 246

7.6 Beispiele aus der Praxis 248
   7.6.1 Dachständerleitung 248
      7.6.1.1 Allgemeines 248
      7.6.1.2 Messergebnisse 251
      7.6.1.3 Simulationsergebnisse 253
   7.6.2 Haushaltsgeräte 256
      7.6.2.1 Allgemeines 256
      7.6.2.2 Durchführung der Messung 257
      7.6.2.3 Messergebnisse 258
      7.6.2.4 Magnetische Feldbelastung durch Haushaltsgeräte 265
   7.6.3 Elektrische Bahnen 267
      7.6.3.1 Allgemeines 267
      7.6.3.2 Messungen 268
   7.6.4 Vagabundierende Erdströme 270
      7.6.4.1 Allgemeines 270
      7.6.4.2 Untersuchungsergebnisse 270
   7.6.5 Induktionsöfen 271
      7.6.5.1 Allgemeines 271
      7.6.5.2 Messungen 273
      7.6.5.3 Untersuchungsergebnisse 274
   7.6.6 Amateurfunkstationen 276
      7.6.6.1 Frequenzbereich des Amateurfunkdienstes 276
      7.6.6.2 Selbsterklärung nach 26.BImSchV 277
      7.6.6.3 Messungen an Amateurfunkanlagen 277

8 Abhilfemaßnahmen 279

8.1 Allgemeines 279
8.2 Schirmung 280
   8.2.1 Wirkmechanismen 280
      8.2.1.1 Metallische Gehäuseschirmung gegen elektrostatische Felder 280
      8.2.1.2 Dielektrische Gehäuseschirmung gegen elektrostatische Felder 281
      8.2.1.3 Ferromagnetische Gehäuseschirmungen gegen
            magnetostatische Felder 281
      8.2.1.4 Gehäuseschirmung gegen niederfrequente elektrische Felder 281
      8.2.1.5 Gehäuseschirmung gegen niederfrequente magnetische Felder 281
      8.2.1.6 Gehäuseschirmung gegen hochfrequente
            elektromagnetische Felder 281
   8.2.2 Schirmausführung 282
      8.2.2.1 Aufbau von Gehäuseschirmen 282
      8.2.2.2 Aufbau von Kabelschirmen 284
      8.2.2.3 Aufbau geschirmter Räume 285
      8.2.2.4 Raumauskleidung mit „EMV-Tapeten" 286
      8.2.2.5 EMV-Schutzanzüge 286

8.3 Filterung 287

8.4 Aktive Kompensation 288

8.5 Abstand 288

8.6 Beispiele aus der Praxis 289
    8.6.1 Monitorstörungen 289
    8.6.2 Haushaltsgeräte 291
    8.6.3 Gebäudeinstallation 293
        8.6.3.1 Netzformen mit Erdungen 294
        8.6.3.2 Gängige Installationspraktiken 297
        8.6.3.3 Gegenmaßnahmen 300
        8.6.3.4 Hochfrequente Feldbelastung durch die Elektroinstallation 301
        8.6.3.5 Anforderungen an die Elektroinstallation 301

9 Literaturverzeichnis 307

10 Anhang 313

10.1 Ministerien und Landesbehörden 313

10.2 Staatliche Einrichtungen 313

10.3 Universitäten und Forschungseinrichtungen 314

10.4 Interessensgemeinschaften / Normungsarbeit 315

10.5 Messgerätehersteller und Anbieter von Simulationsprogrammen 315

10.6 Außenstellen der Regulierungsbehörde für
Tekekommunikation und Post 316

11 Sachwortverzeichniss 319

1 Einleitung

Aus den beiden Worten „Smoke" (Rauch) und „Fog" (Nebel) wurde im englischen Sprachraum das Wort „Smog" als eine Form der Luftverschmutzung, wie sie in Ballungszentren und Industriegebieten bei entsprechender Wetterlage entsteht, gebildet. Entscheidend ist, dass sie von leichten Luftströmungen nicht nur aufgelöst, sondern sozusagen als Paket transportiert werden kann. Schon allein deshalb ist der in unserem Sprachgebrauch gängig gewordene Begriff „Elektrosmog" irreführend. Er hat aber den unzweifelhaften Vorteil, mit einer konkreten, wenn auch falschen Vorstellung verbunden zu sein; dies ist anders als bei der Elektrizität, von der gern gesagt wird: „Man sieht sie nicht, man hört sie nicht, man riecht sie nicht, und wenn man sie spürt, dann kann es schon zu spät sein." Damit ist gemeint, dass der Mensch kein originäres Sinnesorgan für die quantitative Wahrnehmung der Elektrizität hat, sondern nur Sekundäreffekte wie das Brummen eines Transformators oder die Rauchentwicklung als Folge einer Geräteüberlastung quantitativ wahrnehmen kann.

Gerade das Fehlen einer unmittelbaren sinnlichen Wahrnehmbarkeit der Elektrizität macht jene Unsicherheit aus, die sich bei der Einschätzung der Gefährlichkeit elektrischer und magnetischer Felder und elektromagnetischer Wellen immer wieder in der öffentlichen Meinung bemerkbar macht. Die Risikoeinschätzung in der Bevölkerung richtet sich im Wesentlichen nach folgenden subjektiven Kriterien:

Vertrautheit eines Risikos (z. B. Auto fahren),

Wahrnehmbarkeit eines Risikos (z. B. Schall, Rauch oder Blendung) sowie

individuelle Freiheit, sich dem Risiko mehr oder weniger auszusetzen.

Während das letztgenannte Kriterium oft im Zusammenhang mit Großtechnologien, wie der Kernenergie, zu hören ist, gilt für den Umgang mit der Elektrizität eine nachgerade schizophrene Risikoeinschätzung: An die Anwendung der Elektrizität in Haushalt und Beruf haben wir uns über viele Jahrzehnte hinweg gewöhnt, zumal in den letzten Jahrzehnten trotz gestiegenen Stromverbrauchs die Anzahl der Stromtoten pro Jahr infolge der Einführung von Schutzmaßnahmen, wie Schutzkontakt und Fehlerstrom-Schutzschalter, erheblich gesunken ist. Ganz anders sieht es mit den mit der Anwendung von Elektrizität einhergehenden elektrischen und magnetischen Feldern und elektromagnetischen Wellen aus.

Die Diskussion um deren Wirkung kam in den siebziger Jahren so richtig in Gang, als in der Fachliteratur über diverse körperliche und psychische Beschwerden russischer Arbeiter in Hochspannungsanlagen berichtet wurde. In der Folge wurden an verschiedenen Orten systematische Untersuchungen zu einer möglichen physiologischen Wirkung *elektrischer* Felder unternommen. (Einer der Autoren war in seiner Zeit als wissenschaftlicher Mitarbeiter an der TU München selbst zeitweise Proband.) Diese und andere Versuche führten zu keinem Ergebnis. Später wurde bekannt, dass die Beschwerden der russischen Arbeiter in Hochspannungsanlagen wahrscheinlich auf das Brummen der Transformatoren zurückzuführen waren. Inzwischen waren aber bereits sehr scharfe Grenzwerte in Russland eingeführt worden.

Glücklicherweise führte dieser Vorgang weltweit nicht dazu, in allen Ebenen der Stromversorgung (Hochspannungs-Verbundnetz, städtische Verteilungsebene, Niederspannungs-Versorgung) das Spannungsniveau zu senken und damit zwangsläufig das Stromniveau zu erhöhen. Im Laufe der Zeit kristallisierte sich nämlich heraus, dass – wenn überhaupt – dann eher die *magnetischen* als die elektrischen Felder Einfluss auf den menschlichen Körper haben könnten. Die bisher hierzu durchgeführten Versuche an der Tierärztlichen Hochschule in Hannover lassen einen - allerdings schwach signifikanten - Einfluss niederfrequenter Magnetfelder auf die Bildung des körpereigenen Hormons Melatonin erkennen, von dem wiederum vermutet wird, dass es der Tumorentstehung und dem Tumorwachstum entgegenwirkt.

Die Bedenken gegenüber niederfrequenten elektrischen und magnetischen Feldern wuchsen gerade in den USA schon sehr früh, während die (hochfrequenten) elektromagnetischen Felder und Wellen dort – ganz anders als bei uns – kaum Beachtung fanden. In Mitteleuropa leben wir zwar seit Jahrzehnten mit leistungsstarken Sendeanlagen bis in den 1000-kW-Bereich; aber erst im Zusammenhang mit der rasch fortschreitenden Ausbreitung des Mobilfunks ist der Hochfrequenzbereich wieder in den Mittelpunkt des Interesses und der Befürchtungen gerückt, obwohl die Leistungen der Feststationen im 50-W-Bereich und die der Handgeräte heute im 2-W-Bereich liegen. – Hier wird jetzt von „Fenstern" bezüglich der Leistung und der Frequenz gesprochen und eine Wirkung der im europäischen Mobilfunk üblichen Taktung mit 217 Hz vermutet.

Zu den Begriffen EMV (Elektromagnetische Verträglichkeit) und EMVU (Elektromagnetische Verträglichkeit für die Umwelt) – beide werden im englischen Sprachgebrauch mit EMC (Electromagnetic Compatibility) bezeichnet – seien hier noch einige Bemerkungen erlaubt.

Die EMV betrifft Geräte und Anlagen und ist nach EMVG § 2 Abs. 7 vom 09.11.1992 wie folgt definiert:

Elektromagnetische Verträglichkeit ist die Fähigkeit eines Gerätes, in seiner elektromagnetischen Umwelt zufriedenstellend zu arbeiten, ohne dabei selbst elektromagnetische Störungen zu verursachen, die für andere in dieser Umwelt vorhandene Geräte unannehmbar wären.

Damit betrifft diese Vorschrift sowohl – wie schon lange Zeit vorher festgeschrieben – die Störaussendung wie auch – jetzt neu – die Störfestigkeit. Die EMV besteht dabei aus den Elementen *Störaussendung, Störkopplung* und *Störfestigkeit* bzw. *Störquelle, Störkopplung* und *Störsenke*. Demgegenüber kann sich die EMVU nur mit der *Störaussendung* der *Störquelle* befassen und müsste, wie gelegentlich vorgeschlagen, eigentlich EMU, d. h. Elektromagnetische Umwelt heissen.

Ein Grenzfall zwischen der technischen EMV und der biologisch-medizinischen EMVU bzw. EMU sei bereits an dieser Stelle erwähnt. Es handelt sich um das Flimmern von Monitoren, welches – soweit als deutlich störend registriert – der technischen EMV zuzurechnen ist. Ein vom Benutzer nicht bewusst wahrgenommenes, minimales Flimmern kann jedoch zu Befindlichkeits-Störungen der Bildschirmarbeiter, wie vorzeitige Ermüdung und Augenbeschwerden, führen und gehört von daher eher zur EMVU bzw. EMU.

2 Physikalische Grundlagen von Feldern, Wellen und Strahlen

2.1 Das elektromagnetische Spektrum im Überblick

Elektromagnetische Wellen sind eine sich ausbreitende Wechselwirkung zwischen elektrischen und magnetischen Feldanteilen.

Eine Welle ist in erster Linie durch die Frequenz charakterisiert. Diese Frequenz f einer periodischen Schwingung ergibt sich aus der Zeitdauer T mit der sich die Periode wiederholt.

$$f = \frac{1}{T} \tag{2.1}$$

Die Einheit der Frequenz ist Hz = 1/s.

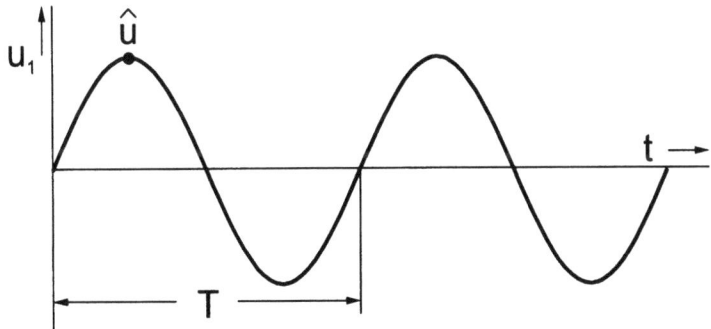

Bild 2-1 Periodische Schwingung

Bei höheren Frequenzen wird oft statt einer Frequenzangabe die Wellenlänge in Metern angegeben:

$$\lambda = \frac{c}{f} \tag{2.2}$$

wobei c die Ausbreitungsgeschwindigkeit der Welle im Ausbreitungsmedium ist, in Luft ist

$$c = c_0 = 2{,}9979 \cdot 10^8 \, \frac{m}{s} \tag{2.3}$$

(Vakuumlichtgeschwindigkeit). Je dichter das Ausbreitungsmedium ist, desto geringer wird die Ausbreitungsgeschwindigkeit.

Bei elektromagnetischen Wellen handelt es sich meist um Transversalwellen, d. h. die Ausbreitungsrichtung ist senkrecht zur Ebene von E und H.

Tabelle 2.1 Elektromagnetisches Spektrum im Überblick

Frequenz/Wellenlänge		Bezeichnung	typische Anwendungen
von	bis		
0 Hz		statisches Feld	Erdmagnetfeld, Permanetmagnete, Elektrolyse, Galvanotechnik, Medizin, Straßenbahnen
> 0 Hz	30 kHz	Niederfrequenz	Stromversorgung, Induktionswärme
30 kHz	300 MHz	Hochfrequenz	Radio- und Fernsehsender, Mobilfunk, Schweißen, Schmelzen
300 MHz	300 GHz	Mikrowellen	Radar, Mikrowellenofen, Richtfunk
300 GHz	< 780 nm	Infrarotstrahlung	Laser, Wärmelampen
780 nm		Licht	sichtbares Licht
> 780 nm	10 nm	UV-Strahlung	UV-Lampen
> 10 nm		Röntgenstrahlung	Röntgendiagnostik

Tabelle 2.2 Einteilung und Bezeichnungen elektromagnetischer Wellen 0 Hz bis 300 GHz

Frequenzbereich		Wellenlänge		Bezeichnung
von	bis	von	bis	
0 Hz	30 Hz			Sub ELF
30 Hz	300 Hz	größer		ELF (Extremely Low Frequency)
300 Hz	3 kHz	100 km		VF (Voice Frequency)
3 kHz	30 kHz	100 km	10 km	VLF (Very Low Frequency)
30 kHz	300 kHz	10 km	1 km	LF (Low Frequency)
300 kHz	3 MHz	1 km	100 m	MF (Medium Frequency)
3 MHz	30 MHz	100 m	10 m	HF (High Frequency)
30 MHz	300 MHz	10 m	1 m	VHF (Very High Frequency)
300 MHz	3 GHz	1 m	10 cm	UHF (Ultra High Frequency)
3 GHz	30 GHz	10 cm	1 cm	SHF (Super High Frequency)
30 GHz	300 GHz	1 cm	1 mm	EHF (Extremely High Frequency)

2.1.1 Natürliche Quellen

Die bekannteste und auch größte natürliche Quelle ist unsere Erde und das von Ihr ausgehende Erdmagnetfeld. Hierbei handelt es sich um ein magnetisches Gleichfeld dessen Stärke großen regionalen Schwankungen unterliegt.

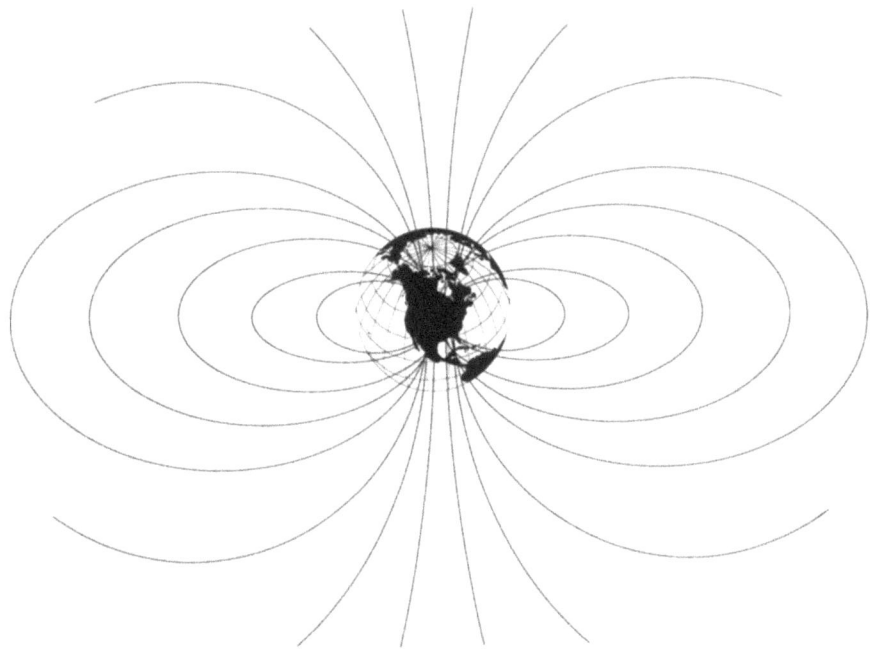

Bild 2-2 Das Magnetfeld der Erde

Je nach geographischer Breite erreicht das Erdmagnetfeld eine magnetische Flussdichte von 30-70 µT, in Deutschland ca. 47 µT.

Neben dem natürlichen Erdmagnetfeld gibt es auch ein natürliches elektrisches Feld in unserer Atmosphäre. Die Stärke dieses Feldes ist in erster Linie vom Wetter abhängig.

Tabelle 2.3 Feldstärken natürlicher elektrischer Felder

Quelle	Feldstärke
Ungestörtes Schönwetterfeld	100 - 400 V/m
Gewitter	3000 - 20000 V/m

Die magnetischen und elektrischen Gleichfelder können Messungen beeinflussen, insbesondere dann, wenn breitbandige Geräte genutzt werden, die bereits ab einer Frequenz von 0 Hz messen, die meisten Geräte messen aber erst Signale bei Frequenzen größer 10 Hz.

Da diese Felder seit langer Zeit unverändert vorhanden sind, stellen sie keine Gefährdung der Gesundheit dar, im Laufe der Evolution haben sich Pflanzen und Lebewesen darauf eingestellt. Im Gegensatz hierzu stehen die künstlichen Quellen, die in den letzten gut 100 Jahren hinzugekommen sind und im Hinblick auf ihre gesundheitlichen Auswirkungen untersucht werden müssen.

Eine weitere Quelle natürlicher elektromagnetischer Felder sind Blitze (LEMP: Lightning Electromagnetic Pulse). Grundsätzlich kann man zwischen den Feldern, die durch den direkten Einschlag des Blitzes und den hieraus resultierenden sehr großen Strömen und der elektrischen Feldstärke in einem gewissen Abstand unterscheiden.

Die erste Entladung, die sog. Fangentladung hat eine Stromstärke von 1 bis 10 kA. Diese Entladung findet in einem Blitzkanal, dessen Durchmesser wenige Zentimeter bis Dezimeter beträgt statt. Dieser ersten Entladung folgen im selben Kanal weitere Folge-Teilblitze im Abstand 10 bis 100 ms. Hieraus resultiert ein hochfrequenter Anteil (Blitzfrequenz).

Aus der ständigen Gewittertätigkeit auf der Erde ergibt sich auch im hochfrequenten Bereich eine gewisse Grundbelastung. Feldstärken, die für die Betrachtung nach EMVU-Gesichtspunkten interessant sind, ergeben sich nur in kleiner Entfernung zum Ort der Blitzentladung.

Die Gewitterhäufigkeit ist regional sehr unterschiedlich, in den Polregionen gibt es so gut wie keine Gewitter, in den Tropen an bis zu 200 Tagen im Jahr. Auch in Deutschland ist die Gewitterhäufigkeit sehr unterschiedlich, zwischen 10 und 25 Tagen im Jahr, resultierend hieraus bis zu 600 Blitze/Jahr auf einer Fläche von 6x6 km im Rhein-Main-Gebiet.

2.1.2 Künstliche Quellen

2.1.2.1 Niederfrequenzbereich

Seit dem Ende des 19. Jahrhunderts sind mit der großflächigen Einführung der Elektrizität elektrische und magnetische Felder in nahezu jeden Winkel unseres täglichen Lebens vorgedrungen.

Der große Bedarf an elektrischer Energie erfordert ein weitverzweigtes Verteilnetz vom Stromerzeuger zum Stromverbraucher. Hiermit sind auch bereits die beiden Hauptquellen niederfrequenter elektrischer und magnetischer Felder genannt, der Verbraucher an sich und die Energieverteilung.

Im niederfrequenten Bereich kommen nur wenige Frequenzen vor:

Tabelle 2.4 Frequenzen in NF-Bereich

Frequenz	Anwendung
0 Hz	Gleichstromstraßenbahnen, U-Bahnen
16 2/3 Hz	Eisenbahn (D,A,CH,N,S)
50 Hz	Netzversorgung (Europa), Eisenbahnen
60 Hz	Netzversorgung (USA, z.T. Japan)
400 Hz	Stromversorgung in Flugzeugen

Allen Anwendungen gemein ist die Unterscheidung zwischen magnetischen und elektrischen Feldern. Quelle der elektrischen Felder ist die anliegende Spannung, Quelle der magnetischen Felder der fließende Strom. Bei niederfreqenten Feldern müssen die beiden Größen immer getrennt gemessen beziehungsweise berechnet werden.

Durch verschiedene technische Anlagen kommen auch andere als die oben angegebenen Frequenzen vor, so werden zum Beispiel Frequenzumrichter benutzt um durch Variation der Netzfrequenz die Drehzahl von Maschinen zu steuern.

Die Bordstrom-Versorgung bei Flugzeugen hat üblicherweise eine Frequenz von 400 Hz.

2.1.2.2 Hochfrequenzbereich

Vor allem in den letzten 50 Jahren hat sich der Bedarf an Möglichkeiten der drahtlosen Informationsübertragung stetig gesteigert. Die Anwendungsbereiche sind ebenso vielfältig wie die verwendeten Frequenzbereiche. Seit vielen Jahren existiert eine flächendeckende Versorgung mit leistungsstarken Rundfunk- und Fernsehsendern, die Flugsicherung nutzt hochfrequente Wellen zur Verfolgung von Flugbewegungen.

Seit Beginn der 80'er Jahre erlebt der Mobilfunkbereich einen großen Boom. Für eine flächendeckende Versorgung sind mehrere Tausend Basisstationen notwendig. Hiermit dringen diese Funkanlagen zwangsläufig in die unmittelbare Umgebung der Wohnbebauung ein. Durch die unmittelbare Nachbarschaft mit diesen Anlagen entsteht eine Verunsicherung bei der Bevölkerung und es kommt zu erhöhtem Diskussionsbedarf.

Die genutzten Frequenzbereiche sind so vielfältig wie die verwendeten Modulationsarten und Antennen. Die Anforderungen an die Messungen und das hierzu benötigte Messequipment sind diesen Parametern anzupassen. Hinweise hierzu finden sich in den Kapiteln 5 und 7.

2.2 Das elektrische Feld

Die ersten beobachteten Wirkungen von Elektrizität waren anziehende oder abstoßende Kräfte zwischen Gegenständen, die man durch Reibung aufgeladen hatte. Diese Kraft zwischen den geladenen Körpern wirkt ähnlich der Gravitation auch im Vakuum und es gibt demnach kein Medium, das die Kraft überträgt. Das Auftreten dieser Kräfte erklärte man durch einen besonderen Zustand des Raumes, das elektrische Feld.

2.2.1 Statische elektrische Felder

Zur Beschreibung des Zusandes definiert man eine Größe $\vec{E}$, die elektrische Feldstärke. Die elektrische Feldstärke ist eine gerichtete Größe, ein Vektor, mit der gleichen Richtung wie die der durch das elektrische Feld hervorgerufenen Kraft. Der Zusammenhang zwischen elektrischer Feldstärke und Kraftwirkung wird über einen Proportionalitätsfaktor Q, die elektrische Ladung des der Kraft ausgesetzten Körpers mit folgender Gleichung beschrieben:

$$\vec{F} = Q \cdot \vec{E} \qquad (2.4)$$

Dabei wird vorausgesetzt, dass die Ladung Q die elektrische Feldstärke $\vec{E}$ nicht beeinflusst.

Ein frei beweglicher, geladener Körper kann durch das elektrische Feld in Richtung der Kraft bewegt werden, wobei ihm durch das Feld Energie zugeführt wird. Umgekehrt muss Energie aufgewendet werden, um den Körper entgegen der Kraftrichtung zu verschieben.

Die bei der Bewegung des Körpers im Feld freiwerdende Energie bzw. aufgewandte Arbeit berechnet sich aus dem Skalarprodukt aus Kraft und Weg.

$$\Delta W = |\Delta s| \cdot |F| \cdot \cos\alpha \tag{2.5}$$

ΔW ist die Arbeit, die geleistet werden muss, um einen Probekörper um ein Wegelement Δs zu verschieben, wobei α den Winkel zwischen Kraftrichtung und Wegelement beschreibt. Hierbei wird vorausgesetzt, dass die Kraft F entlang des Wegstücks Δs konstant bleibt, was bei einer beliebigen Bewegung im Feld nicht immer angenommen werden kann. Um die Arbeit für die Bewegung eines Probekörpers im Feld auf einem beliebigen Weg zu berechnen, ist eine Unterteilung der Gesamtstrecke in Einzelstücke mit konstanter Kraft und die Aufsummation der einzelnen Arbeitsteilbeträge notwendig. Durch infinitesimale Wegaufteilung geht die Berechnung der Arbeit in folgende Integration über:

$$W = \int_a^b \vec{F}\, d\vec{s}\,. \tag{2.6}$$

Die Arbeit W ist das Linienintegral des Produktes aus Kraft und Weg über einen festgelegten Weg von a nach b.

Aus einer einfachen Überlegung heraus lässt sich erkennen, dass die aufgewandte Energie dabei nicht vom Weg abhängen kann, sondern lediglich von den gewählten Endpunkten. Würde bei Bewegung des Probekörpers von a nach b über einen Weg 1 eine Arbeit W_1 geleistet werden müssen, und bei einer Bewegung von b nach a eine von W_1 unterschiedliche Energie W_2 freigesetzt werden, so würde dem Feld Energie zugeführt oder entnommen werden. Da sich das elektrische Feld aber ohne Energiezufuhr im Gleichgewicht befindet, muss Gleichung (2.6) bei Integration über einen geschlossenen Weg als Ergebnis null liefern.

$$\oint \vec{F}\, d\vec{s} = 0 \tag{2.7}$$

Die aufgewandte Arbeit hängt demzufolge lediglich von Startpunkt a und Endpunkt b der Bewegung ab.

$$W_{ab} = \int_a^b \vec{F}\, d\vec{s} = f_1(b) - f_1(a) \tag{2.8}$$

Ersetzt man die Kraft $\vec{F}$ entsprechend Gleichung (2.4) durch das Produkt aus Ladung und elektrischer Feldstärke, so folgt aus Gleichung (2.8)

$$W_{ab} = Q \cdot \int_a^b \vec{E}\, d\vec{s} = Q \cdot [f_2(b) - f_2(a)]. \tag{2.9}$$

Den negativen Wert der Funktion f_2 bezeichnet man als φ, das Potential des elektrostatischen Feldes. Bei der Funktion φ handelt es sich um eine skalare Größe, die die Eigenschaften des elektrostatischen Feldes beschreibt.

$$W_{ab} = Q \cdot \int_a^b \vec{E}\, d\vec{s} = Q \cdot (\varphi(a) - \varphi(b)) \tag{2.10}$$

Die Differenz der beiden Werte $\varphi(a)$ und $\varphi(b)$, d. h. die Potentialdifferenz zwischen den Punkten a und b, bezeichnet man als elektrische Spannung zwischen a und b.

2.2 Das elektrische Feld

$$u_{ab} = \varphi_a - \varphi_b = \int_a^b \vec{E}\,d\vec{s} \qquad (2.11)$$

Nach der Betrachtung der Wirkung des elektrostatischen Feldes sollen nun die Ursachen für elektrostatische Felder untersucht werden.

Aus der Beobachtung heraus, dass sich zwei geladene Probekörper anziehen oder abstoßen muss geschlossen werden, dass die Ladungen auch für die Erzeugung des elektrostatischen Feldes verantwortlich sind.

Die Kraft zwischen zwei punktförmigen Probekörpern mit den Ladungen Q_1 und Q_2 im Abstand r zueinander wird im Coulombschen Gesetz als

$$\vec{F} = k \cdot Q_1 \cdot Q_2 \frac{\vec{r}}{r^3} \qquad (2.12)$$

mit k als Proportionalitätsfaktor beschrieben. Bei gleicher Polarität der Ladungen wirkt die Kraft abstoßend, bei entgegengesetzter Polarität wirkt sie anziehend.

Durch Umformen der Gleichung und Vergleich mit (2.4) lässt sich aus

$$\left|\vec{F}_1\right| = Q_1 \cdot k \cdot \frac{Q_2}{r^2} \qquad (2.13)$$

die durch die Ladung Q_2 erzeugte Feldstärke zu

$$\left|\vec{E}_2\right| = \frac{k \cdot Q_2}{r^2} \qquad (2.14)$$

bestimmen.

Die Punktladung Q_2 erzeugt demzufolge ein radial gerichtetes elektrisches Feld, wobei der Einfluss der Ladung Q_1 auf das Feld vernachlässigt wird.

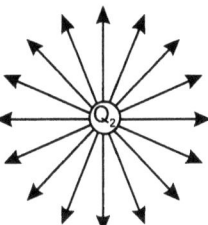

Bild 2-3 Elektrostatisches Feld einer positiven Punktladung

In Bild 2-3 ist das Feld einer Punktladung durch ein sogenanntes Feldlinienbild veranschaulicht. Linien, deren Tangente in jedem Punkt mit der Richtung der Feldstärke übereinstimmt, bezeichnet man als Feldlinien. Die Feldlinien selbst treffen keine Aussage über den Betrag der elektrischen Feldstärke, die Dichte der Feldlinien gibt hierüber jedoch qualitativ Auskunft.

Bei bekannter Ladung lässt sich nun das elektrostatische Feld einer Punktladung mit Hilfe des aus der Kraftwirkung experimentell ermittelten Proportionalitätsfaktors k berechnen.

$$k = \frac{1}{4\pi\varepsilon} \qquad (2.15)$$

und damit

$$\vec{E} = \frac{1}{4\pi\varepsilon} \cdot Q \cdot \frac{\vec{r}}{r^3}. \qquad (2.16)$$

Der Faktor ε ist eine materialabhängige Größe, die Permittivität oder auch der Dielektrizitätsfaktor genannt, und setzt sich aus einer Naturkonstanten ε_0, der Permittivität im Vakuum oder Dielektrizitätskonstanten, und einer Materialkennzahl ε_r, der Permittivitätszahl oder relativen Dielektrizitätskonstanten zusammen.

$$\varepsilon = \varepsilon_0 \cdot \varepsilon_r \qquad (2.17)$$

$$\varepsilon_0 = 8{,}854 \cdot 10^{-12} \frac{As}{Vm} \qquad (2.18)$$

Im Vakuum, wo die Permittivitätszahl $\varepsilon_r = 1$ beträgt, errechnet sich die elektrische Feldstärke somit zu

$$\vec{E} = \frac{1}{4\pi\varepsilon_0} \cdot Q \cdot \frac{\vec{r}}{r^3}. \qquad (2.19)$$

Für elektrische Felder gilt das Superpositionsprinzip, d.h., dass man sich überlagernde elektrische Felder durch vektorielle Addition der Einzelfeldstärken in jedem Punkt des Feldraumes berechnen kann.

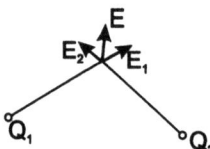

Bild 2-4 Überlagerung elektrostatischer Felder zweier positiver Punktladungen

Mit Hilfe des Überlagerungsprinzips lassen sich auch die elektrischen Felder komplexerer Ladungsverteilungen und damit ausgedehnter geladener Strukturen bestimmen.

Um eine vom Medium unabhängige Beschreibung des elektrischen Feldes zu erhalten, wird eine weitere Größe, der Vektor $\vec{D}$ eingeführt. Dieser Vektor $\vec{D}$ ist in jedem Punkt des Raumes proportional zum Feldstärkevektor $\vec{E}$ und zeigt in die gleiche Richtung.

$$\vec{D} = \varepsilon \vec{E} \qquad (2.20)$$

Der Vektor $\vec{D}$ wird als elektrische Flussdichte oder elektrische Erregung bezeichnet und wird im weiteren als Ursache für das elektrische Feld angesehen.

Im Falle einer einzelnen Punktladung kann man sich die elektrische Erregung als von der Ladung ausgehender Fluss vorstellen, der sich nach allen Richtungen in gleicher Weise ausbreitet. Umschließt man nun die Ladung mit einer geschlossenen Hüllfläche, so muss durch die Hüllfläche A der gesamte, von der Ladung ausgehende elektrische Fluss hindurchtreten. Durch ein einzelnes, kleines Flächenelement ΔA_x tritt dann lediglich ein Teil des Flusses. Der Teil des Flusses, der senkrecht durch das Flächenelement ΔA_x tritt, berechnet sich aus der in diesem Flächenelement konstanten Flussdichte D_x über das Skalarprodukt zu

$$\vec{D}_x \cdot \Delta \vec{A}_x . \tag{2.21}$$

Durch Summation der Teilflüsse über die gesamte Hüllfläche erhält man den Gesamtfluss, den man gleich der von der Hülle umschlossenen Ladung Q setzt.

$$\sum_{X=1}^{N} \vec{D}_x \cdot \Delta \vec{A}_x = Q \tag{2.22}$$

Diese Summation geht bei infinitesimaler Unterteilung in eine Integration über die gesamte Hüllfläche über

$$\oint_A \vec{D}\, d\vec{A} = Q . \tag{2.23}$$

Wählt man im Falle der Punktladung als Hüllfläche ein konzentrische Kugel mit dem Ort der Ladung als Mittelpunkt der Kugel, so steht $\vec{D}$ überall senkrecht auf den Flächenvektoren $d\vec{A}$ und der Betrag D ist konstant über die gesamte Hüllfläche. Das Skalarprodukt geht dann über in das Produkt der Beträge und Gleichung (2.23) lässt sich schreiben als:

$$\oint_A D\, dA = D \oint_A dA = D \cdot 4\pi \cdot r^2 = Q , \tag{2.24}$$

wobei $4\pi r^2$ die Hüllfläche einer Kugel mit Radius r beschreibt.

Für die Flussdichte im Feldraum einer Punktladung erhält man somit

$$D = \frac{Q}{4\pi r^2} . \tag{2.25}$$

Mit Gleichung (2.14) und (2.20) berechnet sich D zu

$$D = \varepsilon \cdot k \cdot \frac{Q}{r^2} \tag{2.26}$$

und k zu

$$k = \frac{1}{4\pi \varepsilon} . \tag{2.27}$$

Beispiel 2-1 Das elektrische Feld eines Plattenkondensators

Für die einfache Anordnung eines Plattenkondensator aus zwei rechteckigen parallelen Metallplatten soll unter Vernachlässigung von Randeffekten das elektrische Feld untersucht werden.

Aufgrund der Symmetrie der Anordnung und bei gleichmäßiger Ladungsverteilung bildet sich bei Vernachlässigung von Randeffekten zwischen den Kondensatorplatten ein homogenes elektrisches Feld $\vec{E}$ entsprechend Bild 2-5 b) aus, dessen Feldlinien auf der positiv geladenen Platte beginnen und auf der negativ geladenen Platte enden.

a)

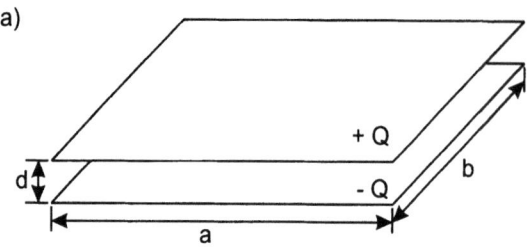

b)

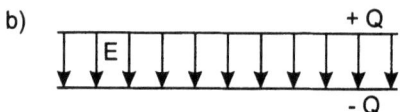

Bild 2-5 Plattenkondensatoranordnung
   a) Kondensatorgeometrie
   b) Feldverlauf (Schnittbild)

Der Raum außerhalb der Kondensatorplatten wird als feldfrei betrachtet. Legt man nun um die positive Kondensatorplatte, die die Ladung +Q trägt, eine kubische Hüllfläche dergestalt, dass eine Seite des Kubus parallel zwischen den Platten verläuft, so lässt sich die Flussdichte $\vec{D}$ in einfacher Weise über den Satz vom Hüllenfluss berechnen.

Da das Äußere der Kondensatoranordnung als feldfrei betrachtet wird, kommt lediglich die Fläche des Hüllkubus zum tragen, die mit den Abmessungen $b \cdot a$ zwischen den Kondensatorplatten liegt.

$$\oint \vec{D} \, d\vec{A} = D \cdot A = Q \tag{2.28}$$

mit $A = b \cdot a$.

$$D = \frac{Q}{A} \tag{2.29}$$

Aus D lässt sich dann über den Dielektrizitätsfaktor die Elektrische Feldstärke E bestimmen.

$$\vec{E} = \frac{\vec{D}}{\varepsilon} \tag{2.30}$$

$$E = \frac{Q}{\varepsilon \cdot A} \tag{2.31}$$

Im Fall eines Plattenkondensator und unter Vernachlässigung von Randeffekten lässt sich das Feld im homogenen Bereich entsprechend Gleichung (2.11) auch über die am Kondensator anliegende Spannung U berechnen.

$$E = \frac{U}{d} \tag{2.32}$$

Dabei ist d der Abstand der Platten.

2.2 Das elektrische Feld

Im Bereich der EMVU sind die elektrischen Felder von Leitungen von besonderem Interesse, da sie bei der elektrischen Feldbelastung im Alttag die größte Rolle spielen. Im privaten Bereich sind es vor allem die Hausinstallation, Hochspannungsleitungen und sonstige Energieversorgungseinrichtungen, die im niederfrequenten Bereich die Hauptursache der elektrischen Felder darstellen. Das folgende Beispiel zeigt die Ausbildung des elektrischen Feldes einer Doppelleitung, die den Hin- und Rückleiter eines Gleichstromkreises bilden, ohne Erdbezug.

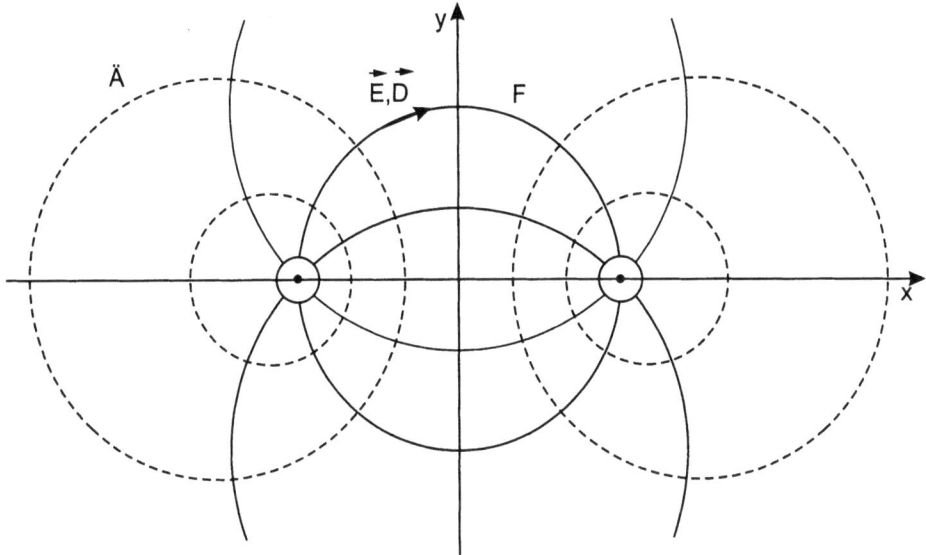

Bild 2-6 Feldlinienbild einer Zweidrahtleitung

In Bild 2-6 stellen die durchgezogenen Linien die Feldlinien dar, die gestrichelten Linien die sogenannten Äquipotentiallinien. Äquipotentiallinien sind ein weiteres Hilfsmittel zur Darstellung elektrischer Felder. Diese Linien verbinden alle Punkte, des Feldraumes, die sich auf gleichem Potential φ befinden. Zwischen den einzelnen Punkten auf den Äquipotentiallinien besteht demnach keine Potentialdifferenz und bei einer Bewegung eines Ladungsträgers entlang dieser Linien wird keine Energie umgesetzt. Äquipotentiallinien und Feldlinien stehen stets senkrecht aufeinander.

2.2.1.1 Influenz

Bringt man einen leitfähigen Körper, in dem die Ladungsträger mehr oder weniger frei beweglich sind in ein elektrisches Feld, so werden die Ladungen entsprechend der Kraftwirkung im Feld bewegt und positive und negative Ladungsträger getrennt. Diese Bewegung setzt sich so lange fort, bis das durch die getrennten Ladungen verursachte innere Feld im Körper mit dem äußeren Feld in einen Gleichgewichtszustand übergeht. Dieser Vorgang, der als Influenz bezeichnet wird, kann in einem einfachen Experiment untersucht werden.

Man bringt einen Körper K, der aus zwei einzelnen, leitfähigen Platten zusammengesetzt ist, entsprechend Bild 2-7 in das homogene elektrische Feld eines Plattenkondensators.

a) b)

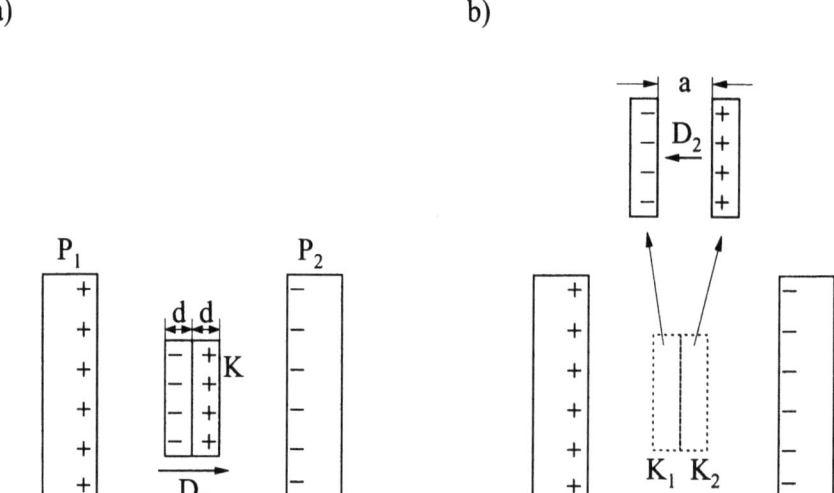

Bild 2-7 Nachweis der Influenz
a) Körper im Feld
b) Körper außerhalb des Feldes

Die positiven Ladungen der linken Platte P_1 ziehen die negativen Ladungsträger des Körpers K an, die negativen Ladungen der rechten Platte P_2 ziehen die positiven Ladungsträger an. Da der Körper aus zwei Teilen besteht, ist es möglich, diese zu trennen und so die Ladungen zu fangen. Werden dann die beiden Körperteile K_1 und K_2 aus dem Feld herausgenommen, so entsteht eine zweite geladene Anordnung (Bild 2-7 b). Die Ladungsträger, die ursprünglich an den Außenseiten der Körperteile konzentriert waren, verlagern sich auf die Innenseite. Die Richtung der Flussdichte D_2 in dem neu gewonnenen geladenen Kondensator ist der ursprünglichen Flussdichte D_1 entgegengerichtet.

2.2.1.2 Dielektrika

Bei den bisherigen Betrachtungen sind wir davon ausgegangen, dass sich das elektrische Feld im Vakuum ausbreitet. In der Realität haben wir es aber immer mit einem Material zu tun, das auf das elektrische Feld reagiert. Atome und Moleküle der Materialien bilden in der Regel elektrische Dipole, die durch ein elektrisches Feld beeinflusst werden. Als elektrischen Dipol bezeichnet man zwei gleich große Ladungen entgegengesetzter Polarität, die mechanisch miteinander gekoppelt sind. Ein solcher Dipol richtet sich im elektrischen Feld aus, indem die positive Ladung zu der negativ geladenen Elektrode gezogen wird und umgekehrt. (Bild 2-8). Die Ausrichtung der Dipole im elektrischen Feld erhöht die Flussdichte bei gleicher Feldstärke. Deshalb ist die relative Permittivität ε_r stets größer als 1.

In Tabelle 2.5 sind die Permittivitätswerte und spezifische Widerstände verschiedener Dielektrika angegeben.

2.2 Das elektrische Feld   15

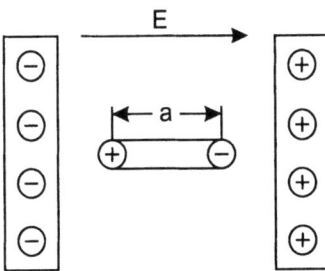

Bild 2-8 Polarisation

Tabelle 2.5 Dielektrika

	ε_r	ρ [Ω m]
Luft	1,0006	
Wasser	80	
Glas	4 ... 10	10^{11}
Porzellan	4 - 6	10^{10}
Isolieröl	2,5	10^{11}
Polyvinylchlorid PVC	2 - 5	10^{11}
Polyäthylen PE	2,2	10^{15}
Titanmischoxid	$10^2 ... 10^4$	
Tantaloxid	25	

2.2.2 Elektrische Wechselfelder

Elektrische Felder, die von wechselnden Ladungen erzeugt werden, lassen sich grundsätzlich wie die Felder, die von ruhenden Ladungen hervorgerufen werden, berechnen und darstellen.

Im einfachen Fall des Homogenfeldes eines Plattenkondensator, bei dem sich das elektrische Feld aus der anliegenden Spannung zu

$$E(t) = \frac{u(t)}{d} \tag{2.33}$$

berechnen lässt, erkennt man, dass bei Anlegen einer Wechselspannung auch ein zeitlich veränderliches elektrisches Feld erzeugt wird.

$$u = \hat{u} \cdot \cos \omega t \tag{2.34}$$

$$E = \frac{\hat{u} \cdot \cos \omega t}{d} = \frac{\hat{u}}{d} \cos \omega t \tag{2.35}$$

$$E = \hat{E} \cdot \cos \omega t \tag{2.36}$$

Die beschriebenen Effekte wie Influenz in metallischen Körpern und Polarisation in Dielektrika sind in elektrischen Gleichfeldern einmalige Vorgänge. In elektrischen Wechselfeldern hingegen handelt es sich aufgrund der ständig wechselnden Polarität der Felder um kontinuierliche Vorgänge.

Die Influenzwirkung führt in leitfähigen Körpern zu einem kontinuierlichen Wechselstromfluss durch den Körper, verbunden mit den bekannten Effekten wie z.B. eine Erwärmung aufgrund ohmscher Verluste. Bei ständiger Umorientierung der elektrischen Dipole in Dielektrika kommt es zu Reibungen zwischen den einzelnen Molekülen, wodurch ebenfalls Wärme erzeugt wird. Die Energie, die auf diese Weise den Stoffen zugeführt wird, wird dem elektrischen Feld entnommen.

Auch biologische Organismen, die elektrisch als ein komplexes Gebilde aus Leiterschleifen und dielektrischen Materialien modelliert werden können, zeigen diese Effekte. Influenzierte Ströme überlagern sich den körpereigenen Strömen und können somit Fehlfunktionen verursachen. Polarisationsverluste führen zu einer Erwärmung des Organismus.

2.3 Das magnetische Feld stromdurchflossener Leiter

Es ist zu beobachten, dass stromdurchflossene aber im ganzen ungeladene Leiter Kräfte aufeinander ausüben. Diese Kräfte, die aufgrund der fehlenden Gesamtladung der Leiter nicht auf ein elektrisches Feld zurückgeführt werden können, werden von einem weiteren, durch den Stromfluss verursachten Feld, dem Magnetfeld verursacht.

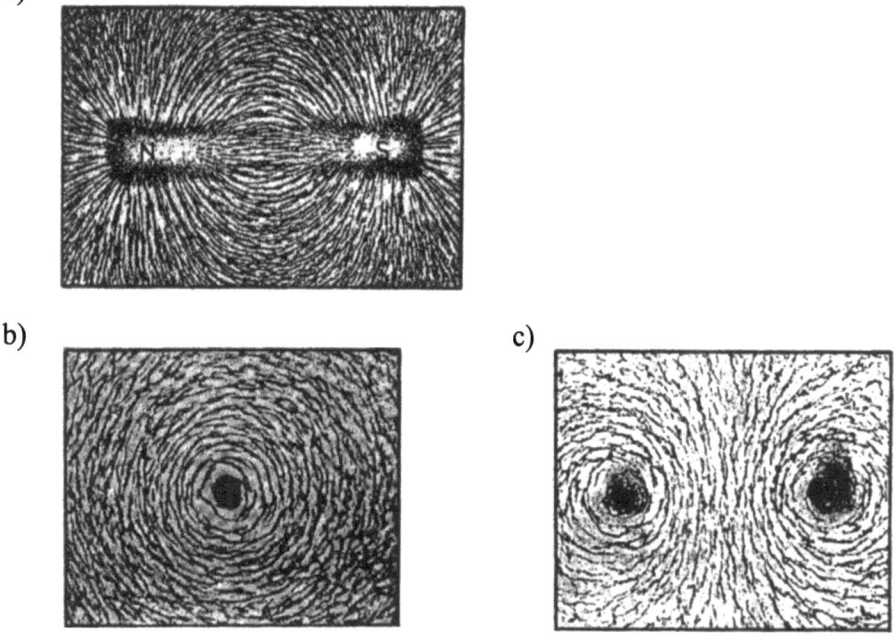

Bild 2-9 Orientierung von Eisenfeilspänen in magnetischen Feldern
    a) Stabmagnet
    b) stromdurchflossener Einzelleiter
    c) zwei entgegengesetzt stromdurchflossene Leiter

2.3 Das magnetische Feld stromdurchflossener Leiter

Auch hier sind die Felder lediglich eine Hilfsvorstellung zur Veranschaulichung der Wirkungen. Ein stromdurchflossener Leiter erzeugt ein Magnetfeld, das an einem zweiten stromdurchflossenen Leiter eine Kraft bewirkt. Mit Hilfe von Eisenfeilspänen, die kleinen Stäben ähneln, aber nicht magnetisch sind, können Magnetfelder sichtbar gemacht werden (Bild 2-9). Die Eisenfeilspäne orientieren sich wie kleine Magnete in Richtung der Feldlinien. Man kann die Orientierung der Feilspäne nutzen, um Magnetfelder sichtbar zu machen.

2.3.1 Statische magnetische Felder

Magnetische Felder lassen sich in einem beliebigen Punkt als gerichtete Größe durch einen Vektor, die Flussdichte $\vec{B}$, darstellen.

Zur qualitativen Darstellung der magnetischen Felder verwendet man Feldlinien die dadurch gekennzeichnet sind, dass an jeder Stelle des Raumes die Richtung des Feldvektors mit der Richtung der Tangente an der Feldlinie übereinstimmt. Die Dichte der Feldlinien ist proportional zu der an dieser Stelle herrschenden Feldstärke.

Aus experimentellen Ergebnissen erkennt man, dass ein langer, gerader Leiter, der von einem Strom I durchflossen wird, ein magnetisches Feld erzeugt, dessen Feldlinien den Leiter ringförmig umschließen und konzentrische Kreise in Ebenen senkrecht zur Stromrichtung bilden.

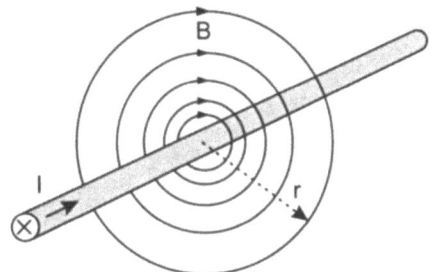

Bild 2-10 Magnetfeldlinien um einen stromdurchflossenen Leiter

Die Richtung der Feldlinien ist der Richtung des positiven Stroms entsprechend einer Rechtsschraube zugeordnet.

Eine weitere das magnetische Feld beschreibende Größe ist die magnetische Feldstärke $\vec{H}$, die auch als magnetische Erregung bezeichnet wird. Der Vektor $\vec{H}$ hat die gleiche Richtung wie der Vektor $\vec{B}$. Der Zusammenhang zwischen $\vec{B}$ und $\vec{H}$ wird durch die Gleichung

$$\vec{B} = \mu \vec{H} \qquad (2.37)$$

definiert, wobei der Proportionalitätsfaktor μ als Permeabilität bezeichnet wird.

Die Permeabilität setzt sich aus einer Permeabilitätskonstanten μ_0 und einer Materialgröße μ_r, der relativen Permeabilität, zusammen.

$$\mu = \mu_0 \cdot \mu_r \qquad (2.38)$$

Für einen langen, geraden Leiter, der von einem Strom I durchflossen wird, wird in seiner Umgebung die Verbindung zwischen dem erregenden Strom und der magnetischen Feldstärke $\vec{H}$ im Abstand r vom Mittelpunkt des Leiters durch die Gleichung

$$\vec{H} = \frac{I}{2\pi r} \tag{2.39}$$

beschrieben.

In einer verallgemeinerten Form lässt sich die Gleichung (2.39) als

$$\oint \vec{H} d\vec{s} = \int \vec{J} d\vec{A} \tag{2.40}$$

darstellen. Dabei ist $\vec{J}$ die Stromdichte innerhalb des stromdurchflossenen Leiters. Bei Integration des Skalarprodukts aus den beiden Vektoren $\vec{H}$ und $d\vec{s}$ über einen geschlossenen Weg (Umlaufintegral) ist das Ergebnis dieser Integration gleich der Summe der umschlossenen Ströme. Die Summe der umschlossenen Ströme wird in der Gleichung (2.37) allgemein für flächenhaft verteilte Ströme durch das Flächenintegral $\int \vec{J} d\vec{A}$ über die Stromdichte dargestellt.

Die Integrationsfläche wird durch den geschlossenen Umlauf des Integrals $\oint \vec{H} d\vec{s}$ als Begrenzung definiert.

Dieser Zusammenhang wird als *Durchflutungsgesetz* bezeichnet.

Tabelle 2.6 Dimensionen magnetischer Größen

Größe	Symbol	Wert	Dimension
magnetische Flussdichte	$\vec{B}$		$\dfrac{Vs}{m^2}$
magnetische Feldstärke	$\vec{H}$		$\dfrac{A}{m}$
Permeabilitätskonstante	μ_0	$4\pi \cdot 10^{-7}$	$\dfrac{Vs}{Am}$
relative Permeabilität	μ_r	≥ 1	dimensionslos

2.3.1.1 Magnetische Feldstärke eines Einzelleiters

Der Betrag der magnetischen Feldstärke innerhalb und außerhalb eines einzelnen, langen, geraden Leiters mit dem Radius r_0 lässt sich mit Hilfe des Durchflutungsgesetzes auf einfache Weise bestimmen.

Innerhalb des Leiters, für $|x| \leq r_0$, ergibt sich bei gleichmäßiger Stromverteilung über den Leiterquerschnitt

2.3 Das magnetische Feld stromdurchflossener Leiter

$$H = \frac{I}{2\pi \cdot r_0^2} \cdot x, \qquad (2.41)$$

außerhalb des Leiters, für $|x| \geq r_0$

$$H = \frac{I}{2\pi} \cdot \frac{1}{x}. \qquad (2.42)$$

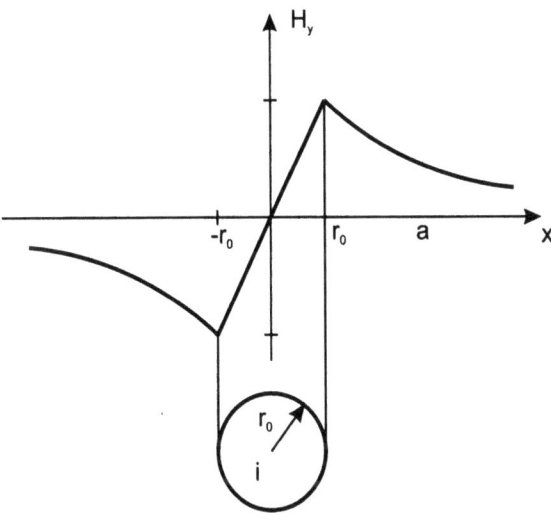

Bild 2-11 Magnetische Feldstärke eines Einzelleiters

Es ist zu erkennen, dass die magnetische Feldstärke eines einzelnen Leiters mit $1/x$ abnimmt.

2.3.1.2 Magnetische Feldstärke einer Doppelleitung

Den interessanteren Fall stellt die Doppelleitung dar. In der Praxis erfolgt die Stromversorgung eines Verbrauchers über eine parallele Leiteranordnung für Hin- und Rückstrom. Es kommt zu einer Überlagerung der magnetischen Felder.

Im folgenden Beispiel wird eine Anordnung zweier langer, gerader Leiter betrachtet, die im Abstand $2a$ parallel zu einander verlegt sind. Für die Berechnung wird angenommen, dass die Leiter entsprechend Bild 2-12 parallel zur z-Achse verlegt sind.

Die Berechnung der magnetischen Feldstärke erfolgt nur in der x-z Ebene, wo nur y-Komponenten vorhanden sind und die Anteile aus beiden Leitern einfach addiert werden können.

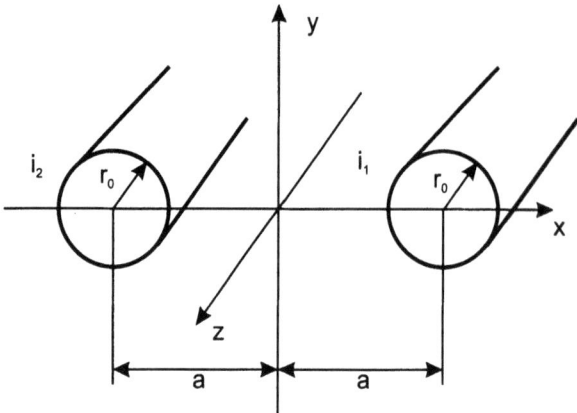

Bild 2-12 Doppelleitung

Der Anteil des rechten Leiters ergibt sich entsprechend Gleichung (2.41) und (2.42) zu

$$H_{1y} = \frac{I_1}{2\pi} \cdot \frac{1}{x-a} \qquad \text{(außerhalb des Leiters)} \qquad (2.43)$$

$$H_{1y} = \frac{I_1}{2\pi} \cdot \frac{x-a}{r_0^2} \qquad \text{(innerhalb des Leiters)} \qquad (2.44)$$

und der des Linken zu

$$H_{2y} = \frac{I_2}{2\pi} \cdot \frac{1}{x+a} \qquad \text{(außerhalb des Leiters)} \qquad (2.45)$$

$$H_{2y} = \frac{I_2}{2\pi} \cdot \frac{x+a}{r_0^2}. \qquad \text{(innerhalb des Leiters)} \qquad (2.46)$$

Die resultierende Feldstärke ist die Summe aus den Einzelfeldstärken der beiden Leiter.

$$H_y = H_{y1} + H_{y2} \qquad (2.47)$$

Für den Fall der Stromversorgung eines Verbrauchers über parallel verlegte Leitungen, die Hin- und Rückstrom führen, gilt $I_2 = -I_1$.

In den interessierenden Bereichen außerhalb der Leiter auf der x-Achse erhält man

$$H_y = \frac{I}{2\pi} \cdot \left(\frac{-1}{x-a} + \frac{1}{x+a} \right) \qquad (2.48)$$

$$H_y = \frac{I}{\pi} \cdot \frac{a}{a^2 - x^2}. \qquad \text{für } |x| \leq (a-r_0) \text{ und } |x| \geq (a+r_0) \qquad (2.49)$$

Nach geeigneter Umformung erhält man

$$H_y = \frac{I \cdot a}{\pi \cdot x^2} \cdot \frac{-1}{1 - a^2/x^2}. \qquad (2.50)$$

2.3 Das magnetische Feld stromdurchflossener Leiter

und für $x \gg a$ gilt näherungsweise

$$H_y \approx -\frac{i \cdot a}{\pi \cdot x^2}. \tag{2.51}$$

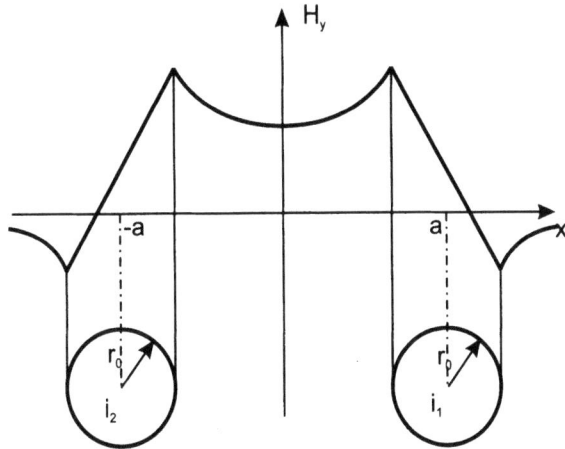

Bild 2-13 Magnetische Feldstärke einer Doppelleitung in der Ebene y = 0 für $i_2 = -i_1$

Im Unterschied zum Einzelleiter nimmt die magnetische Feldstärke bei der Doppelleitung in größerer Entfernung mit dem Faktor $1/x^2$ ab.

2.3.2 Wirkungen magnetischer Felder

2.3.2.1 Kraft im magnetischen Feld

Bringt man in ein magnetisches Feld einen stromdurchflossenen Leiter, so wird auf ihn eine Kraft ausgeübt (Bild 2-14).

In Bild 2-14 bedeuten die Kreuze, dass das Magnetfeld bzw. der Strom in die Zeichenebene hineinfließt.

In Bild 2-14 a) wird ein einzelner, stromdurchflossener Leiter L in ein magnetisches Feld *B* eingebracht. Dadurch entsteht eine Kraft *F*, die den Leiter in Richtung des Pfeils mit der Geschwindigkeit *v* bewegt. Die Kraft bewegt den Leiter aus dem Magnetfeld heraus und wird nach Verlassen des felddurchströmten Raums null.

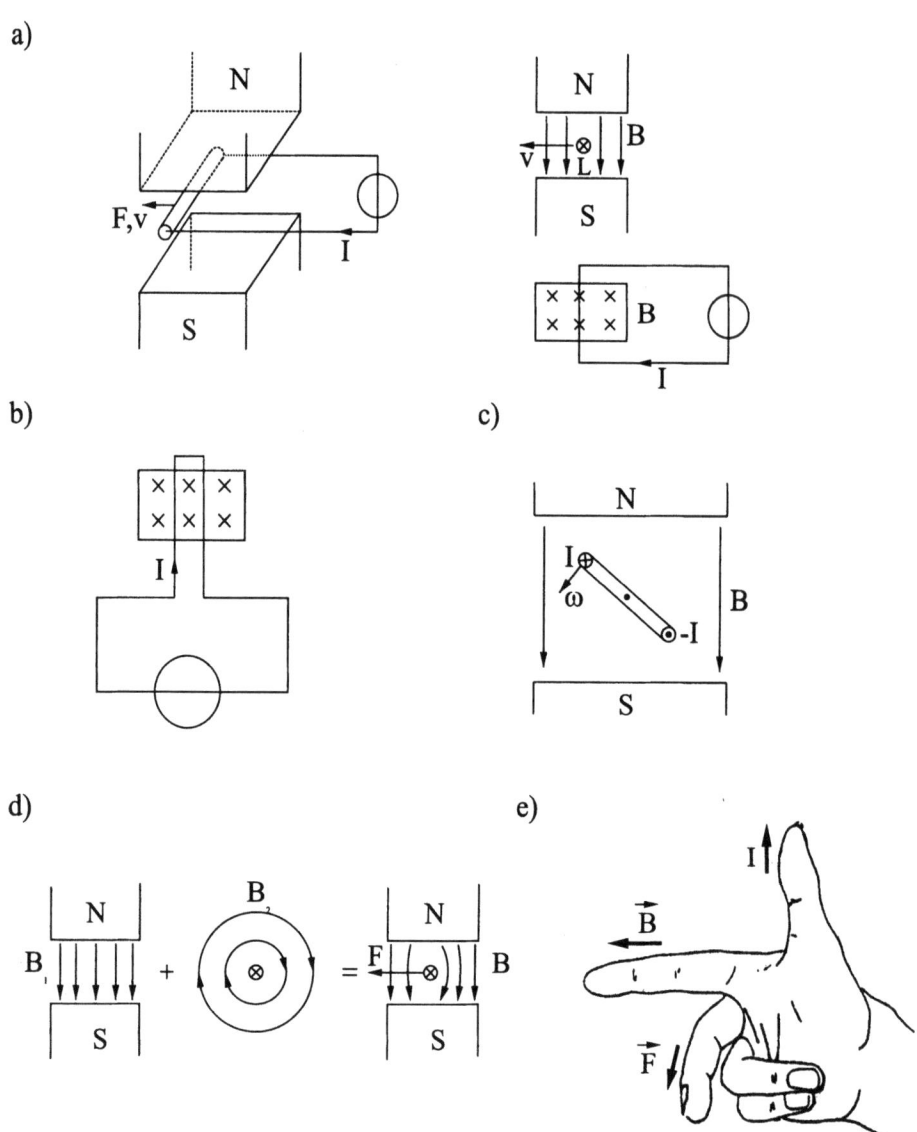

Bild 2-14: Kraftwirkung im Magnetfeld
a) Leiter im Magnetfeld
b) Leiterschleife im Magnetfeld
c) Drehbewegung im Magnetfeld
d) Kraftrichtung
e) Rechte-Hand-Regel

Liegen Hin- und Rückleiter einer Leiterschleife entsprechend Bild 2-14 b) in einem Magnetfeld, so wird zwar auf jeden Einzelleiter eine Kraft ausgeübt, die Summe der Kräfte ergibt sich aber zu null, so dass keine Bewegung entsteht. Voraussetzung dabei ist, dass das magnetische

2.3 Das magnetische Feld stromdurchflossener Leiter

Feld die Schleifenebene senkrecht durchsetzt. Ist dies gemäß Bild 2-14 c) nicht der Fall, so führt die Kraftwirkung auf die Einzelleiter nicht zu einer translatorischen Bewegung, wohl aber zu einer Drehbewegung der gesamten Schleife. Der obere Leiter bewegt sich nach links, der untere nach rechts, so lange, bis die Schleifenebene senkrecht zum Magnetfeld steht. Um die Drehbewegung fortzusetzen, muss, bei Erreichen des Zustandes, in dem Feld und Schleifenebene senkrecht zueinander stehen, die Stromrichtung und damit die Richtung der Kraft umgekehrt werden. Auf diesem Effekt beruht das Konstruktionsprinzip von Elektromotoren.

Die Richtung der Kraftwirkung lässt sich mit einer einfachen Regel bestimmen.

Rechte-Hand-Regel

Entsprechend Bild 2-14 e) werden in der rechten Hand Daumen, Zeige- und Mittelfinger so gespreizt, dass sie zueinander im rechten Winkel stehen. Der Daumen zeigt dann in Richtung des Stromes, der Zeigefinger in Richtung des Magnetfeldes und der Mittelfinger in Richtung der Kraft.

Die Kraft berechnet sich als das Kreuzprodukt von effektiv wirksamer Leiterlänge und dem Feldstärkevektor, multipliziert mit der Stromstärke.

$$\vec{F} = I \cdot \vec{l} \times \vec{B} \tag{2.52}$$

Das Kreuzprodukt liefert neben dem Betrag der Kraft auch deren Richtung. Es stellt sicher, dass die Kraft senkrecht auf dem Leiter und senkrecht zum Magnetfeld liegt.

Ersetzt man in Gleichung (2.52) den Strom I durch $I = \dfrac{dQ}{dt}$ so lässt sich die Kraft auf ein einzelnes, mit der Geschwindigkeit v im magnetischen Feld B bewegtes, geladenes Teilchen bestimmen.

$$\vec{F} = \dfrac{dQ}{dt} \cdot \vec{l} \times \vec{B} = Q \cdot \dfrac{d\vec{l}}{dt} \times \vec{B} = Q \cdot \vec{v} \times \vec{B} \tag{2.53}$$

2.3.2.2 Induktionswirkung des magnetischen Feldes

Ein Leiter der Länge l befinde sich entsprechend Bild 2-15 in einem magnetischen Feld B. Die Enden des Leiters sind mit einem Widerstand R verbunden. Zunächst betrachten wir offene Klemmen (R = ∞), so dass kein Strom fließt (I = 0). Der Leiter wird durch eine äußere Kraft mit der Geschwindigkeit v nach rechts bewegt.

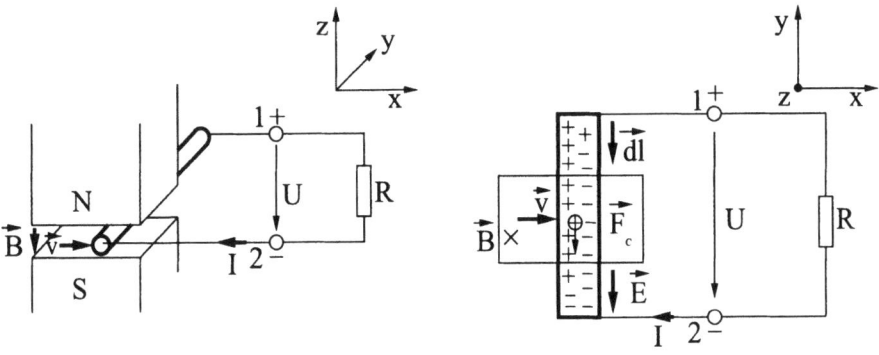

Bild 2-15 Bewegter Leiter im Magnetfeld

Auf die freien Ladungsträger im Leiter wirkt dadurch eine Lorentzkraft entsprechend Gleichung (2.53).

Die positiven Ladungsträger werden nach hinten bzw. oben und die negativen nach vorn verschoben. Dadurch baut sich in dem Leiter ein elektrisches Feld auf, das vom positiven zum negativen Ende gerichtet ist.

Die zwischen den Klemmen 1 und 2 entstehende Spannung bestimmt sich zu

$$U = v \cdot B \cdot l . \tag{2.54}$$

Mit der Bewegung des Leiters ist eine Größenänderung des felddurchsetzten Bereiches der Leiterschleife verbunden. Das bedeutet, dass sich der magnetische Fluss, der die Leiterschleife durchsetzt, ebenfalls ändert. Für den speziellen Fall des homogenen magnetischen Feldes berechnet sich der magnetische Fluss aus dem Produkt der magnetischen Flussdichte B und der wirksamen Fläche A.

$$\Phi = \vec{B} \cdot \vec{A} \tag{2.55}$$

Für den allgemeinen Fall eines nicht homogenen Feldes ergibt sich

$$\Phi = \int \vec{B} \, d\vec{A} . \tag{2.56}$$

Dabei wird durch das Skalarprodukt nur der Anteil des Feldes berücksichtigt, der die wirksame Fläche senkrecht durchsetzt.

Die nach Gleichung (2.54) erzeugte Spannung U wird nun als Folge der beschriebenen Flussänderung gedeutet.

$$U = \frac{ds}{dt} \cdot B \cdot l = B \cdot \frac{ds \cdot l}{dt} = B \frac{dA}{dt} = \frac{d\Phi}{dt} \tag{2.57}$$

Für die Bewegung des Leiters im homogenen Magnetfeld bedeutet das, dass nur dann eine Spannung in der Leiterschleife induziert wird, wenn die Bewegung mit einer Flussänderung verbunden ist. Wird eine komplette Leiterschleife in einem homogenen Magnetfeld derart bewegt, dass sich die Schleifenfläche nicht ändert und sich die Schleife während der Bewegung stets im Feldraum befindet, so wird keine Spannung induziert.

2.3.2 Magnetische Wechselfelder

Magnetische Felder, die von wechselnden Strömen in Leitern erzeugt werden, lassen sich grundsätzlich wie die Felder, die von Gleichströmen hervorgerufen werden, berechnen und darstellen. So berechnet sich die magnetische Feldstärke H um einen langen, geraden Leiter, der von einem Wechselstrom $i(t)$ durchflossen wird, entsprechend Gleichung (2.39) ebenfalls zu

$$\vec{H}(t) = \frac{i(t)}{2\pi r} \tag{2.58}$$

Im Gegensatz zu den magnetischen Gleichfeldern ist H, und damit verbunden auch B nun keine Gleichgröße mehr, sondern, in Abhängigkeit vom wechselnden Strom, ebenfalls eine Wechselgröße.

Für $i(t) = \hat{i} \cdot \cos \omega t$ berechnet sich H zu

$$\vec{H}(t) = \frac{\hat{i}}{2\pi r} \cdot \cos \omega t \tag{2.59}$$

Die Kraftwirkung im magnetischen Feld wird demzufolge ebenfalls eine wechselnde Richtung besitzen.

Entscheidender Unterschied zu den ruhenden magnetischen Feldern ist die Tatsache, dass magnetische Wechselfelder entsprechend Gleichung (2.57) in der Lage sind, auch in ruhenden Leiterschleifen Spannungen zu induzieren.

Im Bereich der EMVU führt dieser Umstand dazu, dass magnetische Wechselfelder eine deutlich größere Auswirkung auf biologische Organismen besitzen als magnetische Gleichfelder. Auch in biologischen Organismen, die elektrisch als ein komplexes Gebilde aus Leiterschleifen modelliert werden können, induzieren magnetische Wechselfelder wechselnde Ströme. Diese Ströme überlagern sich den körpereigenen Strömen und können somit Fehlfunktionen verursachen.

2.4 Elektromagnetische Felder

Anwendungen, basierend auf elektromagnetischen Feldern, sind zum unverzichtbaren Bestandteil unserer modernen Industriegesellschaft geworden. Sie kommen in den unterschiedlichsten Ausprägungen in unserem täglichen Leben vor.

Niemand möchte in der heutigen Zeit auf Telefon- und Datenverbindungen, eine Vielzahl von Radio- und TV-Programmen oder die bequeme Erwärmung von Speisen in der Mikrowelle verzichten. Sicherheitsrelevante Funktionen wie Flugsicherung und die satellitengestützte Navigation beruhen auf hochfrequenten elektromagnetischen Wellen.

Ebenso finden hochfrequente Felder ihren Einsatz in der industriellen Produktion und nicht zuletzt auch in der therapeutischen und diagnostischen Nutzung im Gesundheitswesen.

So unterschiedlich wie die Anwendungen sind auch die physikalischen Eigenschaften. Das genutzte Frequenzspektrum reicht von wenigen kHz bis in den Bereich um 100 GHz. Reichen schon wenige Milliwatt aus, um ein schnurloses Telefon zu betreiben, so benötigt ein Flugsicherungsradar mehrere Megawatt Impulsleistung zum störungsfreien Betrieb.

2.4.1 Wichtige Parameter elektromagnetischer Wellen

2.4.1.1 Frequenz

Eine elektromagnetische Welle ist charakterisiert durch Ihre Frequenz f und die damit zusammenhängende Wellenlänge λ.

Eine Umrechnung der beiden Größen erfolgt durch

$$\lambda = \frac{c}{f} \tag{2.60}$$

wobei c die Lichtgeschwindigkeit im Ausbreitungsmedium beschreibt. In Luft ist

$$c = c_0 \approx 3 \cdot 10^8 \frac{m}{s} \tag{2.61}$$

Von elektromagnetischen Feldern spricht man bei einer Frequenz von ca. 30 kHz bis zu 300 GHz, entsprechend einer Wellenlänge von 0,1 cm bis 10 km. Die Abgrenzung dieses Bereiches ist international nicht einheitlich definiert.

2.4.1.2 Modulation

Elektromagnetische Wellen dienen in vielen Fällen zur Übertragung von Informationen. Um der Welle diese Information aufzuprägen, wird das Signal moduliert. Dies geschieht im einfachsten Fall durch das Ein- und Ausschalten des Senders, bekannt als Morsen.

Heute werden im Bereich der analogen Informationsübertragung vorwiegend zwei Modulationsarten verwendet:

1. Amplitudenmodulation:

Die Informationsübertragung findet durch eine Veränderung der Amplitude eines Signals auf konstanter Frequenz statt. Die Einhüllende des hochfrequenten Signals entspricht dann dem aufgeprägten niederfrequenten Signal.

Anwendungsbereich:

- U-Boot-Funk
- Langwellenrundfunk
- Mittelwellenrundfunk
- Kurzwellenrundfunk

2. Frequenzmodulation:

Bei dieser Modulationsart wird die Frequenz innerhalb einer Bandbreite b um die Grundfrequenz variiert, die Amplitude des Signals bleibt konstant.

Anwendungsbereich:

- UKW-Rundfunk
- Fernsehrundfunk
- Betriebsfunk
- Pager- und Funkrufsysteme
- Mobilfunk (C-Netz)

3. Pulsmodulation:

In diesem Falle ist kein konstantes Trägersignal vorhanden, der Sender ist nur zu bestimmten Zeiten eingeschaltet. Somit wird möglich, dass mehrere Stationen in einem Zeitmultiplexverfahren die gleiche Frequenz benutzen.

Anwendungsbereiche:

- digitaler Mobilfunk (D- und E-Netze)
- schnurlose Telefone nach dem DECT-Standard

2.4.1.3 Polarisation

Die Polarisation einer elektromagnetischen Welle beschreibt die Richtung des Vektors der elektrischen bzw. magnetischen Feldstärke.

In der technischen Anwendung sind horizontale bzw. vertikale Polarisationsrichtungen am gebräuchlichsten. Bei beiden Polarisationsarten handelt es sich um lineare Polarisation, einem Spezialfall der elliptischen Polarisation. Hierbei bewegen sich die Endpunkte des Vektors auf einer Geraden. Im Falle horizontaler Polarisation liegt diese Gerade parallel zur Erdoberfläche, bei vertikaler Polarisation steht diese Gerade senkrecht darauf. Die Polarisation ist meist anhand der eingesetzten Antennen leicht zu erkennen.

Im Fernseh- und Rundfunkbereich wird fast immer horizontale Polarisation verwendet. Im Bereich der mobilen Funkdienste (GSM-Mobilfunk, Betriebsfunk, BOS[1]-Funk...) wird häufig vertikale Polarisation eingesetzt, da dies im Bezug auf tragbare Geräte oder in KFZ integrierte Antennen Vorteile bietet.

2.4.2 Ausbreitung elektromagnetischer Wellen

Elektromagnetische Wellen breiten sich, ausgehend von der Quelle (Sender), in den Raum aus. Im Frequenzbereich bis 30 MHz können durch Reflektionen in der Ionosphäre große Entfernungen überbrückt werden (Raumwelle). Die reflektierte Welle trifft, je nach Abstrahlwinkel, erst nach 100 bis 2000 km wieder auf den Erdboden, die auftretende Feldstärke kann man vernachlässigen.

Bei höheren Frequenzen findet eine quasioptische Ausbreitung statt, vergleichbar mit der optischen Ausbreitung des Lichts.

Für unsere Betrachtungen spielt die sogenannte Raumwelle keine Rolle, auch bei niedrigen Frequenzen kann man in der unmittelbaren Nähe von Sendeanlagen von einer geradlinigen, quasioptischen Ausbreitung ausgehen.

2.4.3 Dämpfung

Auf dem Weg zwischen Sender und Empfänger verringert sich die Feldstärke mit zunehmendem Abstand zur Sendeantenne.

Im einfachsten Fall ist der Raum zwischen Sender und Empfänger bzw. Messgerät frei. Auf der Strecke d tritt die Freiraumdämpfung a_F auf zu:

$$a_F\,/\,db = 32{,}5 + 20\log d\,/\,km + 20\log f\,/\,MHz \qquad (2.62)$$

Dieser errechnete Wert ist rein theoretisch, der tatsächliche Dämpfungswert ist immer größer.

Um aus der bekannten Sendeleistung die am Ort des Empfängers entstehende Feldstärke zu berechnen, werden weitere Faktoren benötigt:

- G_S Antennengewinn der Sendeantenne in Richtung des Empfängers (im Normalfall ist dieser Wert aus dem Richtdiagramm der Antenne zu entnehmen).

- G_E Antennengewinn der Empfangsantenne des Messgerätes (dieser Wert sollte in der Gerätebeschreibung angegeben sein und ist in der Regel frequenzabhängig).

---

[1] Funkdienste von Polizei, Feuerwehr und Rettungsdiensten

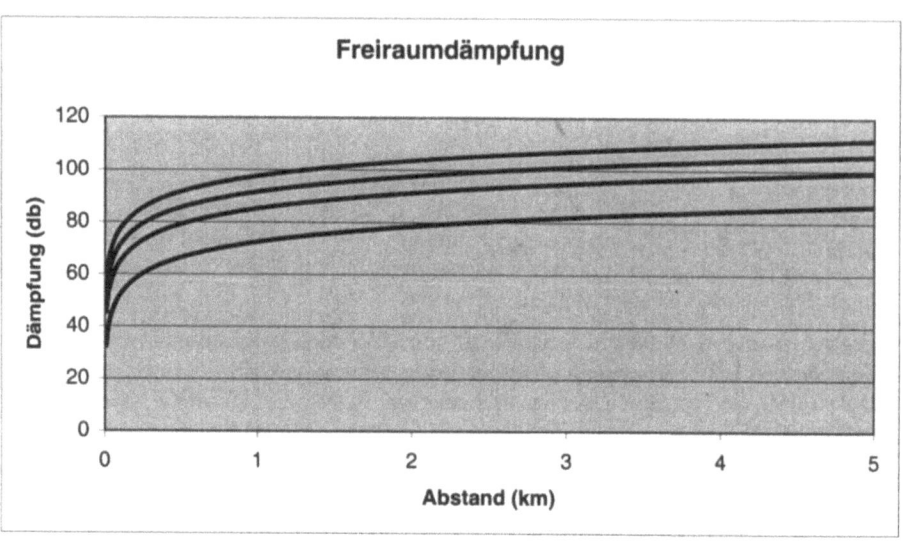

Bild 2-16 Freiraumdämpfung für Frequenz 100 MHz, 433 MHz, 900 MHz und 1800 MHz, die Dämpfung nimmt mit höheren Frequenzen zu.

Mit diesen Angaben ergibt sich für die Leistung im Abstand d zur Quelle:

$$P_E = \frac{P_S \cdot \lambda^2}{(4\pi \cdot d)^2} \cdot G_E \cdot G_S \tag{2.63}$$

Bei der Berechnung ist zu beachten, dass in Gleichung (2.63) lineare Werte benötigt werden, in den meisten Datenblättern sind die Werte jedoch als Größen in dB angegeben. Zur Umrechnung sei auf Abschnitt 2.5 sowie die Berechnungsbeispiele in Kapitel 7 verwiesen.

Wird nun die Freiraumdämpfung auf dem Übertragungsweg mit berücksichtigt, ergibt sich für die Dämpfung zwischen Sender und Empfänger (free space loss):

$$L_0/db = -10\lg(\frac{P_E}{P_S}) = 32{,}5 + 20\lg(d/km) + 20\lg(f/MHz) - 10\lg(G_S - G_E) \tag{2.64}$$

Der hieraus errechnete Wert kann nur eine grobe Abschätzung darstellen, da weder die Einflüsse der Umgebung (insbesondere Reflektionen) noch atmosphärische Effekte eingehen. Im Normalfall kommt eine zusätzliche Dämpfung hinzu. Die Berücksichtigung aller Faktoren, um eine Aussage über das tatsächliche Feld zu machen, ist nur sehr schwer möglich. Hier bietet sich eine Messung der auftretenden Feldstärke an.

2.4.4 Leistungen

Um Leistungsangaben bei Sendeanlagen richtig zu interpretieren sind einige Begriffe näher zu erläutern.

Die Senderausgangsleistung P_0 beschreibt die Leistung, die durch einen Hochfrequenzverstärker erzeugt wird und an dessen Ausgang zur Verfügung steht.

2.4 Elektromagnetische Felder

Die Speiseleistung P_S der Antenne besteht aus der Verstärkerausgangsleistung P_0 abzüglich der Zuleitungsverluste.

Die Leistung, die ein fiktiver Kugelstrahler abstrahlen müsste um am Empfangsort eine equivalente Leistungsflussdichte wie die eingesetzte Anlage zu erreichen, wird als EIRP (equivalent isotropically radiated power) bezeichnet. G_S ist der Gewinn der Sendeantenne gegenüber einem fiktiven Kugelstrahler.

$$P_{EIRP} = P_S \cdot G_S \qquad (2.65)$$

Wird der Gewinn nicht auf den fiktiven Kugelstrahler sondern auf den Gewinn des $\lambda/2$-Dipols bezogen, spricht man von ERP (effective radiated power).

$$P_{ERP} = P_S \cdot G_D = P_S \cdot (G_s + 1{,}64) \qquad (2.66)$$

G_D ist der Gewinn der Sendeantenne gegenüber dem $\lambda/2$-Dipol.

2.4.5 Antennen

In diesem Abschnitt sollen die gebräuchlichsten Antennentypen kurz beschrieben und dem Leser eine Anleitung zur Klassifizierung der unterschiedlichen Antennentypen gegeben werden.

Die wichtigste Größe bei der Beschreibung einer Antenne ist der Gewinn, der als Verhältnis zu einem (idealen) isotropen Strahler mit dBi, im Bezug auf einen Dipol mit dBd angegeben wird. Da dieser Gewinn meist richtungsabhängig ist, wird der Verlauf in einem horizontalen und vertikalen Richtdiagramm in Winkelabhängigkeit aufgetragen. Dieses Diagramm wird horizontales bzw. vertikales Richtdiagramm genannt.

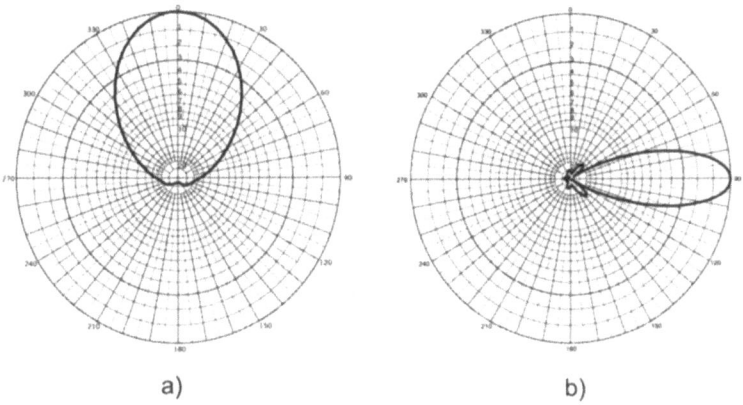

a)   b)

Bild 2-17 a) Horizontal- und b) Vertikaldiagramm einer GSM-Antenne

Anhand dieser beiden Diagramme ist eine Berechnung der Feldstärken auch ausserhalb der Hauptstrahlrichtung der Antennen möglich. Als Hauptstrahlrichtung bezeichnet man die Richtung, in der die Antenne den größten Gewinn aufweist.

2.4.5.1 Isotroper Strahler

Der isotrope Strahler ist eine rein fiktive Antennenstruktur, ausgehend von einem Punkstrahler, der sowohl ein kreisrundes horizontales als auch vertikales Richtdiagramm besitzt. Die Wellenablösung vom Sendegebilde erfolgt also kugelförmig. Dar Richtfaktor beträgt somit genau 1 und ist für viele weitere Antennen Grundlage für Gewinnangaben (dBi).

2.4.5.2 Vertikale Rundstrahler

Die einfachste reale Antennenform ist der Monopol, ein Antennenstab, der auf einer leitenden Ebene (Autodach) oder dem Erdboden steht. Gespeist werden diese Antennen am Fußpunkt. Häufig wird diese Bauform bei Mittel- und Langwellensenden verwendet oder beim Einbau von Antennen in Kraftfahrzeugen.

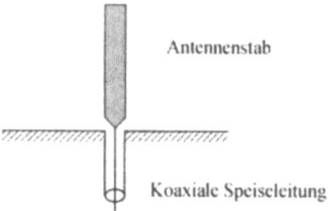

Bild 2-18 Monopol

Das horizontale Richtdiagramm dieser Antennen ist rund, das vertikale Richtdiagramm halbkreisförmig. Bei einem $\lambda/4$-Strahler liegt der Gewinn bei 3,28 dBi.

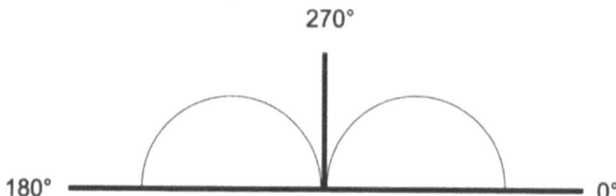

Bild 2-19 Vertikales Richtdiagramm eines $\lambda/4$-Strahlers

Ein Dipol besteht aus der symmetrischen Anordnung zweier Monopole mit der Speisung in der Symmetrieachse. Diese einfachste Bauform des Dipols findet man in jeder Fernsehantenne, gebräuchlich sind auch Schleifendipole. Die Dipole haben meist eine Ausdehnung von $\lambda/2$.

2.4 Elektromagnetische Felder

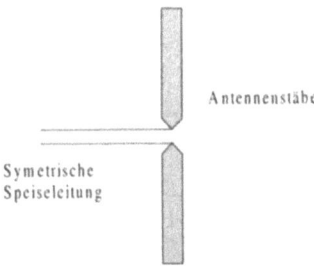

Bild 2-20 Symmetrischer Dipol

Das horizontale Richtdiagramm eines Dipols ist ebenfalls rund, das vertikale besteht aus zwei Kreisen die im Mittelpunkt des Dipols zusammentreffen. Beim $\lambda/2$-Dipol liegt der Gewinn bei 1,64 dBi.

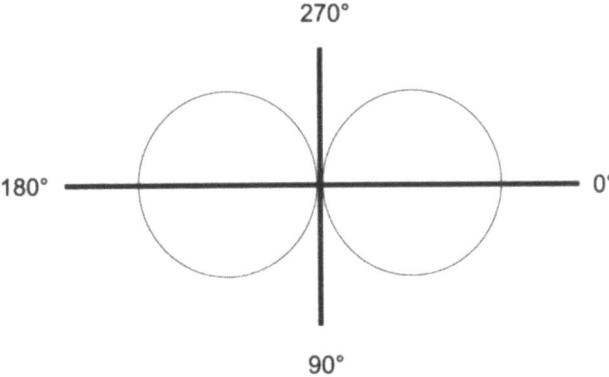

Bild 2-21 Vertikales Richtdiagramm eines kurzen Dipols

Der Dipol stellt für eine Vielzahl von Antennenbauformen das speisende Element dar, d.h. die Antennenstruktur wird durch Direktoren und Reflektoren ergänzt. Durch diese zusätzlichen Elemente erhält die Antenne eine Richtwirkung.

2.4.5.3 Antennen mit ausgeprägter Richtwirkung

Weit verbreitet ist die Yagi-Uda-Antenne, ein Längsstrahler mit Reflektoren und unterschiedlich vielen Direktoren. Da der Abstand der einzelnen Elemente frequenzabhängig ist, ist deren Anzahl bei niedrigen Frequenzen durch die mechanische Abmessung begrenzt. Die Länge der einzelnen Elemente ist ähnlich der des speisenden Dipols ($\lambda/2$). Sinnvoll einsetzbar ist die Yagi-Uda-Antenne im Frequenzbereich 80-2000 MHz.

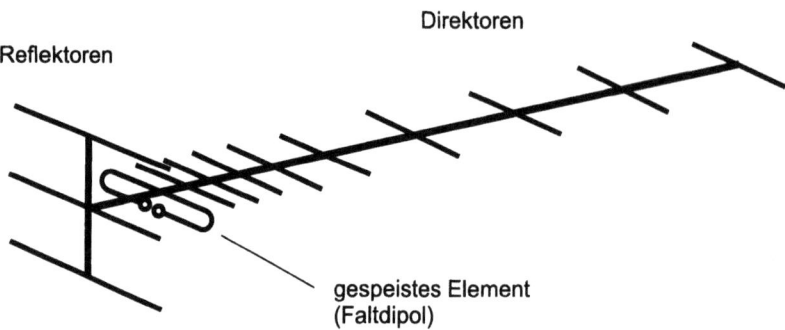

Bild 2-22 Yagi-Uda-Antenne

Bei zwei Elementen liegt der Gewinn bei 6 dBi, bei 10 Elementen bei ca. 12 dBi. Je mehr Elemente die Antenne besitzt, desto kleiner wird deren horizontale Halbwertsbreite.

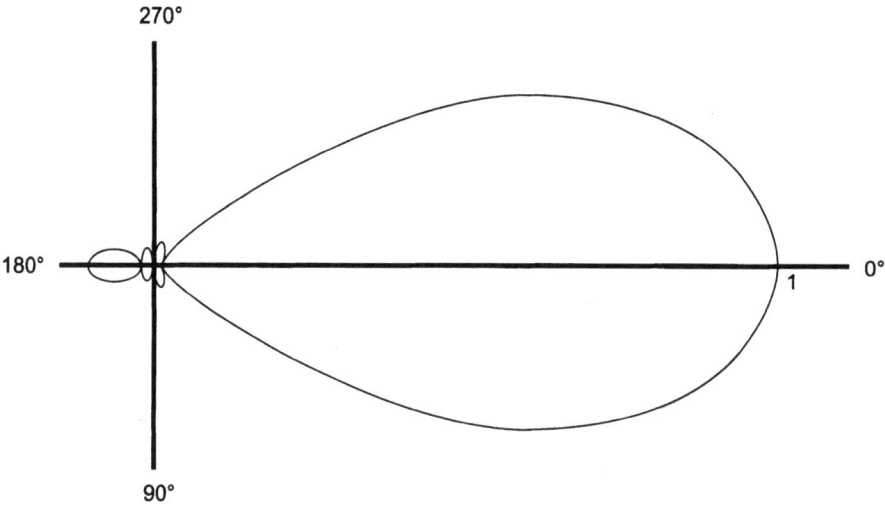

Bild 2-23 Horizontales Richtdiagramm einer Yagi-Uda-Antenne

Im Gegensatz zur frequenzselektiven Yagi-Uda-Antenne stellt die Gruppe der logarithmischperiodischen Antennen eine Möglichkeit zur breitbandigen Abstrahlung elektromagnetischer Wellen dar. Die Antenne besteht aus mehreren Elementen, deren Länge und gegenseitiger Abstand zur Antennenspitze, in der auch die Speisung stattfindet, abnimmt.

Weite Verbreitung findet diese Bauform in der Störfestigkeitsprüfung elektrischer Geräte nach dem EMVG-Gesetz (Abschnitt 5.11).

Diese Antenne weist ebenfalls eine deutliche Richtwirkung auf, der Gewinn hängt von mehreren Parametern ab und liegt im Bereich von 7 bis 11 dBi. Eingesetzt wird diese Antenne für Frequenzen von 50 MHz bis zu einigen GHz.

2.4 Elektromagnetische Felder

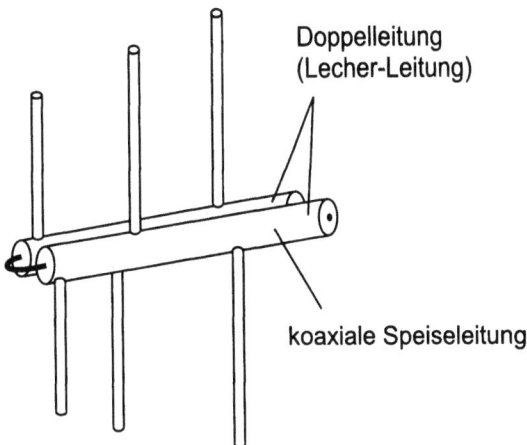

Bild 2-24 Logarithmisch-Periodische Antenne

Für den einsetzbaren Frequenzbereich gilt:

$$l_{max} = \frac{\lambda_{max}}{2} \quad \text{und} \quad l_{min} = \frac{\lambda_{min}}{3} \qquad (2.67) \text{ und } (2.68)$$

Weit verbreitet sind, insbesondere im Zeitalter des Satelliten-TV, Antennen mit einem Parabolspiegel. Hier bildet auch ein Mono- oder Dipol das speisende Element, das sich im Brennpunkt eines Rotationsparaboloids befindet. Der Parabolspiegel gehört zur Gruppe der Refletorantennen, die ankommende Wellenfront wird von der Oberfläche des Spiegels zum Brennpunkt reflektiert.

Der Gewinn G ist von Frequenz f und Durchmesser d abhängig und errechnet sich zu:

$$G = q \cdot \left(\frac{d \cdot \pi}{\lambda}\right)^2 \qquad (2.69)$$

mit dem Flächenwirkungsgrad q, der bei üblichen Antennen im Bereich 0,5..0,6 liegt.

Beispiel 2-2

Eine Richtfunkstrecke bei 10 GHz mit einem Spiegeldurchmesser von 1 Meter erreicht einen Gewinn von ca. 60 dBi, ein handelsüblicher 60cm-ASTRA-Spiegel bei 11 GHz ca. 27 dB.

Der Öffnungswinkel eines Parabolspiegels liegt im Bereich von wenigen Grad, außerhalb dieser scharf gebündelten Keule treten wenige Nebenkeulen auf, die gegenüber der Hauptkeule um mehr als 40 dB gedämpft sind.

Anwendung finden diese Antennen vor allem bei hochfrequenten Richtfunkstrecken ab ca. 1 GHz, dort kann aufgrund des großen Antennengewinns die Senderleistung sehr gering sein.

Beispiel 2-3

Bei einer Frequenz von 10 GHz wird ein Parabolspiegel von 1 Meter Durchmesser eingesetzt, dieser hat wie in (4.7) berechnet einen Gewinn von 60 dBi. Der speisende Sender liefert 100 mW, die abgestrahlte Leistung (EIRP) ist also

$$P_{EIRP} = 20\,dBm + 60\,dB = 80\,dBm = 100\,kW \tag{2.70}$$

die in Hauptstrahlrichtung abgegeben werden.

2.4.6 Antennenparameter

In diesem Abschnitt werden die Größen definiert, die im Bezug auf Antennen in diesem Buch verwendet werden, insbesondere in den Kapiteln 5 und 7.

Antennenwirkfläche A_W

Jeder Empfangsantenne kann bei einer optimaler Ausrichtung, das beinhaltet die Orientierung und die Polarisation, eine maximale Empfangsleistung P_r entnommen werden. Diese Leistung ist proportional zur Leistungsdichte S der einfallenden ebenen Welle. Der Proportionalitätsfaktor wird als wirksame Fläche A_W bzw. A_e bezeichnet:

$$A_W = \frac{P_r}{S} \tag{2.71}$$

A_W ist somit die Fläche, durch die bei der Strahlungsdichte S senkrecht die Leistung P_r hindurchtritt.

Die Leistungsflussdichte S ist der Quotient aus der Leistung, die durch ein , zur Ausbreitungsrichtung senkrechtes Flächenelement hindurchtritt und seiner Fläche. Sie wird in W/cm² angegeben.

Azimut und Elevation

Diese beiden Parameter beschreiben die Ausrichtung einer Antenne.

Die horizontale Orientierung (Azimut) wird in Grad angegeben mit der 0°-Position im Norden. Ein rechtsdrehender Umlauf besitzt die Unterteilung in 360°.

Die Elevation beschreibt die Neigung der Antenne gegenüber dem Erdboden (0°). Bei positiver Elevation richtet sich die Antenne nach oben (z.B. Satellitenfunk), aber auch negative Elevationen sind gebräuchlich (z.B. im Mobilfunk, hier Downtild genannt).

Die Kenntnis dieser Parameter ist wichtig um die Hauptstrahlrichtung von Sendeanlagen korrekt zu erfassen.

2.5 Leistungs- und Spannungsberechnungen

Im Bereich hochfrequenter elektromagnetischer Felder wird üblicherweise mit Leistungs- und Spannungswerten in dB gerechnet.

Diese Berechnungsweise macht es leichter Dämpfungen oder Gewinne in die Dimensionierung von Übertragungswegen einzurechnen, da die einzelnen Teildämpfungen oder Gewinne nur zum Ausgangswert addiert bzw. subtrahiert werden müssen.

Da es sich bei einer dB-Angabe lediglich um ein Verhältnis zweier Größen handelt muss zusätzlich eine Bezugsgröße angegeben werden, dies geschieht z.B. durch das hinzufügen eines weitern Buchstabens zu dB.

Mit dBm bezeichnet das Verhältnis zu 1 mW oder mit dBµV das Verhältnis zu 1 µV.

Bei den Umrechnungen muss zwischen Leistungen und Spannungen bzw. Feldstärken unterschieden werden:

Für Leistungen gilt:

$$P[W] = 10^{\frac{P[dB]}{10}} \tag{2.72}$$

bzw.

$$P[dB] = 10 \cdot \log(P[W]) \tag{2.73}$$

so ergeben sich die folgenden Werte:

Tabelle 2.7 Leistungsumrechnung

dB-Wert	Faktor
3 dB	2
10 dB	10
20 dB	100
30 dB	1000

Für Spannungen gilt dagegen:

$$U[V] = 10^{\frac{U[dB]}{20}} \tag{2.74}$$

bzw.

$$U[dB] = 20 \cdot \log(U[V]) \tag{2.75}$$

so ergeben sich die folgenden Werte:

Tabelle 2.8 Spannungsumrechnungen

dB-Wert	Faktor
3 dB	1,41
6 dB	2
20 dB	10
40 dB	100

Diese Berechnungen sind Grundlagen für die Betrachtungen in Kapitel 5 und 7.

3 Physikalische Wirkungen

3.1 Allgemeine Grundlagen

Die im Rahmen der Untersuchungen zur Beeinflussung lebender Organismen durch elektrische, magnetische und elektromagnetische Felder gefundenen und diskutierten biologischen Auswirkungen haben alle, bis auf die rein psychologischen Wirkungen, ihre Ursache in physikalischen Wirk- und Koppelmechanismen. So kann z.B. ein menschlicher Körper, der sich in einem magnetischen Feld befindet, als elektrisch leitfähiges Gebilde modelliert werden, indem durch das äußere Feld Ströme induziert werden. Erst in einem zweiten Schritt führen diese Ströme zu biologischen Effekten, wie beispielsweise dem Auftreten der sogenannten Magnetophosphene, Lichtblitze, die eine Person vermeintlich zu sehen glaubt, wenn sie sehr starken magnetischen Feldern ausgesetzt ist. Die hohen induzierten Ströme überlagern sich den Strömen der Sehnerven und gaukeln dem Gehirn die Leuchterscheinungen vor.

Elektrische Felder

Ein bekannter Effekt ist die Kraftwirkung im elektrischen Feld. Geladene Objekte ziehen ungleichnamig geladene Objekte an, gleichnamig geladene Objekte werden abgestoßen. Laden sich beim Ausziehen eines Pullovers die Haare eines Menschen auf, so erkennt er diese Wirkung des dabei entstandenen elektrischen Feldes daran, dass ihm die Haare zu Berge stehen.

Vergleichbare Effekte treten auf, wenn sich der Mensch in einem äußeren elektrischen Feld befindet, das eine Ladungstrennung im Körper derart bewirkt, dass z.B. der Kopfbereich positiv und der Fußbereich negativ geladen ist. Die dann gleichnamig geladenen Haare stoßen sich ebenfalls ab, was zu dem beschriebenen Phänomen führt. In dieser Situation ist beim äußeren Feld ein weiterer Effekt wirksam geworden, die Influenzierung elektrischer Ladungen.

Die Kräfte, die im elektrischen Feld auf bewegliche elektrische Ladungsträger wirken, führen dazu, dass positive Ladungsträger im Körper in Richtung der Feldlinien zum negativen Pol und negative Ladungsträger in umgekehrter Richtung wandern. Im Körper kommt es lokal zu einer Anhäufung von gleichnamig polarisierten Ladungsträgern. Die Verschiebung der Ladungsträger erfolgt im Gleichfeld so lange, bis die Kräfte des sich neu ausbildenden inneren elektrischen Feldes auf die Ladungsträger genauso groß sind wie die Kräfte des äußeren Feldes und sich ein stationärer Zustand eingestellt hat. Im elektrischen Wechselfeld kommt es aufgrund der sich ständig ändernden Polung des Feldes zu einer ständigen Richtungsänderung der Ladungsträgerbewegung und somit zu einem kontinuierlichen Wechselstrom im Körper.

Diese influenzierten Ströme führen in einem widerstandsbehafteten Material zu dessen Erwärmung. Die durch das Feld bewegten Ladungen stoßen bei ihrer Bewegung unvermeidlich mit Teilchen der Umgebung zusammen und geben einen Teil ihrer Energie ab, die in Wärme umgewandelt wird.

In Flüssigkeiten mit beweglichen Ionen, wie zum Beispiel in Salzlösungen, führt ein äußeres elektrisches Gleichfeld zu einer räumlichen Trennung der unterschiedlich geladenen Ionen. In einer Kochsalzlösung spalten sich die positiv geladenen Natrium-Ionen von den negativ geladenen Chlor-Ionen und werden zum negativen Pol hin bewegt, die Chlor-Ionen zum positiven. Dieser Effekt, den man als Elektrolyse bezeichnet und der zum Beispiel technisch beim Galvanisieren ausgenutzt wird, tritt auch in organischen Zellen auf, wenn sie statischen elektrischen Feldern ausgesetzt sind.

Elektrische Dipole, Objekte, die eine neutrale Gesamtladung tragen, aber deren positive und negative Einzelladungen nicht gleichmäßig über das Objekt verteilt sind, werden im elektrischen Feld entsprechend der Orientierung des Feldes ausgerichtet. Diesen Effekt nennt man Polarisation. Bei Wassermolekülen, aus denen der menschliche Körper zum größten Teil aufgebaut ist, handelt es sich um solche polare Objekte. Im elektrischen Feld wird ihr negatives Ende zum positiven Pol, ihr positives Ende zum negativen Pol hin ausgerichtet, im elektrischen Wechselfeld schwingen sie mit der Frequenz des Feldes hin und her.

Magnetische Felder

So wie das elektrische Feld in der Lage ist, elektrische Dipole auszurichten, werden im magnetischen Feld magnetische Dipole oder Strukturen, die sich wie magnetische Dipole verhalten, ausgerichtet. Dieser Effekt wird zum Beispiel bei der Kernspintomographie ausgenutzt. Jede Materie besteht aus Atomen, die eine quantenmechanische Eigenschaft, den sogenannten Kernspin, besitzen. Diese Kernspins richten sich in starken magnetischen Gleichfeldern aus. Die Ausrichtung kann durch eine impulsförmige Anregung mit elektromagnetischen Feldern gestört werden. Nach Abschalten der elektromagnetischen Anregung kehren die Kernspins unter Abstrahlung von elektromagnetischen Wellen, die mit geeigneten Detektoren gemessen werden können, wieder in ihren Ausgangszustand zurück. Die abgestrahlten elektromagnetischen Wellen sind abhängig von der Art des Molekülverbands, in dem sich das Atom mit dem zu detektierenden Kernspin befindet, sodass eine Zuordnung des Signals zu chemisch unterschiedlichen Substanzen möglich ist.

Auf bewegte Ladungen üben magnetische Felder eine Kraft, die sogenannte Lorentzkraft, aus, wenn eine zur Bewegungsrichtung der Ladungsträger senkrechte Feldkomponente existiert. Die Richtung der Kraft steht, abhängig von der Polarität der Ladung, stets senkrecht auf der Bewegungsrichtung der Ladungsträger und senkrecht auf der Feldrichtung.

Entsprechend dem Induktionsgesetz können zeitlich veränderliche Magnetfelder Ströme in leitfähigen Materialien hervorrufen. Diese Ströme, die man als Wirbelströme bezeichnet bilden sich kreisförmig um die Feldlinien des magnetischen Feldes aus und ihre Amplitude wird durch die Änderungsgeschwindigkeit des Feldes bestimmt.

Elektromagnetische Felder

Die physikalischen Wirkungen elektromagnetischer Felder werden prinzipiell durch die Wirkungen der einzelnen Feldkomponenten entsprechend den Wirkungen im niederfrequenten Bereich bestimmt. Hinzu kommt jedoch eine starke Abhängigkeit von der Frequenz des Feldes und den Eigenschaften der beeinflussten Struktur.

Die Polarisationswirkung des elektrischen Feldes führt neben der Erwärmung eines widerstandsbehafteten Materials durch influenzierte Ströme zu einer zusätzlichen Erwärmung. Polare Moleküle werden nicht nur einmal ausgerichtet, sondern oszillieren mit der Frequenz des elektromagnetischen Feldes. Bei dieser Bewegung kommt es zu Reibungseffekten mit benachbarten Molekülen und dadurch zu einer Erwärmung des Materials. Dieser Erwärmungseffekt ist stark frequenzabhängig. Bei niedrigen Frequenzen kann diese Erwärmung gegenüber einer Erwärmung durch fließende Ströme vernachlässigt werden. Mit steigender Frequenz oszillieren die Moleküle jedoch immer schneller und der Effekt wird immer stärker, bis nach Überschreiten einer molekülgrößenabhängigen Grenzfrequenz die Moleküle aufgrund ihrer Trägheit der Feldänderung nicht mehr folgen können.

Die Liste der beschriebenen physikalischen Wirkungen erhebt keinen Anspruch auf Vollständigkeit, den vorgestellten Wirkungen wird jedoch in der momentanen EMVU-Diskussion die größte biologische Relevanz beigemessen. Dabei wird, insbesondere im niederfequenten Bereich, der Erzeugung von Strömen im Körper eine besondere Beachtung geschenkt (Kapitel 4).

3.2 Kopplungswege elektromagnetischer Störsignale

Elektromagnetische Störsignale, die man prinzipiell in leitungsgeführte und gestrahlte Störsignale unterteilt, besitzen in Abhängigkeit von ihrer Erscheinungsform unterschiedliche Übertragungs- bzw. Kopplungswege von der Störquelle zur Störsenke.

Bild 3-1 Elektromagnetisches Beeinflussungsmodell

Im EMVU-Bereich handelt es sich bei den Störsenken stets um biologische Organismen, bei den Störquellen häufig um Geräte oder Anlagen, deren Störemissionen, wie zum Beispiel bei Sendeanlagen, funktionsbedingt nicht reduziert werden können. Wirkungsvolle Maßnahmen zur Reduktion negativer Beeinflussungen der Störsenke durch eine Störquelle können daher lediglich durch eine geeignete Beeinflussung der Koppelpfade getroffen werden. Diese Maßnahmen zur Reduktion der Störeinkopplung durch Beeinflussung der Koppelpfade setzen eine genaue Kenntnis der Koppelmechanismen voraus. Bild 3-2 zeigt an einer Geräteanordnung beispielhaft die verschiedenen Koppelwege auf.

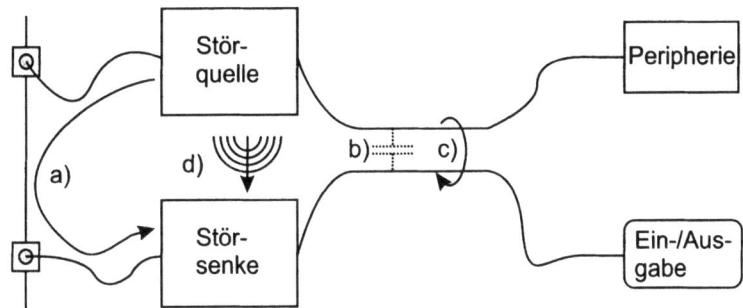

Bild 3-2 Übersicht möglicher Koppelpfade
    a) galvanische Kopplung über gemeinsam benutzte Leitungen
    b) kapazitive Kopplung zwischen benachbarten Leiterstrukturen
    c) induktive Kopplung zwischen benachbarten Leiterstrukturen
    d) gestrahlte Kopplung zwischen Quelle und Senke

Tabelle 3.1 fasst die verschiedenen Effekte in einer Übersicht zusammen.

Tabelle 3.1 Koppelpfade

Koppelpfade			
leitungsgeführt			gestrahlt
galvanisch	kapazitiv	induktiv	
über gemeinsam benutzte Leitungen	über das elektrische Feld paralleler Leitungen	über das magnetische Feld gekoppelter Leiterschleifen	über elektromagnetische Felder

3.2.1 Galvanische Kopplung

Eine galvanische Störkopplung tritt auf, wenn verschiedene Systeme, wie z.B. System A und System B in Bild 3-3, teilweise gemeinsame Leitungsstücke benutzen.

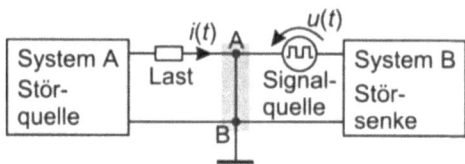

Bild 3-3 Galvanische Kopplung zweier Systeme

System A, das hier als Störquelle angesehen wird, treibt einen zeitlich veränderlichen Strom $i(t)$ über eine Last. System B, in diesem Falle die Störsenke, erhält als Eingangsgröße eine zeitlich veränderliche Signalspannung $u(t)$. Beide Systeme benutzen im Zuge ihrer Leiterschleifen gemeinsam das grau hinterlegte Leitungsstück. Unter Voraussetzung idealer Leiterelemente befinden sich die Knotenpunkte A und B auf gleichem Potenzial, sodass keine Beeinflussung der Stromkreise von System A und System B besteht. In der Realität jedoch müssen die Leiterelemente als nichtideal mit ohmschen und induktiven Anteilen betrachtet werden.

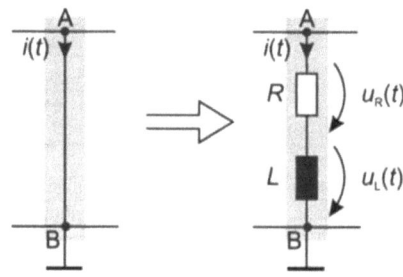

Bild 3-4 Ersatzschaltbild eines realen Leiterstücks

3.2 Kopplungswege elektromagnetischer Störsignale

Der zeitveränderliche Strom $i(t)$ verursacht über dem Leitungswiderstand einen ohmschen Spannungsabfall

$$u_R(t) = R \cdot i(t) \tag{3.1}$$

und, abhängig von der Signalfrequenz des Stromes, einen induktiven Spannungsabfall

$$u_L(t) = -L\frac{di(t)}{dt}. \tag{3.2}$$

Die Potenzialdifferenz zwischen den Punkten A und B der Schaltung ist nun nicht mehr null, sondern ergibt sich aus der Summe der Spannungen $u_R(t)$ und $u_L(t)$. Dieser von System A hervorgerufene Spannungsabfall überlagert sich nun der Signalspannung am Eingang von System B zu

$$u_e(t) = u(t) + u_R(t) + u_L(t), \tag{3.3}$$

was zu Fehlinterpretationen der Signalspannungen und damit zu Funktionsstörungen im System B führen kann.

EMVU-relevante galvanische Kopplungen kommen insbesondere im Bereich der Energieversorgung in Gebäuden vor, wo üblicherweise verschiedene Verbraucher dieselben Leitungen der Elektroinstallation benutzen. Störsignale aus dem Netzeingang eines Gerätes können auf diese Weise in weit entfernte Gebäudeteile übertragen werden und, bei entsprechender Länge der Leitungen, elektromagnetische Felder abstrahlen.

Abhilfe kann in einem solchen Fall ein geändertes Schaltungs- bzw. Verkabelungslayout bringen. Zur Realisierung der in der Schaltung nach Bild 3-3 notwendigen Masseverbindung für beide Systeme ist es nicht notwendig, dass Leiterstücke gemeinsam benutzt werden. Eine Anbindung beider Systeme an Bezugspotenzial kann auch durch einen sternförmigen Aufbau erfolgen.

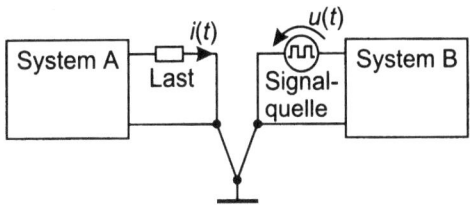

Bild 3-5 Galvanisch entkoppelte Systeme

In der in Bild 3-5 gezeigten Konfiguration existiert bei gleichen elektrischen und funktionellen Eigenschaften kein gemeinsam benutztes Leitungsstück mehr zwischen den Systemen A und B. Die in den Leiterelementen der Ausgangsschleife von System A erzeugten Spannungsabfälle können nicht mehr galvanisch in die Eingangsschleife von System B einkoppeln.

Für das oben erwähnte Beispiel der galvanischen Kopplung über die Energieversorgung bedeutet das, dass zur Vermeidung der leitungsgeführten Kopplung störende Verbraucher einzeln vom Hausübergabepunkt der Energieversorgung anzufahren sind.

3.2.2 Kapazitive Kopplung

Die Kopplung von Störsignalen zwischen leitfähigen Strukturen kann auch ohne direkte galvanische Verbindung der Strukturen über das elektrische Feld erfolgen. Zwischen Leiterstücken zweier getrennter Stromkreise, die sich auf unterschiedlichem Potenzial befinden, bildet sich ein elektrisches Feld aus. Durch die Kraftwirkung des elektrischen Feldes kommt es im beeinflussten Leiterelement zu einer Verschiebung der Ladungsträger, was bei einem kontinuierlichen Wechselfeld zu einem kontinuierlichen Wechselstrom in diesem Stromkreis führt.

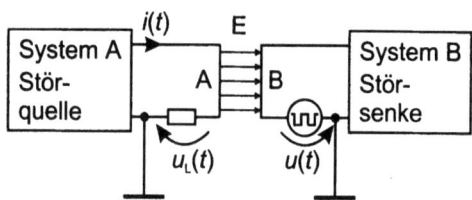

Bild 3-6 Elektrisch gekoppelte Systeme

Die elektrische Kopplung zwischen parallel geführten Leitungen kann durch eine Streukapazität C_S modelliert werden, die sich in Abhängigkeit von der Leitergeometrie, dem Abstand der Leitungen und dem Medium zwischen den Leitungen ausbildet.

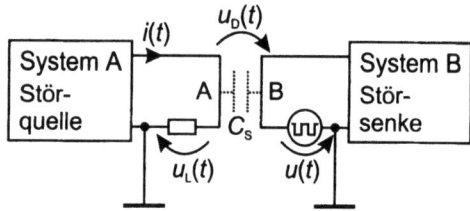

Bild 3-7 Kapazitiv gekoppelte Leiterstücke

In dem Aufbau nach Bild 3-7 erzeugt der Strom $i(t)$ aus System A einen Spannungabfall $u_L(t)$ über der Last. Bei idealisierter Betrachtungsweise der Leiterstücke A und B beträgt die Potenzialdifferenz zwischen Leiterstück A und Bezugspotenzial $u_L(t)$, zwischen Leiterstück B und Bezugspotenzial $u(t)$, woraus sich eine Potenzialdifferenz $u_C(t)$ zwischen den Leiterstücken A und B ergibt. Die Spannung $u_C(t)$ treibt über die Streukapazität C_S einen Verschiebungsstrom

$$i_C(t) = C_S \cdot \frac{du_C(t)}{dt}. \tag{3.4}$$

Dieser Verschiebungsstrom $i_C(t)$ fließt über den Innenwiderstand Z_i der Signalquelle und die Eingangsimpedanz Z_E von System B gegen Bezugspotenzial ab, wobei an diesen Impedanzen jeweils Spannungsabfälle hervorgerufen werden, die sich dem eigentlichen Nutzsignal $u(t)$ überlagern und Funktionsstörungen verursachen können.

Die Kapazität zweier unendlich langer Einzelleiter mit Radius r und Abstand a in Luft kann, bezogen auf ein Längenelement l, unter der Voraussetzung $a \gg r$ näherungsweise zu

3.2 Kopplungswege elektromagnetischer Störsignale

$$C_S = \frac{\pi \cdot \varepsilon_0 \cdot l}{\ln(d/r)} \tag{3.5}$$

bestimmt werden.

Bild 3-8 zeigt den Verlauf der Kapazität zweier paralleler Leiter mit einem Radius $r = 1$ mm in Abhängigkeit vom Abstand a, bezogen auf ein Längenelement von einem Zentimeter.

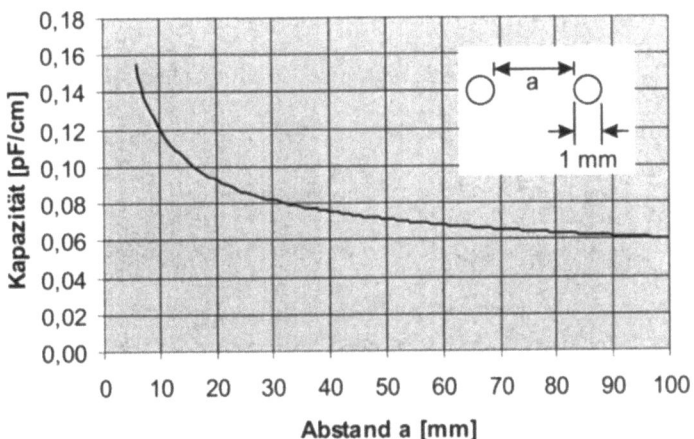

Bild 3-8 Kapazität zwischen parallelen Leitern

Es ist zu erkennen, dass die Koppelkapazität mit zunehmendem Abstand fällt, was zu einer Reduktion der Störeinkopplung führt. Als Abhilfemaßnahme für eine Entkopplung bei kapazitiver Störeinkopplung kann demzufolge eine Vergrößerung des Leiterabstandes durchgeführt werden.

Eine weitere Maßnahme ist das Einbringen einer leitfähigen Fläche zwischen den Leiterstücken, die mit Bezugspotenzial verbunden werden muss (Bild 3-9). In diesem Fall bildet sich das elektrische Feld von Leiterstück A in obigem Beispiel gegen diese Bezugsfläche aus, Leiterstück B bleibt bei geeigneter Dimensionierung dieser Fläche weitestgehend unbeeinflusst.

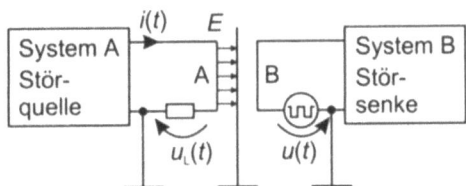

Bild 3-9 Entkopplung durch Bezugsfläche

Physikalische Grundlage für die biologische Beeinflussung des Menschen durch ein niederfrequentes elektrisches Feld bildet ebenfalls der kapazitive Koppelmechanismus. Der menschliche Körper stellt eine elektrisch leitfähige Struktur dar, in die ein elektrisches Feld, zum Beispiel das einer Hochspannungsleitung, einkoppeln und Ströme über das Körpergewebe influenzieren kann, die gegen Erde abfließen.

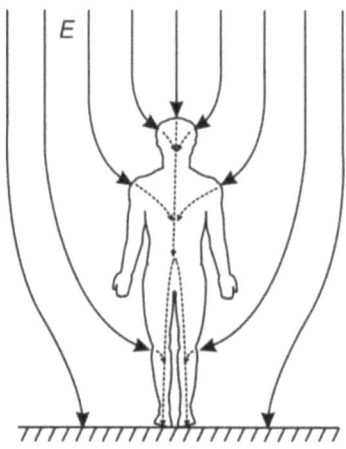

Bild 3-10 Mensch im elektrischen Feld

3.2.3 Induktive Kopplung

Induktive oder magnetische Kopplung tritt zwischen benachbarten stromdurchflossenen Leiterschleifen auf und erfolgt über das magnetische Feld. Ein in einem Leiter fließender Wechselstrom erzeugt ein zeitveränderliches Magnetfeld, das in einer zweiten Leiterschleife, die mit dem Magnetfeld verknüpft ist, entsprechend dem Induktionsgesetz eine Spannung induziert.

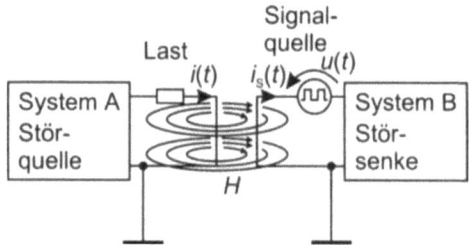

Bild 3-11 Magnetisch gekoppelte Systeme

Die magnetische Kopplung zwischen den Stromkreisen kann durch eine Gegeninduktivität M dargestellt werden.

3.2 Kopplungswege elektromagnetischer Störsignale

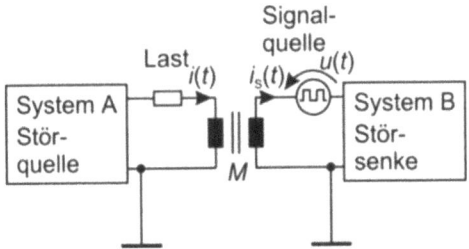

Bild 3-12 Induktiv gekoppelte Leiterschleifen

Im Eingangskreis von System B wird eine Spannung

$$u_i = -M \frac{di(t)}{dt} \tag{3.6}$$

induziert, die sich der Signalspannung $u(t)$ überlagert und zu Fehlfunktionen von System B führen kann.

Für eine einfache Anordnung, bestehend aus einem dünnen, unendlich langen, geraden Leiter, der von einem Strom $i(t)$ durchflossen wird, und einer rechteckförmigen, dünnen Leiterschleife mit den Abmessungen $l \times b$, die in derselben Ebene liegen, lässt sich die Gegeninduktivität zu

$$M = \frac{\mu_0 \mu_r l}{2\pi} \cdot \ln(1 + \frac{b}{r}) \tag{3.7}$$

berechnen.

Bild 3-13 zeigt den Verlauf der Gegeninduktivität einer beschriebenen Anordnung mit den Schleifenabmessungen $l = 10$ cm und $b = 5$ cm.

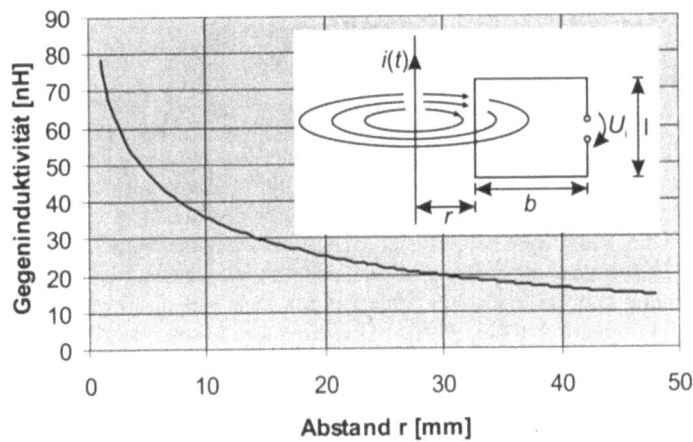

Bild 3-13 Gegeninduktivität einer einfachen Leiteranordnung

Es ist zu erkennen, dass die Gegeninduktivität mit zunehmendem Abstand fällt, was zu einer Reduktion der Störeinkopplung führt. Als Abhilfemaßnahme für eine Entkopplung bei induktiver Störeinkopplung kann demzufolge eine Vergrößerung des Leiterabstandes durchgeführt werden.

Eine weitere Maßnahme zur Reduktion der induktiven Kopplung besteht in der Verringerung der wirksamen Schleifenfläche. Wirksame Abschirmmaßnahmen sind in der Regel nicht durchführbar.

Die induktive Kopplung bildet die physikalische Grundlage für die biologische Beeinflussung des Menschen durch niederfrequente magnetische Felder. Diese Felder durchdringen organisches Gewebe weitestgehend unbeeinflusst und induzieren im Körperinnern sogenannte Wirbelströme, die auf geschlossenen Bahnen durch das Gewebe fließen.

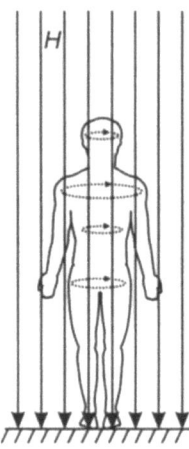

Bild 3-14 Mensch im magnetischen Feld

3.2.4 Strahlungskopplung

Von einer Strahlungskopplung spricht man, wenn das die Kopplung verursachende Feld nicht mehr wie im Falle der niederfrequenten Wechselfelder fest mit der felderzeugenden Struktur verbunden ist, sondern sich von dieser löst und sich frei im Raum ausbreitet. Während im niederfrequenten Bereich elektrisches und magnetisches Feld unabhängig voneinander existieren können, treten im hochfrequenten Bereich elektrische und magnetische Komponenten des abgestrahlten Feldes stets gemeinsam auf. Sie sind fest miteinander verkoppelt. Ab einer gewissen Entfernung von der Feldquelle, dem Bereich, den man als Fernfeld bezeichnet, sind elektrisches und magnetisches Feld über den Feldwellenwiderstand des freien Raumes miteinander verknüpft und stehen senkrecht aufeinander.

$$\frac{E}{H} = \sqrt{\frac{\mu_0}{\varepsilon_0}} \approx 120 \cdot \pi \, \Omega \approx 377 \cdot \Omega = Z_0 \qquad (3.8)$$

Im Nahfeld wird der Feldwellenwiderstand maßgeblich durch die Charakteristik und Geometrie der Feldquelle bestimmt. Eine Feldquelle mit niedriger Spannung und hohem Strom, zum

3.2 Kopplungswege elektromagnetischer Störsignale

Beispiel eine Rahmenantenne, wird im Nahfeld eine überwiegend magnetische Komponente erzeugen, eine Feldquelle mit hoher Spannung und niedrigem Strom, zum Beispiel eine Stabantenne, eine überwiegend elektrische.

Die Grenze zwischen Nah- und Fernfeld ist abhängig von der Wellenlänge des abgestrahlten Feldes, jedoch nicht exakt berechenbar. Bedingt durch die zusätzliche Abhängigkeit von der Geometrie der feldverursachenden Quelle entsteht zwischen Nah- und Fernfeld ein transienter Übergangsbereich, der eine allgemeingültige Festlegung des Abstandes nicht zulässt. In der Literatur findet man Abstandsangaben zwischen $\lambda/2\pi$ und einigen λ. Für messtechnische Zwecke werden, um korrekte Messabstände einhalten zu können, in den verschiedenen Normen und Messvorschriften Abstände definiert (Kapitel 5).

Strahlt eine Feldquelle, zum Beispiel eine Antenne oder ein elektrisches oder elektronisches Gerät ein elektromagnetisches Feld aus, so kann dieses in ein weit entferntes System einkoppeln und dort Störungen verursachen.

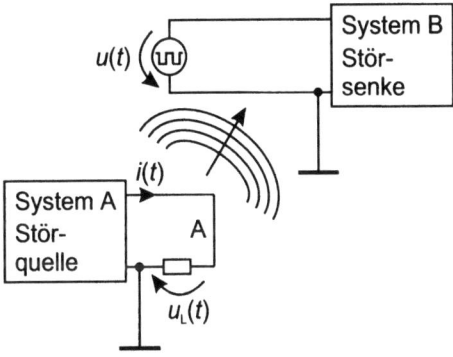

Bild 3-15 Strahlungskopplung zwischen Systemen

Auf die Leiterstrukturen des Systems B wirken ortsabhängig die elektrische und magnetische Komponente E_E und B_E der einfallenden elektromagnetischen Welle ein.

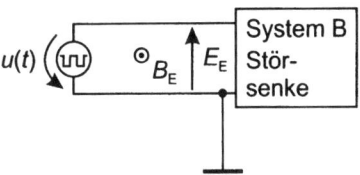

Bild 3-16 Einkopplung der magnetischen und elektrischen Feldkomponente

Diese Feldkomponenten führen, unter differenzieller Betrachtungsweise einzelner, elektrisch kleiner Leiterelemente, analog den Mechanismen bei kapazitiver und induktiver Kopplung zu einer induzierten Störspannung in der Leiterschleife und zu Verschiebungsströmen zwischen den Einzelleitern.

Die Verschiebungsströme verursachen Spannungsabfälle an der Eingangsimpedanz von System B und dem Innenwiderstand der Signalquelle, die sich mit der induzierten Umlaufspannung der eigentlichen Signalspannung überlagern und so zu Fehlfunktionen führen können.

Die Richtung der eingekoppelten Störströme ist abhängig von der Art der Kopplung. Im beschriebenen Beispiel, wo lediglich die Leiterschleife in die Kopplung einbezogen ist, fließen die Störströme auf den Kabeladern im Gegentaktmodus, d.h. in einer Kabelader hin, in der anderen zurück.

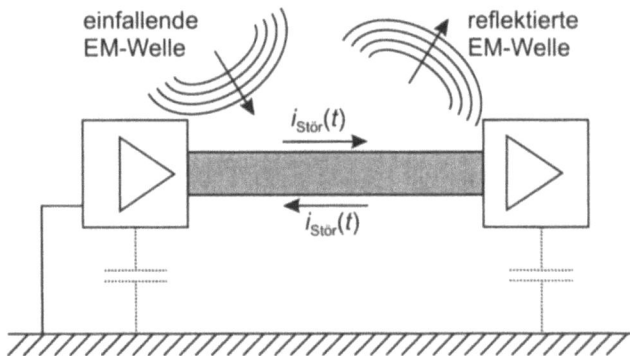

Bild 3-17 Strahlungskopplung im Gegentakt-Modus

Diese Ströme überlagern sich direkt den Signalströmen.

Ist das Erdungssystem wie in Bild 3-18 mit in die Kopplung einbezogen, so werden auf den Kabeladern Störströme im Gleichtaktmodus induziert. Die Störströme fließen in beiden Kabeladern in gleicher Richtung und das lediglich kapazitiv angekoppelte Erdungssystem bildet den Rückleiter der Störströme.

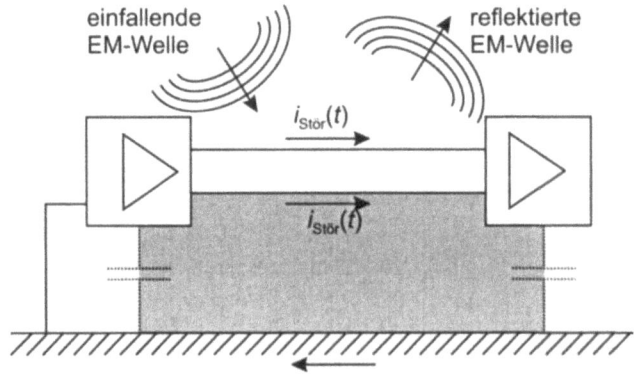

Bild 3-18 Strahlungskopplung im Gleichtakt-Modus

3.2 Kopplungswege elektromagnetischer Störsignale

Eine weitere Art der Einkopplung ist die Einkopplung im Antennen-Modus. Hierbei handelt es sich um einen speziellen Einkoppelmodus, der insbesondere bei Fahrzeugen oder Flugzeugen zum Tragen kommt. Hier werden sowohl in den Kabeladern als auch im Erdungssystem die Störströme in der gleichen Richtung induziert.

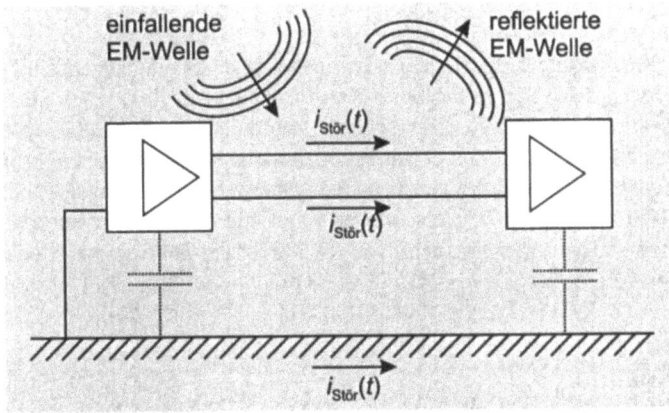

Bild 3-19 Strahlungskopplung im Antennen-Modus

Das Erdungssystem oder Bezugssystem wird hier durch die Fahrzeugkarosserie gebildet und die Einkopplung erfolgt gegenüber Erde durch kapazitive Anbindung.

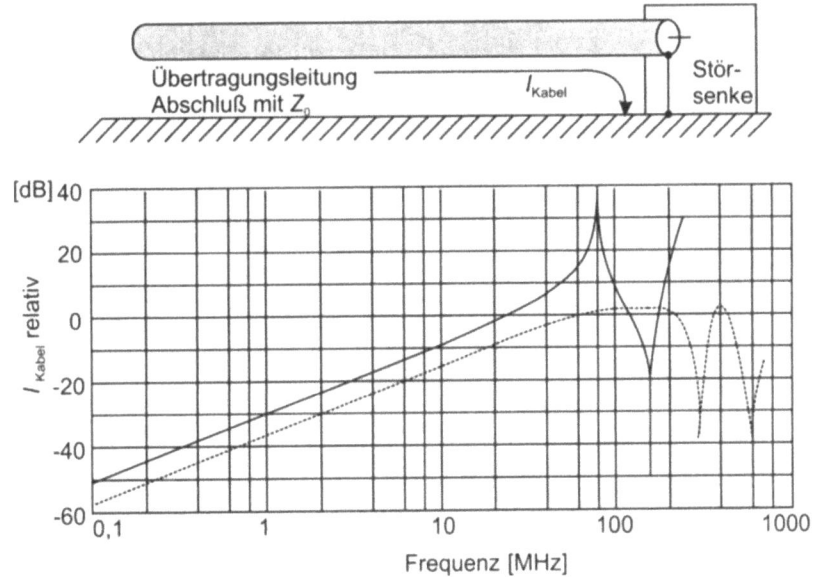

Bild 3-20 Kabelresonanzen

Zusätzlich zur Länge der Kabel ist die Art des Abschlusses für die Resonanzstelle mitverantwortlich. Kapazitive und induktive Abschlusswiderstände bewirken eine elektrische Verlängerung oder Verkürzung der Kabel und somit eine Verschiebung der Resonanzstellen. Bei der gestrahlten Störeinkopplung spielen die Frequenz des Störsignals und die geometrischen Abmessungen der empfangenden Struktur eine entscheidende Rolle für die Höhe der eingekoppelten Strom- und Spannungssignale.

Die Höhe der Einkopplung hängt von der wirksamen Länge der empfangenden Struktur ab. Ein mit einem geerdeten Endgerät verbundenes Kabel kann als einzelner Leiter über einer Massefläche modelliert werden. Der in einer solchen Anordnung durch externe Felder induzierte Strom steigt bis zum Erreichen der ersten Resonanzstelle stetig mit der Frequenz. Mit weiter steigender Frequenz bilden sich entsprechend den höherfrequenten Resonanzstellen eine Reihe von Stromspitzen aus (Bild 3-20). Ein solches Kabel mit einer Länge von 2 m besitzt seine erste Resonanzstelle bei einer Frequenz von 37,5 MHz als $\lambda/4$-Resonator, seine zweite bei 75 MHz als $\lambda/2$-Resonator.

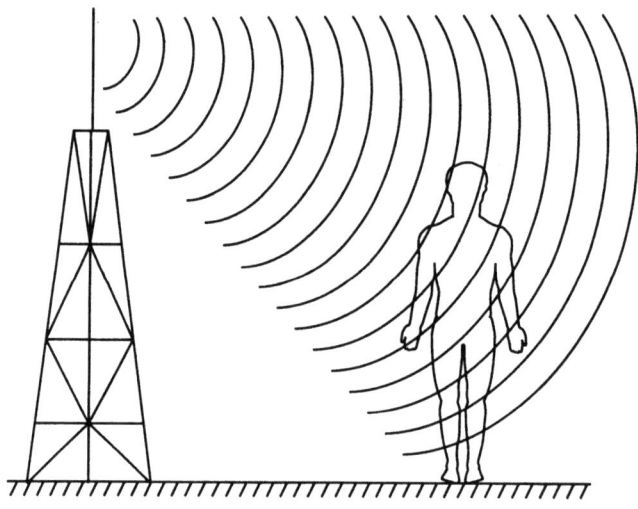

Bild 3-21 Mensch im elektromagnetischen Feld

3.2 Kopplungswege elektromagnetischer Störsignale

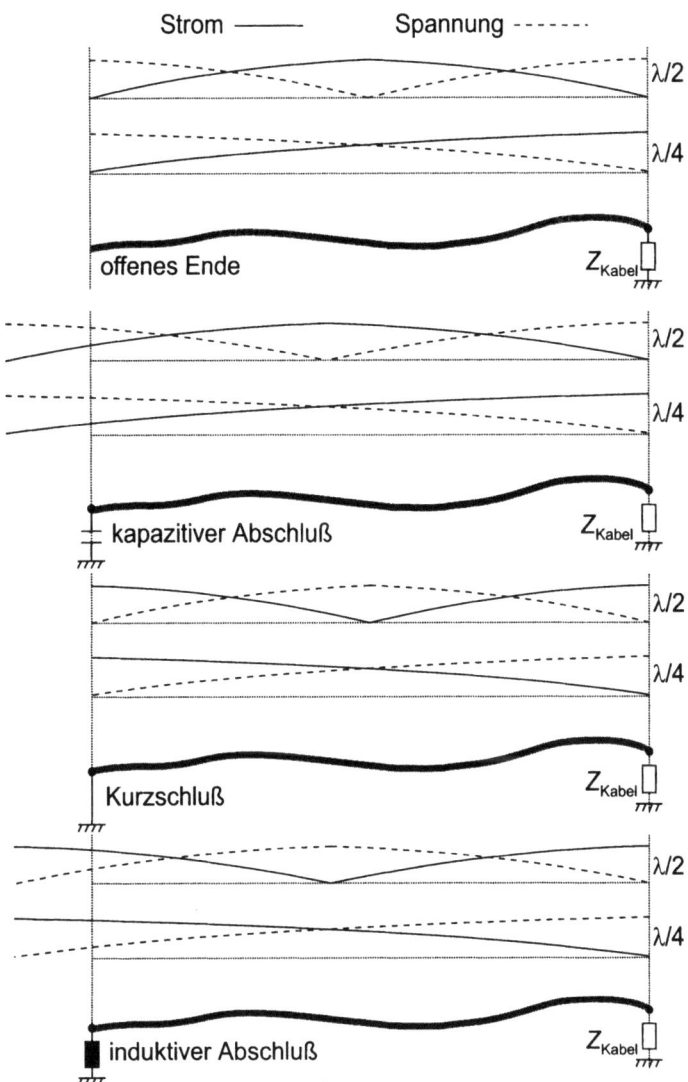

Bild 3-22 Kabelresonanzen

Obige Ausführungen bilden die physikalische Grundlage für die biologische Beeinflussung des Menschen durch hochfrequente elektromagnetische Felder. Leitfähige Strukturen des Körpers stellen Antennen und Einkoppelschleifen dar, in die elektromagnetische Felder in Abhängigkeit von der Geometrie der Strukturen einkoppeln (Bild 3-21).

4 Biologische Wirkungen

4.1 Allgemeines

Die Existenz biologischer Wirkungen von elektrischen, magnetischen und elektromagnetischen Feldern wird heutzutage von keinem ernsthaften Wissenschaftler mehr bestritten. Wo es allerdings zu Differenzen kommt, das ist die Frage, unter welchen Bedingungen es zu Effekten kommt, wie groß deren Ausmaß ist, und ob ein Effekt mit einer Schädigung gleichzusetzen ist.

Dieses Buch kann und will nicht in die aktuelle Diskussion eingreifen, wenn es um die Beurteilung einer wie auch immer gearteten Beeinflussung des Menschen und seiner Umwelt geht. Die Darstellung sämtlicher Wirkungsmechanismen oder gar die Untersuchung theoretischer Beeinflussungsmodelle würde den vorgegebenen Rahmen sprengen. Im Übrigen gibt es zu allgemeinen Fragen der biologischen Wirkungen bereits viele mehr oder weniger gelungene Publikationen.

Die Autoren vertreten vielmehr die Ansicht, dass es die Aufgabe des Elektrotechnikers respektive des Messtechnikers ist, bestehende oder potenzielle Feldverhältnisse objektiv und vorurteilsfrei zu analysieren. Die Ergebnisse solcher Untersuchungen sind von großer Wichtigkeit, denn sie bilden oftmals die einzige Entscheidungsgrundlage, wenn es darum geht, mögliche Expositionsverhältnisse zu dokumentieren, zu beurteilen oder gegebenenfalls aus alldem die notwendigen Konsequenzen zu ziehen.

In vielen Fällen wird man sich aber dennoch als Messtechniker nicht der Frage entziehen können, ob denn im Rahmen einer Analyse eine Grenzwertverletzung festgestellt werden konnte und wie sich das denn nun mit den elektromagnetischen Feldern verhalte und wie gesundheitsschädlich sie seien. Hier wird man sich in den allerwenigsten Fällen auf Biologen oder Mediziner berufen können, denn diese sind in den seltensten Fällen in eine Untersuchung involviert.

Um es direkt vorwegzunehmen: Bei derartigen Fragen wird es wenig sinnvoll sein, sich auf die, vor Ort nicht vorhandene, medizinische Seite zu berufen, sich im gewissen Sinne hinter ihr zu verstecken, um somit einer eigenen Stellungnahme auszuweichen. Wie kommt man aber aus diesem Dilemma heraus, was soll man antworten?

Die Autoren sind in solchen Fällen der Meinung, dass sich der Messtechniker stets über den aktuellen Stand der Gesetzgebung und Forschung auf dem Laufenden halten sollte. Es geht dabei nicht primär darum, sich Kenntnisse über die biologisch relevanten Wirkmechanismen anzueignen, sondern man sollte die Bandbreite der bestehenden Grenzwerte und Empfehlungen genauestens kennen. Dies ist in der Tat wichtig, denn letztlich führen fast alle Aussagen der wissenschaftlichen Gemeinde zu Festlegungen und Hinweisen für Frequenzen und Feldstärken. Die Gesamtzusammenhänge können ungeachtet ihrer naturwissenschftlichen Herkunft vom medizinischen Laien möglicherweise nicht vollständig verstanden, aber immerhin praktisch umgesetzt werden.

Nun mag man geteilter Meinung darüber sein, ob man den oder die Auftraggeber einer Untersuchung überhaupt mit der kompletten Bandbreite an Grenzwerten konfrontieren sollte, denn in einigen Fällen geht dies wahrscheinlich mit einer zusätzlichen Verunsicherung einher. Im Umkehrschluss muss sich aber auch der Messtechniker prüfen, ob er es wirklich mit seinem Gewissen vereinbaren kann, ihm bekannte Informationen zurückzuhalten. Mithin ist eines gewiss: Die Frage nach der biologischen Wirksamkeit der Felder ist nach wie vor Gegenstand aktueller Forschung. Ein endgültiges Ergebnis steht noch nicht fest.

Insofern kann das Kapitel „Biologische Wirkungen" für den mit einer Untersuchung Beauftragten nur Anstoß und Anreiz sein, sich weiteres Wissen anzueignen und sich nachhaltig mit der Thematik auseinanderzusetzen.

4.2. Indirekte Wirkungen

Unter indirekten Wirkungen (auch: Effekte) der elektrischen, magnetischen und elektromagnetischen Felder versteht man den Menschen beeinflussende Mechanismen, die erst über das Zusammenspiel der Felder mit Einrichtungen, wie beispielsweise Geräte oder Anlagen, zustande kommen.

Insofern könnte man die indirekten Wirkungen vereinfacht als physikalische Wirkungen (Kapitel 3) verstehen, jedoch mit dem unschönen Nebeneffekt, dass als Konsequenz dieser – primär nichtbiologischen - Wirkungen erst im zweiten Schritt Menschen betroffen sind. Tatsächlich kann aber der Begriff nicht eindeutig definiert werden. Im Folgenden wird daher anhand einiger Beispiele versucht, die Bandbreite möglicher indirekter Effekte darzustellen.

Im Zusammenhang mit indirekten Wirkungen wird am häufigsten der sogenannte elektrische Schlag als Beispiel genannt. Dieser Effekt ist in Form von Entladungsvorgängen an Kraftfahrzeugen oder an Türgriffen nach dem Begehen isolierender Bodenbeläge aus dem Alltagsleben bekannt. Der Schlag beruht darauf, dass es bei Annäherung von Personen an aufgeladene Objekte zu einer Funkenentladung oder bei anschließender Berührung gar zu einem elektrischen Stromfluss über den Körper zur Erde kommen kann, oder, und dies ist der weitaus häufigere Fall, dass aufgeladene Personen geerdete Objekte berühren. Die Aufladung (Oberflächenladungen) erfolgt entweder durch äußere elektrische Felder oder einfach durch elektrostatische Aufladung. Sie setzt eine nicht vorhandene oder nur schlechte Verbindung zur Erde voraus.

Ein weiteres bekanntes Beispiel für indirekte Effekte sind Ermüdungserscheinungen und Kopfschmerzen, bedingt durch Monitorstörungen wie Flimmern der Anzeige oder deutliche Farbveränderungen. Ursache dafür sind häufig äußere statische oder niederfrequente Magnetfelder (siehe dazu auch Abschnitt 2.3 und Abschnitt 8.2.1). Selbstredend kann in einem solchen Fall auch eine falsch eingestellte Grafikkarte oder ein defekter Monitor die Ursache der Störung sein.

Wie dem auch sei, fatalerweise ist der Wechsel zwischen Nicht-Flimmern und Flimmern ein fließender. In der Übergangsphase vermag das Gehirn den primären Bildeindruck noch auszugleichen. Ab einem gewissen Grad ist aber überhaupt kein sinnvolles Arbeiten am Gerät mehr möglich. Dann wird niemand mehr auf die Idee kommen, stundenlang auf einen derart gestörten Monitor zu schauen. Sind die äußeren Feldstärken jedoch so schwach, dass ein Flimmern subjektiv nicht zu erkennen ist, kann der Grad der Störung noch so gering sein, dass es dem Gehirn gelingt, sozusagen eine „Begradigung" des Bildinhaltes vorzunehmen. Dies führt aber dazu, dass der Mensch in einer solchen Situation bei Bildschirmarbeit schneller ermüdet, was in einigen Fällen dann auch von Kopfschmerzen begleitet wird.

Wenn es sich also, wie in den obigen Beispielen erläutert, bei indirekten Wirkungen in erster Linie um rein physikalisch-technische Probleme handelt, so müssten diese selbstredend auch mit physikalisch-technischen Methoden vermieden werden können. Dieser Grundsatz hat in Deutschland vor allem im Gesetz zur elektromagnetischen Verträglichkeit (EMVG; Abschnitt 5.13) seinen Niederschlag gefunden. Im EMVG werden Schutzanforderungen definiert,

4.2. Indirekte Wirkungen

die den bestimmungsgemäßen Betrieb von elektrischen Geräten in ihrer elektromagnetischen Umgebung gewährleisten sollen.

Auch wenn die im Gesetz festgeschriebenen Anforderungen - selbst in Verbindung mit der Anwendung von technischen Regeln (hier: Normen) - strikt eingehalten werden, so ist dies trivialerweise noch kein allumfassender Schutz vor irgendeiner denkbaren Beeinflussung durch äußere Felder.

Diese Erkenntnis bedeutet aber, dass man stets mit latent vorhandenen indirekten Wirkungen zu rechnen hat. Sie sind im Gegensatz zu einigen diskutierten Wirkungen (Abschnitt 4.4) zweifelsfrei gegeben und haben - leider - auch schon Menschenleben gekostet.

Als eines der mittlerweile klassisch zu nennenden Beispiele gilt in diesem Zusammenhang der Angriff auf den britischen Lenkwaffenkreuzer „H.M.S. Sheffield" während des Falkland-Krieges im Jahre 1982. Das Schiff wurde seinerzeit durch eine von den Argentiniern abgefeuerte Exocet-Rakete zerstört. Zwanzig britische Soldaten kamen dabei – gewissermaßen als Folge einer indirekten Wirkung elektromagnetischer Felder - ums Leben.

Was aber war geschehen?

Normalerweise benutzen Marineeinheiten dieser Schiffsklasse ein Sicherungsradar, welches anfliegende Objekte erkennt und somit der Besatzung die Möglichkeit gibt, bei Angriffen gezielte Gegenmaßnahmen einzuleiten. Diese Schutzeinrichtung war beim Anflug der Rakete jedoch abgeschaltet, da die von dieser Anlage ausgehenden elektromagnetischen Felder den gleichzeitig laufenden Funkverkehr mit der Heimat gestört hatten. Eine rechtzeitige Abwehr des Flugkörpers war somit nicht möglich, weil dieser schlichtweg nicht erkannt wurde.

Nun, nicht jedes Beispiel für indirekte Wirkungen ist gleich mit derart verheerenden Auswirkungen verbunden. Viele „indirekte" Wirkungen werden aber auch erst gar nicht als solche empfunden.

Das kurzzeitige „Knattern" eines eingeschalteten Radios etwa infolge eines im Sendebetrieb befindlichen Handys werden wohl die wenigsten Betroffenen als indirekten Effekt verstehen. Natürlich könnte dagegen von Musikliebhabern eingewendet werden, dass - im Falle der Übertragung eines Konzertstückes - das Knattern einen unerträglichen Angriff auf das Gehör darstelle, der Musikgenuss oder gar die Fähigkeit, Musik zu genießen nicht nur vorübergehend gestört sei und somit zweifelsfrei eine indirekte biologische Wirkung vorliege.

Man kann daraus leicht erkennen, dass der Begriff der indirekten Wirkung letztlich nicht scharf gefasst werden kann. Es besteht aber ohnehin keine Notwendigkeit, dies zu tun.

Wo man jedoch nach wie vor gerne von indirekten Effekten spricht, ist der Bereich der Medizintechnik. Dort können durch elektromagnetische Störungen Geräte betroffen sein, welche Körperfunktionen unterstützen oder gar völlig übernommen haben.

Neben den lebenserhaltenden Apparaten im Operationssaal oder im Bereich der Intensivmedizin handelt es sich dabei vor allem um medizinische Hilfsmittel wie etwa Herzschrittmacher, Hörgeräte oder Insulinpumpen.

Der unipolare Herzschrittmacher gilt derzeit als empfindlichstes Implantat. Bei ihm führt eine Elektrode vom Steuergerät zum Herzen. Die Rückleitung der Signale erfolgt über das Körpergewebe. Für Träger von Herzschrittmachern gelten daher in vielen Bereichen spezielle Grenzwerte (Abschnitt 5.9) und Empfehlungen (Abschnitt 5.8). Die Bestimmungen gelten sowohl für nieder- als auch hochfrequente Felder.

Im Umkehrschluss ist es daher gerade bei Implantaten sinnvoll, die Normung im Sinne eines Schutzes der Geräte vor rein physikalischen Wirkungen voranzutreiben. In dieser Hinsicht ist in den letzten Jahren einiges geschehen. In Deutschland sind in diesem Zusammenhang die

DIN VDE 0750, das Medizinproduktegesetz oder auch die DIN VDE 0848 Teil 5 (Abschnitt 5.5) zu nennen.

Derzeit bereiten vor allem die älteren Geräte Sorgen, denn bei ihnen gibt es zum einen rein konstruktionsbedingt Probleme (Stichwort unipolar) und zum anderen wurden ältere Geräte auch teilweise nicht den Störfestigkeitsuntersuchungen unterzogen, wie ihre moderneren Nachfolger. Solange es daher noch Patienten mit älteren Geräten gibt, sollten demnach die speziellen Schutzanforderungen eingehalten werden. Der LAI (Abschnitt 5.3) beispielsweise gibt in einer Veröffentlichung aus dem Jahre 1996 an, dass wohl noch weitere 15 Jahre mit Trägern empfindlicher Schrittmacher zu rechnen sei.

Welche indirekten Wirkungen können aber nun bei Herzschrittmachern auftreten?

Untersucht und dokumentiert sind bei Schrittmachern die Fehlverhalten Inhibierung (Unterdrückung der Herzstimulation, etwa infolge der Missdeutung eines Störsignals), Störfrequenz und Desynchronisation. Angesichts der Tatsache, dass allein in Deutschland ca. 300 verschiedene Herzschrittmachermodelle in Betrieb sind, ist es nahezu unmöglich, für jeden Typen konkrete Verhaltensweisen oder Störbeeinflussungsmöglichkeiten anzugeben.

Für den Messtechniker stellen die Herzschrittmachergrenzwerte letztlich eine weitere Informationsquelle dar, die bei einer von ihm geforderten Einschätzung nach Abschnitt 4.1 herangezogen werden kann.

4.3 Gesicherte Erkenntnisse und diskutierte Wirkungen

Stellt man die Frage nach gesicherten Erkenntnissen im Bereich der biologischen Wirkungen elektromagnetischer Felder, so muss zunächst geklärt werden, unter welchen Umständen eine Erkenntnis überhaupt als gesichert angesehen werden kann. Dies erscheint umso wichtiger, da die momentan bestehenden gesetzlichen Grenzwerte eben ausschließlich auf solchen gesicherten Werten basieren.

Die Diskussion um eine formale Beschreibung der Kapitelüberschrift führt aber unweigerlich ins Leere, denn der Begriff „Erkenntnis" kann mithin auch unter einem philosophischen Blickwinkel betrachtet werden. Viel wichtiger ist es daher, tatsächlich zu wissen, was im Bereich der EMVU mit einer „gesicherten Erkenntnis" gemeint ist.

Mit diesem Begriff verständigt man sich auf wissenschaftlich fundierte, reproduzierbare (wiederholbare) und verifizierbare (überprüfbare) Ergebnisse, die in eindeutiger Art und Weise eine biologische Wirkung belegen.

Mit dieser Definition wird zudem eine allgemein gültige wissenschaftliche Konvention beschrieben, ganz gleich, ob es sich bei den Erkenntnissen nun um biologische Wirkungen oder etwa um ein neues Verfahren zur Kohleverflüssigung handelt.

Ganz allgemein gesprochen heißt das außerdem, dass ein gefundenes Ergebnis erst von der wissenschaftlichen Gemeinde nachvollzogen sein muss, ehe es im oben beschriebenen Sinne als anerkannt und gesichert gilt.

Ob ein derart verifiziertes Ergebnis aber auch Einzug in ein bestehendes Grenzwertkonzept findet, steht noch einmal auf einem ganz anderen Blatt, denn dazu muss – neben der eigentlichen Wirkung – auch noch eine gesundheitliche Relevanz vorliegen. Selbstredend muss auch diese wiederum „gesichert" sein.

4.3 Gesicherte Erkenntnisse und diskutierte Wirkungen

Untersuchungsergebnisse, die außerhalb der gesicherten Erkenntnisse bestimmte Wirkungen nahelegen, werden daher lediglich als Hinweise, aber nicht als Beweise verstanden und unter dem Begriff „diskutierte Wirkungen" zusammengefasst.

Man unterscheidet im Großen und Ganzen drei Arten und Weisen der Untersuchung. Jede der drei Methoden hat neben ihren Vorzügen auch einige Nachteile. Insbesondere dadurch werden die einzelnen Vorgehensweisen angreifbar.

Bei den epidemiologischen Studien wird anhand einer statistischen Auswertung von Expositionsinformationen und Krankheitsbildern versucht, entsprechende Abhängigkeiten zu finden. Mit der Schwierigkeit, geeignete Kontrollgruppen, die nicht oder anders exponiert ist, zu finden, ist oftmals die ungenügende Berücksichtigung sogenannter intervenierender Variablen (engl. confounding factor) verknüpft. Es handelt sich dabei um – meist kaum nachzuvollziehende – Nebenbedingungen, welche für einen vermuteten Effekt genauso (mit-) verantwortlich sein können wie der eigentlich zu untersuchende Parameter.

Die In-vitro-Experimente, umgangssprachlich auch als Reagenzglasversuche bezeichnet, beruhen im Wesentlichen auf einer Exposition von Zellen und Molekülen in einer definierten Laborumgebung. Vielfach wird die Übertragbarkeit der – in solchen nachgebildeten, aber letztlich künstlichen Umgebungsbedingungen – gefundenen Ergebnisse auf die realen Zustände, etwa im Körperinneren eines Menschen, angezweifelt.

Dahingegen wird bei In-vivo-Untersuchungen direkt am lebenden Objekt (Tiere, Menschen) geforscht. Selbstverständlich geschieht dies unter Einhaltung ethischer Grundsätze, was jedoch naturgemäß die Bandbreite der Versuche beschränkt. Bei der Anwendung von Tiermodellen gibt es - obschon gängiges Verfahren in der Medizin oder Pharmazie – von mancher Seite Bedenken hinsichtlich einer Anwendung der Resultate auf den Menschen.

Insgesamt gesehen besteht weiterhin Forschungsbedarf. Solange aber keine endgültigen Ergebnisse vorliegen, reichen nach *Berg* die unterschiedlichen Meinungen von: „In der Gesamtsicht stellt Elektrosmog im Alltag gegenüber anderen Umweltrisiken – das lässt sich nach den bisher vorliegenden Ergebnissen bereits sagen – eine eher kleine Einflussgröße dar" bis zu: „... noch umfangreiche Forschungsarbeiten notwendig. Dann erst wird abzusehen sein, ob Elektrosmog, verglichen mit anderen Umweltbelastungen, als eher kleines Gesundheitsrisiko einzustufen ist, oder ob Elektrosmog der Schlüssel zum Verständnis bisher ungeklärter Zivilisationskrankheiten ist, die in allen hochindustriellen Ländern - parallel zur Elektrifizierung – zugenommen haben".

4.3.1 Niederfrequenzbereich

Im Sinne der biologischen Wirkungen elektromagnetischer Felder auf den Menschen endet die Niederfrequenz bei etwa 100 kHz, wobei zwischen 30 kHz und 100 kHz der Übergangsbereich zur Hochfrequenz angesetzt wird.

In der Diskussion stehen neben den von den Feldern verursachten Strömen respektive der Stromdichten im Körperinneren auch die Felder selbst. Vor allem das magnetische Feld ist Gegenstand der Forschung, da es im Gegensatz zum elektrischen Feld nahezu ungehindert den menschlichen Körper durchdringt (Kapitel 3).

Nun ist aus der Medizin und Biologie bekannt, dass sehr viele Prozesse im Körperinneren mit einem Stromfluss verknüpft sind wie etwa Reizweiterleitung in den Nervenbahnen. Es ist daher einleuchtend, dass ein zusätzlicher, von außen induzierter Strom sich dem natürlichen Stromfluss überlagert. Ob und wie sich ein solches Zusammenspiel auswirkt, soll und kann an dieser Stelle nicht weiter beleuchtet werden. Die Quellen zu dieser Thematik sind extrem umfangreich.

Tatsache ist allerdings, dass die Grenzwertfindung im Niederfrequenzbereich darauf abzielt, die im Körper auftretenden Ströme und damit einhergehend auch die äußeren Felder zu reduzieren. Ausgangspunkt jeglicher Betrachtung ist dabei zunächst die Biologie bzw. die Medizin. In zahllosen Studien wurden und werden die Auswirkungen der Stromdichten und Felder untersucht. Als erwiesen und unbestritten gilt dabei der Effekt der Reizung bei hohen Stromdichten. Darüber hinaus stehen jedoch auch viele andere Wirkungen zur Debatte. Dazu zählen etwa die Beeinflussung des Kalzium-Ionen-Austausches zwischen Zellen und eine Beeinflussung der Melatoninproduktion durch das magnetische Feld.

All diese Überlegungen führen zu einer Festlegung von sogenannten Basisgrenzwerten. Diese orientieren sich an den direkten Geschehnissen im Körperinneren und reglementieren somit die darin bestimmenden „Störgrößen". Im niederfrequenten Fall ist dies primär die Stromdichte, welche üblicherweise in der Einheit mA/m^2 angegeben wird. Je nach Effekt wird dabei zwischen Effektiv- und Spitzenwert sowie der Frequenz unterschieden.

Nun ist eine Körperstromdichte messtechnisch aber nur sehr schwer zu erfassen. Weitaus geeigneter erweist sich die Überprüfung der äußeren elektrischen und magnetischen Felder. Sie stellen letztlich die Ursache des zusätzlichen Stromflusses dar. Außerdem ist deren Messung eine aus der Feldmesstechnik (Kapitel 6) bekannte und lösbare Aufgabenstellung.

Damit steht man aber direkt vor dem nächsten Problem. Die Größen im Körperinneren müssen auf äußere Felder umgerechnet werden. Mit dieser Aufgabe beschäftigen sich gleichwohl Heerscharen von Wissenschaftlern. Wie nicht anders zu erwarten, werden auch die solchen Kalkulationen zugrunde liegenden Modelle heftig diskutiert.

Ungeachtet aller Dispute über die Ansätze, auf denen die Umrechnungen basieren, erhält man durch diesen Prozess jedoch aus den Basisgrenzwerten die sogenannten abgeleiteten Grenzwerte. Zumeist werden diese mit diversen Sicherheitszuschlägen versehen und schließlich als Grenzwerte der elektrischen Feldstärke oder der magnetischen Flussdichte propagiert.

In den bisherigen Betrachtungen war der Stromfluss die primäre physikalische Wirkung und die Reizung von Körperzellen die dazugehörige biologische. Nun gibt es aber eine Reihe von Untersuchungen, welche Effekte im Körperinneren nahelegen, die nur unzureichend mit Stromdichten zu erklären sind. Die dazu gehörigen äußeren Feldstärken liegen zum Teil weit unter den aktuell gültigen Grenzwerten. Dies ist logisch, basieren doch gerade die aktuellen Limits auf dem Stromdichtemodell.

4.3.2 Hochfrequenzbereich

Ähnlich den Reizwirkungen im Niederfrequenzbereich zählt bei der Hochfrequenz die Erwärmung zu den am besten untersuchten Wirkungen. Dieser Vorgang ist auch dem Laien direkt zugänglich, vergegenwärtigt man sich die Funktionsweise eines Mikrowellenherdes.

Bei der Untersuchung des thermischen Effektes ging man daher zunächst der Frage nach, wieviel Wärmeenergie dem Menschen von außen zugeführt werden darf. Dies führte sehr schnell zu einer Festlegung über die maximal zulässige Erwärmung im Körperinneren. Die Meinungen gehen diesbezüglich auseinander. Als Richtwert kann eine Erhöhung der Körpertemperatur von 0,5 bis 1 °C angenommen werden.

Da in diesem Zusammenhang der Anstieg der Körpertemperatur jedoch mit der Absorption von außen zugeführter Energie eng verknüpft ist, wird in den meisten Publikationen als unter-

4.3 Gesicherte Erkenntnisse und diskutierte Wirkungen

suchte Größe die sogenannte spezifische Absorptionsrate (engl. specific absorption rate; SAR) in der Einheit W/kg angegeben.

Die Aufnahme von Energie aus einer einfallenden elektromagnetischen Welle ist je nach Frequenzbereich durch einen anderen physikalischen Effekt erklärbar.

- Bis zu 1 MHz resultiert die Wärme aus den ohmschen Verlusten freier Ladungsträger.
- Von 1 MHz bis 100 MHz überwiegen Polarisationseffekte an Grenzflächen.
- Oberhalb von etwa 1 GHz dominieren die dielektrischen Verluste.

Nun besitzt der menschliche Körper die Eigenschaft, Temperaturerhöhungen über eine Thermoregulation auszugleichen. Dabei wird der erwärmte Bereich verstärkt mit Blut versorgt. Die Wärme wird von diesem aufgenommen und abtransportiert. Die verstärkte Durchblutung peripherer Gefäße und das Schwitzen erhöhen die Wirkung.

Das ganze Prinzip kann aber nur dann funktionieren, wenn die Intensität der zugeführten Energie nicht zu groß ist.

Für einzelne Körperteile wurden diesbezüglich spezielle Absorptionsraten festgelegt. Dabei trägt man dem Umstand Rechnung, dass bestimmte Organe, wie etwa die Augen, nur schwach durchblutet sind und der Abtransport von Wärme nur bedingt funktioniert. Andere Bereiche des Körpers, wie etwa Handgelenke und Knöchel, dürfen mit höheren SAR-Werten exponiert werden.

Insofern unterscheidet man bei der SAR, ob es sich um eine sogenannte Ganzkörperexposition oder lediglich um eine Teilkörperexposition handelt.

Eine weitere Besonderheit hängt eng mit der bereits erwähnten Thermoregulation zusammen. Bedingt durch die biologische „Konstruktion" des Menschen muss für das volle Wirksamwerden des Ausgleichsprozesses ein gewisser Zeitrahmen angesetzt werden. Einige Quellen berichten in diesem Zusammenhang davon, dass im Bereich von 10 MHz bis einige GHz - bei einer 30-minütigen Exposition mit einer Ganzkörper-SAR von 4 W/kg - die erzielte Temperaturerhöhung mehr als 1 °C betragen habe.

Bei noch höheren Frequenzen ist die Eindringtiefe in das Gewebe derart gering, dass lediglich von Oberflächeneffekten auszugehen ist. Hier erfolgt dann der Übergang von einer Begrenzung der absorbierten Energie pro Körpermasse zu einer Limitierung der äußeren Leistungsflussdichte (Einheit W/m^2).

Mit der Betrachtung der biologisch relevanten Größen SAR oder Leistungsflussdichte steht man aber vor dem gleichen Problem wie schon bei der Niederfrequenz. Die aus biologisch-medizinischen Studien resultierenden maximalen Größen spiegeln als Basisgrenzwerte lediglich die tatsächlichen Effekte wider. Für den messtechnischen Nachweis an einem gegebenen Messort sind diese jedoch mehr als ungeeignet.

Analog war und ist man daher bestrebt, aus den Basisgrenzwerten wiederum abgeleitete Grenzwerte zu berechnen. Die damit verbundenen Probleme, wie etwa Fragen hinsichtlich der Modellierung, sind aus dem NF-Bereich hinreichend bekannt.

Nichtsdestotrotz werden von den verschiedensten Organisationen – zumeist mit Sicherheitszuschlägen versehene - abgeleitete Grenzwerte als maximale elektrische und magnetische Feldstärke herausgegeben. Vereinzelt finden sich auch Angaben zu der bereits vorher erwähnten Leistungsflussdichte. Alle drei Größen können jedoch sehr leicht mit Hilfe des Feldwellenwiderstandes (Kapitel 2) ineinander umgerechnet werden.

Im HF-Bereich werden neben den thermischen Effekten auch athermische oder nichtthermische Wirkungen untersucht. Selbstverständlich führt eine Berücksichtigung solcher Ansätze zu einem Widerspruch zum derzeitigen Grenzwertkonzept.

4.3.3 Der aktuelle Stand im Überblick

Wie bereits mehrfach erwähnt, können und sollen im Rahmen dieses Buches bestehende Grenzwertkonzepte oder Erkenntnisse nicht bewertet werden. In Tabelle 4.1 wird versucht, die derzeit bekanntesten gesicherten Erkenntnisse und diskutierten Wirkungen in aller Kürze darzustellen. Die Auflistung selbst bleibt angesichts der Fülle an Veröffentlichungen zu diesem Thema nur unvollständig. Des Weiteren kann von den Autoren eine medizinisch-biologische Interpretation nicht vorgenommen werden. Sie liegt auch nicht in deren Absicht. Wer sich mit den aktuellen Grenzwertkonzepten beschäftigt, dem wird auffallen, dass die abgeleiteten Grenzwerte für beruflich exponierte Personen (Abschnitt 5.9) weit höher liegen als diejenigen für die Allgemeinbevölkerung. Der Grund hierfür ist nicht etwa darin zu sehen, dass Arbeitnehmer mehr aushalten als der Rest der Bevölkerung. Vielmehr geht man davon aus, dass der Teil der Bevölkerung, der im Rahmen einer Berufsausübung exponiert wird, aus gesunden Erwachsenen besteht, die es gelernt haben oder darauf trainiert sind, potenzielle Gefahren zu erkennen und in der Lage sind, geeignete Schutzmaßnahmen zu ergreifen. Im Gegensatz dazu besteht die Allgemeinbevölkerung aus Personen jeden Alters mit unterschiedlichem Gesundheitszustand. Die meisten Personen sind sich nicht über eine mögliche Exposition im Klaren und daher auch nicht fähig, Abhilfe zu schaffen. Im Übrigen findet – im Gegensatz zu manchem Arbeitsplatz – auch keine laufende Kontrolle der Exposition statt.

Die abgeleiteten Grenzwerte, auch Referenzwerte, werden zum Vergleich mit Messwerten physikalischer Größen angegeben. Werden die Referenzwerte eingehalten, so ist auch die Erfüllung der Basisgrenzwerte sichergestellt. Liegen die gemessenen Werte jedoch über den Referenzwerten, so lässt sich daraus nicht zwangsläufig schließen, dass auch die Basisgrenzwerte überschritten sind. Für eine derartige Aussage ist eine detaillierte Analyse der Expositionsverhältnisse notwendig. Man wird aber nur in wenigen Ausnahmefällen auf sie zurückgreifen, denn langfristig wird man etwa als Betreiber einer Anlage – schon aus psychologischen Gründen – nicht auf einer Überschreitung der abgeleiteten Grenzwerte beharren können.

Bisher existiert kaum ein biologisches Erklärungsmodell im Bereich der sogenannten Elektrosensibilität (teilweise auch: elektrische Hypersensitivität). Man versteht darunter das Phänomen, dass wohl einige Menschen eine ungewöhnlich starke Reaktion auf allgemein als schwach eingeschätzte elektrische und magnetische Felder zeigen. Diese geht zumeist mit einer massiven Beeinträchtigung der Gesundheit und des Wohlbefindens einher. Die wissenschaftlichen Veröffentlichungen zu diesem Thema sind sehr spärlich. Gleichwohl besteht noch enormer Forschungsbedarf. Unglücklicherweise hängt vielen Betroffenen auch der Verdacht an, dass es sich bei ihren Problemen lediglich um „einfache" psychosomatische Erkrankungen handelt. Der Selbsthilfeverein der Elektrosensiblen (Abschnitt 5.15) schätzt den Anteil in der Bevölkerung Deutschlands auf etwa 0,2 %.

Tabelle 4.1 Gesicherte Erkenntnisse und diskutierte Wirkungen

Gesicherte Erkenntnisse	Diskutierte Wirkungen
Elektrostatische Aufladung und Gleichfelder	
Kontakt- und Entladungsströme, die je nach Dauer und Stärke wahrgenommen werden können, bis hin zu Schädigungen ähnlich einem Stromunfall	Effekte infolge der Kraftwirkung auf Ladungsträger (z. B. elektrolytische Flüssigkeiten wie Blut)
Niederfrequenz	
Wahrnehmung von visuellen Leuchterscheinungen (Phosphenen) ab 100 mA/m²; bei relativ starken elektrischen und magnetischen Feldern; (> 1 mT)	Erhöhung des Vorkommens von Leukämie, Hirntumoren und Krebs allgemein bei Personen, die in der Nähe von Hochspannungsfreileitungen leben; Erhöhung der Abortrate und der Geburtsdefekte bei erhöhter Magnetfeldexposition in Wohnungen
Reizschwelle liegt bei einer Körperstromdichte von etwa 200 mA/m²	
Haarvibrationen treten ab 1 bis 5 kV/m äußerer elektrischer Feldstärke auf	Veränderungen der Melatonin-Synthese, des Blutbildes, des EEG, des Kalzium-Ionen-Transportes durch die Zellmembranen und strukturelle Veränderungen derselben
Hemmung der Melatoninproduktion und Tumorpromotion an Ratten, ab einer Körperstromdichte von 1 – 2 mA/m² (> 10 µT)	
	Störungen des Stoffwechsels, des Herz-Kreislauf-Systems, des zentralen Nervensystems
	Verlangsamung der Reaktionen und Verschlechterung der Merkfähigkeit
	Akustische Phänomene (Hören von Tönen)
Hochfrequenz	
Ansprechen der Thermoregulation ab einer Erhöhung der Körperkerntemperatur um mehr als ca. 0,3 °C. Ab einer Erhöhung der Körpertemperatur von 2 °C: Veränderung neurologischer Funktionen, Augenlinsentrübung, verminderte Bildung von Spermien, Beeinträchtigung der Zellmorphologie, teratogene (erbgutverändernde) Effekte	Erhöhung des Vorkommens von Leukämie, Hirntumoren und Krebs allgemein für Beschäftigte an HF-Einrichtungen
	Bei niederfrequent modulierter Hochfrequenz: Einflüsse auf den Kalzium-Ionenaustausch, Veränderungen des Stoffwechsels, Veränderungen im EEG
An Freiwilligen wurde bei einem SAR von 4 W/kg eine Erhöhung der Körpertemperartur von 0,1 bis 0,5 °C festgestellt.	
Bislang sind beim Menschen Auswirkungen auf das Tumorwachstum nicht eindeutig nachweisbar.	

4.4 Bewertung aus Sicht der Messtechnik

Die vorangegangenen Abschnitte haben gezeigt, dass die biologischen Wirkungen der elektromagnetischen Felder – seien sie nun von endgültig bewiesener Natur oder haben sie lediglich vermuteten Charakter – von vielfältiger Art und Weise sind.

Vereinfacht ausgedrückt, muss jede Komponente des elektromagnetischen Spektrums unter die Lupe genommen werden können, denn nur, wenn die komplette elektromagnetische Umgebung erfasst ist, kann eine umfassende Aussage abgegeben werden.

Es gibt wohl einige ausgezeichnete Frequenzen, die weitaus häufiger im alltäglichen Leben anzutreffen sind, letztlich aber ist nach Ansicht der Autoren eine Beschränkung auf diese Expositionen nicht zulässig.

Was also kann aus dem oben Beschriebenen abgeleitet werden? Welche Aufgaben muss die EMVU-Messtechnik ganz allgemein leisten, um ihrem Anspruch gerecht zu werden?

Die Antwort darauf ist einfach: Sie muss sich geradezu an den biologischen Wirkungen orientieren, denn diese sind ihre einzige Daseinsberechtigung, sieht man einmal davon ab, dass bei vielen EMVU-Untersuchungen auch Aussagen bezüglich des EMVG „abfallen". Außerdem sollte in diesem Zusammenhang auf die von verschiedenen Seiten vorgetragene Notwendigkeit von „Vorsorge-Messungen" hingewiesen werden. Diese können dann eine Bedeutung erlangen, wenn in Zukunft eventuell Grenzwerte verschärft werden oder neue Erkenntnisse bezüglich biologischer Wirkungen hinzukommen.

Bei einer Vielzahl von Frequenzen und Feldern beruht die eigentliche biologische Wirkung auf Strömen und thermischen Vorgängen im Körperinnern. Nun ist natürlich deren Bestimmung weitaus schwieriger als etwa die Messung eines äußeren Feldes. Insofern war man von Anbeginn der Grenzwertfindung bestrebt, die maximalen Werte im Körperinnern auf äußere Feldgrößen umzurechnen. Die derartig ermittelten abgeleiteten Grenzwerte sind es, die im Rahmen von EMVU-Messungen bestimmt werden.

Die äußeren Felder sind primär Funktionen des Ortes und der Zeit. Das ideale Messequipment für solche Größen ist daher recht einfach zu beschreiben. Die Maximalforderung ist eine frequenzselektive Messeinrichtung für elektrische, magnetische und elektromagnetische Felder im Zeitbereich für Frequenzen von 0 Hz bis 300 GHz.

Der Messbereich reicht für das elektrische Feld von ungefähr 20 kV/m (Gleichfelder und niederfrequente Wechselfelder) bis etwa 1 V/m. Beim magnetischen Feld sind Werte zwischen 5 T (MR-Tomographie; Gleichfeld) und etwa 0,1 µT angesiedelt.

Mit diesen Angaben ist zunächst ein maximaler Rahmen abgesteckt. Es wird aber selbst dem Laien begreiflich sein, dass es kein einzelnes Gerät gibt, welches das komplette Spektrum mit entsprechender Auflösung abdeckt.

Man wird demnach immer mehrere Messeinrichtungen besitzen müssen, wobei jede einzelne auf bestimmte Frequenzbereiche, Feldgrößen und Dynamikbereiche zugeschnitten ist.

Im Bereich der Baubiologie wird neben der Messung von Feldern auch vielfach die Bestimmung von Körperströmen und -spannungen gefordert. Damit verspricht man sich eine realistischere Nachbildung der Konstellation „Mensch im Feld". Hingegen liefert eine standardmäßige Feldmessung an einem bestimmten Raumpunkt logischerweise nur einen Messwert, der ohne die gleichzeitige Anwesenheit eines menschlichen Körpers an diesem Punkt zustande kommt.

Für die Körperströme kann gezeigt werden, dass die Messung eines durch den Menschen ungestörten Feldes die gleichen Ergebnisse liefert wie eine direkte Messung des Körperableit-

4.4 Bewertung aus Sicht der Messtechnik

stroms etwa an den Füßen. Schwierig ist es jedoch, aus dem Gesamtkörperableitstrom Aussagen über einzelne Körperstromdichten zu ermitteln. Diese Thematik ist daher Gegenstand vielfältiger Forschungsarbeiten.

Für bestimmte Fragestellungen kann es auch von Interesse sein, an bestimmten Gegenständen die Berührungsspannung gegen Erde zu ermitteln, etwa um einem elektrischen Schlag vorzubeugen.

Im Gegensatz dazu basiert die Messung der Körperspannung (auch: Ladespannung) des Menschen auf einem völlig anderen Ansatz. Das Verfahren fußt auf der Annahme, dass die Körperspannung durch äußere Einflüsse (hier: elektrische Felder) unverhältnismäßig erhöht werden kann. Eine naturgegebene Spannung rühre von der mittleren Zellspannung von 90 mV her. Als Maß einer kapazitiven Ankopplung des Menschen wird die Spannungsdifferenz zwischen Mensch und Erde herangezogen. Eine Grenzwertfestlegung erfolgt in mV-Angaben, wobei folgerichtig der Bereich starker Wirkungen auf den Menschen am Schlafplatz bei etwa 100 mV beginnt.

Die Abnahme von Potenzialen am menschlichen Körper ist zwar ein in der Medizin langbewährtes Verfahren, um sich anhand äußerer elektrischer Signale, etwa EEG oder evozierte Potentiale; EP, Aussagen über Vorgänge im Körperinnern zu verschaffen, jedoch gibt es aus Sicht der EMVU-Messtechnik einige gravierende Argumente gegen das Verfahren der Körperspannungsmessung gegen Erde:

- Zunächst einmal ist dies die Frage nach der Impedanz Z_{mess} der Messeinrichtung. Die Kapazität C_E einer Person gegen Erde beträgt im üblichen Wohnumfeld weniger als 100 pF. Daraus resultieren Impedanzwerte von bis zu 100 MΩ. Derartig hohe „Widerstände" können aber nur sinnvoll mit Geräten gemessen werden, deren Z_{mess} deutlich darüber liegt (z. B. 1 GΩ). Durch die „Parallelschaltung" (Bild 4-1a) misst man stets eine Spannung, die niedriger ist als die tatsächlich vorhandene. Der dabei auftretende Fehler wird umso größer, je kleiner die Impedanz des Messgerätes ausfällt. Ein Innenwiderstand von 1 GΩ setzt allerdings ein spezielles Messgerät voraus. Handelsübliche Voltmeter hingegen warten typischerweise nur mit einem Wert von etwa 10 MΩ auf.

- Elektrische Felder bzw. die damit einhergehenden Körperstromdichten können zu gering eingeschätzt werden. Dies ist etwa der Fall, wenn eine Person auf einem Bett mit geerdetem metallischem Lattenrost liegt (sehr gute „Kopplung" mit der Erde, daher geringer Widerstand) und die Felder von oben einwirken (nur geringe Ladespannung messbar; vgl. Bild 4-1b).

- Der Mensch kann durch die Erdung gewissermaßen erst „bevorzugtes Ziel" von Feldern werden. Eine mögliche Auswirkung einer derartigen Vorgehensweise unter bestimmten Randbedingungen zeigt Bild 4-1c1–c3.

- Mithin den größten Messfehler produziert man allerdings, wenn man überhaupt nicht gegen Erde misst oder die Erdverbindung nur unzureichend ist. Durch das fehlende Referenzpotenzial ergibt sich irgendein Wert.

- Untersuchungen haben außerdem gezeigt, dass die Messergebnisse stark von äußeren Einflüssen, wie etwa der Körperhaltung, dem Schuhwerk (Isolation) und nicht zuletzt auch vom Transpirationsverhalten des untersuchten Menschen abhängig sind.

Die Bestimmung von Spannungen an Personen sollte jedoch keinesfalls komplett verworfen werden. Beispielsweise beschäftigt man sich im Rahmen von Prüfungen an Textilien mit der elektrostatischen Aufladung von Personen beim Begehen von Bodenbelägen. Dabei werden allerdings exakt definierte Prüfbedingungen vorausgesetzt.

Auch die erdbezogene Messung stellt per se gleichfalls noch kein K.-o.-Kriterium dar. Immerhin basiert der Nachweis von elektromagnetischen Feldern gemäß MPR und TCO (Abschnitt 5.12) auf einer Feldmessung gegen Erde. Wie bei der Prüfung von Bodenbelägen müssen stets die gleichen, exakt definierten Bedingungen eingehalten werden.

Analog dazu müsste man für die Körperspannungsmessung detaillierte Kenntnisse der Umgebung (elektromagnetische Feldverhältnisse, Geometrie elektrisch leitfähiger und geerdeter Gegenstände) nicht nur fordern, sondern auch beim Messergebnis berücksichtigen. Da aber dann immer noch das Individuum Mensch als „Unsicherheitsfaktor" bleibt, kann beim niederfrequenten elektrischen Feld nur die weniger fehleranfällige potenzialfreie Messung (Abschnitt 5.5) empfohlen werden.

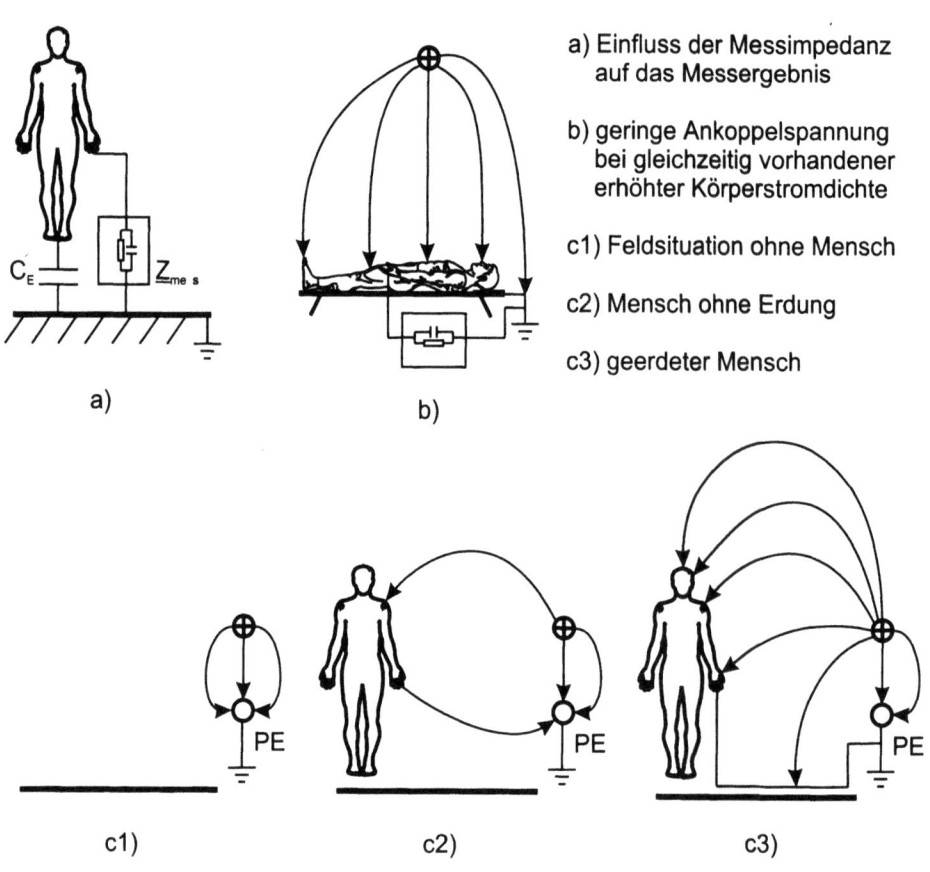

Bild 4-1 Verschiedene Aspekte der Körperspannungsmessung

5 Gesetze, Normen, Verordnungen und Empfehlungen

Dieses Kapitel soll die rechtlichen Grundlagen der Beurteilung elektrischer, magnetischer und elektromagnetischer Felder behandeln. Hierzu werden die wichtigsten Punkte aus den Gesetzestexten behandelt, die anzuwendenden Normen erläutert und Empfehlungen anerkannter Institute vorgestellt.

5.1 Übersicht

Rechtliche Grundlage für die Beurteilung von Immissionen ist das Bundesimmissionsschutzgesetz (BImSchG) als Rahmengesetz. Je nach Anforderungen kann die Bundesregierung Verordnungen auf Grundlage dieses Gesetzes erlassen, so z.B. die 26. Verordnung zum Bundesimmissionsschutzgesetz, die Verordnung über elektromagnetische Felder (26. BImSchV).

Diese Gesetzestexte und Verordnungen sind sehr allgemein gehalten und bedürfen zu ihrer Ausführung weiterer Informationen. Der Länderarbeitskreis Immissionsschutz (LAI) hat entsprechende Durchführungshinweise erstellt (Abschnitt 5.3), die neben Begriffsdefinitionen auch Messhinweise und Anforderungen für sachverständige Stellen enthalten.

Grundlage für die technische Seite sind die deutschen bzw. internationalen Normen, die als Stand der Technik zu betrachten sind und in einer rechtlichen Auseinandersetzung als bekannt vorausgesetzt werden. Für den Bereich der elektromagnetischen Felder ist die DIN VDE 0848 maßgebend (Abschnitt 5.5) mit Verweisen auf einige andere Normen.

Für Hochfrequenzanlagen kann die Regulierungsbehörde für Telekommunikation und Post, als Nachfolgerin des Bundesamtes für Post und Telekommunikation, mit der Wahrnehmung hoheitlicher Aufgaben in diesem Bereich beauftragt, Verfügungen erlassen, die für die Anlagenbetreiber bindend sind, so z.B. die Vfg 306/1997 zum Thema Standortbescheinigung.

Nur empfehlenden Charakter haben die Veröffentlichungen des Bundesamtes für den Strahlenschutz (BfS) und der Strahlenschutzkommission (SSK), die in Abschnitt 5.6 vorgestellt werden.

Im Bereich der biologischen Wirkungen elektromagnetischer Felder gibt es eine Vielzahl an laufenden Untersuchungen und daraus resultierend auch eine beachtliche Anzahl von Veröffentlichungen. Zu den führenden Instituten zählt die Forschungsgemeinschaft Funk, die mit großem finanziellen Aufwand Untersuchungen, vor allem Arbeiten über hochfrequente Felder, unterstützt. Die Veröffentlichungen der FGF werden in Abschnitt 5.8 vorgestellt.

Auch im internationalen Bereich gibt es eine ganze Reihe von Publikationen, die zum Teil nur am Rande auf die elektromagnetische Umweltverträglichkeit eingehen. Die Quellen, die nach unserem Ermessen von Interesse sind, findet man in den Abschnitten 5.9. und 5.10.

Der Bereich der elektromagnetischen Verträglichkeit von Geräten wird kurz erwähnt, um die Einordnung der Personenschutzgrenzwerte in die Schutzanforderungen nach dem Gesetz über die elektromagnetische Verträglichkeit von Geräten (EMVG) zu ermöglichen. Oft findet sich in den Verträgen bezüglich Mobilfunkstandorten der Hinweis auf die Einhaltung der Grenzwerte nach dem EMVG.

Im letzten Teil wird auf einschlägige Literatur und Veröffentlichungen kritischer Institute eingegangen. Die in diesen Publikationen getroffenen Aussagen sind sehr sorgfältig zu prüfen und mit Vorsicht zu betrachten.

Es muss an dieser Stelle betont werde, dass bei einer rechtlichen Auseinandersetzung ausschließlich die gesetzlich geregelten Grenzwerte herangezogen werden dürfen. Die Nennung anderer Grenzwerte in diesem Buch bedeutet keinesfalls eine wissenschaftliche Anerkennung. Aus der Veröffentlichung dieser Werte darf keine weitergehende Aussage abgeleitet werden, die Darstellung anderer als der gesetzlichen Grenzwerte dient rein informativen Zwecken.

5.2 BImSchG und BImSchV

5.2.1 Bundesimmissionsschutzgesetz (BImSchG)

Das Bundesimmissionsschutzgesetz bildet das Kernstück des deutschen Umweltrechts, es dient dem Schutz von Menschen, Tieren, und Pflanzen sowie des Bodens, des Wassers, der Atmosphäre und Kultur- bzw. Sachgütern vor schädlichen Umwelteinflüssen. Soweit es sich um genehmigungsbedürftige Anlagen handelt, dient das Gesetz auch der Vorsorge vor schädlichen Umwelteinwirkungen. Entsprechend diesem umfangreichen Schutz- und Vorsorgeziel ist der Geltungsbereich nach §2 BImSchG sehr weit gefasst.

Das Gesetz gilt allgemein für die Errichtung und den Betrieb von Anlagen, es hat nach § 2 Abs. 2 auch Einfluss auf das Herstellen, Inverkehrbringen und Einführen von Anlagen, Brennstoffen und Treibstoffen. Ebenso regelt es die Beschaffenheit, die Ausrüstung und die Prüfung von Kraftfahrzeugen sowie Schienen-, Luft- und Wasserfahrzeugen und den damit zusammenhängenden öffentlichen Bau der Verkehrswege. Im Hinblick auf die elektromagnetische Verträglichkeit ist insbesondere der erste Bereich der Errichtung und des Betriebes von Anlagen von Bedeutung. Nicht in den Geltungsbereich fallen Anlagen auf Flughäfen und Anlagen, die dem Atomgesetz unterliegen.

Im Gesetzestext finden sich einige Begriffsdefinitionen, die für die weitere Betrachtung von Bedeutung sind. So wird in § 3 Abs. 1 definiert:

Schädliche Umwelteinwirkungen im Sinne des Gesetzes sind Immissionen, die nach Art, Ausmaß oder Dauer geeignet sind, Gefahren, erhebliche Nachteile oder erhebliche Belästigungen für die Allgemeinheit oder die Nachbarschaft herbeizuführen.

Ebenso ist die Definition von Immissionen nach § 3 Abs. 2 zu nennen:

Immissionen [...] sind auf Menschen, Tiere und Pflanzen, den Boden, das Wasser die Atmosphäre sowie Kultur und Sachgüter einwirkende Luftverunreinigungen, Geräusche, Erschütterungen, Licht, Wärme, Strahlen und ähnliche Umwelteinwirkungen.

Dass der Begriff der elektromagnetischen Felder hier nicht explizit aufgeführt wird, hat seine Ursache in der Veröffentlichung des Gesetzestextes im Jahre 1990. Zu diesem Zeitpunkt gab es die 26. Verordnung zum Bundesimmissionsschutzgesetz noch nicht, einzuordnen ist der Themenbereich dieses Buches dann unter den erwähnten ähnlichen Umwelteinwirkungen.

Bei den Anlagen, die im Rahmen dieses Buches behandelt werden, handelt es sich um anzeigepflichtige Anlagen, die keiner Genehmigung bedürfen. Gesetzliche Regelungen finden sich in § 22 bis § 25. Nicht genehmigungsbedürftige Anlagen sind nach § 22 Abs. 1 so zu errichten und zu betreiben, dass

1. schädliche Umwelteinwirkungen verhindert werden, die nach dem Stand der Technik vermeidbar sind

2. nach dem Stand der Technik unvermeidbare schädliche Umwelteinwirkungen auf ein Mindestmaß beschränkt werden und

3. die beim Betrieb der Anlage entstehenden Abfälle ordnungsgemäß beseitigt werden können.

Diese Anforderungen können wiederum durch Rechtsverordnungen des Bundes ergänzt werden. § 23 ermächtigt die Bundesregierung, oder wenn von dort keine Regelung erfolgt, die Landesbehörden, Anforderungen an die Errichtung, die Beschaffenheit und den Betrieb nicht genehmigungsbedürftiger Anlagen zu beschließen.

Insbesondere heißt dies, [...] dass

1. die Anlagen bestimmten technischen Anforderungen entsprechen müssen,
2. die von den Anlagen ausgehenden Emissionen bestimmte Grenzwerte nicht überschreiten dürfen,
3. die Betreiber von Anlagen Messungen von Emissionen und Immissionen nach in der Rechtsverordnung näher zu bestimmenden Verfahren vorzunehmen haben oder von einer in der Rechtsverordnung zu bestimmenden Stelle vornehmen lassen müssen,
4. die Betreiber bestimmter Anlagen der zuständigen Behörde unverzüglich die Inbetriebnahme oder eine wesentliche Änderung der Anlage anzuzeigen haben und
5. bestimmte Anlagen nur betrieben werden dürfen, nachdem die Bescheinigung eines von der obersten Landesbehörde bekanntgegebenen Sachverständigen vorgelegt worden ist, dass die Anlage den Anforderungen nach § 33 [Bauartzulassung] entspricht.

Die zuständigen Behörden sind berechtigt, Anordnungen zur Durchführung des § 22 zu treffen und Untersagungen auszusprechen. Kommt der Anlagenbetreiber einer behördlichen Anordnung nicht nach, kann der Betrieb der Anlage bis zur Erfüllung der Anordnung untersagt werden. Gefährdet der Betrieb das Leben oder die Gesundheit von Menschen oder werden bedeutsame Sachwerte gefährdet, kann die zuständige Behörde die Errichtung und den Betrieb der Anlage untersagen, wenn das Schutzziel nicht auf andere Weise erreicht werden kann.

Eine nicht rechtzeitige, nicht vollständige oder keine Ausführung einer Anordnung nach § 24 wird als Ordnungswidrigkeit mit einer Geldbuße bis 100.000 DM geahndet.

Das Anzeigeverfahren wird in der 26. BImSchV (Abschnitt 5.2.2) näher geregelt.

Von allgemeinem Interesse sind die Regelung der Kostenfrage für Messungen und sicherheitstechnische Prüfungen in § 30. Für genehmigungspflichtige Anlagen trägt der Betreiber diese Kosten auf jeden Fall, bei genehmigungsfreien Anlagen nur in speziellen Fällen. Diese Fälle treten ein, wenn Auflagen oder Anordnungen des Gesetzes bzw. seiner Rechtsverordnungen nicht erfüllt worden sind oder Anordnungen oder Auflagen nach den Vorschriften dieses Gesetzes oder seiner Rechtsverordnungen geboten sind. Das bedeutet, dass der Anlagenbetreiber die Kosten einer Messung zu tragen hat, wenn Überschreitungen der Grenzwerte festgestellt wurden, unabhängig davon ob er diese Messung beauftragt hat.

Die Rechtsvorschriften zum Bundesimmissionsschutzgesetz decken eine Reihe von Immissionsquellen, vor allem die Luftreinhaltung ab. Außerdem finden sich weitergehende Regelungen zu genehmigungsbedürftigen Anlagen oder Immissionsschutzbeauftragten. Eine Übersicht der derzeit existierenden Rechtsvorschriften enthält Tabelle 5.1.

Tabelle 5.1 Rechtsvorschriften zum Bundesimmissionsschutzgesetz (BImSchG)

1. BImSchV	Verordnung über Kleinfeuerungsanlagen
2. BImSchV	Verordnung zur Emissionsbegrenzung von leichtflüssigen Halogenwasserstoffen
3. BImSchV	Verordnung über Schwefelgehalt von leichtem Heizöl und Dieselkraftstoff
4. BImSchV	Verordnung über genehmigungsbedürftige Anlagen
5. BImSchV	Verordnung über Immissionsschutz- und Störfallbeauftragte
6. BImSchV	aufgehoben
7. BImSchV	Verordnung zur Auswurfbegrenzung von Holzstaub
8. BImSchV	Rasenmäherlärm-Verordnung
9. BImSchV	Verordnung über das Genehmigungsverfahren
10. BImSchV	Verordnung über die Beschaffenheit und die Auszeichnung der Qualität von Kraftstoffen
11. BImSchV	Emmissionserklärungsverordnung
12. BImSchV	Störfall-Verordnung
13. BImSchV	Verordnung über Großfeuerungsanlagen
14. BImSchV	Verordnung über Anlagen der Landesverteidigung
15. BImSchV	Baumaschinenlärm-Verordnung
16. BImSchV	Verkehrslärmschutzverordnung
17. BImSchV	Verordnung über Verbrennungsanlagen für Abfälle und ähnliche brennbare Stoffe
18. BImSchV	Sportanlagenlärmverordnung
19. BImSchV	Verordnung über Chlor- und Bromverbindungen als Kraftstoffzusatz
20. BImSchV	Verordnung zur Begrenzung der Kohlenwasserstoffemissionen beim Umfüllen und Lagern von Ottokraftstoffen
21. BImSchV	Verordnung zur Begrenzung von Kohlenwasserstoffemissionen bei der Betankung von Kraftfahrzeugen
22. BImSchV	Verordnung über Immissionswerte
23. BImSchV	Verordnung über die Festlegung von Konzentrationswerten
24. BImSchV	Verkehrswege-Schallschutzmaßnahmenverordnung
25. BImSchV	Verordnung zur Begrenzung von Emissionen aus der Titandioxid-Industrie
26. BImSchV	Verordnung über elektromagnetische Felder
27. BImSchV	Verordnung über Anlagen zur Feuerbestattung

5.2.2 26. Verordnung zum Bundesimmissionsschutzgesetz (26. BImSchV)

Die 26. Verordnung zum Bundesimmissionsschutzgesetz wurde am 16. Dezember 1996 nach Zustimmung des Bundesrates vom Kanzler unterzeichnet und ist am 1. Januar 1997 in Kraft getreten. Nach § 23 Abs. 1 BImSchG ist die Bundesregierung nach Zustimmung des Bundestages und Bundesrates berechtigt, Verordnungen als Ergänzung des Gesetzestextes zu beschließen.

Diese 26. Verordnung wird als *„Verordnung über elektromagnetische Felder"* bezeichnet.

Als Verordnung nach dem BImSchG sind die Inhalte für die betroffenen Anlagenbetreiber rechtsverbindlich, bei Nichtbeachtung greifen die in Abschnitt 5.5.1 erwähnten Maßnahmen. Demgegenüber bietet die Verordnung auch eine Rechtssicherheit für die Anlagenbetreiber im Bezug auf neu zu errichtende Anlagen.

5.2.2.1 Anwendungsbereich

Der Anwendungsbereich erstreckt sich auf die Errichtung und den Betrieb von Nieder- und Hochfrequenzanlagen, die gewerblichen Zwecken dienen oder im Rahmen wirtschaftlicher Unternehmungen Verwendung finden. Zweck der Verordnung ist der Schutz der Allgemeinheit und der Nachbarschaft vor schädlichen Umwelteinwirkungen und zur Vorsorge gegen schädliche Umwelteinwirkungen durch elektromagnetische Felder. Ausgeschlossen sind Wirkungen auf Implantate.

Hochfrequenzanlagen sind definiert als ortsfeste Sendeanlagen mit einer Sendeleistung von 10 Watt EIRP (äquivalente isotrope Strahlungsleistung) oder mehr, die elektromagnetische Felder im Frequenzbereich von 10 MHz bis 300000 MHz erzeugen.

Niederfrequenzanlagen sind ortsfeste Anlagen zur Umspannung und Fortleitung von Elektrizität:

a) Freileitungen und Erdkabel mit einer Frequenz von 50 Hz und einer Spannung von 1000 Volt oder mehr,

b) Bahnstromfern- und Bahnstromoberleitungen einschließlich der Umspann- und Schaltanlagen mit einer Frequenz von 16 2/3 Hz oder 50 Hz,

c) Elektroumspannanlagen einschließlich der Schaltfelder mit einer Frequenz von 50 Hz und einer Oberspannung von 1000 Volt und mehr.

Hieraus ergeben sich bereits erhebliche Einschränkungen im Anwendungsbereich. Im Hochfrequenzbereich fallen z.B. folgende Anlagen nicht in den Geltungsbereich der Verordnung:

- militärische Anlagen
- BOS-Dienste (Polizei, Hilfsorganisationen, Feuerwehr)
- Sendeanlagen im Eigentum der Landesrundfunkanstalten
- Amateurfunkanlagen[1]

Niederfrequenzanlagen mit Spannungen kleiner 1000 Volt sind ebenfalls nicht Bestandteil dieser Verordnung, ausgeschlossen sind also die Bereiche mit großem Stromfluss bei kleiner Spannung. Ausgenommen sind Umspannanlagen, in denen mindestens eine Spannung von 1kV oder größer vorkommt, hier sind dann auch die Auswirkungen der 230-V-Ebene zu berücksichtigen. Eine getrennte Messung ist bei diesen Anlagen prinzipiell nicht möglich.

---

[1] zur Beurteilung von Amateurfunkanlagen ist Vfg. 306/1997 (Abschnitt 5.5.4) zu beachten.

5.2.2.2 Grenzwerte für Hochfrequenzanlagen

Um das Schutzziel dieser Verordnung zu erreichen, werden für den Einwirkbereich der ortsfesten Sendeanlage, der nicht nur zum vorübergehenden Aufenthalt von Personen bestimmt ist, Grenzwerte festgelegt, die bei maximaler betrieblicher Anlagenauslastung nicht überschritten werden dürfen. Zu berücksichtigen sind alle immissionswirksamen Anlagen.

Tabelle 5.2 Grenzwerte Hochfrequenzanlagen

Frequenz in MHz	elektrische Feldstärke in V/m	Magnetische Feldstärke in A/m
10 – 400	27,5	0,073
400 – 2000	$1{,}375 \cdot \sqrt{f}$	$0{,}0037 \cdot \sqrt{f}$
2000 – 300000	61	0,16

Die angegebenen Werte verstehen sich als Effektivwerte, quadratisch gemittelt über 6-Minuten-Intervalle. Bei gepulsten elektromagnetischen Feldern darf der Spitzenwert der Feldstärke das 32fache des Grenzwertes nicht überschreiten.

5.2.2.3 Grenzwerte für Niederfrequenzanlagen

Niederfrequenzanlagen sind so zu betreiben, dass in Bereichen, die nicht nur dem vorrübergehenden Aufenthalt von Personen dienen, bei maximaler betrieblicher Anlagenauslastung die Grenzwerte nicht überschritten werden. Auch hier sind alle immissionswirksamen Anlagen zu berücksichtigen, auch wenn die weiteren Anlagen eigentlich nicht in den Anwendungsbereich dieser Verordnung fallen.

Tabelle 5.3 Grenzwerte Niederfrequenzanlagen

Frequenz in Hz	elektrische Feldstärke in V/m	magnetische Flussdichte in µT
50	5.000	100
16 2/3	10.000	300

Die Grenzwerte verstehen sich als Effektivwerte der elektrischen Feldstärke bzw. der magnetischen Flussdichte.

Grenzwertüberschreitungen sind zugelassen:

- um nicht mehr als 100 %, falls die Dauer 5 % des Beobachtungszeitraumes von einem Tag nicht überschreitet
- kleinräumige Überschreitungen um nicht mehr als 100 % außerhalb von Gebäuden.

Aus Vorsorgeaspekten sind diese Überschreitungen in der Nähe von Wohnungen, Krankenhäusern, Schulen, Kindergärten, Kinderhorten, Spielplätzen oder ähnlichen Einrichtungen nicht zugelassen.

5.2.2.4 Ermittlung der Feldstärke- und Flussdichtewerte

Anzuwenden sind Messgeräte sowie Mess- und Berechnungsverfahren, wie sie in der DIN VDE 0848 Teil 1 veröffentlicht sind. Messungen sind grundsätzlich an dem Ort mit der stärksten Exposition durchzuführen, an dem mit einem nicht nur vorübergehenden Aufenthalt von Personen zu rechnen ist.

Eine Messung ist nicht erforderlich, wenn die Einhaltung der Grenzwerte durch geeignete Berechnungsverfahren (Simulation) sichergestellt werden kann.

5.2.2.5 Anzeige von Anlagen

Die Inbetriebnahme einer Anlage oder die Ausführung einer wesentlichen Änderung sind der zuständigen Behörde mindestens zwei Wochen im Voraus anzuzeigen. Handelt es sich um eine Hochfrequenzanlage, ist die vom Bundesamt für Post und Telekommunikation[2] erstellte Standortbescheinigung beizufügen. Außerdem soll der Betreiber die maßgeblichen Daten der Anlage und einen Lageplan beifügen. Niederfrequenzanlagen bedürfen nur dann einer Anzeige, wenn

1. die Anlage auf einem Grundstück im Bereich eines Bebauungsplanes oder innerhalb eines im Zusammenhang bebauten Ortsteiles oder auf einem mit Wohngebäuden bebauten Grundstück im Außenbereich gelegen ist oder derartige Grundstücke überquert und

2. die Anlage oder ihre wesentliche Änderung nicht einer Genehmigung, Planfeststellung oder sonstigen behördlichen Entscheidung nach anderen Rechtsvorschriften bedarf, bei der die Belange des Immissionsschutzes berücksichtigt werden.

Die Unterlassung der Anzeige ist eine Ordnungswidrigkeit nach §62 Abs. 1 des Bundesimmissionsschutzgesetzes, ebenso das vorsätzliche oder fahrlässige Überschreiten der Grenzwerte aus den Abschnitten 5.2.5.2 und 5.2.5.3.

5.2.2.6 Ausnahmeregelungen

Die zuständige Behörde kann Ausnahmen zu den genannten Grenzwerten zulassen, solange schädliche Umwelteinwirkungen aus Art und Dauer der Anlagenauslastung und des tatsächlichen Aufenthalts von Personen nicht zu erwarten sind. Ausnahmen von den Vorsorgeanforderungen sind zulässig, soweit diese im Einzelfall unverhältnismäßig sind.

5.3 LAI-Hinweise zur Durchführung der Verordnung über elektromagnetische Felder

Der Länderausschuss für Immissionsschutz (LAI) hat in seiner 44. Sitzung vom 11. bis 13.5.1998 Hinweise zur Durchführung der Verordnung über Elektromagnetische Felder behandelt.

Diese Durchführungshinweise enthalten neben Hinweisen zur Umsetzung der 26. Verordnung zum Bundes-Immissionsschutzgesetz auch Anforderungen für sachverständige Stellen und Hinweise zu Art und Umfang der Anzeige einer Anlage.

---

[2] inzwischen nimmt die Regulierungsbehörde für Telekommunikation und Post (RegTP) diese Aufgabe wahr.

5.3.1 Hinweise zur Umsetzung der Verordnung

5.3.1.1 Anwendungsbereich der 26. BImSchV

Der Anwendungsbereich der Verordnung wird hier detaillierter als im Gesetzestext angegeben und umfasst:

- Ortsfeste Anlagen, die gewerblichen Zwecken dienen oder im Rahmen wirtschaftlicher Unternehmungen Verwendung finden. Ob hiermit ein Gewinn erzielt wird, ist unerheblich. Hierzu zählen:
- Gewerbebetriebe (Handwerk, Industrie, Handel)
- Unternehmungen, wie z.B. Land- und Forstwirtschaft
- Öffentliche Versorgungsbetriebe (Elektrizitätswerke, Verkehrsbetriebe)
- Private Telekommunikations- und Bahnunternehmen (also auch die Nachfolgeunternehmen der Deutschen Bundespost und der Deutschen Bundesbahn)

Nicht anzuwenden ist die Verordnung bei:
- Sendefunkanlagen des Bundesgrenzschutzes und der Polizei und der Wasser- und Schifffahrtsverwaltung
- Sendefunkanlagen der Bundeswehr
- Amateurfunkanlagen
- Nicht ortsfeste Anlagen (z.B. Mobiltelefone oder Schiffsradar)

Die Verordnung gilt nicht für Arbeitnehmer, die Arbeiten an den Anlagen durchführen, sie gilt aber in vollem Umfang für Beschäftigte, die mit der Anlage nicht unmittelbar beschäftigt sind, z.B. Arbeitsstätten in angrenzenden Räumen.

5.3.1.2 Definitionen

Für die Umsetzung der 26. BImSchV werden in diesen Hinweisen eine Reihe von Begriffen definiert, deren Auslegung zu erheblichen Unterschieden in der Anlagenbeurteilung führen könnte.

Nicht nur vorübergehender Aufenthalt von Menschen

Als Anhaltspunkt für einen nicht nur vorübergehenden Aufenthalt von Personen ist die üblicherweise anzunehmende durchschnittliche Aufenthaltsdauer heranzuziehen, hierbei ist es unerheblich, ob dieser Aufenthalt regelmäßig oder nur zu bestimmten Zeiten stattfindet. Die Zeitspanne ist nicht näher definiert, man geht aber von mehreren Stunden aus, die notwendig sind, um von einem regelmäßigen Aufenthalt zu sprechen.

Generell kann bei folgenden Orten von einem nicht nur vorrübergehenden Aufenthalt ausgegangen werden, wobei nicht nur die Gebäude, sondern auch die dazugehörigen Grundstücke zu berücksichtigen sind:

- Wohngebäude
- Krankenhäuser

5.3 LAI-Hinweise zur Durchführung der Verordnung über elektromagnetische Felder

- Schulen, Schulhöfe, Kindergärten, Kinderhorte
- Spielplätze
- Kleingärten
- Gaststätten, Versammlungsräume
- Kirchen
- Marktplätze mit regelmäßigem Marktbetrieb
- Turnhallen und vergleichbare Sportstätten
- Arbeitsstätten

Nur zum vorübergehenden Aufenthalt von Menschen dienen z.B. folgende Orte:

- Gänge, Flure, Treppenhäuser, Toiletten und Vorratsräume, soweit sie außerhalb von Wohnungen liegen
- Heiz-, Kessel- oder Maschinenräume
- Lagerräume
- Garagen
- Bahnsteige und Bushaltestellen

Höchste betriebliche Anlagenauslastung

Bei Hochfrequenzanlagen ergibt sich diese Auslastung aus Parametern wie maximale Sendeleistung, Anzahl der Frequenzkanäle, Antennengewinn sowie den entstehenden Verlusten. Die höchste betriebliche Anlagenauslastung wird im Rahmen der Standortbescheinigung durch die Regulierungsbehörde für Telekommunikation und Post festgestellt.

Bei Niederfrequenzanlagen ergibt sich die höchste Auslastung aus den maximalen Dauerströmen der Leitungen (thermische Grenzlast) und den maximalen Nennleistungen der eingesetzten Transformatoren.

Berücksichtigung anderer Anlagen

Bei Hochfrequenzanlagen wird im Rahmen der Standortbescheinigung eine ggf. vorhandene Vorbelastung durch andere ortsfeste Sendefunkanlagen festgestellt, wobei es hier unerheblich ist, ob diese anderen Anlagen in den Geltungsbereich der 26. BImSchV fallen, es sind also z.B. auch Rundfunk- und Fernsehsender zu berücksichtigen.

Bei Niederfrequenzanlagen ist grundsätzlich eine Summenbetrachtung aller relevanten Immissionen durchzuführen, für alle Anlagen ist die maximale betriebliche Auslastung anzunehmen.

Einwirkungsbereich von Niederfrequenzanlagen

Bei Niederfrequenzanlagen ist es ausreichend, folgende Bereiche zu betrachten:

- Freileitungen: vom äußeren Leiter ausgehend: 380 kV   20 m
                                                 220 kV   15 m
                                                 110 kV   10 m
                                                 < 110 kV 5 m
- Erdkabel: Bereich 1 Meter Radius um das Kabel

- Bahnoberleitungen: Bereich 10 Meter, ausgehend von der Gleismitte
- Umspannanlagen / Unterwerke: Bereich 5 Meter, angrenzend an die Anlage
- Ortsnetzstationen / Netzstationen: Bereich 1 Meter, angrenzend an die Einhausung der Anlage

5.3.2 Anzeige einer Anlage

Eine Anzeige der Anlage bei der zuständigen Behörde ist nur bei Neuanlagen oder wesentlichen Änderungen notwendig. Unter wesentlicher Änderung im Sinne der 26. BImSchV wird jede Änderung angesehen, bei der Anlagenteile verändert werden, die die Immissionen verursachen und im Hinblick auf die Erfüllung der Schutzpflichten negative Auswirkungen haben können.

Für den Hochfrequenzbereich bedeutet dies, dass eine Anzeige bei baulichen oder betrieblichen Änderungen der Anlage, die zu einer Vergrößerung oder Richtungsänderung des winkelabhängigen Sicherheitsabstandes führt, notwendig ist. Bei diesen Änderungen ist auch eine neue Standortbescheinigung der RegTP notwendig.

Bei Niederfrequenzanlagen ist eine wesentliche Änderung nur dann gegeben, wenn die Feldemissionen verändert werden, der Austausch von Anlagenteilen durch identische Ersatzteile ist also keine wesentliche Änderung.

Die entsprechende Anzeige ist mindestens zwei Wochen vor Inbetriebnahme der Anlage der zuständigen Behörde vorzulegen, bei Hochfrequenzanlagen ist die Standortbescheinigung beizufügen. Für Niederfrequenzanlagen gibt es Einschränkungen der Anzeigepflicht, wenn die Anlage bereits Gegenstand einer behördlichen Entscheidung nach anderen Rechtsvorschriften war, bei denen die Belange des Immissionsschutzes berücksichtigt wurden. Dies betrifft z.B.:

- Raumordnungsverfahren
- Planfeststellungsverfahren
- Baugenehmigungsverfahren

Musteranzeigen sind in den Durchführungsvorschriften des LAI zu finden.

5.3.3 Sachverständige Stellen

Messungen der elektrischen, magnetischen und elektromagnetischen Felder sollen aufgrund ihrer komplexen Natur von Personen oder Instituten ausgeführt werden, die über einen ausreichenden Sachverstand und eine entsprechende messtechnische Ausrüstung verfügen. Dies kann auch der Betreiber der Anlage sein, wenn er die genannten Bedingungen erfüllt. Bei Feldstärken, die in der Größenordnung der Grenzwerte liegen, ist auf jeden Fall eine sachverständige Stelle einzubeziehen.

Nach § 26 und § 28 Satz 1 BImSchG kann die zuständige Behörde anordnen, dass ein Anlagenbetreiber Messungen und sonstige Ermittlungen von Emissionen oder Immissionen im Einwirkungsbereich seiner Anlage durch eine von der nach Landesrecht zuständigen Behörde (in Rheinland-Pfalz ist dies das Ministerium für Umwelt und Forsten) bekanntgegebenen Stelle durchführen lässt. Dieser Verwaltungsakt der Behörde verpflichtet den Anlagenbetreiber zum Abschluss eines privatrechtlichen Vertrages oder, soweit öffentlich-rechtliche Einrichtungen beauftragt werden sollen, zur Beantragung der erforderlichen Ermittlungen. Die Auswahl der sachverständigen Stelle bleibt dem Anlagenbetreiber überlassen, er hat sich jedoch über etwaige Einschränkungen in der Bekanntgabe zu informieren.

5.3 LAI-Hinweise zur Durchführung der Verordnung über elektromagnetische Felder

5.3.3.1 Grundsätzliche Anforderungen an sachverständige Stellen

Der LAI fordert für eine sachverständige Stelle ausreichend qualifiziertes Fachpersonal. Der fachlich Verantwortliche muß folgende Qualifikationen nachweisen können:

- erfolgreich abgeschlossenes naturwissenschaftliches oder technisches Hochschulstudium
- eine mindestens einjährige Tätigkeit mit Erwerb von Kenntnissen auf dem Gebiet der Ermittlung von elektrischen, magnetischen und elektromagnetischen Feldern
- wiederholtes Durchführen von Ermittlungen
- Kenntnisse der einschlägigen Rechts- und Verwaltungsvorschriften

Neben dem fachlich Verantwortlichen ist eine ausreichende Mitarbeiterzahl notwendig, um auch komplexe Messungen durchführen zu können.

Ein weiteres Kriterium außer der fachlichen Qualifikation der Mitarbeiter ist die technische Ausstattung der sachverständigen Stelle als grundlegende Voraussetzung für eine Anerkennung.

5.3.3.2 Anforderungen an sachverständige Stelle für Hochfrequenzanlagen

Zusätzlich zu den in Abschnitt 5.3.4.1. genannten Anforderungen soll der fachlich Verantwortliche Kenntnisse in folgenden Bereichen besitzen:

- Grundlagen der Hochfrequenztechnik und des Antennenbaus, der Rundfunk- und Mobilfunksysteme, Funkortung und Feldmesstechnik
- Elektromagnetische Verträglichkeit von Geräten
- Entstehung und Ausbreitung von elektrischen, magnetischen und elektromagnetischen Feldern
- Wirkung von elektrischen, magnetischen und elektromagnetischen Feldern auf den Menschen
- Beurteilung der Bebauungsart und der Gebietsausweisung im Hinblick auf die einschlägigen Vorschriften

Zusätzlich müssen durch Gutachten oder Messberichte folgende Tätigkeiten nachgewiesen werden:

- Ermittlung der immissionswirksamen Emissionen :
  - eines Rundfunksenders
  - einer Radaranlage
  - einer Mobilfunkanlage
  - einer Anlage, bestehend aus mehreren Teilanlagen
  - einer Anlage mit mehreren Frequenzen
- Messungen an einem Immissionsort
- eine überschlägige rechnerische Emissionsermittlung einer Anlage und eine Prognose für einen Immissionsort

An die gerätetechnische Ausstattung einer sachverständigen Stelle werden sehr hohe Anforderungen gestellt. Im Einzelnen umfasst dies die folgenden Geräte, wobei in dieser Auflistung die Angaben in Klammern die optimale Ausstattung darstellen, die anderen Angaben beschreiben die Minimalanforderungen.

- ein kalibriertes Messgerät für die Messung des Effektivwertes der magnetischen Flussdichte bzw. magnetischen Feldstärke für den Frequenzbereich von (30 kHz) 1 MHz bis 200 MHz (1000 MHz)
- zwei kalibrierte Feldstärkemessgeräte für die Messung des Effektivwertes der elektrischen Feldstärke für den Frequenzbereich von 30 kHz bis 18 GHz (30 GHz)
- ein Messsystem für die Messung von gepulster Strahlung (Radar) für den Frequenzbereich 500 MHz bis 18 GHz (60 GHz)
- ein Spektrumanalysator mit zugehörigen Antennen für den Spektralbereich (30 kHz) 100 kHz bis 3 GHz (20 GHz)
- ein Messsystem für die Messung des Gesamtkörperableitstromes für den Frequenzbereich 30 kHz bis 100 MHz
- Messeinrichtung zur Messung des elektrischen Stromes und der elektrischen Spannung zur Beurteilung der indirekten Wirkungen durch die Felder
- Messeinrichtungen zur Messung der entnehmbaren Wirkleistung zur Beurteilung von indirekten Wirkungen durch die Felder
- Geräte zur Bestimmung der Windgeschwindigkeit und Windrichtung, Temperatur und Feuchte
- eine Sprechfunkeinrichtung mit mindestens zwei Geräten
- Programme zur Abschätzung von elektrischen und magnetischen Feldern im Fernfeld von Sendeanlagen

5.3.3.3 Anforderungen an sachverständige Stellen für Niederfrequenzanlagen

Zusätzlich zu den in Abschnitt 5.3.4.1 genannten Anforderungen muss auch hier der fachlich Verantwortliche zusätzliche Qualifikationen nachweisen können:

- Grundlagen der Energiewirtschaft
- Kenntnisse über den Aufbau und die Funktion von Energieversorgungsnetzen
- Aufbau von Leitungen, Kabeln und Elektroumspannanlagen
- Entstehung und Ausbreitung von elektrischen und magnetischen Feldern
- Wirkung von elektromagnetischen Feldern auf den Menschen
- Beurteilung der Bebauungsart und der Gebietsausweisung im Hinblick auf die einschlägigen Rechtsvorschriften

Zusätzlich müssen durch Gutachten oder Messberichte folgende Tätigkeiten nachgewiesen werden:

- Ermittlung der immissionswirksamen Emissionen :
  - einer Freileitung
  - eines Erdkabels
  - einer Elektroumspannanlage
  - einer Anlage, bestehend aus mehreren Teilanlagen
  - einer Anlage, bei der mehrere Frequenzen auftreten
- Messungen an einem Immissionsort

5.3 LAI-Hinweise zur Durchführung der Verordnung über elektromagnetische Felder

- rechnerische Emissionsermittlung einer Anlage und Prognose für einen Immissionsort

An die gerätetechnische Ausstattung der sachverständigen Stelle werden folgende Anforderungen gestellt. Auch hier werden die Minimalanforderungen angegeben, die optimale Ausstattung ist in Klammern angegeben.

- zwei kalibrierte Feldstärkemessgeräte für die Effektiv- und Spitzenwertmessung der magnetischen Flussdichte für den Frequenzbereich von 0 Hz – 10 kHz (30 kHz)
    - mindestens eines der Geräte muss über die Möglichkeit einer spektralen Analyse verfügen
    - mindestens eines der Geräte muss ein Speichergerät sein, um Dauermessungen durchführen zu können
- zwei kalibrierte Feldstärkemessgeräte für die Effektiv- und Spitzenwertmessung der elektrischen Feldstärke für den Frequenzbereich 0 Hz bis 10 kHz (30 kHz)
    - mindestens eines der Geräte muss über die Möglichkeit einer spektralen Analyse verfügen
    - mindestens eines der Geräte muss ein Speichergerät sein, um Dauermessungen durchführen zu können
- Messeinrichtungen zur Messung des elektrischen Stromes und der elektrischen Spannung
- Geräte zur Bestimmung der Windgeschwindigkeit und Windrichtung, Temperatur und Feuchte
- Gerät zur Bestimmung der Leiterseilhöhe bei Freileitungen
- Sprechfunkeinrichtung mit mindestens zwei Geräten
- Software zur Berechnung von elektrischen und magnetischen Feldern von Niederfrequenzanlagen mit:
    - Berechnung in drei Dimensionen
    - Berechnung mehrerer Feldquellen
    - Berücksichtigung mehrerer Frequenzen
    - Variation der Daten für eine Extrapolation auf höchste betriebliche Anlagenauslastung
    - Berücksichtigung von Geländedaten oder Bebauung bei der Berechnung der elektrischen Feldstärke
    - Kombination von Messungen und Rechnungen
    - graphische Ausgabe der Ergebnisse (Isoliniendarstellung)

5.3.3.4 Antragsverfahren

Das Antragsverfahren für sachverständige Stellen nach den Durchführungshinweisen des LAI wird von jedem Bundesland selbst festgelegt, als Beispiel dient hier das Antragsverfahren in Rheinland-Pfalz.

Zuständige Behörde in diesem Bundesland ist das Ministerium für Umwelt und Forsten, an das auch die Anträge zu richten sind. Das Ministerium beauftragt ein Fachreferat im Landesamt für Umweltschutz und Gewerbeaufsicht mit der Prüfung der eingereichten Unterlagen und entscheidet auf Grundlage der von dort gelieferten Stellungnahme über eine Anerkennung.

Grundlage für die Bekanntgabe als Messstelle nach § 26 BImSchG sind die derzeit in den Ländern geltenden Bekanntgaberichtlinien. Insbesondere sind zu beachten:

- Unabhängigkeit
- Organisation und Zuverlässigkeit
- Personal
- Fachkunde
- Gerätetechnische Ausstattung

Ein Rechtsanspruch auf Bekanntgabe nach § 26 BImSchG besteht nicht.

Diese Anerkennung wird der beantragenden Stelle zugeleitet und im Amtsblatt des Landes veröffentlicht.

Die Anerkennung als Messstelle bzw. sachverständige Stelle erfolgt nur für das jeweilige Land, in dem die nach Landesrecht zuständige Behörde die Anerkennung ausgesprochen hat. Eine Ausnahme bilden hier die Länder Bayern und Schleswig-Holstein, dort können auch Messstellen bzw. Sachverständige ermitteln, die über eine entsprechende Anerkennung in einem anderen Bundesland verfügen.

Nähere Informationen sind bei den einzelnen Länderbehörden erhältlich.

Ein Recherchesystem des Landesumweltamtes Brandenburg für Messstellen und Sachverständige (ReSyMeSa) ist ständig aktualisiert im Internet[3] verfügbar und kann für die Installation auf einem lokalen Rechner abgerufen werden. In dieser Datenbank befinden sich sämtliche Messstellen und Sachverständige, die in der Bundesrepublik Deutschland nach BImSchG und BImSchV bekanntgegeben sind. Die Suche nach Messstellen nach der 26. BImSchV gestaltet sich in der derzeitigen Version noch etwas umständlich.

5.4 Regulierungsbehörde für Telekommunikation und Post (RegTP)

5.4.1 Struktur und Aufgaben der RegTP

In Deutschland wurde zum 1. Januar 1998 die Regulierungsbehörde für Telekommunikation und Post (RegTP) neu gegründet. Sie fungiert als Bundesoberbehörde im Geschäftsbereich des Bundesministeriums für Wirtschaft mit Sitz in Bonn.

Die Aufgaben der RegTP leiten sich aus dem Telekommunikationsgesetz (TKG) und dem Postgesetz (PostG) ab. So wurden einerseits bestimmte Funktionen des Ende 1997 aufgelösten Bundesministeriums für Post und Telekommunikation (BMPT) übernommen. Andererseits wurde das bisherige Bundesamt für Post und Telekommunikation (BAPT) in die neue Behörde integriert. Das BAPT hatte seinen Sitz in Mainz und war mit insgesamt 54 Außenstellen in der Bundesrepublik vertreten. Im Zuge der Neugliederung sind diese Niederlassungen im Wesentlichen erhalten geblieben.

Die RegTP übt mit der Regulierung von Telekommunikation und Post, der Frequenzordnung und der Rufnummernverwaltung hoheitliche Aufgaben des Bundes aus. Hauptziel der beiden Gesetze TKG und PostG – und damit auch der Behörde – ist es, durch Regulierung den Wettbewerb zu fördern und flächendeckend angemessene und ausreichende Dienstleistungen (Infrastrukturauftrag) zu gewährleisten.

---

[3] (http://www.brandenburg.de/land/umwelt/ind_resy.htm).

Beispielsweise müssen die Deutsche Telekom AG und auch die privaten Anbieter ihre geplanten Preisänderungen von der RegTP überprüfen lassen. Die Verlängerung der nationalen Rufnummern auf insgesamt 10 Ziffern (ohne die Null der Vorwahl) oder auch Vorschriften bei der Rechnungserstellung im Telekommunikationsbereich beruhen ebenfalls auf speziellen Vorgaben der Behörde. Ein weiterer Schwerpunkt liegt in der Zulassung von Telekommunikationsanbietern. Im Bereich der Post führt die RegTP seit 1993 regelmäßige Messungen der Brieflaufzeiten durch und bedingt durch das neue PostG vom 1. Januar 1998 vergibt die Behörde Lizenzen für bestimmte Postdienstleistungen, wie etwa die gewerbsmäßige Beförderung von Briefsendungen.

Weitere Verpflichtungen der RegTP basieren auf dem Aufgabenbereich des ehemaligen BAPT und leiten sich aus dem EMV-Gesetz (EMVG; Abschnitt 5.13) ab. Beispielsweise berät die Behörde in allen Fragen zur elektromagnetischen Verträglichkeit; sie hilft bei der Lösung von Problemen, die sich beim In-Verkehr-Bringen von Geräten ergeben, sie unterstützt bei der Normenanwendung und gibt praktische Erläuterungen zum EMVG. Schließlich wacht die RegTP – genau wie auch schon das BAPT - über die im Sinne des EMVG in Verkehr gebrachten elektrischen und elektronischen Geräte. Gemäß dieser Bestimmung wurden im Jahr 1997 rund 37.600 Produkte durch Inaugenscheinnahme überprüft.

Die Verbindungen der RegTP zur EMVU sind vielfältiger Art. So findet man in der Schriftenreihe der Behörde eine Untersuchung, die sich mit den Auswirkungen einer digitalen Mobilfunkbasisstation (15 Watt) auf einem Krankenhausdach beschäftigt. Andere Veröffentlichungen behandeln mögliche Störbeeinflussungen von GSM Portables und Handys auf medizinische Geräte oder setzen sich mit dem Einfluss von Diebstahlsicherungsanlagen auf Herzschrittmacher auseinander. Die Tatsache, dass aufgrund dieser Studie bestimmte Anlagen in Deutschland nicht zugelassen wurden, belegt eindrucksvoll, welche Stellung die Behörde im Bereich der EMV und EMVU in der Bundesrepublik einnimmt. Die genannten Untersuchungen können direkt bei der RegTP kostenpflichtig angefordert werden.

Mit zu den einschneidendsten Eingriffen der RegTP in Sachen elektromagnetischer Umweltverträglichkeit zählt die Amtsblattverfügung 306/97 (Abschnitt 5.5.7). Durch ihre Festlegungen bezüglich des Personenschutzes bei Funkanlagen, welche insbesondere auch die Herzschrittmachergrenzwerte mit einbeziehen, reicht ihr Einflussbereich über den der 26. BImSchV (Abschnitt 5.2) hinaus.

Ein weiterer Berührungspunkt zur EMVU ergibt sich aus der 26. BImSchV selbst. Für Hochfrequenzanlagen im Sinne dieser Verordnung prüft bzw. erstellt die RegTP die für die Anzeige der Anlagen notwendige Standortbescheinigung.

In Anlehnung an diese Vorgehensweise hat die RegTP für den lange Jahre nicht von solchen Verordnungen betroffenen Amateurfunk ein Plausibilitätsüberprüfungsverfahren herausgegeben, mit dem Funkamateure den einfachen Nachweis über elektromagnetische Aussendungen ihrer Station erbringen können (Abschnitt 7.4.3). Auf der Grundlage des Amateurfunkgesetzes (AFuG) in Verbindung mit der Amateurfunkverordnung (AFuV, 1997) sowie der Telekommunikationszulassungsverordnung (TKZulV, 1997) muss jeder Betreiber einer ortsfesten Amateurfunkstelle die Einhaltung der Personenschutz- und Herzschrittmachergrenzwerte (Abschnitt 5.5) gegenüber der Regulierungsbehörde belegen.

5.4.2 Bundesweite Messaktionen

Bekannt geworden ist die RegTP (bzw. das BAPT) nicht zuletzt durch die bundesweiten Messaktionen zur EMVU in den Jahren 1992 und 1996/97. Ein Grund für diese Messungen war, dass in Deutschland eben dieser Behörde die Verantwortung für den Nachweis der Sicherheit von Personen bei der Zulassung von Funkanlagen für den Frequenzbereich ab 10 kHz auferlegt worden ist.

Die Überprüfungen sollten darüber Aufschluss geben, ob die von verschiedenen Seiten geäußerten Bedenken bezüglich erhöhter Feldstärkewerte in der Nähe von Funkanlagen begründet waren. Man wollte mit den beiden Aktionen einen Beitrag leisten zur Versachlichung der Diskussion über eine mögliche Gesundheitsgefährdung durch elektromagnetische Felder. Hauptsächlich wurden daher die Feldstärken im Bereich von öffentlich zugänglichen Straßen, Plätzen und Anlagen sowie in der Umgebung von Schulen, Kindergärten, Krankenhäusern etc. ermittelt. Die Feldstärken wurden nach einem in der DIN VDE 0848 beschriebenen Verfahren gemessen, bewertet und anschließend in Faktoren der Grenzwertunterschreitung umgerechnet. Eine ausführliche Darstellung dieser Vorgehensweise findet man in Kapitel 5.5.1.

1992 wurden gemäß den oben genannten Vorgaben an 1075 verschiedenen Messorten flächendeckend in ganz Deutschland Messungen im Frequenzbereich von 9 kHz bis 1 GHz vorgenommen. Die untere Grenze von 9 kHz (statt der oben genannten 10 kHz) ergibt sich aus dem Umstand, dass nach der Vollzugsordnung Funk (VO Funk) Frequenzzuweisungen ab 9 kHz zulässig sind. Eine Ausweitung der oberen Grenze über 1 GHz hinaus schien damals nicht zwingend erforderlich. Der aus heutiger Sicht vor allem in der Diskussion stehende digitale Mobilfunk steckte zu jener Zeit in Deutschland noch in den Anfängen. D1- und D2-Netz wurden 1992 aufgebaut bzw. starteten den Betrieb. Für das später (1994) nachfolgende E-Netz war noch keine Lizenz vergeben. Sämtliche Ergebnisse der 92er-Untersuchung wurden veröffentlicht.

Bei den Messungen in den Jahren 1996/97 wurde die untere Grenze (9 kHz) beibehalten und die obere Grenze auf 2,9 GHz festgesetzt. Dies erscheint auf den ersten Blick willkürlich gewählt. Tatsächlich wurden jedoch an einigen Orten auch Feldstärkewerte bis zu 18,2 GHz überprüft.

Man ist damit zwar immer noch relativ weit von der in der DIN VDE 0848 genannten oberen Grenze von 300 GHz entfernt. Ein Blick auf das elektromagnetische Spektrum (Abschnitt 4.1) zeigt allerdings, dass man damit die meisten Richtfunkstrecken und Radareinrichtungen mit erfasst. Oberhalb 18,2 GHz trifft man nur ganz wenige und auch nur mit geringer Intensität sendende Quellen elektromagnetischer Wellen an.

Die Messungen sollten dazu dienen, das Frequenzspektrum bis 300 GHz zu beurteilen. Überprüft wurde an einigen Orten bis zu einer Grenze von 18,2 GHz. An allen Messpunkten wurden die Werte bis zu 2,9 GHz ermittelt. Diese stufenweise Absenkung wird damit gerechtfertigt, dass die Abweichungen der Messreihen zwischen der während der Messungen gewählten Obergrenze von 2,9 GHz und dem quasi stichprobenmäßig überprüften Limit von 18,2 GHz unkritisch seien.

Daneben gibt es noch einen ganz praktischen Grund für die selbst auferlegte Beschränkung der Behörde. Die Standardausrüstung der BAPT-Funkmesswagen hält Möglichkeiten der frequenzselektiven Messung von Feldern bzw. Spannungen nur bis 18,2 GHz bzw. 26,5 GHz vor. Hätte man tatsächlich an derart vielen Orten die spektralen Anteile bis 300 GHz bestimmen wollen, so wäre in jedem Fall ein erheblicher finanzieller Aufwand für die Anschaffung entsprechender Messtechnik fällig gewesen.

Im Jahre 1996 wurde also die bereits erwähnte zweite bundesweite Messaktion gestartet. Sie berücksichtigte durch die Anhebung der oberen Frequenzgrenze auf 2,9 GHz die neu hinzugekommen digitalen Funkdienste (etwa E-Netz bei 1800 MHz). Die Zahl der Messorte wurde auf 1250 erhöht. Bei deren Auswahl wurden erstmals die Umweltministerien der Länder miteinbezogen. Dabei wurden 60 % der Orte durch das BAPT und 40 % durch die Länder be-

5.4 Regulierungsbehörde für Telekommunikation und Post (RegTP)

stimmt. Einige der 1992 untersuchten Punkte sind dabei weggefallen, andere wiederum wurden auch 1996/97 berücksichtigt bzw. sind neu hinzugekommen.

Nach diesem Modus wurden beispielsweise in Rheinland-Pfalz an mehr als 80 und in Nordrhein-Westfalen an über 180 Plätzen Feldstärkewerte ermittelt.

Nach Angaben des BAPT wurde insbesondere darauf geachtet, dass sich in direkter Nähe zum Messort ortsfeste Sendefunkanlagen befinden. Als Ergebnis der Messungen wird festgehalten, dass an sämtlichen Plätzen die Grenzwerte der DIN VDE 0848 Teil 2 (10/91) – teilweise mit einem erheblichen Sicherheitsabstand – eingehalten wurden. Studiert man nun die Untersuchung im Einzelnen, so braucht man sich bei einigen Werten jedoch nicht über das Zustandekommen großer Sicherheitsabstände zu wundern. So wurden etwa in Trier in der Nähe einer Umspannanlage der RWE Messungen vorgenommen. Im Bericht taucht dieser Messort mit der Bezeichnung Eurener Str. UA 380/220/110/20 kV auf. Als Faktor der Grenzwertunterschreitung wird ein Wert von 884,1 (Tabelle 5.4) angegeben. Faktoren dieser Größenordnung findet man auch an vielen anderen Orten, die vom Laien nicht als direkter Bereich großer Expositionswerte vermutet werden. Hier besteht sehr leicht die Gefahr eines Missverständnisses, denn die in der Nähe von Umspannanlagen zu messenden Expositionen mit elektrischen und magnetischen Feldern liegen in der Regel im Niederfrequenzbereich (50 Hz) und nicht in dem vom BAPT untersuchten Frequenzbereich ab 9 kHz.

Die RegTP weist in ihren Veröffentlichungen zu den beiden Messaktionen stets darauf hin, dass bei allen messtechnisch ermittelten Feldstärken unbedingt zu beachten sei, dass die gefundenen Werte orts- und zeitabhängig seien.

Aus Sicht der EMVU-Messtechnik oder auch der Feldmesstechnik ganz allgemein wird damit ein völlig offensichtlicher Sachverhalt beschrieben. Wie in Abschnitt 6.7 Elektromagnetische Felder dargelegt, steht man bei jeder Vor-Ort-Messung vor dem Problem, dass nicht unbedingt alle am Messort einwirkenden Feldquellen (z.B. mobile Funkdienste) bekannt sind. Selbst wenn man doch über deren Standort Kenntnisse besitzen sollte, so ist noch nichts über deren Betriebszustand (momentane Sendeleistung etc.) ausgesagt. Hinzu kommen die möglicherweise wechselnden Umgebungsbedingungen wie reflektierende oder absorbierende Gegenstände. Schließlich hat auch die Wetterlage zum Zeitpunkt der Messung einen Einfluss auf die Messergebnisse.

Die vom BAPT ermittelten Werte sind daher selbstverständlich nur als eine Momentaufnahme zu verstehen. Sie sind sicher nicht dazu geeignet, definitive Aussagen über maximal mögliche Expositionen an einem bestimmten Ort abzugeben. Hinzu kommt, dass der Ausbau der Funkdienste zügig vorangetrieben wird. So wurden allein im Zeitraum zwischen 1995 und 1997 bundesweit ca. 3000 neue E-Netz-Sende- und Empfangsstationen aufgebaut. Jede einzelne davon leistet natürlich einen lokal feststellbaren Beitrag zum elektromagnetischen Spektrum.

Im Umkehrschluss muss man daher auch kritisch hinterfragen, wie sinnvoll es ist, in den veröffentlichten Untersuchungen den Faktor der Grenzwertunterschreitung (Tabelle 5.4) auf eine Nachkommastelle genau anzugeben. Wie bereits erwähnt, lagen nach Aussagen der RegTP bei sämtlichen Messungen die Ausgaben der Norm DIN VDE 0848 zugrunde. Zusätzlich gibt es jedoch – noch vom BAPT verfasste – interne Messvorschriften, welche genaue Angaben über Art und Weise von Messungen elektromagnetischer Felder und Wellen enthalten.

Aus Sicht einer sachgerechten EMVU-Messtechnik ist die Frage, wie und womit die Feldstärkewerte bei den Messaktionen ermittelt wurden, von besonderem Interesse. Denn sicher gibt es keinen Zweifel darüber, dass Messmethoden und -geräte der Behörde eine Messlatte darstellen, an der sich jeder EMVU-Dienstleister und Messtechniker orientieren kann.

Tabelle 5.4 Beispiele aus der Messaktion 1996/97

PLZ	Messort	Straße	Maximum Wert 1-5	Faktor der Grenzwertunterschreitung
10178	Berlin-Mitte	Alexanderplatz	0,01113517	89,8
22609	Hamburg-Teufelsbrück	Elbchaussee/Baron-Voght-Str.	0,00271897	367,8
50670	Köln	Hansaring/Adolf-Fischer-Str.	0,00116062	861,6
54294	Trier	Eurener Str. UA; 380 / 220 / 110 / 20 kV	0,00113104	884,1
67663	Kaiserslautern	Pirmasenser Str./Trippstadter Str.	0,00082378	1213,9
81141	München	Weinberger Str./Ecke Gräfstr. (Verkehrsinsel)	0,00219823	454,9

5.4.3 Messvorschriften der RegTP

Das BAPT hat seinen Messvorschriften im Bereich der EMVU die Normenreihe DIN VDE 0848 zugrunde gelegt. Innerhalb dieser Norm werden zwar viele Definitionen und Grenzwertfestlegungen vorgenommen, es fehlen jedoch konkrete Aussagen darüber, wie eine Messung durchzuführen ist. So vermisst man beispielsweise Angaben über die Messhöhen von Antennen oder Richtwerte für Abstände, die man bei der Messung zu Feldquellen einhalten sollte. Völlig offen bleibt auch die Frage nach der Auswahl geeigneter Messpunkte oder eine Maßgabe für deren Anzahl.

In den Messvorschriften der Behörde findet man daher ganz praktische Hinweise darauf, wie eine Messung – in Anlehnung an die DIN VDE 0848 – im Einzelnen durchzuführen ist. Da alle drei im Folgenden vorgestellten Vorschriften eigens für den Messdienst des BAPT verfasst wurden, stößt man bei der Durchsicht der Unterlagen an vielen Stellen auf ganz spezielle Hinweise zu den behördeneigenen Messgeräten und der zugrunde liegenden Messkonzeption.

Auf eine detaillierte Darstellung der Vorschriften (im Original zwischen 4 und 23 Seiten umfassend) wird daher verzichtet. Es werden lediglich diejenigen Passagen vorgestellt, die, bedingt durch ihren rein technisch–physikalischen Charakter, von großer Aussagekraft und Allgemeingültigkeit sind. Die angesprochenen Aspekte können somit mühelos auf beliebige EMVU–Messungen im Frequenzbereich > 9 kHz angewendet werden. Alle in den Abschnitten 5.4.3.1 – 5.4.3.3 besprochenen Messvorschriften können gegen ein entsprechendes Entgelt über die RegTP–Außenstelle Mainz bezogen werden.

5.4.3.1 Messvorschrift BAPT 212 MV 20

Diese Messvorschrift (Stand: Januar 1995) beschäftigt sich mit der Messung der örtlichen Amplitudenverteilung der elektrischen und magnetischen Feldstärke für die Kontrolle der Feldstärkegrenzwerte nach DIN VDE 0848, Teil 2 und Teil 4 (Abschnitt 5.5).

Die MV 20 enthält eine Anleitung zur Feldstärkemessung im Frequenzbereich von 9 kHz bis 26,5 GHz. Bei den grundsätzlichen technischen Bedingungen zur Vorschrift findet man, dass

5.4 Regulierungsbehörde für Telekommunikation und Post (RegTP)

der Amplitudenbereich > 80 dB (µV/m) zu erfassen ist. Jeder, der sich bereits mit Messungen im Bereich des EMVG befasst hat, weiß, dass man es bei Emissionsmessungen in der Geräte-EMV mit zumeist niedrigeren Pegeln zu tun hat. So liegt beispielsweise die Grenzwertlinie bei Emissionsmessungen nach der EN 55011 (Abschnitt 5.13) im 10–m–Messabstand bei nur 30 – 35 dB (µV/m).

Die Beschränkung auf Pegel > 80 dB (µV/m) hat zweierlei Gründe. Zum einen bewirkt dies, dass an das Messequipment keine erhöhten Anforderungen (Antennenfaktoren, Dynamikbereich etc.) gestellt werden müssen. Zum anderen entspricht nach der Formel

$$X[\text{dB (µV/m)}] = 20 \cdot \log\left(\frac{X}{\mu V/m}\right) \quad (5.1)$$

bzw.

$$X = 10^{\left(\frac{X[\text{dB (µV/m)}]}{20}\right)} \mu V/m = 10^{\left(\frac{X[\text{dB (µV/m)}]}{20}\right)} \cdot 10^{-6} \text{ V/m} \quad (5.2)$$

ein Wert von 80 dB (µV/m) einer Feldstärke von 0,01 V/m.

Ausgehend von den in der DIN VDE 0848 angegebenen Grenzwerten liegt der niedrigste verzeichnete Wert bei 27,5 V/m (148,8 dB (µV/m)). Zur geforderten unteren Grenze von 0,01 V/m ergibt sich somit ein Abstand von mehr als drei Größenordnungen (hier: 48,8 dB (µV/m)).

Als zulässige Messunsicherheit werden maximal 3 dB angegeben. Dies entspricht in etwa einem Abfallen bzw. Anwachsen der gemessenen Feldstärke um den Faktor $\sqrt{2}$. Vergleicht man diese Toleranz mit den in der elektrischen Messtechnik sonst gewohnten Margen (Abschnitt 6.2), so erscheint sie unverhältnismäßig hoch. Wie in Abschnitt 6.7 jedoch erläutert wird, handelt es sich dabei um die übliche Abweichung im Bereich der Feldmesstechnik.

Sämtliche Messungen gemäß dieser Vorschrift sollen im Fernfeld vorgenommen werden. Oftmals steht man jedoch in der Praxis vor dem Problem zu entscheiden, ab welcher Entfernung zur Strahlungsquelle tatsächlich Fernfeldverhältnisse vorliegen, d.h. wo der Übergangsbereich zum Nahfeld beginnt. Als grobe Abschätzung findet man dazu beim BAPT die Werte der Tabelle 5.5. Andere Quellen nennen davon abweichende Werte.

Tabelle 5.5 Fernfeldabschätzung nach BAPT 212 MV 20

Frequenzbereich	Abstand R zwischen Messort und Strahlungsquelle
< 30 MHz	$R > 4 \cdot \lambda$
> 30 MHz	$R > (2 \cdot D^2)/\lambda$; D = größte mechanische Abmessung der Antenne

Interessanterweise wird in der MV 20 des Weiteren festgelegt, dass bei höheren Feldstärken als 140 dB (µV/m) an einem Messort die Messung mit dem herkömmlichen Aufbau, bestehend aus Antenne und Messempfänger oder Spektrumanalysator, abzubrechen und mit breitbandigen Sonden (Abschnitt 5.4.3.2) fortzusetzen ist.

140 dB (µV/m) entsprechen nach Gleichung (5.2) einer Feldstärke von 1 V/m. Der Grund für diesen Grenzwert ist in der begrenzten Übersteuerungsfestigkeit vieler Spektrumanalysatoren zu suchen. Für den EMVU–Dienstleister kann dies nur ein Hinweis darauf sein, das eigene Equipment einer kritischen Überprüfung zu unterziehen. Ausgehend davon muss individuell

entschieden werden, ob die herrschenden Feldstärkeverhältnisse den Messgeräten noch zugemutet werden können.

Für viele Anwender sind Aussagen über die Auswahl von Messpunkten von großem Interesse. Das BAPT macht dazu konkrete Angaben. Falls es sich nicht um einen genau bestimmten Messpunkt handelt, sondern ganz allgemein Messungen innerhalb einer Stadt oder einer Gemeinde vorgenommen werden sollen, wird folgende Verfahrensweise vorgeschrieben:

- Bevorzugt sind öffentliche und jedermann zugängliche Straßen und Plätze innerhalb der örtlichen Bebauung auszuwählen.
- Unter Berücksichtigung vorhandener Senderstandorte sollen möglichst die maximalen Feldstärkewerte ermittelt werden.
- Die Anzahl der Messpunkte wird in Abhängigkeit von der Einwohnerzahl gemäß Tabelle 5.6 festgelegt.

Tabelle 5.6 Anzahl der Messpunkte als Funktion der Einwohnerzahl

Einwohnerzahl (in Tausend)	> 100	50 – 100	10 – 50	5 – 10	< 5
Anzahl der Messpunkte	5	4	3	2	1

Hier mag man geteilter Meinung darüber sein, ob diese Festlegung sinnvoll ist. Diese Regelung führt beispielsweise dazu, dass in einer Stadt wie Kaiserslautern (100.000 Einwohner) nur an vier Punkten gemessen wurde. Innerhalb des Stadtgebietes gibt es (Stand: Oktober 1998) jedoch alleine sechs D-Netzbasisstationen.

Orientiert man sich etwa an der 26. BImSchV könnte man auch gerade so viele Messpunkte vorschreiben, wie es ortsfeste Sendefunkanlagen mit einer Leistung > 10 Watt EIRP (Abschnitt 5.2) gibt.

Für die eigentliche Messung gibt es ganz konkrete Durchführungshinweise. Im *Frequenzbereich von 9 kHz bis 30 MHz* gilt:

- getrennte Erfassung für horizontale und vertikale Polarisation der Empfangsantenne
- Berücksichtigung des jeweils maximalen Wertes bei der Auswertung
- Antenne 10 m von Bebauung entfernt aufstellen
- Antenne möglichst weit weg vom Funkwagen (Fahrzeuge allgemein) aufbauen
- Aufstellhöhe 1,5 m einhalten (Unterkante des Rahmens)
- in beiden Polarisationsebenen durch Drehen (um 360°) das Feldstärkemaximum bestimmen

Mit der Rahmenantenne wird die magnetische Komponente des elektromagnetischen Feldes erfasst. Da man durch die Einhaltung bestimmter Abstände zur Feldquelle sicher sein kann, sich im Fernfeld der Quelle zu befinden, ist eine Umrechnung der magnetischen Feldstärke in die elektrische Feldstärke über den Feldwellenwiderstand des Freiraumes (377 Ohm) zulässig.

Man erhält mit

$$\frac{E_0}{H_0} = Z_0 = 120\pi\,\Omega \approx 377\,\Omega \tag{5.3}$$

die Gleichung

5.4 Regulierungsbehörde für Telekommunikation und Post (RegTP)

$$E[\text{dB}\,(\mu\text{V/m})] = H[\text{dB}\,(\mu\text{A/m})] + 51{,}5\,\text{dB} \tag{5.4}$$

Für Messungen im *Frequenzbereich 30 MHz bis 1000 MHz* gilt:
- Für jede Frequenz ist das Maximum der Feldstärke in beiden Polarisationsebenen in Abhängigkeit von Richtung und Höhe zu messen. Der jeweils größere Wert ist für die Auswertung zu verwenden
- Ermittlung des Feldstärkemaximums durch Drehen der Antenne um 360°

Der Frequenzbereich ist gemäß Tabelle 5.4 (teilweise überlappend) zu unterteilen:

Tabelle 5.7 Frequenzbereiche bei Messungen von 30 MHz bis 1000 MHz

	Bereich				
	1	2	3	4	5
Startfrequenz (MHz)	30	100	300	500	700
Stoppfrequenz (MHz)	130	300	500	700	1000
Schrittweite der Antennenhöhe (m)	1	1	0,5	0,5	0,3

Diese Einteilung erweist sich als sehr vorteilhaft, denn man fasst damit verschiedene Bereiche des elektromagnetischen Spektrums übersichtlich zusammen. Beispielsweise wird zwischen den Frequenzen 30 MHz und 130 MHz unter anderem der komplette UKW–Rundfunk abgedeckt. Außerdem erhöht diese Darstellungsweise die Auflösung auf dem Bildschirm der Messgeräte. Die Identifizierung einzelner Funkdienste wird damit erleichtert.

Die Behörde schreibt dem internen Messdienst für diese Messungen den Einsatz des Stahlkurbelmastes (auf dem Funkmesswagen) vor.

Während also bei den Messungen bis 30 MHz ein möglichst großer Abstand zum Wagen empfohlen wurde, wird hier direkt über dem Wagen gemessen. Es liegt dabei keine Nachlässigkeit seitens der Behörde vor, sondern vielmehr hat diese Unterscheidung etwas mit den unterschiedlichen Ausbreitungsbedingungen bei verschiedenen Frequenzen (Abschnitt 6.7) zu tun.

Die Schrittweite der Antennenhöhenverstellung geht ebenfalls aus Tabelle 5.4 hervor. Minimale und maximale Messhöhen ergeben sich somit aus den geometrischen Abmessungen des Funkmesswagens und seiner Aufbauten. Man kann daher davon ausgehen, dass die Behörde im Bereich von ca. 2 m bis 6 m über dem Boden die Feldstärke ermittelt.

Bei den Messungen im Frequenzbereich von 9 kHz bis 1 GHz soll zwar für jede Polarisationsrichtung das Maximum gefunden werden. In die Auswertung fließt aber nur der größere der beiden gefundenen Werte ein. Nun könnte man schnell der Meinung sein, dass die Gefahr besteht, mit dieser Herangehensweise einen wesentlichen Anteil der Feldstärke zu unterschlagen. Tatsächlich werden in beiden Fällen jedoch auch Feldanteile von der Antenne mit gemessen, die eigentlich gar nicht zu der gewählten Polarisationsebene zählen. Dieser Messfehler wird in der Messunsicherheit von 3 dB berücksichtigt (Abschnitt 6.7).

Für Messungen im *Frequenzbereich von 1 GHz bis 26,5 GHz* schreibt die RegTP vor:
- Positionierung der Antenne in 1,5 m Höhe über dem Erdboden
- Berücksichtigung von vertikaler und horizontaler Polarisation

- Einstellung des Spektrumanalysators auf die Frequenzbereiche 1 – 2,9 GHz; 2,9 – 6,4 GHz; 6,4 – 13 GHz; 13 – 18 GHz und 18 – 26,5 GHz
- Als Mindestbeobachtungsdauer pro Antennenposition und Polarisation werden 6 Minuten vorgeschrieben, um auch im Sinne des worst-case Radarsignale zu erfassen

Abschließend ist noch festzuhalten, dass man im Frequenzbereich von 9 kHz bis 1 GHz Angaben darüber vermisst, wie lange die Beobachtungszeit für eine Frequenz oder eine Antennenposition mindestens sein muss. Wie in vielen anderen Veröffentlichungen zu dieser Problematik wird auch hier nur die pauschale Aussage gemacht, dass die Messungen die maximalen Werte erfassen sollen. Im Endeffekt hängt somit aber das Messergebnis immer ein wenig vom persönlichen Ermessen, der Erfahrung und der Kompetenz des ausführenden Messtechnikers ab (Kapitel 7).

5.4.3.2 Messvorschrift BAPT 212 MV 21

In dieser Messvorschrift (Stand: Juli 1994 mit 1. Änderung) wird eine Anleitung für Feldstärkemessungen angegeben, um die Feldstärkegrenzwerte nach DIN VDE 0848 Teil 2 und Teil 4 zu kontrollieren. In diesem Zusammenhang bedeutet Kontrolle, dass die Feldstärkewerte breitbandig gemessen werden. Dies geht mit einer Ermittlung des Effektivwertes der jeweiligen Feldgrößen einher.

Während es bei der MV 20 (Abschnitt 5.4.3.1) also darauf ankommt, die örtliche Amplitudenverteilung (frequenz-) selektiv zu messen, um daraus Aussagen über den Mindestabstand zu den Feldstärkegrenzwerten der Norm zu erhalten, soll die Anwendung der MV 21 lediglich den Nachweis erbringen, ob der Grenzwert erreicht oder wesentlich unterschritten wird.

Aufgrund der Höhe der Grenzwerte muss man davon ausgehen, dass deren Überschreitung oder eine Annäherung an dieselben nur in unmittelbarer Nähe von Sendeanlagen etc. zu erwarten ist. Da man in diesem Fall höchstwahrscheinlich an die Großsignalfestigkeit frequenzselektiver Messeinrichtungen (etwa Spektrumanalysator) herankommt, ist sowieso der Einsatz von Feldmesssonden angezeigt. Schließlich kann es auch vorkommen, dass man sich bei der Messung wegen der Nähe zu einer Strahlungsquelle nicht mehr in deren Fernfeld befindet. Eine Anwendung der MV 20 oder gar eine Umrechnung von magnetischer in elektrische Feldstärke über den Freiraumfeldwellenwiderstand verbietet sich dann von selbst.

Bei den eigentlichen Messungen wird die Umgebung einer felderzeugenden Anlage als zu messender Bereich definiert. Er wird in sogenannte typische Teilbereiche unterteilt, deren Summe gleich der Fläche des zu messenden Bereiches ist. Für jeden typischen Teilbereich wird ein charakteristischer Maximalwert der Feldstärke ermittelt. Dazu wird das Areal in einer Höhe von 1,2 m bis 1,8 m mit den Messgeräten abgetastet. Von diesem Vorgehen kann gemäß MV 21 abgewichen werden, wenn sich Personen, die sich in dem zu untersuchenden Gebiet normalerweise befinden (z.B. Bedienpersonal), dieses im Laufen durchqueren oder darin stehen. D.h.: Hält sich eine Person im typischen Bereich vor allem liegend oder sitzend auf, kann auch in anderen Höhen als den angegebenen gemessen werden. Die Messkonzeption hängt somit von der Einschätzung des Messtechnikers ab.

In der Vorschrift findet man leider keinerlei Angaben zu den breitbandigen Messgeräten selbst. Angegeben ist allerdings eine vorläufige Vorgehensweise zur Kalibrierung breitbandiger Feldstärkemessgeräte, um die zweifelsfrei vorhandenen Messunsicherheiten zu ermitteln. Bei diesem Verfahren werden vor allem die Anzeigegenauigkeit, die Linearität und die Isotropie der Geräte überprüft. Außerdem wird die Ermittlung der für die Beurteilung der Messgenauigkeit notwendigen Korrekturfaktoren erläutert.

5.4 Regulierungsbehörde für Telekommunikation und Post (RegTP)

Für die messtechnische Praxis und die Bewertung von Messergebnissen von Interesse sind zwei Angaben über die Berücksichtigung von Messunsicherheiten bei der Benutzung breitbandiger Sonden.

Demzufolge kann die Messunsicherheit vernachlässigt werden, wenn das Verhältnis von Messwert zu Grenzwert kleiner als ca. 0,1 ist.

Für die Messung der Ersatzfeldstärke gemäß DIN VDE 0848 werden verschiedene Verfahren vorgestellt. Der übliche Weg ist die Messung der drei zueinander senkrecht stehenden Komponenten einer Feldgröße.

Wenn an einem Messpunkt die minimale und maximale Feldstärke gemessen wurden, kann alternativ dazu der gefundene maximale Messwert als Wert für die Ersatzfeldstärke verwendet werden. Dann muss jedoch nach der MV 21 neben der üblichen Messunsicherheit von 3 dB eine *zusätzliche* Messunsicherheit von 3 dB berücksichtigt werden. Die Behörde lässt eine Reduzierung dieses zusätzlich einzusetzenden Wertes auf 1 dB zu, wenn für das Verhältnis V aus maximaler und minimaler Feldgröße die Beziehung

$$V = \frac{E_{max}}{E_{min}} \geq 3 \tag{5.5}$$

gilt.

Um Verfälschungen der Messergebnisse durch Annäherung der Messsonden an leitende Bauteile auf Werte < 1 dB zu begrenzen, sind bei der Ermittlung der maximalen Feldgrößen die Sondenabstände entsprechend Tabelle 5.5 einzuhalten. Der Grund für die frequenzabhängigen Abstände sind die frequenzabhängigen Ausbreitungsbedingungen elektromagnetischer Felder (Abschnitt 6.7).

Tabelle 5.8 Frequenzabhängige Sondenabstände (Sondenkopfdurchmesser ≤ 100 mm)

Frequenz in MHz	Sondenabstand in mm
> 10	100
3 – 10	150
0,1 – 3	250
0,01 – 0,1	300

Da bei der Durchführung von Messungen gemäß MV 21 sich der Messtechniker häufig in der Nähe der Feldsonden befindet oder diese in der Hand hält, was bei sehr vielen breitbandigen Messsonden meistens der Fall ist, wird das zu messende Feld zusätzlich verzerrt oder durch Reflexionen verfälscht.

Eine Minimierung dieses Messfehlers wird erreicht, wenn sich der Messort zwischen der Strahlungsquelle und dem Messtechniker befindet. Insgesamt berücksichtigt die Behörde den Umstand durch eine zusätzliche Messunsicherheit von 2 - 4 dB.

Für den Fall, dass die gemessenen Werte nahe an den Grenzwerten liegen, wird empfohlen, den Messaufbau so zu gestalten, dass der Messwert aus einer Entfernung von 1 - 2 Metern abgelesen werden kann.

5.4.3.3 Messvorschrift BAPT 212 MV 22

Die MV 22 (Stand: Januar 1995) trägt den Titel: Kontrolle der Einhaltung der abgeleiteten Grenzwerte für direkt einwirkende Feldgrößen nach DIN VDE 0848 Teil 2 und Teil 4 in Wohnungen und anderen Räumen. Sie stellt eine Arbeitsanweisung dar, um eine unmittelbare Gefährdung von Personen und eine mittelbare Gefährdung für Personen mit Herzschrittmachern durch direkte Feldeinwirkung zu überprüfen.

Wie auch schon bei der MV 21 (Abschnitt 5.4.3.2) geht es primär um eine Abschätzung darüber, ob der Grenzwert wesentlich unterschritten oder erreicht wird. Aus diesem Grund wird die Kontrolle der Feldstärkewerte genau nach der in der MV 21 beschriebenen Vorgehensweise durchgeführt. Im Falle einer deutlichen Unterschreitung kann über die Ermittlung der örtlichen Spektralverteilung (nach MV 20; Abschnitt 5.4.3.1) zusätzlich auch eine Abschätzung für den Mindestabstand zum Grenzwert vorgenommen werden.

Aufgrund bestimmter räumlicher Bedingungen (etwa Messungen in einer engen Wohnung) lässt die Behörde dabei – abweichend zur MV 20 – zu, dass im Frequenzbereich von 30 – 1000 MHz die Antenne mit der Antennenhalterung in der Hand gehalten wird.

Die Messung ist gemäß MV 22 in jenem Raum einer Wohnung auszuführen, in dem wegen der örtlichen Bedingungen die höchsten Feldstärken zu erwarten sind oder an dem sich die Personen in der Regel am längsten aufhalten. Darunter fallen Räume wie etwa das Schlaf- oder Arbeitszimmer.

5.5 DIN VDE 0848

DIN-Normen werden allgemein als anerkannte Regeln der Technik betrachtet, dies ist nicht nur für die technische Betrachtung von Interesse, auch Juristen können sich auf die in den Normen veröffentlichen Grundkenntnisse berufen.

DIN-Normen werden in verschiedenen Ausschüssen erarbeitet, die auch in den internationalen Normungsgremien ISO/IEC und CEN/CENELEC tätig sind. Die erarbeiteten Normen werden als Entwurf der Öffentlichkeit zur Stellungnahme vorgelegt. Nach Bearbeitung eventueller Einsprüche wird die Norm dann zum Druck freigegeben.

Die DIN VDE 0848 stellt die Grundlage für die meisten Berechnungen und Messungen auf dem Gebiet der elektromagnetischen Umweltverträglichkeit dar. Nachdem die 26. BImSchV gesetzliche Regelungen auf dem Gebiet der EMVU vorlegte, hat man auch in den Normungsgremien mit einer Aktualisierung der DIN VDE 0848 begonnen. So besteht diese Norm derzeit aus älteren Normenteilen, die aber weiterhin gültig sind, und aktuellen Normentwürfen. Gleichzeitig erfolgt eine neue, thematisch sinnvolle, Nummerierung der einzelnen Normenteile.

Die Normungsarbeit in diesem Bereich leitet der AK 764.0.4 Messung von elektromagnetischen Feldern der Deutschen Elektrotechnischen Kommission im DIN und VDE (DKE) sowie der AK 764.1 Sicherheit in elektromagnetischen Feldern im Frequenzbereich von 0 bis 30 kHz der Deutschen Elektrotechnischen Kommission im DIN und VDE /DKE.

Diese Normen bieten nur zum Teil eine Übersicht der Grenzwerte für elektrische, magnetische und elektromagnetische Felder, insbesondere im Bereich des Arbeitsschutzes macht sich der fehlende Teil 4 bemerkbar. Hier greifen die an anderer Stelle in diesem Buch erwähnten berufsgenossenschaftlichen Regelungen.

Unabhängig von den Grenzwerten geben die Normen einen umfassenden Überblick über die Grundlagen und die Messtechnik, in diesen Bereichen gehen die meisten Veröffentlichungen auf diese Quelle zurück.

Tabelle 5.9 DIN VDE 0848

Ist-Stand	Geplante Neustruktur
Teil 1: Norm von 2/82, Mess- und Berechnungsverfahren	Teil 1: Allgemeiner Teil, Norm von 2/82 bleibt gültig, Entwurf von 7/98 soll zur national gültigen Norm weitergeführt werden, evtl. bis EU-Norm angenommen wird, Absprachen mit der CENELEC
Teil 1: Entwurf von 7/98 (allgemeiner Teil), Mess- und Berechnungsverfahren	
Teil 2: Entwurf von 10/91 (HF-Teil)	Teil 2: neu, zum Schutz der Allgemeinbevölkerung (NF- und HF-Teil zusammen), wenn Grenzwertfestlegungen, dann widerspruchsfrei zur 26. BImSchV
Teil 3: zurückgezogen (Explosionsschutz)	Teil 3-1: Schutz von Personen mit aktiven Körperhilfsmitteln (Entwurf 07/99)
	Teil 3-2: Schutz von Personen mit passiven Körperhilfsmitteln (geplant)
Teil 4: Vornorm und Änderung A3 von 7/95 (NF-Teil)	Teil 4: reserviert für die Sicherheit in nichtöffentlichen Bereichen (Arbeitsschutz), dieses Normungsvorhaben ist derzeit zurückgestellt.
Teil 4: Norm von 10/89 zurückgezogen	
Teil 5: Entwurf von 10/98 (Explosionsschutz)	Teil 5: Explosionsschutz, Der Entwurf von 10/98 soll der CENELEC vorgelegt werden, bis dahin wird der Entwurf besonderer Beachtung empfohlen.
Teil 11: Entwurf von 8/98 (Messung von NF-Feldern), nicht zur Anwendung empfohlen, aus deutscher Sicht unbefriedigend.	

Für den Messverantwortlichen stellt die Lektüre der DIN VDE 0848, insbesondere des Teils 1 eine unverzichtbare Grundlage dar.

Im folgenden wird die zukünftige Nummerierung der Normenreihe zugrundegelegt:

Teil 1: Definitionen, Mess- und Berechnungsverfahren

Teil 2: Schutz von Personen im Frequenzbereich 30 kHz bis 300 GHz

Teil 3: Schutz von Personen mit Körperhilfsmitteln

Teil 4: Schutz von Personen im Frequenzbereich von 0 Hz bis 30 kHz

Teil 5: Explosionsschutz

Teil 11: Messung von niederfrequenten magnetischen und elektrischen Feldern

5.5.1 DIN VDE 0848 Teil 1: Definitionen, Mess- und Berechnungsverfahren

Die DIN VDE 0848-1 liegt derzeit als Entwurf von Juli 1998 vor, dieser Entwurf ist Ersatz für den vorhergehenden Entwurf von 05/1995. Vorgesehen ist das Ersetzen der DIN 57848-1 von 02/1982.

Zweck der Norm ist die Festlegung von grundlegenden Definitionen der Normenreihe DIN VDE 0848 sowie die messtechnische oder rechnerische Bestimmung physikalischer Größen zum Vergleich mit zulässigen Werten.

Hierzu gliedert sich die Norm in die Hauptbestandteile:

- Definitionen
- Messverfahren
- Berechnungsverfahren
- Berücksichtigung unterschiedlicher Sendearten.

Der Anhang enthält informative, zum Teil aber auch normative Teile, die wichtigsten betreffen

- Hinweise zur Durchführung von Messungen von Feldgrößen
- Probleme bei Messsystemen für Feldgrößen
- Verfahren zur Berechnung von Feldstärken

Die Definitionen der einzelnen Begriffe können bei Bedarf im Normentext nachgelesen werden, auf eine detaillierte Darstellung kann hier verzichtet werden.

5.5.1.1 Messungen

Von größerem Interesse für die Durchführung von Messungen sind die aufgestellten Anforderungen an Messeinrichtungen und Messverfahren.

Messgeräte müssen im Hinblick auf die zu messenden Größen Eigenschaften besitzen, die eine sinnvolle Messung ermöglichen. Beeinflussungen der Messungen durch z.B.

- Temperatur
- Luftfeuchte
- Messaufbau
- Störung durch Personen in der Umgebung des Messgerätes
- Störfestigkeit des Gerätes
- Einkopplungen auf Anschlussleitungen
- nicht zu messende Feldgrößen (E- und H-Feldkopplung)

sind zu berücksichtigen.

Vor Beginn der Messung ist zu überlegen, welche Größen zu messen sind, welche Modulationen verwendet werden und ob die Messgeräte hierfür geeignet sind. Wichtig ist in diesem Zusammenhang vor allem, wie der Messwert mit der tatsächlich zu messenden Größe zusammenhängt. Anhand der Gegebenheiten muss zwischen selektiver und breitbandiger Messung entschieden werden. Wird eine selektive Messung durchgeführt, sind die Spitzenwerte der Einzelfrequenzen zur Ermittlung des Gesamtspitzenwertes linear zu addieren. Werden Effektivwerte gemessen, so sind die Einzeleffektivwerte zur Ermittlung des Gesamteffektivwertes geometrisch zu addieren.

Der Einsatz breitbandiger Messtechnik bei mehreren Einzelfrequenzen bleibt auf Frequenzbereiche beschränkt, in denen gleiche zulässige Werte existieren, und ist nur dann zulässig, wenn Messgeräte verwendet werden, die unabhängig von der Signalform Effektivwerte messen. Die Messzeit muss ausreichend groß gewählt werden, um Überlagerungseffekte erfassen zu können.

Wird nur eine Komponente des elektromagnetischen Feldes gemessen, ist zu prüfen ob eine rechnerische Ermittlung der anderen Größe zulässig ist, in der Regel wird dies im Fernfeld möglich sein. Bei leitungsgeführten Feldern der elektrischen Energietechnik ist dies nicht zulässig, hier sind immer beide Komponenten zu messen.

Messungen der elektrischen Feldstärke

Die statische elektrische Feldstärke ist zum Beispiel mit dem Influenz-E-Feldmeter zu messen, homogene elektrische Wechselfelder misst man in der Regel mit Hilfe des Verschiebungsstromes zwischen zwei voneinander und gegen Erde isolierten Elektroden. Die Verwendung einer Rahmenantenne (die ja bekanntlich ein magnetisches Feld misst) ist nur im Fernfeld zulässig.

Bei der Auswahl des Sensors ist darauf zu achten, dass er klein gegenüber der räumlichen Ausdehnung von Feldinhomogenitäten ist.

Vor dem Einsatz von Messgeräten für nachrichtentechnische Zwecke ist deren Eignung, insbesondere im Bezug auf maximal zulässige Feldstärken, zu prüfen.

Messungen der magnetischen Feldstärke

Statische magnetische Felder werden meist mit einer Hallsonde gemessen. Magnetische Wechselfelder misst man mit einem Messwertaufnehmer, der nach dem Induktionsprinzip arbeitet (Induktionsspule oder Rahmenantenne). Der darin induzierte Strom, bzw. die induzierte Spannung, sind ein Maß für die Komponente der magnetischen Feldstärke senkrecht zur Spulen-Rahmenebene.

Im Fernfeld ist wiederum eine Umrechnung aus einer gemessenen elektrischen Feldstärke zulässig.

Bei der Auswahl des Sensors ist darauf zu achten, dass er klein gegenüber der räumlichen Ausdehnung von Feldinhomogenitäten ist.

Vor dem Einsatz von Messgeräten für nachrichtentechnische Zwecke ist deren Eignung, insbesondere im Bezug auf maximal zulässige Feldstärken, zu prüfen.

Die Norm beschreibt Verfahren um einzelne Größen zu messen, diese Verfahren sollen kurz dargestellt werden.

Spitzen- und Effektivwertmessung

Die Messung des Spitzenwertes und des Effektivwertes der elektrischen bzw. magnetischen Feldstärke ist die am häufigsten durchgeführte Messung. Sofern das Messgerät nicht über einen isotropen (richtungsunabhängigen) Sensor verfügt, sind die Feldstärken in drei senkrecht zueinander orientierten Raumrichtungen separat zu messen. Der Gesamteffektivwert ergibt sich zu

$$E_{eff} = \sqrt{E_{x,eff}^2 + E_{y,eff}^2 + E_{z,eff}^2} \tag{5.6}$$

Der Spitzenwert lässt sich zu

$$\hat{E} = \sqrt{\hat{E}_x^2 + \hat{E}_y^2 + \hat{E}_z^2} \tag{5.7}$$

abschätzen. Bei der Einzelmessung dreier Komponenten muss die Größe der Messwertaufnehmer klein gegenüber der Wellenlänge sein.

Der so ermittelte Spitzenwert ist eine obere Abschätzung des Spitzenwertes nach

$$\hat{E} = \max\left\{\sqrt{\hat{E}_x^2(t) + \hat{E}_y^2(t) + \hat{E}_z^2(t)}\right\} \tag{5.8}$$

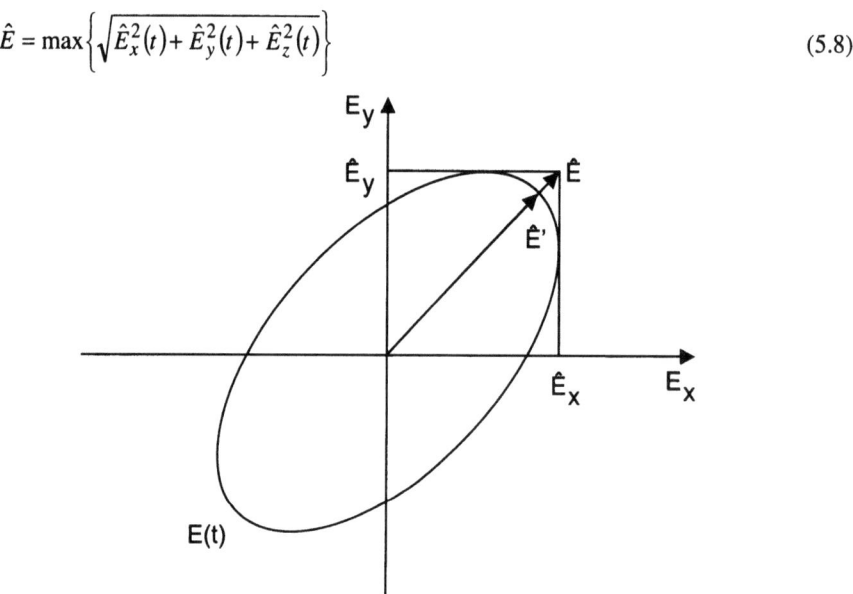

Bild 5-1 Spitzenwertberechnung bei elliptischer Polarisation

Aus dem Bild 5-1 ist zu erkennen, dass der wahre Spitzenwert $\hat{E}'$ deutlich kleiner ist als der berechnete Spitzenwert $\hat{E}$. Im Extremfall können sich die Werte um den Faktor $\sqrt{2}$ unterscheiden. Typischer Anwendungsfall ist das magnetische Feld unter Hochspannungsleitungen.

Die meisten am Markt erhältlichen Messgeräte zeigen die Größe $\hat{E}$ an, den größeren Wert.

Messung der Leistungsflussdichte

Die Leistungsflussdichte muss im Nahfeld durch eine Messung von elektrischer und magnetischer Feldstärke in drei Raumrichtungen bestimmt werden. Bei der Messung werden Betrag und Phase des Signals aufgezeichnet. Ebenso ist eine Bestimmung durch eine thermische Messung absorbierter Feldenergie möglich. Im Fernfeld genügt es, den Betrag entweder der elektrischen oder der magnetischen Feldstärke zu bestimmen. Oberhalb etwa 300 MHz kann die Leistungsflussdichte auch mittels eines Leistungsmessgerätes und einer entsprechenden Antenne bestimmt werden. Bei verlustfreier Anpassung der Antenne an das Messgerät ergibt sich die Leistungsflussdichte zu

$$S = \frac{P_{mess}}{A_W} \tag{5.9}$$

wobei P_{mess} die gemessene Leistung und A_W die Wirkfläche der Antenne darstellen.

Von besonderer Bedeutung ist bei dieser Messung die Signalform. Gemessen wird der zeitliche Mittelwert, für die Ermittlung des Spitzenwertes gibt es eine Berechnungstabelle.

Strom- und Spannungsmessung

Die Messung einer elektrischen Spannung erfolgt mit einem, für den Frequenzbereich geeigneten Spannungsmessgerät oder einem Oszilloskop. Ströme werden entweder direkt oder mit einem Stromwandler gemessen. Zulässig ist ebenso eine Messung der Spannung an einem Wirkwiderstand.

Messung der entnehmbaren Wirkleistung

Die einem Empfangsgebilde entnommene Wirkleistung wird bei Anschluss einer zur Generator-Impedanz konjugiert komplexen Lastimpedanz maximal. Da übliche Leistungsmessgeräte eine feste Impedanz von meist 50 Ω besitzen ist die gemessene Leistung P_{mess} immer kleiner als die maximal entnehmbare Wirkleistung P_{max}. Es gibt nun verschiedene Wege zur Messung von P_{max}.

Bis zu Frequenzen von etwa 30 MHz kann man die Leerlaufspannung U_0 und die komplexe Generatorimpedanz $\underline{Z}_G$ direkt messen und P_{max} berechnen.

$$P_{max} = \frac{U_0^2}{4 \cdot \text{Re}\{\underline{Z}_G\}} \tag{5.10}$$

Um das Leistungsmessgerät an die komplexe Generator-Impedanz anzupassen, kann ein geeignetes Antennenanpassgerät (Tuner) verwendet werden. Die Anzeige P_{mess} entspricht dann P_{max}.

Bei hohen Frequenzen bestimmt man den Reflektionsfaktor $|\Gamma_G|$ und berechnet P_{max} zu

$$P_{max} = \frac{P_{mess}}{1 - |\Gamma_G|^2} \tag{5.11}$$

Einzelheiten können der Norm entnommen werden.

Messung von Frequenzen

Zur Frequenzmessung eignen sich z.B.

- Frequenzzähler
- Spektrumanalysatoren
- Oszilloskope
- Messempfänger
- selektive Feldstärkemessgeräte

mit geeignetem Empfangselement.

Messung der spezifischen Absorption (SA) und der spezifischen Absorptionsrate (SAR)

Die SA und SAR werden an einer Nachbildung des menschlichen Körpers, einem sogenannten Phantom, gemessen, in dessen Inneren Sonden die Temperatur- und/oder Feldstärkeverteilung aufnehmen.

Die Messverfahren für beide Größen erfordern einen sehr großen technischen Aufwand und können nur von wenigen speziell ausgerüsteten Instituten durchgeführt werden.

Messung des Gesamtkörperableitstromes

Der Gesamtkörperableitstrom wird mittels einer Person oder einer Personennachbildung, die im elektrischen Feld isoliert vom Bezugspersonal angeordnet ist, gemessen. An der Verbindung der Person mit dem Bezugspotenzial wird mit einem geeigneten Messgerät ein Strom gemessen.

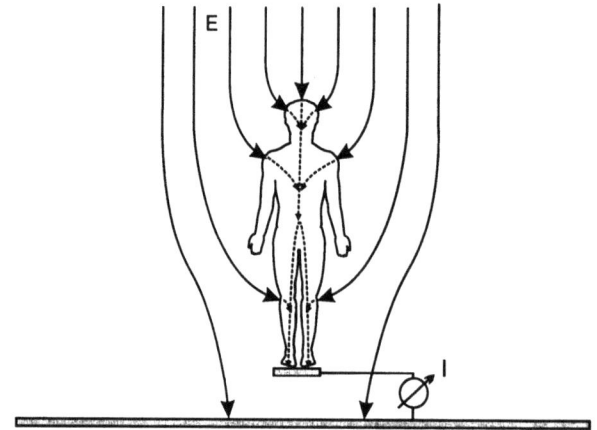

Bild 5-2 Messung des Gesamtkörperableitstromes

Messung der Körperstromdichte

Diese Messung ist sehr aufwendig und kann ebenfalls nur von speziell ausgerüsteten Instituten durchgeführt werden.

Messung der Kapazität

Die Kapazität kann entweder mit einem geeigneten Messgerät (Messbrücke) direkt gemessen oder aus einer Strom- und Spannungsmessung berechnet werden.

Messung der Berührungsspannung

Berührungsspannungen werden bis 100 kHz nach DIN VDE 0800-1 gemessen; für höhere Frequenzen ist eine Messanleitung in Beratung.

5.5.1.2 Berechnungen

Niederfrequente Felder

In der elektrischen Energieversorgung sind häufig Felder von langen, geraden Leitern zu berechnen. Ist die Entfernung, in der die Feldstärke berechnet werden soll, groß gegenüber dem Leiterdurchmesser, kann nach DIN VDE 0848-1 die magnetische Feldstärke berechnet werden zu

$$\vec{H}(t) = \sum_{i=1}^{n} \vec{H}_i(t) = \sum_{i=1}^{n} \frac{I_i(t)}{2 \cdot \pi \cdot r_i} \cdot (\vec{e}_z \times \vec{e}_{ri}) \tag{5.12}$$

und die elektrische Feldstärke zu

$$\vec{E}(t) = \sum_{i=1}^{n} \vec{E}_i(t) = \sum_{i=1}^{n} \frac{Q_i^{'}(t)}{2 \cdot \pi \cdot \varepsilon_0 \cdot r_i} \cdot \vec{e}_{ri} \tag{5.13}$$

berechnet werden.

Hierbei sind $\vec{H}$ und $\vec{E}$ die Gesamtfeldstärken, mit dem Index i sind die Feldstärken der Teilleiter bezeichnet. $I_i(t)$ und $Q_i^{'}(t)$ kennzeichnen den Strom und die längenbezogene Ladung der Teilleiter. r_i ist der Abstand des Leiters i zum Punkt der Berechnung, $(\vec{e}_z \times \vec{e}_{ri})$ ist der Einheitsvektor auf der von $\vec{e}_z$ und $\vec{e}_{ri}$ aufgespannten Ebene (diese Ebene entspricht der Papierebene in Bild 5-3). Diesen Betrachtungen liegt ein kartesisches Koordinatensystem zugrunde.

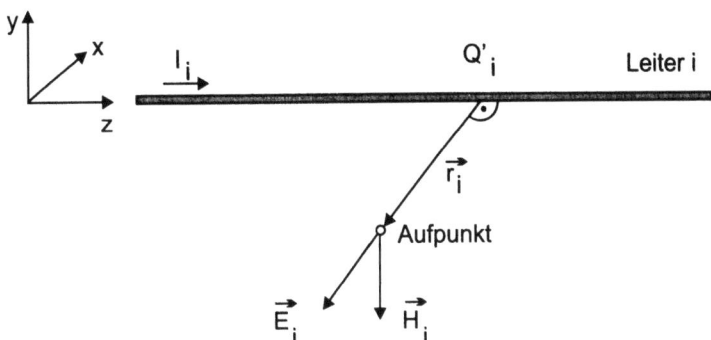

Bild 5-3 Feldstärken eines langen geraden Leiters

In guter Näherung kann die längenbezogene Ladung $Q_i^{'}$ aus der Gleichung

$$Q_i^{'} = C_i^{'} \cdot U_i \tag{5.14}$$

bestimmt werden.

Komplexere Leiterstrukturen kann man berechnen, indem der Leiter in n endlich kleine gerade Teilstücke zerlegt wird. Die von den einzelnen Teilstücken erzeugten Feldstärken werden vektoriell zur Gesamtfeldstärke aufaddiert. Für dieses Verfahren bieten sich rechnergestützte Lösungen an. Die zu simulierenden Strukturen erreichen eine Komplexität, die eine Lösung sehr aufwendig machen, es sind daher erprobte Softwareprodukte zu empfehlen, wobei sich auch hier eine Plausibilitätsprüfung nach der Simulationsdurchführung empfiehlt.

Ist die elektrische Feldstärke bekannt und auf der gesamten Länge des Empfangsgebildes gleich, können einige physikalische Größen bestimmt werden

Leerlaufspannung:

$$U_L = E_{eff} \cdot h \tag{5.15}$$

Kurzschlussstrom:

$$I_K = E_{eff} \cdot h \cdot \omega \cdot C \tag{5.16}$$

Elektrische Ladung:

$$Q = \sqrt{2} \cdot E_{eff} \cdot h \cdot C \tag{5.17}$$

sowie die maximal entnehmbare Energie bei einer Entladung:

$$W = \frac{1}{2} \cdot C \cdot (E_{eff} \cdot h)^2 \tag{5.18}$$

hierbei kennzeichnet der Parameter h den Bodenabstand und C ist die Leiter-Erde-Kapazität.

Hochfrequente Felder

Im Fernfeld einer Sendeanlage sind Größen wie Strahlungsdichte und elektrische bzw. magnetische Feldstärke recht einfach zu berechnen.

Die Strahlungsdichte S (in Watt pro Quadratmeter) ergibt sich zu

$$S = \frac{P \cdot G_i}{4 \cdot \pi \cdot r^2} \tag{5.19}$$

hierbei kennzeichnet P die der Antenne zugeführte Leistung. G_i ist der lineare Gewinn der Sendeantenne, bezogen auf den isotropen Strahler und r der Abstand des Berechnungspunktes zur Feldquelle.

Aus der Strahlungsdichte kann die elektrische Feldstärke bestimmt werden:

$$S = \frac{E^2}{Z_0} \tag{5.20}$$

bzw.

$$E = \sqrt{S \cdot Z_0} \tag{5.21}$$

mit Gleichung (5.19) ergibt sich die elektrische Feldstärke zu

$$E_{eff} = \sqrt{\frac{Z_0}{4 \cdot \pi}} \cdot \frac{\sqrt{P \cdot G_i}}{r} \cdot C \tag{5.22}$$

C ist ein Faktor zur Berücksichtigung der Richtcharakteristik der Sendeantenne. Dieser Faktor ist in Hauptstrahlrichtung 1, sonst ist er kleiner 1. Dieser Wert kann dem Richtdiagramm der Antenne entnommen werden.

Berechnungsbeispiele finden sich bei Mobilfunkstationen und Rundfunksendeanlagen in Kapitel 7.

Die Berechnung der Feldstärken im Nahfeld ist in der Regel sehr aufwendig und nicht durch einfache Formeln beschreibbar.

Detaillierte Berechnungsgrundlagen mit Berücksichtigung der effektiven Längen und Wirkflächen finden sich in der Norm und können bei Bedarf dort nachgelesen werden.

Berücksichtigung unterschiedlicher Sendearten

Je nach verwendeter Signalform unterscheiden sich die Werte für die mittlere Leistung P_M, die Spitzenleistung P_S oder den maximalen Augenblickswert $\hat{P}$. Sind die für die Berechnung notwendigen Größen nicht gegeben, so kann der Norm ein Umrechnungsfaktor entnommen werden.

Berechnungsbeispiel:

Die mittlere Leistung P_M eines A1A-Modulierten Signals ist gegeben, der maximale Augenblickswert $\hat{P}$ soll berechnet werden. Aus der Tabelle wird der Faktor 2 abgelesen, d.h.

$$\hat{P} = 2 \cdot P_M \tag{5.23}$$

Rechnen wir anstelle von Leistungen mit Feldstärken, gilt aufgrund der Proportionalität $E \sim \sqrt{P}$, dass mit der Wurzel aus dem angegeben Faktor gerechnet werden muss.

$$\hat{E} = \sqrt{2} \cdot E_M \tag{5.24}$$

Ein Beispiel findet sich in Abschnitt 7.4.

Durchführung von Messungen (Normativer Anhang A)

Der normative Anhang A enthält praktische Festlegungen zur Durchführung von Messungen von Feldgrößen. Nach DIN VDE 0848 empfiehlt sich folgendes Vorgehen:
- Prüfen der Expositionsbedingungen (Ort, Einwirkdauer)
- Einholen von Informationen über die Feldquellen (z.B. Frequenzen, Generatorleistungen, Modulation, Strahlereigenschaften, Leiterströme, Leiterspannungen)
- Auswahl des anzuwendenden Messverfahrens und der Messgeräte entsprechend dem Schutzkonzept
- Auswahl der Lage der Messpunkte gemäß dem Schutzkonzept (Im Frequenzbereich bis 100 kHz ist ein Mindestabstand von 20 cm zwischen dem Mittelpunkt des Messwertaufnehmers und Wänden, Absperrungen usw. einzuhalten).
- Festlegung eines bewertbaren Betriebszustandes bei felderzeugenden Einrichtungen mit wechselnden Betriebsparametern.
- Abschätzung einer möglichen Gefährdung des Messenden und des Messgerätes, gegebenenfalls sind Schutzmaßnahmen vorzusehen.
- In Abhängigkeit vom Schutzkonzept kann zwischen der Messung des Spitzenwertes und des Effektivwertes gewählt werden.
- Messung, Protokollierung und Auswertung.

Die verwendeten Messgeräte sollten vor Beginn der Messung auf ihre Funktion hin überprüft und in regelmäßigen Abständen kalibriert werden.

Der Abstand zwischen Messwertaufnehmer und leitfähigen Gegenständen muss ausreichend groß gewählt werden, im HF-Bereich mindestens der doppelte Durchmesser des Messwertaufnehmers.

Die Messhöhe beträgt in homogenen Feldern für Frequenzen kleiner 100 kHz 1 m, für größere Frequenzen 1,5 m. In inhomogenen Feldern sollte in Höhen von 0,45 m, 0,9 m und 1,55 m gemessen werden.

Detaillierte Darstellungen zur Messkonzeption finden sich in Kapitel 7.

Die weiteren Anhänge sind informativ, bei entsprechenden Messungen und Berechnungen ist eine Lektüre dringend angeraten.

5.5.2 DIN VDE 0848 Teil 2: Schutz von Personen im Frequenzbereich 30 kHz bis 300 GHz

Die Ausführungen beziehen sich auf den Entwurf der DIN VDE 0848 in der Ausgabe vom Oktober 1991.

Anwendbar ist die Norm zum Schutz von Personen im Wirkungsbereich elektrischer, magnetischer oder elektromagnetischer Felder im Frequenzbereich von 30 kHz bis 300 GHz. Nicht anwendbar ist sie bei gewollten medizinischen Anwendungen in diesem Frequenzbereich.

Prinzipiell findet eine Unterscheidung zwischen unmittelbaren, d.h. durch die direkte Feldeinwirkung verursachten, und mittelbaren (z. B. durch Körperstrome oder Berührungsspannungen) verursachten Gefährdungen statt.

Das Gefährdungspotenzial wird in zwei Expositionsbereichen betrachtet. Diese Bereiche sind wie folgt definiert:

Expositionsbereich 1

Dieser Bereich umfasst:
- kontrollierte Bereiche, z.B. Betriebsstätten, vom Betreiber überprüfbare Bereiche
- allgemein zugängliche Bereiche, in denen aufgrund der Betriebsweise der Anlagen oder aufgrund der Aufenthaltszeit sichergestellt ist, dass eine Exposition nur kurzzeitig (bis zu sechs Stunden je Tag) erfolgt.

Die Grenzwerte des Expositionsbereiches 1 wurden auf der Grundlage des Sicherheitskonzeptes festgelegt, orientieren sich also an der Vermeidung von Gefährdungen.

Expositionsbereich 2

Er umfasst Bereiche, in denen nicht nur mit Kurzzeitexpositionen gerechnet werden kann (größer sechs Stunden am Tag), wie z.B.
- Gebiete mit Wohn- und Gesellschaftsbauten
- einzelne Wohngrundstücke
- Anlagen und Einrichtungen für Sport, Freizeit und Erholung
- Arbeitsstätten, in denen eine Felderzeugung bestimmungsgemäß nicht erwartet wird.

5.5 DIN VDE 0848

Die Grenzwerte im Expositionsbereich 2 orientieren sich an besonderen Schutzbedürfnissen empfindlicher Personen. Hier wurde das Vorsorgekonzept zugrunde gelegt.

Grundsätzlich wird bei der Anwendung der Grenzwerte ein Einhalten der Basisgrenzwerte gefordert. Die abgeleiteten Grenzwerte dürfen überschritten werden, wenn die Basisgrenzwerte eingehalten werden.

Die Basisgrenzwerte wurden für die elektrische Stromdichte, die spezifische Absorption und die spezifische Absorptionsrate festgelegt.

Tabelle 5.10 Basisgrenzwerte

Frequenzbereich	Einwirkung	Expositionsbereich 1 f in Hz	Expositionsbereich 2 f in Hz
30 kHz bis 100 kHz	lokal begrenzt	$\frac{1}{12} \cdot f \frac{mA}{m^2 Hz}$	$\frac{1}{30} \cdot f \frac{mA}{m^2 Hz}$
100 kHz bis 1 MHz	Ganzkörper	0,4 W/kg	0,08 W/kg
	lokal begrenzt	$\frac{1}{12} \cdot f \frac{mA}{m^2 Hz}$	$\frac{1}{12} \cdot f \frac{mA}{m^2 Hz}$
1 MHz bis 300 GHz	Ganzkörper	0,4 W/kg	0,08 W/kg
	lokal begrenzt	10 W/kg	2 W/kg
		10 mJ/kg	2 mJ/kg
	Hand, Handgelenk, Fußknöchel	20 W/kg	4 W/kg

Ausgehend von diesen Basisgrenzwerten definiert die Norm abgeleitete Grenzwerte für die beiden Expositionsbereiche.

Tabelle 5.11 Grenzwerte Expositionsbereich 1

Frequenz [MHz]	Effektivwert der elektrischen Ersatzfeldstärke [V/m] f in MHz	Effektivwert der magnetischen Ersatzfeldstärke [A/m] f in MHz	Mittelwert der Leistungsflußdichte [W/m²] f in MHz
0,03 – 0,1	1500	$2{,}158 / f^{1{,}355}$	-
0,1 – 0,41	1500	$4{,}89 / f$	-
0,41 – 10	$614/f$	$4{,}89 / f$	-
10 – 30	61,4	$4{,}89 / f$	-
30 – 400	61,4	0,16	10
400 – 2000	$3{,}07 \cdot f^{1/2}$	$8{,}14 \cdot 10^{-3} \cdot f^{1/2}$	$f/40$
2000 – 300000	137	0,36	50

Tabelle 5.12 Grenzwerte Expositionsbereich 2

Frequenz [MHz]	Effektivwert der elektrischen Ersatzfeldstärke [V/m] f in MHz	Effektivwert der magnetischen Ersatzfeldstärke [A/m] f in MHz	Mittelwert der Leistungsflußdichte [W/m²] f in MHz
0,03 – 0,14	300	16	-
0,14 – 0,92	300	$2,19/f$	-
0,92 – 10	$275/f$	$2,19/f$	-
10 – 30	27,5	$2,19/f$	-
30 – 400	27,5	0,07	2
400 – 2000	$1,37 \cdot f^{1/2}$	$3,64 \cdot 10^{-3} \cdot f^{1/2}$	$f/200$
2000 – 300000	61,4	0,16	10

Diese Grenzwerte wurden für Einwirkzeiten von mehr als sechs Minuten als Höchstwerte festgelegt.

Die Grenzwerte für Einwirkzeiten kleiner sechs Minuten sowie für Spitzengrenzwerte können der Norm entnommen werden.

Häufig kommt eine Exposition durch mehr als eine Frequenz vor. Auch die Summe der Einzelbelastungen muss eine ausreichende Sicherheit gewährleisten.

Für Frequenzen kleiner 1 MHz werden die magnetischen und elektrischen Ersatzfeldstärken E_i und H_i im Verhältnis zu den Grenzwerten E_g bzw H_g nach Tabelle 5.11 und 5.12 betrachtet. Die Summe der Verhältnisse muss kleiner 1 sein:

$$\sum_{i=1}^{o} \frac{E_i}{E_{gi}} + \sum_{j=1}^{p} \frac{H_j}{H_{gj}} \leq 1 \tag{5.25}$$

Hierbei sind auch Frequenzen kleiner 30 kHz zu berücksichtigen, die entsprechenden Grenzwerte finden sich in DIN VDE 0848 Teil 4.

Für den Frequenzbereich von 100 kHz bis 300 GHz gilt diese Sicherheit bei Einhaltung der beiden Bedingungen:

$$\sum_{k=1}^{q} \left(\frac{E_k}{E_{gk}}\right)^2 \leq 1 \tag{5.26}$$

$$\sum_{l=1}^{r} \left(\frac{H_l}{H_{gl}}\right)^2 \leq 1 \tag{5.27}$$

Für Frequenzen größer 1 MHz muss zusätzlich erfüllt sein:

$$\sum_{m=1}^{s} \frac{E_m}{E_{gm}} \leq 1 \tag{5.28}$$

$$\sum_{n=1}^{t} \frac{H_n}{H_{gn}} \leq 1 \tag{5.29}$$

Hierbei sind die mit g gekennzeichneten Grenzwerte der Feldstärke aus Tabelle 5.11 bzw. 5.12 zu entnehmen. Bei den übrigen Werten handelt es sich um die gemessenen oder berechneten Werte der elektrischen oder magnetischen Ersatzfeldstärke.

Neben diesen Grenzwerten der unmittelbaren Gefährdung gibt es Grenzwerte der mittelbaren Gefährdung, in diesem Fall durch das Berühren leitfähiger Empfangsgebilde.

Im Expositionsbereich 1 sind die Grenzwerte der Bemessungsklasse 1B aus der DIN VDE 0800 Teil 1 zu verwenden, im Expositionsbereich 2 die Werte der Bemessungsklasse 1A.

Grenzwerte für Personen mit Herzschrittmachern wurden für den Frequenzbereich von 30 kHz bis 50 MHz festgelegt, hierzu wurden messtechnisch Spannungswerte U_{SS} für amplitudenmodulierte Felder ermittelt. U_{SS} ist die Spitze-Spitze-Spannung des amplitudenmodulierten Feldes.

Tabelle 5.13 Beeinflussungsschwellen für Herzschrittmacher

Frequenz in MHz	0,050	0,100	0,200	0,500	1	2	5	10	20	50
U_{SS} in V	0,022	0,022	0,030	0,045	0,067	0,010	0,15	0,30	0,34	0,20

Hieraus leitet die Norm für Fernfeldbedingungen folgende Spitzenwerte der elektrischen und magnetischen Ersatzfeldstärke ab:

$$\hat{E}_{g,HSM} = 415 \cdot 10^6 \frac{U_{SS}}{f} \; [\text{V/m}] \tag{5.30}$$

$$\hat{H}_{g,HSM} = 1{,}1 \cdot 10^6 \frac{U_{SS}}{f} \; [\text{A/m}] \tag{5.31}$$

Auf den Schutz von Personen mit Körperhilfsmitteln wird in der DIN VDE 0848 Teil 3 eingegangen (Abschnitt 5.5.3).

Zur Sicherstellung der Einhaltung der Grenzwerte nennt die Norm einige Schutzmaßnahmen. Unterteilt wird wiederum nach unmittelbaren und mittelbaren Gefahren sowie zwischen organisatorischen und technischen Schutzmaßnahmen.

Die einzelnen Maßnahmen können in der Norm nachgelesen werden. In den folgenden Kapiteln werden zahlreiche Schutzmaßnahmen und deren sinnvoller Einsatz erläutert.

5.5.3 DIN VDE 0848 Teil 3: Schutz von Personen mit Körperhilfsmitteln

Diese Norm liegt bisher nur in einem Entwurf aus dem Juni 1999 vor und ist als teilweiser Ersatz für DIN VDE 0848 Teil 4/A3 und als teilweiser Ersatz für den Entwurf zu DIN VDE 0848 Teil 2 vorgesehen. Da es sich hierbei nur um einen Normentwurf handelt, ist mit späteren Änderungen zu rechnen.

Der Anwendungsbereich dieser Norm erstreckt sich auf Personen mit aktiven Körperhilfsmitteln (z.B. Herzschrittmacher) im Einwirkbereich von elektrischen, magnetischen und elektromagnetischen Feldern im Frequenzbereich 0 Hz bis 300 GHz. Sie gilt nicht für medizinische

Behandlungen mit diesen Feldern, ebenso gilt sie nicht für den Schutz von Arbeitnehmern am Arbeitsplatz, hierzu sind die einschlägigen Arbeitsschutz- und Unfallverhütungsvorschriften heranzuziehen.

Grundsätzlich können zwei unterschiedliche Einwirkungsmechanismen auf die implantierten Geräte betrachtet werden. Zum einen handelt es sich um eine unmittelbare Feldwirkung auf das implantierte Gerät (z.B. Feldeinwirkung auf eine Insulinpumpe), zum anderen um mittelbare Einwirkungen, die durch eine Spannung, ausgehend von einer am Implantat befestigten Elektrode, hervorgerufen werden. In diesem zweiten Fall (z.B. handelt es sich hier um Herzschrittmacher) können beide Wirkungsmechanismen auftreten. Da diese Geräte aber meist metallische Gehäuse mit einem großen, mit der Frequenz zunehmenden, Schirmungsmaß haben, dominiert hier die Einkopplung über die abgesetzte Elektrode.

Die Störfestigkeit der einzelnen Implantate ist sehr unterschiedlich. Die Normen DIN EN 50061/A1 und DIN EN 45502-2-1 legen Störschwellen für diese Geräte fest. Problematisch bei der Berechnung der Feldstärken ist die Lage der Implantate im Körper und der Einfluss von Polarisation, Modulation und Einfallsrichtung. In der Norm wird generell von der ungünstigsten Konstellation ausgegangen.

Grundsätzlich ist die Einhaltung einer Obergrenze der magnetischen Flussdichte von 300 µT, um dem ungewollten Ansprechen des Reedkontaktes im Herzschrittmacher vorzubeugen.

Die Festlegung von Störschwellen muss unter verschiedenen Gesichtspunkten erfolgen. Wurde der Herzschrittmacher nach einer der oben zitierten Normen geprüft, so sind die dort angegebenen Störschwellen zu verwenden, anderenfalls können, soweit vorhanden, Herstellerangaben benutzt werden. Ist keine Störschwelle bekannt oder ist der Bereich ohne Warnschilder frei zugänglich gibt die Norm in Anhang A Störschwellen an:

- Störschwellen für Amplitudenmodulation (30 kHz bis 2,5 GHz)
- Störschwellen für Fernsehmodulation (30 kHz bis 2,5 GHz)
- Störschwellen für ein Einzelsignal mit GSM-Modulation (850 MHz bis 2,5 GHz)
- andere Modulationsarten

Für die Frequenzbereiche 0 Hz bis 30 kHz und 2,5 GHz bis 300 GHz sind Störschwellen in Bearbeitung.

Unter Berücksichtigung der Einkoppelmechanismen werden nach Frequenzbereichen unterschiedliche Berechnungsformeln für die zulässigen Spitzenfeldstärken $\hat{E}$ und $\hat{H}$ angegeben, bei niedrigen Frequenzen handelt es sich um eine Kombinationsgröße aus elektrischer und magnetischer Feldstärke. Der Wert von U_{SS} ist wie oben angegeben zu ermitteln.

Frequenzbereich 0 Hz bis 3 MHz

$$\sqrt{\left(\frac{\hat{H}}{0{,}52\frac{A}{m}}\right)^2 + \left(\frac{\hat{E}}{520\frac{V}{m}}\right)^2} = \frac{U_{SS}}{1V} \cdot \left(\frac{3MHz}{f}\right)^2 \qquad (5.32)$$

wobei die Frequenz f in MHz angegeben wird.

Frequenzbereich 3 MHz bis 9,5 MHz

Berechnung nach Gleichung (5.32), zusätzlich müssen die Bedingungen

$$\frac{\hat{H}}{0{,}52\frac{A}{m}} \leq \frac{U_{SS}}{1V} \cdot \left(\frac{3MHz}{f}\right)^{2} \tag{5.33}$$

und

$$\frac{\hat{E}}{520\frac{V}{m}} \leq \frac{U_{SS}}{1V} \cdot \left(\frac{3MHz}{f}\right)^{2{,}85} \tag{5.34}$$

erfüllt sein. Die Frequenz f ist in MHz angegeben.

Frequenzbereich 9,5 MHz bis 200 MHz

In den nachfolgenden Frequenzbereichen müssen beide Bedingungen einzeln erfüllt sein.

$$\frac{\hat{H}}{1\frac{A}{m}} = 0{,}052 \cdot \frac{U_{SS}}{1V} \tag{5.35}$$

$$\frac{\hat{E}}{1\frac{V}{m}} = 19{,}6 \cdot \frac{U_{SS}}{1V} \tag{5.36}$$

Frequenzbereich 200 MHz bis 400 MHz

$$\frac{\hat{H}}{1\frac{A}{m}} = 0{,}052 \cdot \left(\frac{f}{200MHz}\right)^{2{,}94} \cdot \frac{U_{SS}}{1V} \tag{5.37}$$

$$\frac{\hat{E}}{1\frac{V}{m}} = 19{,}6 \cdot \left(\frac{f}{200MHz}\right)^{2{,}94} \cdot \frac{U_{SS}}{1V} \tag{5.38}$$

Die Frequenz f ist in MHz angegeben.

Frequenzbereich 400 MHz bis 1,5 GHz

$$\frac{\hat{H}}{1\frac{A}{m}} = 0{,}4 \cdot \frac{U_{SS}}{1V} \tag{5.39}$$

$$\frac{\hat{E}}{1\frac{V}{m}} = 150 \cdot \frac{U_{SS}}{1V} \tag{5.40}$$

Frequenzbereich 1,5 GHz bis 2,5 GHz

$$\frac{\hat{H}}{1\frac{A}{m}} = 0{,}4 \cdot \left(\frac{f}{1{,}5\,GHz}\right)^3 \cdot \frac{U_{SS}}{1V} \qquad (5.41)$$

$$\frac{\hat{E}}{1\frac{V}{m}} = 150 \cdot \left(\frac{f}{1{,}5\,GHz}\right)^3 \cdot \frac{U_{SS}}{1V} \qquad (5.42)$$

Die Frequenz f wird in GHz angegeben.

Überlagerung elektromagnetischer Felder mit unterschiedlichen Frequenzen

Im Grunde genommen kann der Herzschrittmacher Frequenzen größer 1 kHz nicht mit dem Herzsignal verwechseln. Aufgrund von Nichtlinearitäten entstehen jedoch im Gerät Demodulationsprodukte der niederfrequenten Einhüllenden des hochfrequenten Signals. Der Herzschrittmacher kann diese demodulierten Signale fälschlicherweise als Herzsignal interpretieren. Ebenso kommt es durch die Überlagerung mehrerer Trägerfrequenzen zu Schwebungen, die sind aber nur bis zu einer Frequenzdifferenz von ca. 1 kHz von Bedeutung.

Bei der Beurteilung mehrerer Signale mit identischer Modulationsart und identischem Modulationssignal wird zuerst für jede der beteiligten Frequenzen die Spitze-Spitze-Spannung $U_{ISS}(f)$ ins Verhältnis zu der bei dieser Frequenz geltenden Störschwelle U_{SS} gesetzt.

$$V_{SS}(f) = \frac{U_{ISS}(f)}{U_{SS}(f)} \qquad (5.43)$$

Die Summe S_{ID} aller dieser Verhältnisse muss kleiner 1 sein:

$$S_{ID} = \sum_f V_{SS}(f) \leq 1 \qquad (5.44)$$

Für weitere Berechnungen (Spezialfälle) sei auf die Norm verwiesen.

5.5.4 DIN VDE 0848 Teil 4: Schutz von Personen im Frequenzbereich von 0 Hz bis 30 kHz

Betrachtet wird die Änderung 3 zur DIN VDE 0848 Teil 4 vom Juli 1995, diese Änderung erfasst im Gegensatz zur ursprünglichen Veröffentlichung neben den unmittelbaren Gefährdungen durch direkte Feldeinwirkungen auch mittelbare Gefährdungen (z.B. durch Berührungsspannungen).

Die Einteilung der Expositionsbereiche erfolgt analog zu Teil 2 der Norm (Abschnitt 5.5.2).

Expositionsbereich 1: Er umfasst:

- kontrollierte Bereiche, z.B. Betriebsstätten, vom Betreiber überprüfbare Bereiche
- allgemein zugängliche Bereiche, in denen aufgrund der Betriebsweise der Anlagen oder aufgrund der Aufenthaltszeit sichergestellt ist, dass eine Exposition nur kurzzeitig (bis zu 6 Stunden je Tag) erfolgt.

Die Grenzwerte des Expositionsbereiches 1 wurden auf Grundlage des Sicherheitskonzeptes festgelegt, orientieren sich also an der Vermeidung von Gefährdungen.

5.5 DIN VDE 0848

Expositionsbereich 2: Er umfasst Bereiche, in denen nicht nur mit Kurzzeitexpositionen gerechnet werden kann (größer 6 Stunden am Tag), wie z.B.

- Gebiete mit Wohn- und Gesellschaftsbauten
- einzelne Wohngrundstücke
- Anlagen und Einrichtungen für Sport, Freizeit und Erholung
- Arbeitsstätten, in denen eine Felderzeugung bestimmungsgemäß nicht erwartet wird.

Die Grenzwerte im Expositionsbereich 2 orientieren sich an besonderen Schutzbedürfnissen empfindlicher Personen, hier wurde das Vorsorgekonzept zugrunde gelegt.

Grundsätzlich wird bei der Anwendung der Grenzwerte ein Einhalten der Basisgrenzwerte gefordert.

Zur Festlegung der Basisgrenzwerte wird der Effektivwert der elektrischen Stromdichte benutzt:

Tabelle 5.14 Basiswerte der elektrischen Stromdichte

Frequenzbereich	Effektivwert der elektrischen Stromdichte in mA/m²	
	Expositionsbereich 1	Expositionsbereich 2
0 Hz bis 1 kHz	10	2
1 kHz bis 30 kHz	(f/Hz)/100	(f/Hz)/500

Aus diesen Basiswerten werden abgeleitete Werte festgelegt, getrennt nach magnetischer und elektrischer Feldstärke.

Die Ersatzfeldstärke E des homogenen Feldes kann mit der Beziehung

$$\frac{E}{kV/m} = 3{,}5 \cdot \frac{I}{\mu A} \cdot \frac{Hz}{f} \tag{5.45}$$

aus dem gemessenen Gesamtkörperableitstrom I ermittelt werden. Bei inhomogenen magnetischen Feldern dürfen die maximalen Feldstärken, gemittelt über einer kreisförmigen Fläche von 100 cm², den abgeleiteten Wert nicht überschreiten.

In Expositionsbereich 1 werden Grenzwerte für Dauerbelastung, aber auch für kurzzeitige Belastungen von 1 bzw. 2 Stunden festgelegt.

Tabelle 5.15 Effektivwert der elektrischen Ersatzfeldstärke im Expositionsbereich 1

Frequenzbereich	Effektivwert der elektrischen Ersatzfeldstärke in kV/m		
	1 Stunde	2 Stunden	Dauerexposition
0 Hz bis 35,53 Hz	30	30	30
35,53 Hz bis 66,67 Hz	30	30	1066/(f/Hz)
66,67 Hz bis 1 kHz	3333/(f/Hz)	2000/(f/Hz)	1066/(f/Hz)
1 kHz bis 30 kHz	3,333	2	1,066

Tabelle 5.16 Effektivwert der magnetischen Ersatzflussdichte im Expositionsbereich 1

Frequenzbereich	Effektivwert der magnetischen Ersatzflussdichte in mT		
	1 Stunde	2 Stunden	Dauerexposition
0 Hz bis 1 Hz	212,2	127,3	67,9
1 Hz bis 1 kHz	212,2/(f/Hz)	127,3/(f/Hz)	67,9/(f/Hz)
1 kHz bis 30 kHz	$212{,}2 \cdot 10^{-3}$	$127{,}3 \cdot 10^{-3}$	$67{,}9 \cdot 10^{-3}$

Für Extremitäten dürfen die magnetischen Ersatzflussdichten nach Tabelle 5.16 um den Faktor 2,5 überschritten werden.

Aufgrund des unterschiedlichen Schutzkonzeptes im Expositionsbereich 2 werden hier nur Grenzwerte für eine dauerhafte Exposition angegeben.

Tabelle 5.17 Effektivwert der elektrischen Ersatzfeldstärke im Expositionsbereich 2

Frequenzbereich	Effektivwert der elektrischen Ersatzflussdichte in kV/m
0 Hz bis 16,67 Hz	20
16,67 Hz bis 1 kHz	333,3/(f/Hz)
1 kHz bis 30 kHz	$333{,}3 \cdot 10^{-3}$

Bei 50 Hz ergibt sich somit ein Wert von 6,7 kV/m im Vergleich zu 5 kV/m nach der 26. BImSchV.

Tabelle 5.18 Effektivwert der magnetischen Ersatzflussdichte im Expositionsbereich 2

Frequenzbereich	Effektivwert der magnetischen Ersatzflussdichte in mT
0 Hz bis 1 Hz	21,22
1 Hz bis 1 kHz	21,22/(f/Hz)
1 kHz bis 30 kHz	$21{,}22 \cdot 10^{-3}$

Bei 50 Hz ergibt sich eine magnetische Flussdichte von 400 µT im Vergleich zu 100 µT nach der 26. BImSchV.

Bei der Exposition durch Felder unterschiedlicher Frequenzen sind nur bei annähernd gleichen Amplituden

$$0{,}3 \leq \frac{E_k}{E_{\max}} \quad \text{bzw.} \quad 0{,}3 \leq \frac{B_k}{B_{\max}} \tag{5.46}$$

im Frequenzbereich 1 Hz bis 30 kHz die Bedingungen

$$\sum_{k=1}^{n} \frac{E_k}{E_{ak}} \leq 1 \quad \text{bzw.} \quad \sum_{k=1}^{n} \frac{B_k}{B_{ak}} \leq 1 \tag{5.47}$$

einzuhalten. E_{max} bzw. B_{max} kennzeichnen den Effektivwert des größten Spektralanteils im betrachteten Frequenzbereich, E_a und B_a den Effektivwert der elektrischen Ersatzfeldstärke bzw. der magnetischen Ersatzflussdichte.

5.5.5 E DIN VDE 0848 Teil 5 (Explosionsschutz)

Mit dem Explosionsschutz wird ein Themenkreis angesprochen, der selbst Gegenstand von zahlreichen Richtlinien, Gesetzen und Verordnungen ist. Innerhalb der Normenreihe 0848 nimmt der Teil 5 daher eine exotisch erscheinende Stellung ein. Während sich die Teile 1, 2, 4 und 11 mit den direkten Wirkungen der Felder auf den Menschen befassen oder die für die Messtechnik notwendigen Bestimmungen definieren, widmet sich Teil 5 bestimmten physikalischen Effekten, welche in ihrer Wirkung auf den Menschen von indirekter Natur sind. Man kann daher eine Parallele zu Teil 3-1 (Abschnitt 5.5.3) ziehen, denn auch dort geht es um Wirkungen, die Personen mittelbar betreffen.

Die Gefährdung selbst erwächst aus dem Zusammenspiel von explosiven Stoffen und den sich darin befindenden Empfangsgebilden. Außerhalb der explosionsfähigen Atmosphäre erzeugte elektromagnetische Felder können darauf einwirken und die Gefahr einer explosiven Zündung durch Funkenbildung hervorrufen. Unter Empfangsgebilden sind gemäß DIN VDE 0848 Teil 1 (Abschnitt 5.5.1) elektrisch leitfähige Gegenstände zu verstehen, in denen durch elektrische, magnetische oder elektromagnetische Felder Spannungen und Ströme erzeugt werden können. Bei diesen Gebilden handelt es sich nicht zwingend um ausgewiesene Antennen. Vielmehr genügt letztlich auch schon ein einfaches Stück Draht der Definition.

Im Rahmen der folgenden Betrachtung soll in aller Kürze die Relevanz dieses Normenteils für den EMVU-Messtechniker aufgezeigt werden. Auf eine Darstellung aller im Zusammenhang mit dem Explosionsschutz wichtigen Aspekte muss aufgrund der Komplexität der Thematik jedoch verzichtet werden. Für den interessierten Leser sei an dieser Stelle auf die einschlägige Literatur und die Normenreihe DIN EN 50014 ff. verwiesen.

5.5.5.1 Einbindung der DIN VDE 0848 Teil 5 in den Explosionsschutz

Europaweit hat der Explosionsschutz – bedingt durch die europäische Explosionsschutzrichtlinie 94/9/EG – in den letzten Jahren einige Änderungen erfahren. Die Richtlinie wurde in Deutschland im Dezember 1996 durch die elfte Verordnung zum Gerätesicherheitsgesetz (Verordnung über das Inverkehrbringen von Geräten und Schutzsystemen für explosionsgefährdete Bereiche – Explosionsschutzverordnung (ExVO) – 11. GSGV) in nationales Recht umgesetzt. Im Zuge dieser Neuordnung wurden im selben Jahr die bis dahin geltende Verordnung über elektrische Anlagen in explosionsgefährdeten Räumen (ElexV) und die Verordnung über brennbare Flüssigkeiten (VbF) novelliert und mit Übergangsfristen versehen. Die von der Berufsgenossenschaft der Chemie (BG Chemie) stammenden Richtlinien für die Vermeidung der Gefahren durch explosionsfähige Atmosphäre – Explosionsschutz-Richtlinien (EX-RL) – wurden ebenfalls 1996 den neuen Gegebenheiten angepasst.

Der Arbeitsschutz war und ist eine der Hauptantriebsfedern für Regelungen in explosionsgefährdeten Bereichen. Gerade im Ex-Bereich geht aber auch die Unversehrtheit von Personen mit einem Schutz von Einrichtungen und Anlagen einher. Hier leistet die DIN VDE 0848 Teil 5 als technische Regel ihren Beitrag zum Personen- und Anlagenschutz.

5.5.5.2 Normentwicklung

Der Aspekt des Explosionsschutzes hat in den letzten fünfzehn Jahren im Hinblick auf die Normenreihe VDE 0848 einige Änderungen erfahren.

Die DIN VDE 0848 Teil 3 vom August 1985 trug den Titel Gefährdung durch elektromagnetische Felder – Explosionsschutz. Sie galt für den Schutz vor Zündung explosionsfähiger Atmosphäre durch elektromagnetische Felder, die durch technische Einrichtungen erzeugt werden, in einem Frequenzbereich von 10 kHz bis 3000 GHz.

Im Mai 1995 wurde die Norm E DIN VDE 0848-3 herausgegeben. Sie enthielt Festlegungen zur Vermeidung von Zündgefahren durch die unbeabsichtigte Einwirkung elektromagnetischer Felder auf Anlagen, in gewerblichen Bereichen, die durch brennbare Gase und Dämpfe explosionsgefährdet sind. Der Entwurf trägt zwar den Titel Sicherheit in elektrischen, magnetischen und elektromagnetischen Feldern (Teil 3: Explosionsschutz), in Betracht gezogen werden allerdings nur solche elektromagnetischen Felder, die durch Antennen im Kommunikations- und Ortungsbereich erzeugt werden. Berücksichtigt wird der Frequenzbereich von 10 kHz bis 30 GHz und erstmals auch die Wirkung gepulster HF-Felder.

Im August 1996 wurde die Version E DIN VDE 0848-3 (VDE 0848 Teil 3): 1996-08 mit dem Titel Sicherheit in elektromagnetischen Feldern Teil 3: Explosionsschutz aufgelegt. Gegenüber der 95er Version wurde der Anwendungsbereich auf brennbare Nebel und Staub-Luft-Gemische erweitert.

Im Zuge einer kompletten Überarbeitung der 0848er Reihe wurde 1998 der bisherige Teil 3 abgekündigt. Im Oktober 1998 kam schließlich Teil 5 heraus, dessen Inhalt in Abschnitt 5.5.5.3 näher beleuchtet wird.

5.5.5.3. Wesentliche Merkmale der E DIN VDE 0848-5

Der Normenteil beschränkt sich in seinem Anwendungsbereich auf elektromagnetische Felder, die durch Antennen im Kommunikations- und Ortungsbereich bei Frequenzen von 10 kHz bis 30 GHz erzeugt werden. Diese Grenzen sind sinnvoll gewählt. Geht man etwa von der VO Funk aus, so werden Frequenzbereichszuweisungen erst ab 9 kHz vorgenommen. Für Frequenzen > 30 GHz gibt es zwar einige Anwendungen wie beispielsweise den Satellitenfunk. Dieser findet trivialerweise jedoch nicht in einer explosionsgefährdeten Atmosphäre statt. Zu Gefahren, welche sich durch optische Strahlung ergeben, findet man in der Normenreihe DIN EN 50014 einige Angaben.

Teil 5 schreibt je nach Explosionsgruppe (Tabelle 5.19) Zündgrenzwerte vor, welche an Empfangsgebilden (etwa Antennen) nicht überschritten werden dürfen. Bedingt durch das in der Norm erläuterte Prinzip des Entzündungsvorganges muss allerdings bei der Beurteilung von Gefahren zusätzlich zwischen kontinuierlich und gepulst sendenden Hochfrequenzquellen unterschieden werden.

Tabelle 5.19 Explosionsgruppen und Zündgrenzwerte nach E DIN VDE 0848 Teil 5:1998

Explosionsgruppe	Repräsentatives Gas	Zündgrenzwert der Wirkleistung P_{zg}	Zündgrenzwert der Energie des Einzelimpulses W_{zg}
II A	Propan	6 W, über 100 µs gemittelt	950 µJ
II B	Ethylen	4 W, über 100 µs gemittelt	250 µJ
II C	Wasserstoff	2 W, über 20 µs gemittelt	50 µJ

Während im Falle der kontinuierlichen Quellen eine dem Empfangsgebilde maximal entnehmbare Wirkleistung – gemittelt über die Zündinduktionszeit – angegeben wird, kommt es für gepulste Quellen zu einer Grenzwertfestlegung für die der Antenne maximal entnehmbare Energie eines Einzelimpulses.

Die Norm enthält in Anlehnung an DIN VDE 0848 Teil 1 einige Formeln bezüglich maximal zulässiger Feldstärken an Empfangsgebilden, maximal zulässiger Leiterlängen an linearen Empfangsgebilden sowie Angaben über Sicherheitsabstände. Schließlich werden der Sicherheitsnachweis für die Nichtzündung mit Funkenprüfgeräten und ein Berechnungsverfahren bei mehreren Strahlungsquellen im Fernfeld vorgestellt.

5.5.5.4 Praktische Bedeutung und Bewertung

Der Messtechniker im EMVU-Bereich wird in der Regel kaum mit Aspekten des Explosionsschutzes konfrontiert werden. Im Zweifelsfall empfiehlt es sich daher, eine der im Rahmen der EU-Richtline 94/9/EG vom Bundesministerium für Arbeit benannten Stellen zu kontaktieren:

- DMT-Gesellschaft für Forschung und Prüfung mbH in Dortmund; in ihr wurde die ehemalige Bergbauversuchsstrecke (BVS) integriert
- Forschungsgesellschaft für angewandte Systemsicherheit und Arbeitsmedizin (FSA)
- TÜV Hannover
- Physikalisch-Technische-Bundesanstalt (PTB) in Braunschweig
- Das Bundesarbeitsministerium (BMA oder auch BAM) direkt

Auskünfte erteilen auch die Explosionsschutz-Sachverständigen der Technischen Überwachungsvereine.

Der Normalbürger kommt in seinem gewohnten Umfeld nahezu kaum mit explosionsgefährdeten Anlagen oder Einrichtungen in Berührung. Eine der wenigen Ausnahmen stellt wohl die Tankstelle dar. Häufig trifft man dort auf Handy-Verbotsschilder.

Herkömmliche Handys senden lediglich mit maximalen Leistungen von 1 W (E-Netz) bis 2 W (D-Netz). Nach Angaben von Aral gibt es wissenschaftliche Untersuchungen, in denen herausgefunden wurde, dass Handys bis zu einer Leistung von maximal 6 W an Tankstellen keine Zündgefahr darstellen.

Wie begründet sich also das Verbot?

Verschiedene Quellen berichten immer wieder von Unfällen, bei denen angeblich ein Handy als Explosionsursache identifiziert wurde. Um daher im direkten Betankungsbereich ein Restrisiko zu minimieren – so die Darstellung von Aral – wird dort der Gebrauch von Mobiltelefonen präventiv untersagt. Ottokraftstoff ist der Explosionsgruppe IIA zugeordnet.

An dieser Stelle sei daran erinnert, dass bei einem Handy-Verbot stets ein komplett ausgeschaltetes Gerät vorausgesetzt wird. Selbst wenn der Benutzer nicht telefoniert und sich lediglich eingebucht hat, findet in mehr oder weniger regelmäßigen Abständen ein Sendevorgang (Abschnitt 7.4.1) statt.

Ein sozusagen angenehmer Nebeneffekt des Handy-Verbotes ist die prinzipielle Verringerung potenzieller Störpegel im Bereich der Tankanlage selbst. Durch den verstärkten Einsatz der Elektronik (z.B. LC-Display statt eines mechanischen Zählwerks bei den Zapfsäulen) ist dort in den letzten Jahren die Wahrscheinlichkeit für eine Störbeeinflussung gestiegen. Wie in anderen sicherheitsrelevanten Bereichen (etwa Krankenhäuser) auch, bewirkt somit hier – ohne dass die Möglichkeiten von Abstandsempfehlungen ausgeschöpft werden - ein generelles Verbot die Minimierung elektromagnetischer Feldeinwirkungen.

Unabhängig von den speziellen Fragestellungen bei Tankstellen findet man im Teil 5 der DIN VDE 0848 für die Explosionsgruppe IIC aber auch detaillierte Angaben über Mindestabstände zwischen Strahlenelementen (etwa Mobilfunksendeeinrichtungen und dazugehörige Spitzenleistungen des HF-Generators) und Empfangsgebilden, bewertet nach deren maximalen Linearabmessungen.

5.5.6 DIN VDE 0848 Teil 11: Messung von niederfrequenten magnetischen und elektrischen Feldern

Der vorliegende Norm-Entwurf ist die deutschsprachige Übersetzung des Internationalen Entwurfs IEC85/148/CDV: 1997-02 „*Draft IEC 61786, Ed.1: Low frequency magnetic and electric fields with particular regard to exposure of human beings – Instrumentation requirements and guidance for measurement procedures*".

Die deutschen Normungsgremien haben den vorliegenden Entwurf bereits mehrfach abgelehnt mit den Bergründungen:

- der Inhalt besitzt zu starken Lehrbuchcharakter, er ist deshalb für die praktische Arbeit ungeeignet
- der Text beruht teilweise auf einem veralteten Stand der Technik (z.B. veraltete Kalibrierung)
- aufgeführte Messgeräte sind zum Teil schon nicht mehr auf dem Markt.

Die Anwendung dieses Normentwurfes ist problematisch und besonders zu vereinbaren.

5.6 DIN VDE 0210 und 0211

Die deutschen Normen DIN VDE 0210 und DIN VDE 0211 beschäftigten sich mit dem Bau von Starkstrom-Freileitungen mit Nennspannungen bis 1000 V (0211) und über 1 kV (0210). Für den EMVU-Messtechniker sind die beiden Normen von Interesse, da sie eine Fülle an wichtigen Informationen enthalten, etwa über die geometrische Anordnung der Freileitungen, die betriebstechnische Bemessung, die Ausführung der Werkstoffe, den Durchhang der Leiterseile oder Angaben über Mindestabstände zwischen einzelnen Leitern.

Selbst 1999 war die aktuellste Version der DIN VDE 0211 noch diejenige aus dem Jahre 1985. Hingegen ist die 0210 in den letzten Jahren geradezu explodiert. Neben der gültigen Version aus dem Jahre 1985, welche mit einigen Änderungen versehen wurde, existieren drei mächtige Entwürfe.

Vom Oktober 1992 stammt der Teil 100, welcher auf einen IEC-Fachbericht zurückgeht. Er beschäftigt sich mit der Belastung und Tragfähigkeit von Freileitungen. Für die EMVU-Praxis ergeben sich daraus jedoch kaum verwertbare Informationen.

Im Entwurf zum Teil 1 vom Januar 1999 finden sich allgemeine Bemessungs- und Konstruktionsanforderungen für Freileitungen mit Nennspannungen über AC 45 kV. Der Teil 3, ebenfalls ein Entwurf und datiert mit gleichem Erscheinungsdatum, enthält dazu ergänzende Festlegungen. Während es sich beim Teil 1 um eine bis dato noch nicht autorisierte Übersetzung eines europäischen CENELEC-Berichtes handelt, repräsentiert Teil 3 ganz speziell deutsche Aspekte, wie etwa die Forderung, dass die Grenzwerte der 26. BImSchV gelten.

5.6 DIN VDE 0210 und 0211

Teil 1 und 3 zusammen genommen umfassen über 300 Seiten an Vorschriften und Bestimmungen. Es liegt daher auf der Hand, dass im Rahmen dieses Buches nur ein winziger Ausschnitt aus dem Regelwerk beschrieben werden kann.

Welche Themen oder Abschnitte sind aber für die EMVU-Messtechnik von Interesse?

Tabelle 5.20 Beispiele für Mindestabstände für Freileitungen bis 1000 V nach DIN VDE 0211

Art		Abstand
Gegenseitiger Abstand in Spannfeldmitte		
bei Durchhängen < 1,55 m	horizontal	0,35 m
	vertikal	0,5 m
bei Durchhängen > 1,55 m (f = Durchhang in m bei 40° C)		$0,4 \cdot \sqrt{f}$
Im freien Gelände		
von der Erdoberfläche	unterfahrbar	5 m
	nicht unterfahrbar	4 m
von Steilhängen (weder für Sport noch für den Verkehr zugänglich)		3 m
von Wald bzw. Bäumen (blanke Leiterseile)	mit einer Besteigung zu rechnen	1 m
	nicht mit einer Besteigung zu rechnen	0,5 m
	bei ausgeschwungenen Leitern	0,2 m
An Wohngebäuden und sonstigen Bauwerken		
Abstände von Bauwerksteilen (außer Schornsteinen)	Dachneigung > 15°	0,4 m
	Dachneigung < 15°	2,5 m
Ausbauten, Fenster und Laufstege nach oben		2,5 m
Ausbauten, Fenster und Laufstege nach unten		1,25
Antennen und Sirenen allseitig	im Normalfall	1 m
	bei ausgeschwungenem Leiter	0,2 m
An Verkehrsanlagen		
Lotrechter Abstand der Leiter von	der Fahrbahn	6 m
	der Schienenoberkante	7 m
Spiel-, Sport- und Freizeitanlagen *(Überkreuzungen sind in der Regel nur mit isolierten Leitungen zulässig)*		
Für technische Sportarten (Abstand zwischen Leiter und Erdboden)		7 m
öffentliche Fußballplätze und Schwimmbäder, Tennis-, Golf- und Reitplätze, (Abstand zwischen Erdboden bzw. Wasseroberfläche und Leiterseil)		7 m
behördlich genehmigte Kinderspiel- und Campingplätze		5 m

Mithin sind dies Angaben zur Geometrie der Freileitungen. In Abschnitt 7.3.2 wird auf die Notwendigkeit der Kenntnis dieses Parameters noch näher eingegangen. Es wird gezeigt, dass die geometrischen Daten vor allen Dingen dann von großer Relevanz sind, wenn das Feld unter einer Freileitung berechnet oder simuliert werden soll.

Vor diesem Hintergrund sind die tabellarischen Angaben auf den nächsten beiden Seiten zu sehen. Sie sollen dem Messtechniker lediglich Anhaltspunkte liefern, welche er bei EMVU-Untersuchungen an Freileitungen gut gebrauchen kann. Da sämtliche Maße jedoch nur Mindestabstände darstellen, sind diese – bei einem Vergleich mit realen Leitungen - mit entsprechender Vorsicht zu genießen. Dies gilt insbesondere dann, wenn man am konkreten Objekt die Mindestabstände als tatsächliche Abstände annimmt. Da gerade die Entfernung zwischen Quelle und Aufpunkt einen entscheidenden Einfluss auf die sich ergebenden Feldgrößen hat, wird man daher bei der Benutzung minimaler Abstände zu maximalen Feldstärkewerten gelangen.

Es mag nun jeder für sich selbst entscheiden, ob eine derartige Vorgehensweise im teilweise doch sehr sensiblen EMVU-Bereich angebracht ist oder ob dem nicht eine exakte Bestimmung der Geometriedaten - etwa mit vermessungstechnischen Hilfsmitteln - vorzuziehen ist.

Abschließend sei noch angemerkt, dass es gerade im Bereich des Freileitungsbaus und der damit verknüpften Fragestellungen eine Reihe vorzüglicher Bücher gibt, die sich sehr genau und gut verständlich mit der Thematik auseinandersetzen. Vor allem, wenn es um anwendungs- und praxisbezogene Aspekte geht, ist deren Lektüre sicher empfehlenswerter als das Studium einer derart umfassenden Norm.

Im Bereich der VDE 0210 (Nennspannungen > 1 kV) ist der Sachverhalt bezüglich der Mindestabstände etwas komplizierter, da er nicht auf pauschalen Angaben beruht, sondern aufwendige Berechnungen unter Einbeziehung einer Vielzahl von Parametern zur Grundlage hat.

In diesem Zusammenhang ist zwischen der großen Zahl von Abstandsdefinitionen zu unterscheiden. Mit zu den wichtigsten Kenngrößen zählt dabei der elektrische Abstand D_{el}. Darunter versteht man die Mindestluftstrecke, die erforderlich ist, um eine störenden Überschlag zwischen Leitern und Gegenständen mit Erdpotenzial während des Auftretens von schnell oder langsam ansteigenden Überspannungen zu verhindern.

Die Größe D_{el} kann sowohl ein sogenannter innerer Abstand (Leiter – Mastteile) als auch ein äußerer Abstand (Leiter zu einem Hindernis) sein. Analog dazu beschreibt D_{pp} (Phase-Phase) als Mindestluftstrecke, die Überschläge der Leiter untereinander verhindert, einen rein inneren Abstand. Auf der Grundlage empirischer Methoden gelangt man bei der Auswertung allgemein in Europa verwendeter Werte zur Aufstellung der Tabelle 5.21 für die beiden Kenngrößen:

Tabelle 5.21 Empirisch gefundene Werte für D_{el} und D_{pp}

Höchste Betriebsspannung (kV)	D_{el} (m)	D_{pp} (m)
52	0,60	0,70
123	1,00	1,15
245	1,70	2,00
420	2,80	3,20

Neben diesem empirischen Ansatz werden in der Norm auch theoretische Verfahren zur Abstandsberechnung vorgestellt. Um einen ersten Eindruck von den jeweiligen Größenordnungen zu gewinnen, reichen die Werte der Tab. 5.21 jedoch aus.

Nachfolgend (Tabelle 5.22 und Tabelle 5.23) werden auf der Grundlage des Normentwurfs exemplarisch für einige Konstellationen die aus den Mindestluftstrecken resultierenden Abstände angegeben.

Tab. 5.22 Abstände (außerhalb von Gebäuden, Straßen, Eisenbahnen und schiffbaren Wasserstraßen)

Abstand zum Boden im Gelände ohne Hindernisse		Abstand zu Bäumen	
Übliches Bodenprofil	Felsen oder Steilhänge	unter und neben der Leitung	
		Bäume können nicht bestiegen werden.	Bäume können bestiegen werden.
5 m + D_{el}	2 m + D_{el}; aber > 3 m	D_{el}	1,5 m + D_{el}
Grundanforderung: Ein Fahrzeug oder eine Person kann unter der Leitung passieren, ohne D_{el} zu beeinträchtigen		Wo Bäume (mit Leiter) bestiegen werden, muss der Abstand über dem Baum (der Leiter) so festgelegt werden, dass kein Arbeiter näher als D_{el} kommen kann.	

Tab. 5.23 Abstände über oder neben Gebäuden

Freileitung über Gebäuden ohne feuerhemmendes Dach und über gefährlichen Einrichtungen wie Tankstellen usw.	Freileitung neben Gebäuden (waagerechter Abstand)
10 m + D_{el}	2 m + D_{el}; aber > 3 m
Grundanforderung: Der Abstand muss so sein, dass induzierte Spannungen nicht zur Entzündung führen können.	Bemerkung: Falls nicht einhaltbar, gelten die vertikalen Abstände.

5.7 DIN VDE 0228

Die deutsche Norm DIN VDE 0228 beschäftigt sich mit Maßnahmen bei der Beeinflussung von Fernmeldeanlagen durch Starkstromanlagen. Damit gibt sie Antworten auf Fragen, welche primär aus dem Bereich der Geräte-EMV herrühren, etwa wenn es um Mindestabstände zwischen Telefonleitungen und Energiekabeln geht.

Im Entwurf zum Teil 6 dieser Norm werden elektrische und magnetische Felder von Starkstromanlagen im Frequenzbereich von 0 bis 10 kHz unter dem Aspekt der Beeinflussung informationstechnischer Einrichtungen beschrieben. Damit ist der Standard primär nicht für EMVU-Untersuchungen im originären Sinne eines Personenschutzes verfasst worden.

Im Vorwort zum Teil 6 wird dargelegt, dass eine wirksame Verringerung der elektrischen und magnetischen Felder meist nicht mit einem vertretbaren technischen und wirtschaftlichen Aufwand erreicht werden kann. Aus diesem Grund sollten sich – neben den Betreibern elektronischer Anlagen - die mit der Projektierung von Anlagen und Gebäuden Verantwortlichen (Architekten und Ingenieure) mit möglichen Beeinträchtigungen und Störungen vertraut machen und im Rahmen ihrer Planung die in der Norm angegebenen Feldverteilungen zur Abschätzung benutzen.

Obwohl im Titel der Norm die Frequenzobergrenze bei 10 kHz angesetzt ist, erfolgt im Teil 6 lediglich eine Betrachtung der energietechnischen Frequenzen 0 Hz, 16 2/3 Hz und 50 Hz.

Die Norm enthält in Form von Tabellen und Diagrammen Angaben über die zu erwartende Größenordnung von elektrischen und magnetischen Feldern bei:

- Freileitungen (Bahnstromversorgung bis 110 kV, Drehstromleitungen und Hochspannunsgleichstromübertragung; HGÜ)
- Kabel (Bahnstromkabel, Wechselstromkabel, Gleichstromkabel, Drehstromkabel, Ein- und Mehrleiterkabel sowie HGÜ-Kabel)
- Schalt- und Umspannanlagen (Freiluft und gekapselt)

Weiterhin finden sich einige praktikable Hinweise über die physikalischen Grundlagen der Schirmung sowie deren Anwendung bei niederfrequenten elektrischen und magnetischen Feldern. Aus EMVU-Sicht problematisch ist, dass die Norm das lineare Hochrechnen auch bei Freileitungen zulässt, dass die Oberwellen zwar erwähnt, aber keine Aussagen über deren Größenordnung gemacht werden, dass bei den Freileitungen nicht nach der Verdrillung differenziert wird und dass schließlich transiente Vorgänge nur ansatzweise beschrieben werden.

Gerade der letzte Punkt wäre aus Sicht der Geräte-EMV von besonderem Interesse. Dies ist bedauerlich, denn die Norm wurde doch für Beeinflussungsfragen von Geräten konzipiert.

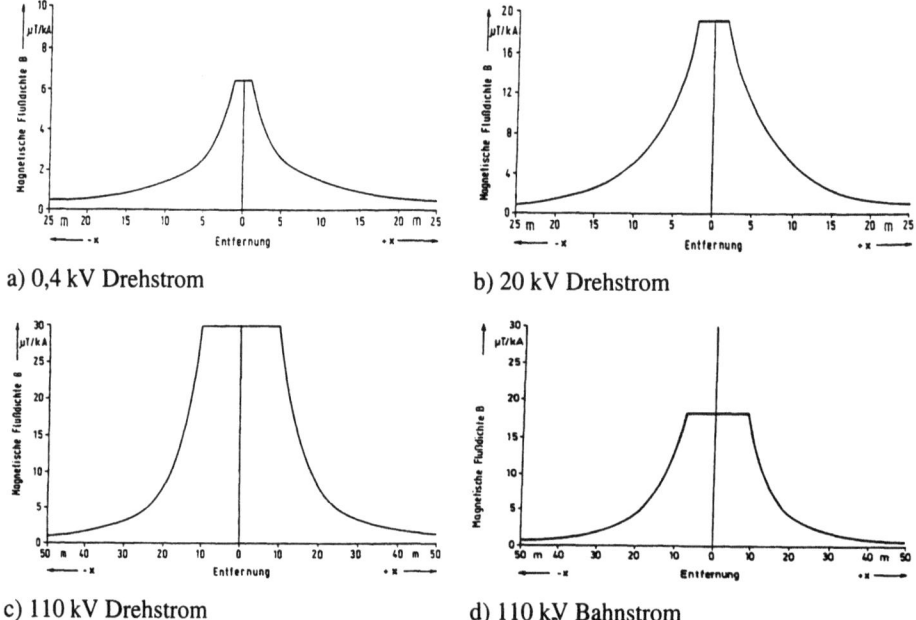

a) 0,4 kV Drehstrom b) 20 kV Drehstrom

c) 110 kV Drehstrom d) 110 kV Bahnstrom

5.8 BfS- und SSK-Empfehlungen

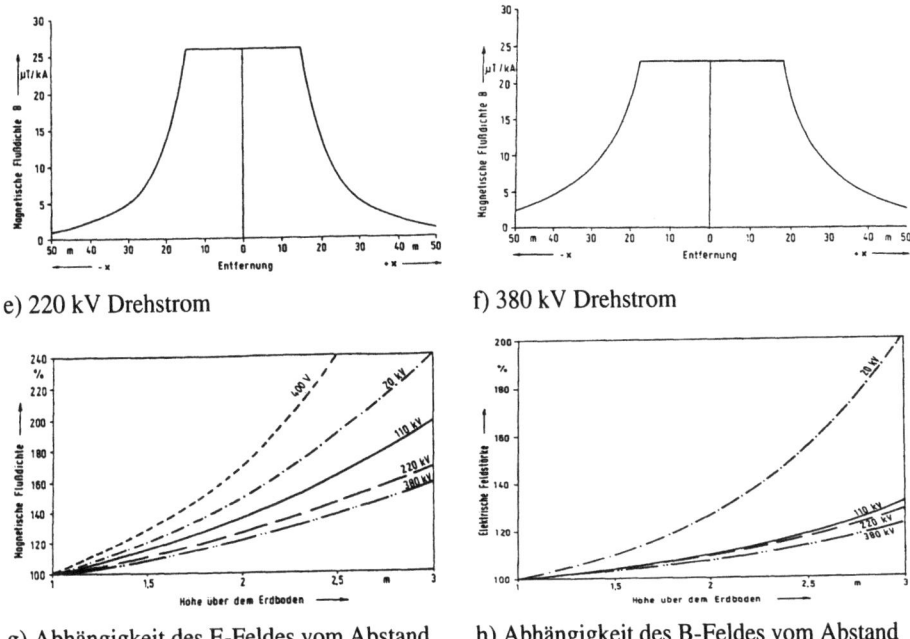

e) 220 kV Drehstrom f) 380 kV Drehstrom

g) Abhängigkeit des E-Feldes vom Abstand h) Abhängigkeit des B-Feldes vom Abstand

Bild 5-4 Feldverläufe und Abstandsabhängigkeiten nach VDE 0228 Teil 6

Insgesamt stellt die VDE 0228 Teil 6 jedoch ein recht brauchbares Mittel dar, um sich – ohne selbst komplizierte Berechnungen zu bemühen – schnell einen Überblick über die Größenordnung von elektrischen und magnetischen Feldern energietechnischer Anlagen zu verschaffen. Aus diesem Grund sind in Bild 5-4 exemplarisch einige typische Diagramme der Norm herausgegriffen worden.

Die jeweiligen Feldgrößen sind in Spannfeldmitte bei einem minimalen Bodenabstand der Leitung nach VDE 0210 bzw. 0211 (Abschnitt 5.6) berechnet. Als Aufpunkt wurde jeweils eine Höhe von 1 m über dem Erdboden gewählt. Dies bedeutet etwa für a), dass die Freileitung etwa x m vom Aufpunkt entfernt ist. Die Diagramme g) und h) verdeutlichen die Abhängigkeit der Feldgrößen bei einer Annäherung an die Freileitungen bis zu dem nach VDE 0210 und 0211 zulässigen Mindestabstand. Ausgangspunkt (100 %) sind jeweils die Feldstärke- bzw. Flussdichtewerte, welche sich aus den Diagrammen a) bis f) ergeben.

5.8 BfS- und SSK-Empfehlungen

Das Bundesamt für Strahlenschutz (BfS) mit Sitz in Salzgitter ist eine Behörde im Geschäftsbereich des Bundesministeriums für Umwelt, Naturschutz und Reaktorsicherheit (BMU). Die Aufgaben des Amtes sind vielfältiger Natur. Sie haben ihre Wurzeln etwa im Atomgesetz oder im Strahlenschutzvorsorgegesetz.

Demzufolge beschäftigt sich das BfS beispielsweise mit Fragen der kerntechnischen Sicherheit oder übernimmt Aufgaben auf dem Gebiet der Beförderung und Entsorgung radioaktiver Stoffe. Um diesen Anforderungen gerecht zu werden, betreibt das BfS wissenschaftliche Forschung. In zahlreichen Publikationen (etwa Strahlenthemen) und Mitteilungen werden die jeweiligen Ergebnisse der breiten Öffentlichkeit zugänglich gemacht.

Die deutsche Strahlenschutzkommission (SSK) ist dem Bundesamt für Strahlenschutz (BfS) als Geschäftsstelle zugeordnet. Die SSK als solche wurde 1974 ins Leben gerufen. Ihre Anfänge reichen jedoch bis in die 50er Jahre zurück, als in Deutschland - nach dem Fall des Verbotes der friedlichen Kernenergienutzung - die Deutsche Atomkommission gegründet wurde.

Eine der Hauptaufgaben der 1998 nach dem Regierungswechsel neu zusammengesetzten und mit einer neuen Satzung versehenen SSK ist die Beratung des Bundesministers für Umwelt, Naturschutz und Reaktorsicherheit in allen Fragen des Schutzes vor ionisierender und nichtionisierender Strahlung.

Im Bereich der EMVU leisten das BfS und mit ihm die SSK ihre Arbeit vor allem darin, Empfehlungen für den sachgerechten Umgang mit nieder- und hochfrequenten Feldern bzw. den jeweiligen Quellen abzugeben. Wer sich über die aktuellen Aktivitäten des BfS und der SSK auf dem Laufenden halten will, dem seien die jeweiligen Internetseiten empfohlen. Den interessierten Leser erwartet dort eine Fülle an wertvollen Informationen. In diesem Sinne leisten die beiden Institutionen einen wichtigen Beitrag zur Öffentlichkeitsarbeit.

Als Messtechniker darf man allerdings keine konkreten Angaben zu Messtechnik und Messverfahren erwarten. Das ist auch gar nicht die Zielsetzung des BfS. Vielmehr sollte der Messtechniker die Empfehlungen beherzigen, bei denen von den derzeitigen Grenzwerten abweichende Limits ausgesprochen werden. Diese haben selbstverständlich keinen rechtsverbindlichen Charakter; im Sinne einer wie in Kapitel 7 beschriebenen Messkonzeption ist jedoch für eine EMVU-Untersuchung die Heranziehung möglichst vieler aussagekräftiger Anhaltspunkte dringend geboten.

Aus der Vielzahl von Stellungnahmen und Veröffentlichungen sollen zwei besonders bedeutsame Aspekte herausgegriffen werden. Zum einen sind dies im Niederfrequenzbereich Grenzwertempfehlungen für Herzschrittmacherpatienten und zum anderen sind es Abstandsempfehlungen für Mobiltelefone.

Die SSK empfiehlt Herzschrittmacherpatienten, große Hochspannungsfreileitungen zu meiden (Vorsicht ist angezeigt). Als Schwelle für mögliche Beeinflussungen des Implantates werden 20 µT für das niederfrequente 50-Hz-Magnetfeld und 2,5 kV/m für die niederfrequente (50 Hz) elektrische Feldstärke angegeben. Dies entspricht einer Absenkung der Limits der 26. BImSchV um den Faktor 5 (B-Feld) bzw. um den Faktor 2 (E-Feld).

Interessanterweise gibt die SSK für beide Feldarten einen sogenannten sinnvollen Ermessensspielraum an, innerhalb dessen eine weitere Feldstärkenverminderung erfolgen kann. Für das 50-Hz-Magnetfeld sind dies 10 µT und für das elektrische Feld bei 50 Hz ein Drittel des (26. BImSchV)–Grenzwertes, also etwa 1,6 kV/m. Diese niedrigeren Werte sind nicht durch medizinisch-biologische Aspekte motiviert, sondern stellen gemäß SSK einfach ein unterstes Feldstärkeniveau dar, welches man – bei angemessenem Einsatz von feldminimierenden Maßnahmen – anstreben kann.

Im hochfrequenten Bereich haben die Abstandsempfehlungen des BfS eine weite Verbreitung gefunden (Tabelle 5.24). Sie werden in dieser Form auch von einigen kritischen Instituen und Organisationen unverändert weitergegeben.

In der Tabelle 5.24 bedeutet der Zusatz „bis" bei der Leistung, dass die angegebenen Werte jeweils Maximalwerte sind. Um Energie zu sparen und auch aus Gründen der Funknetzplanung, senden die Mobiltelefone jeweils nur mit gerade soviel Leistung, wie für die Funkverbindung notwendig ist.

Tabelle 5.24 Mindestabstände (Antenne – Körper) bei Mobiltelefonen (Quelle: BfS)

Frequenz / Netz	Leistung	Mindestabstand
450 MHz analoges C-Netz	bis 0,5 W (Handy) bis 1 W bis 5 W bis 20 W	kein Mindestabstand ca. 4 cm ca. 20 cm ca. 40 cm
900 MHz digitale D-Netze (D1 und D2)	bis 2 W (Handy) bis 4 W bis 8 W bis 20 W	kein Mindestabstand ca. 3 cm ca. 5 cm ca. 8 cm
1800 MHz digitale E-Netze (E1 und E2)	bis 1 W (Handy) bis 2 W bis 8 W bis 20 W	kein Mindestabstand ca. 3 cm ca. 7 cm ca. 12 cm

Auch im hochfrequenten Bereich hat das BfS eine Empfehlung für Träger von Herzschrittmachern herausgegeben. Eine Distanz von 30 cm zwischen Implantat und felderzeugendem Gerät wird als ausreichend angesehen. Dabei ist es gleich, ob es sich um ein Mobiltelefon oder ein sonstiges elektrisches Haushaltsgerät handelt. Für Maschinen und Anlagen der Industrie (Transformatoren, Induktionsöfen etc.) gelten die 30 cm selbstverständlich nicht. Hier sind in der Regel größere Abstände einzuhalten.

Für den Mobilfunk bedeuten 30 cm Mindestabstand, dass selbst bei „normalen" Telefonieren (Gerät am Ohr, Antenne weist nach oben) die gebotene Distanz gewahrt wird. Herzschrittmacherpatienten sollten jedoch logischerweise davon absehen, das Mobiltelefon im eingeschalteten Zustand in der Brusttasche mit sich zu führen.

Abschließend sei angemerkt, dass - im Gegensatz zu vielen anderen Äußerungen in der EMVU - die Positionen der SSK und des BfS aufgrund ihrer Nähe zum Umweltministerium und ihrer Unabhängigkeit von allen beteiligten Seiten einen bedeutsamen Charakter haben. Empfehlungen beider Institutionen werden in den seltensten Fällen angezweifelt und können daher nach Meinung der Autoren bedenkenlos in die Bewertung von Untersuchungen einbezogen werden.

Insofern schließen sich die Autoren auch der Empfehlung der SSK vom Dezember 1998 an, welche das von der ICNIRP (Abschnitt 5.9) vorgeschlagene Grenzwertkonzept (Anm. der Autoren: Stand 1998) für die Risikobewertung aller in unserer Umgebung vorkommenden Expositionsquellen befürwortet.

5.9 BGFE–Veröffentlichungen

Die Berufsgenossenschaft der Feinmechanik und Elektrotechnik (BGFE) mit Sitz in Köln gehört zu den 35 gewerblichen Berufsgenossenschaften in Deutschland. Sie ist eine Trägerin der gesetzlichen Unfallversicherung und zuständig für 2,3 Mio. Versicherte in 98.000 Betrieben. Zu ihren Hauptaufgaben zählt die Verhütung von Arbeitsunfällen, Berufskrankheiten und arbeitsbedingten Gesundheitsgefahren.

Der Berührungspunkt der BGFE mit dem Themenkomplex EMVU liegt bei den elektromagnetischen Feldern in der Arbeitswelt und den damit verbundenen möglichen Gefährdungen von beruflich exponierten Personen. Insofern beziehen sich sämtliche Festlegungen, Regeln und Empfehlungen der BG lediglich auf diesen Personenkreis. Eine Anwendung der BG-Limits auf die breite Bevölkerung verbietet sich von selbst, da beruflich Exponierten in der Regel stets mehr an Belastung zugemutet wird als der Allgemeinheit (Tabelle 5.29).

Für den Schutz der Arbeitnehmer haben die Berufsgenossenschaften die verschiedensten Gestaltungsmöglichkeiten.

Mit zu den mächtigsten Werkzeugen der BGs zählen dabei zweifelsohne die Berufsgenossenschaftlichen Vorschriften (BGV; früher: Unfallverhütungsvorschriften, UVV). Darin sind für die Arbeitgeber und -nehmer verbindliche Vorschriften enthalten, welche der Verhütung von Unfällen und berufsbedingten Erkrankungen dienen. Aus dem Umfeld der BGFE ist in diesem Zusammenhang die VBG 4 zu nennen, welche sich mit elektrischen Anlagen und Betriebsmitteln befasst. Eine weitere Quelle von allgemeinen Vorschriften stellt die VBG 1 dar.

Weder in der VBG 1 noch in der VBG 4 finden sich spezielle Aussagen über den Umgang mit elektromagnetischen Feldern. Seit den 80er Jahren ist die BGFE allerdings auch verstärkt auf diesem Gebiet aktiv.

Mit die bekannteste Veröffentlichung ist das im Oktober 1995 herausgegebene Merkblatt „Regeln für Sicherheit und Gesundheitsschutz an Arbeitsplätzen mit Exposition durch elektrische, magnetische und elektromagnetische Felder" (MBL 16). Eine spezielle Vorschrift Elektromagnetische Felder fehlt derzeit (Stand: März 2000) noch. Gleichwohl liegt der entsprechende Fachausschussentwurf als BGV B11 vor. Er bedarf nur noch der Abstimmung mit den Bundesländern und der Bestätigung durch das Bundesministerium für Arbeit und Sozialordnung.

Hinsichtlich konkreter Maßnahmen für die Umsetzung des Arbeitnehmerschutzes in den Betrieben hat die BGFE das Handbuch Nichtionisierende Strahlung als Merkblatt 29 (MBL 29) herausgegeben.

Der wesentliche Unterschied zwischen einem Merkblatt und einer richtigen BGV (UVV) ist der, dass letztere Rechtskräftigkeit besitzt, während das Merkblatt von vielen Arbeitgebern allenfalls als Hinweis verstanden wird. Salopp formuliert hat die Arbeitnehmerschaft mit dem Merkblatt allein keine verbindliche Handhabe gegenüber den Arbeitgebern, zumal es in der betrieblichen Praxis oft schon schwierig genug ist, bereits bestehende Unfallverhütungsvorschriften umzusetzen.

Inhaltlich orientieren sich sowohl das Merkblatt als auch der Entwurf zur BGV B11 an der Normenreihe DIN VDE 0848 (Abschnitt 5.5). Neueste internationale Publikationen, wie etwa die ICNIRP Guidelines vom Frühjahr 1998 sind nur bedingt mit eingeflossen.

Man muss davon ausgehen, dass die BGFE in Zukunft einen eigenen Weg beschreiten wird. Dies bezieht sich zum einen auf die Umrechnung der Basisgrenzwerte (Abschnitt 5.5.2) auf die abgeleiteten Grenzwerte und zum anderen auf die Differenzierung nach dem Grad der Exposition. Während die internationalen ICNIRP Guidelines lediglich zwischen Allgemeinbevölkerung und beruflich Exponierten unterscheiden, propagiert die BGFE ein feiner gegliedertes Konzept mit Expositionsbereichen und -dauern (Tabelle 5.29).

Wer also in der Arbeitswelt EMVU-Messungen durchführen will, kommt an den Festlegungen der BGFE nicht vorbei. Im Rahmen dieses Buches kann jedoch keine umfassende Darstellung erfolgen. Hier sei lediglich auf die einschlägigen Veröffentlichungen verwiesen. Besondere Beachtung sollte dabei nach Ansicht der Autoren das bereits erwähnte Konzept der Expositionsbereiche, die Behandlung gepulster Felder sowie Grenzwertangaben für Träger von Implantaten finden.

Um den verschiedenen Anforderungen im industriellen Umfeld gerecht zu werden, hat die BGFE einen eigenen Messdienst für elektromagnetische Felder eingerichtet. Zu seinen Aufgaben gehören neben der Messung und Bewertung arbeitsplatzbezogener Feldstärken auch die

Empfehlung von Schutzmaßnahmen, die Beratung der Betriebe und die Weitergabe von neuesten Informationen hinsichtlich der Grenzwerte und Regeln.

Die Leistungen des Messdienstes stehen auch den Mitgliedern anderer BGs und Unfallversicherern zur Verfügung. Dem Messdienst entstehende Selbstkosten werden nach einer Gebührenordnung in Rechnung gestellt.

Im Folgenden soll am Beispiel der niederfrequenten 50–Hz-Felder die Bandbreite der Grenzwerte innerhalb des BGFE-Regelwerkes aufgezeigt werden.

Tabelle 5.25 Zulässige Effektivwerte des E- und B-Feldes bei 50 Hz nach dem Grundentwurf der UVV vom 19.12.1997 und Vergleich mit den Angaben der 26. BImSchV und der SSK (Abschnitt 5.8)

Quelle	B-Feld in µT	E-Feld in kV/m
BGFE: Expositionsbereich 2	424,4	6,67
BGFE: Expositionsbereich 1	1358	21,32
BGFE: Bereich erhöhter Exposition (2 h/d)	2546	30
BGFE: Bereich erhöhter Exposition (1 h/d)	4244	30
BGFE: zulässiger Wert für Personen mit Herzschrittmachern bei unbekannten Schrittmacherstörspannungen	20	2,5
26. BImSchV (Allgemeinbevölkerung, 24 h/d)	100	5
SSK–Empfehlung für Träger von Herzschrittmachern	20	2,5

Begriffsdefinitionen:

Expositionsbereich 2: Allgemein zugängliche Bereiche, es erfolgt keine spezielle Zugangsregelung (z.B. Büros, Sozialräume, Verkehrswege im Freien), eine EM-Feldexposition wird nicht erwartet und die Beschäftigten halten sich nicht nur vorübergehend darin auf, ein öffentlicher Zugang ist ausgeschlossen.

Expositionsbereich 1: Kontrollierte Bereiche (mit Zugangsregelung) sowie Bereiche, in denen aufgrund der Betriebsweise oder der Aufenthaltsdauer sichergestellt ist, dass eine Exposition nur vorübergehend erfolgt.

Bereich erhöhter Exposition: Kontrollierter Bereich (mit Zugangsregelung), in dem die zulässigen Werte des Expositionsbereiches 1 im Frequenzbereich von 0 Hz bis 91 kHz für begrenzte Zeit überschritten werden dürfen, der Aufenthalt ist nur kurzzeitig gestattet.

5.10 FGF–Veröffentlichungen

Die Forschungsgemeinschaft Funk e.V. (FGF) wurde im September 1992 als gemeinnütziger Verein gegründet. Die Mitgliedsliste der FGF ist hochkarätig besetzt. Ihr gehören Behörden, Dienstanbieter, Industrieunternehmen, Netzbetreiber, wissenschaftliche Einrichtungen und weitere namhafte Vereine an. Mit von der Partie sind beispielsweise das Bundeswirtschaftsministerium, die ARD, die Siemens AG, die Mannesmann Mobilfunk GmbH und die ETH Zürich.

Erklärtes Ziel der FGF, welche sich als kompetenter Ansprechpartner in punkto Elektrosmog versteht, ist die Erforschung von biologischen Wirkungen elektromagnetischer Felder auf den Menschen und seine Umwelt.

Um diesem Anspruch gerecht zu werden, leiten sich für den Verein folgende Aufgaben ab:

1. Förderung der wissenschaftlichen Forschung durch die Vergabe von Forschungsaufträgen an unabhängige wissenschaftliche Einrichtungen (FGF Newsletter Ausgabe Nr. 4 vom Dezember 1997: „mehr als 9 Millionen DM für die Forschung in den vergangenen fünf Jahren von den Mitgliedern aufgebracht")
2. Vorbehaltlose Information der Öffentlichkeit über die Ergebnisse der wissenschaftlichen Untersuchungen und Publikation derselben in den FGF-eigenen Reihen „Edition Wissenschaft" und „Newsletter"
3. Mitarbeit in internationalen Organisationen

Insbesondere durch seine Besetzung organisiert der Verein nicht nur reine Forschung, sondern bezieht auch (indirekt) Stellung zum Thema Technikakzeptanz in Deutschland.

Die von der FGF initiierten Untersuchungen beschäftigen sich schwerpunktmäßig mit hochfrequenten elektromagnetischen Vorgängen. Die Fragestellungen haben ihren Ursprung naturgemäß in der Biologie, Medizin und Psychologie.

Beispielsweise wurde die Wirkung hochfrequenter elektromagnetischer Felder auf DNA, Proteine und DNA-Protein-Komplexe sowie der Einfluss von gepulsten elektromagnetischen Feldern auf das Elektroenzephalogramm (EEG) von Menschen untersucht.

Für den EMVU-Messtechniker ergeben sich daher aus den Publikationen der FGF nur wenige Hinweise zur praktischen Messtechnik. Fündig wird man jedoch, wenn es darum geht, Umgebungen und Bedingungen zu definieren, unter denen Versuche über biologische Wirkungen stattfinden sollten (Expositionseinrichtungen).

Daneben empfiehlt sich für Messtechniker sicher auch die Lektüre der Studien über die Berechnung der Eingangsimpedanz von Herzschrittmachern und deren mögliche Störbeeinflussung durch Mobilfunkgeräte.

Einen interessanten Link enthält die Web-Seite der FGF. Es handelt sich dabei um die Forschungsdatenbank EMF der RWTH Aachen. Sie ist im deutschsprachigen Raum mit die bekannteste und umfangreichste Stoffsammlung, wenn es um die biologischen Wirkungen elektromagnetischer Felder geht.

Abschließend sollte nicht unerwähnt bleiben, dass einige Institutionen (Abschnitt 5.15) den Forschungsanstrengungen der FGF distanziert gegenüberstehen. Kritisiert wird zum einen der Umstand, dass die Studien letztlich von den Verursachern elektromagnetischer Felder in Auftrag gegeben und damit auch finanziert wurden. Zum anderen stößt den Kritikern übel auf, dass in nahezu keiner einzigen FGF-Untersuchung ein Ergebnis ermittelt wurde, welches das momentane Grenzwertkonzept in Frage stellen würde.

5.11 WHO, IRPA, INIRC und ICNIRP

Auf internationaler Ebene hat die Zusammenarbeit in Fragen der Gesundheit eine lange Tradition. Nachdem die Cholera um 1830 ganz Europa fest im Griff hatte, wurde 1851 in Paris die erste internationale Gesundheitskonferenz abgehalten. Die Weltgesundheitsorganisation (World Health Organization; WHO), wie man sie heute kennt, wurde 1948 ins Leben gerufen. Als Bestandteil der Vereinten Nationen (United Nations, UN) beansprucht sie die weltweite Führerschaft in allen Fragen zur Gesundheit. Beispielsweise zählen dazu die Zusammenarbeit

5.11 WHO, IRPA, INIRC und ICNIRP

mit offiziellen Stellen bei nationalen Gesundheitsprogrammen und die Festlegung von Gesundheitsstandards.

Einer der zentralen Stützpfeiler der WHO ist die Deutung des Begriffes Gesundheit. Gemäß Definition wird darunter nicht nur die bloße Abwesenheit von Krankheit und Leiden verstanden, sondern der Zustand eines umfassenden physischen, geistigen und sozialen Wohlbefindens.

Die WHO arbeitet mit einer Vielzahl von national und international tätigen Organisationen eng zusammen. Auf dem Gebiet der möglichen Gefährdungen durch elektromagnetische Felder ist diesbezüglich in erster Linie die internationale Strahlenschutzvereinigung (International Radiation Protection Association; IRPA) zu nennen. Es handelt sich dabei um eine Organisation, welche als der zentrale Dreh- und Angelpunkt schlechthin für eine nahezu unüberschaubare Vielfalt von mitwirkenden Gesellschaften und Institutionen angesehen werden kann.

Die Anfänge der IRPA gehen auf Initiativen der amerikanischen Health Physics Society zurück. Mitte der 60er Jahre begann diese Institution ihre Arbeit als Zusammenschluss mehrerer nationaler Health Physics Societies und anderer Strahlenschutzgesellschaften.

Insofern fungiert die IRPA auch heute noch als ein internationaler Dachverband für nationale Organisationen, wie etwa den deutsch-schweizerischen Fachverband für Strahlenschutz e.V. (FS), bei dem auf deutscher Seite das Bundesamt für Strahlenschutz (BfS; Abschnitt 5.8) federführend ist. Innerhalb der IRPA repräsentiert der FS eine der über 40 sogenannten assoziierten Gesellschaften. Deren Angehörige bilden somit die eigentlichen Mitglieder der internationalen Strahlenschutzvereinigung.

Neben der Bereitstellung einer internationalen Plattform leiten sich die Aufgaben der IRPA von dem Gedanken ab, Mensch und Umwelt vor Gefahren zu schützen, welche von ionisierender und nichtionisierender Strahlung ausgehen.

Auf dem Gebiet der ionisierenden Strahlung ist in diesem Zusammenhang die Kooperation der IRPA mit der internationalen Strahlenschutzkommission (International Commission on Radiological Protection; ICRP) und der Internationalen Kommssion für Strahleneinheiten und Messungen (International Commission on Radiation Units and Measuremnets; ICRU) zu nennen.

Ende der 70er Jahre rief die IRPA das Internationale Komitee für nichtionisierende Strahlung (International Non-Ionizing Radiation Committee; INIRC) ins Leben, welches sich speziell mit den biologischen Wirkungen der elektromagnetischen Felder auseinandersetzen sollte. In vielen Veröffentlichungen findet man daher neben den beiden Abkürzungen INIRC und IRPA als Hinweis für deren Verbindung auch das zusammengesetzte Kürzel INIRC/IRPA.

Im Jahre 1992 wurde schließlich die internationale Strahlenschutzkommission (International Commission on Non-Ionizing Radiation Protection; ICNIRP) als mehr oder weniger eigenständige Nachfolgerin der INIRC gegründet. In der von der IRPA verabschiedeten Charta der Kommission werden neben den Zielen der ICNIRP auch deren Verhältnis zur übergeordneten IRPA beschrieben.

Die Kommission selbst versteht sich als wissenschaftlichen Arm der WHO, wenn es um die Beurteilung von Gesundheitsgefahren durch nichtionisierende Strahlung geht. Die von beiden Institutionen in enger Zusammenarbeit in unregelmäßigen Abständen herausgegebenen Monografien der Reihe „Environmental Health Criteria" belegen dies. Darüber hinaus unterhält die WHO eine Forschungsdatenbank über elektromagnetische Felder. Sie ist jedermann zugänglich und kann beispielsweise über das Internet abgerufen werden. In der sogenannten EMF Research Database finden sich aktuelle Studien, welche sich mit der biologischen Wirksamkeit der Felder auseinandersetzen.

Tabelle 5.26 Grenzwertempfehlungen der ICNIRP für die Allgemeinbevölkerung (Effektivwerte)

Frequenzbereich	E-Feld in V/m	H-Feld in A/m	B-Feld in µT
bis 1 Hz	-----	$3{,}2 \times 10^4$	4×10^4
1 – 8 Hz	10.000	$3{,}2 \times 10^4 / f^2$	$4 \times 10^4 / f^2$
8 – 25 Hz	10.000	4.000 / f	5.000 / f
0,025 – 0,8 kHz	250 / f	4 / f	5 / f
0,8 – 3 kHz	250 / f	5	6,25
3 – 150 kHz	87	5	6,25
0,15 – 1 MHz	87	0,73 / f	0,92 / f
1 – 10 MHz	$87 / f^{1/2}$	0,73 / f	0,92 / f
10 – 400 MHz	28	0,073	0,092
400 – 2000 MHz	$1{,}375 \times f^{1/2}$	$0{,}0037 \times f^{1/2}$	$0{,}0046 \times f^{1/2}$
2 – 300 GHz	61	0,16	0,20

Anmerkung: Zwischen 100 kHz und 10 GHz erfolgt eine quadratische Mittelung der Effektivwerte jeweils über 6-Minuten-Intervalle

Von der INIRC/IRPA bzw. der ICNIRP sind als eigenständige Veröffentlichungen vor allem die „Guidelines on Limits of Exposure..." weltweit bekannt geworden. Diese Richtlinien sind in den meisten Ländern der Erde mehr oder weniger unverändert in nationale Normen und Verordnungen eingeflossen (Abschnitt 5.2). Als Quelle dieser und ähnlicher Publikationen der IRPA und der ihr nahestehenden Organisationen sind die Reihen „Health Physics" und „Health Physics Society Journal" zu nennen.

Die vorläufig letzte Veröffentlichung dieser Art ist zugleich auch die umfassendste. In den „Guidelines for Limiting Exposure to Time-Varying Electric, Magnetic and Electromagnetic Fields (up to 300 GHz)" vom Juli 1998 wird ein durchgängiges Grenzwertkonzept für das komplette elektromagnetische Spektrum der nicht-ionisierenden Strahlung – exklusive des optischen Bereichs – vorgestellt. Die Festlegungen unterscheiden grob zwischen der Allgemeinbevölkerung und beruflich Exponierten.

Die aktuellen ICNIRP-Guidelines stellen unbestreitbar eine weltweit einzigartige Fundstelle an wissenschaftlich abgesicherten Grenzwerten dar (Tabelle 5.26). Ungeachtet dessen gab und gibt es aber auch immer wieder Kritik an der Art und Weise, wie die ICNIRP ihre Richtlinien und dabei insbesondere die Grenzwertempfehlungen erstellt. Als Reaktion auf derartige Rückmeldungen muss wohl das ICNIRP Statement vom 31. März 1999 verstanden werden. Darin finden sich praktische Hinweise zum Gebrauch der Richtlinien und damit auch zu einem vertieften Verständnis der Vorgehensweise bei der Erstellung der Guidelines.

5.12 MPR, TCO und EN 50279

Die Grenzwertfestlegungen in Deutschland orientieren sich an gesicherten Erkenntnissen über die biologischen Wirkungen der elektromagnetischen Felder. Ausgangspunkt ist sozusagen der

5.12 MPR, TCO und EN 50279

Mensch und die in ihm ablaufenden – durch äußere Felder hervorgerufenen - Effekte. Eine Berücksichtigung der Vorgänge im Körperinneren (Stromdichten, Temperatur; Kapitel 4) führt somit zwangsläufig zu einer Limitierung der äußeren Exposition in Form von Grenzwertensembles. Diese sind im Übrigen völlig unabhängig von der Art und Weise der felderzeugenden Quelle, denn lediglich die von der Quelle emittierten Felder sind von Interesse.

Im Gegensatz dazu beschritt man in Schweden bei der Beurteilung der elektromagnetischen Felder von Computerbildschirmen zunächst einen komplett anderen Weg. Die schwedische statens mat- och provrad (MPR), eine nationale Beratungskommission für Messtechnik und Prüfung, ließ sich Ende der 80er Jahre von dem Gedanken leiten, dass die Feldverhältnisse in der Umgebung eines Computerbildschirmes, d.h. also an einem Bildschirmarbeitsplatz, nicht siginifikant durch diesen erhöht werden dürfen. Die Feldstärkewerte sollten sich also – auch mit Benutzung eines Monitors – auf den für Arbeitsumgebungen normalerweise zu erwartenden Levels bewegen.

Im Anschluss an Untersuchungen von Arbeitsplätzen und der Emission von Monitoren wurde schließlich eine Empfehlung ausgesprochen, die peu à peu von allen Herstellern übernommen wurde. Die Empfehlung selbst, die zum Synonym für Strahlungsarmut bei Monitoren avancierte, ist in ihrer letzten Version unter dem Namen MPR II (Version vom August 1990) von der MPR-Nachfolgeorganisation SWEDAC (The Swedish Board for Technical Accreditation) veröffentlicht worden. Der weltweit bekannte Standard beinhaltet Angaben für niederfrequente magnetische und elektrische Felder und das elektrostatische Potenzial.

Der schwedischen Tjänsteännens Centralorganisation (TCO), einer Art Angestellten- und Beamtengewerkschaft, gingen die Regelungen der MPR jedoch nicht weit genug. Auf Betreiben der TCO wurden noch niedrigere Grenzwerte festgelegt. Nach TCO-eigenen Angaben unterscheidet sich deren Ansatz von der MPR-Vorgehensweise dadurch, dass einfach von allen, zu einem bestimmten Zeitpunkt auf dem Markt befindlichen Monitoren die zugehörigen Feldstärkewerte ermittelt wurden. Die dabei gefundenen niedrigsten Werte hat man als Empfehlung festgeschrieben. Als Begründung dafür kann angesehen werden, dass die gemessenen niedrigsten Werte nach dem Stand der Technik offensichtlich möglich sind. Wie schon bei der MPR wurde damit abermals Druck auf die anderen – nunmehr nicht TCO-konformen - Hersteller ausgeübt.

Die TCO–Normen gibt es in verschiedenen Versionen. Was die Reglementierung der Aussendung elektromagnetischer Felder anbelangt, stellt die TCO 92, welche konsequenterweise niedrigere Grenzwerte als die MPR II propagiert, einen vorläufigen Höhepunkt dar. Außerdem enthält diese Norm bereits Anforderungen bezüglich einer Stromsparschaltung und Power-Management-Funktion.

Die TCO 95, als Weiterentwicklung der TCO 92, schließt diese komplett mit ein und befasst sich außerdem mit der ergonomischen Qualität, der Geräusch- und Hitzeentwicklung, der Energieeinsparung und Ökologie bis hin zu Anforderungen an den Herstellungsprozess eines Produktes. Während sich die TCO 92 nur auf Monitore beschränkte, kann das TCO-95-Siegel auch für andere Komponenten, etwa ein Keyboard oder einen kompletten PC vergeben werden. Insofern ist die TCO 95 die erste globale Umweltkennzeichnung, welche eine Verbesserung des Arbeitsplatzes für den Anwender zum Ziel hat. In der Grenzwertfestlegung bezüglich elektromagnetischer Felder sind die TCO 92 und TCO 95 identisch.

Ein Qualitätsnachweis nach TCO 95 war nur noch bis 31. Dezember 1999 möglich. Ab diesem Zeitpunkt mussten die Kriterien der TCO 99 angesetzt werden. Im Wesentlichen wurden dabei die ergonomischen und ökologischen Standards gegenüber der TCO 95 nochmals heraufgesetzt. Für den Bereich der Emissionen gelten zwar noch die Grenzwerte der TCO 95. Allerdings wurden die Messmethoden etwas verschärft.

Tabelle 5.27 Vergleich zwischen den MPR II- und TCO 92/95/99-Grenzwerten

		TCO 92/95/99	MPR II
Elektrisches Feld	Frequenz (-bereich)	elektrische Feldstärke	
	0 Hz (statisches Feld)	(± 500 V)	(± 500 V)[4]
	5 Hz – 2 kHz (Band I)	10 V/m	25 V/m
	2 kHz – 400 kHz (Band II)	1 V/m	2,5 V/m
Magnetisches Feld	Frequenz (-bereich)	magnetische Flussdichte	
	5 Hz – 2 kHz (Band I)	200 nT	250 nT
	2 kHz – 400 kHz (Band II)	25 nT	25 nT
Minimaler Messabstand zum Bildschirm des Monitors bei Band I und II des elektrischen Felds		30 cm	50 cm

Die Feststellung, ob bei einem Produkt die im Rahmen der TCO 92/95/99 festgelegten Grenzwerte der elektromagnetischen Felder erfüllt sind, erfordert ein spezielles Messequipment, welches in der Regel nicht der Standardgeräteausstattung eines EMVU-Messtechnikers entspricht. Hinzu kommen Besonderheiten bei den Sonden (Geometrie, breitbandige Messung) und dem Messaufbau als solchem (Einhaltung gewisser Abstände zum Messobjekt, Messung mit geerdeten Messgeräten, ESP). Hersteller derartigen Messequipments sind beispielsweise die Firmen EnviroMentor oder Holaday Industries Inc.

Vor allem die Forderung nach einer nicht potenzialfreien Messung bereitet einigen Messtechnikern Kopfzerbrechen. Schließlich kann man bei der Messung elektrischer Felder durch die Erdung beliebig viele Fehler produzieren. Im Falle der MPR/TCO braucht man sich darum jedoch nicht weiter zu kümmern, da letztlich ein definierter und somit reproduzierbarer Prüfaufbau vorgegeben ist.

Im Umkehrschluss bedeutet dies aber auch, dass man sich in jedem Fall davor hüten sollte, Aussagen über die Einhaltung von MPR/TCO zu treffen, ohne die geforderten Geräte und normgerechten Aufbauten zu verwenden.

In Deutschland (bzw. Europa) hat der von der MPR herausgegebene Messstandard seine Entsprechung in der Norm EN 50279 gefunden. Zu den Vorschriften der MPR/TCO gibt es keine signifikanten Unterschiede.

---

[4] Die elektrische Feldstärke wird natürlich in der Einheit V/m angegeben. Das Messverfahren zur Beurteilung der statischen Feldes, beruht auch primär auf der Messung einer Feldstärke. Limitiert ist allerdings ein sogenanntes äquivalentes Oberflächenpotenzial (engl. equivalent surface potential; ESP). In den Standards ist angegeben, wie aus der – unter bestimmten Bedingungen ermittelten – elektrischen Feldstärke in das ESP umzurechnen ist.

5.13 EMVG-Gesetz

Das Gesetz über die elektromagnetische Verträglichkeit von Geräten ist erstmals am 13. November 1992 in deutsches Recht umgesetzt werden und derzeit in der Fassung vom 18. September 1998 gültig.

Die elektromagnetische Verträglichkeit ist im EMVG 1992 definiert als Eigenschaft eines Gerätes, in seiner elektromagnetischen Umwelt zufriedenstellend zu arbeiten, ohne dabei selbst elektromagnetische Störungen zu verursachen, die für andere Geräte unannehmbar wären.

Aus dieser Forderung leiten sich zwei grundlegende Bedingungen ab, nach denen Geräte geprüft werden müssen:

- Störaussendung: Erfassen der von diesem Gerät ausgehenden Störabstrahlung, sowohl leitungsgebunden als auch gestrahlt. Dieser Bereich umfasst auch Rückwirkungen, die das Gerät im Stromversorgungsnetz verursacht.
- Störfestigkeit: Um eine ordnungsgemäße Funktion sicherzustellen, müssen die Geräte auch einer Beaufschlagung mit Störgrößen standhalten. Dies betrifft gestrahlte und leitungsgeführte hochfrequente Felder, aber auch Prüfungen wie Burst (breitbandige, energiearme Impulse, wie sie z.B. bei Schaltvorgängen entstehen) oder Surge (energiereiche Impulse z.B. als Folge eines Blitzschlages).

Seit Inkrafttreten der europäischen Richtlinie darf in der Europäischen Union kein elektronisches Gerät ohne die CE-Kennzeichnung auf den Markt gebracht werde, die eine Erklärung des Inverkehrbringers über die Einhaltung der anzuwendenden Normen und Grenzwerte darstellt. Dies bedeutet in den meisten Fällen aber nicht nur die Einhaltung der EMV-Richtlinie sondern aller auf das Gerät zutreffenden Verordnungen.

Bei der Festlegung von Prüfabläufen wird der spätere Einsatzbereich des Gerätes berücksichtigt. Unterschieden wird zwischen dem Industrie- und dem Heimbereich, der auch den Geschäfts- und Gewerbebereich und Kleinbetriebe beinhaltet. Im industriellen Bereich wird eine größere Störfestigkeit gefordert, die Anforderungen an die Störaussendung sind jedoch geringer. Nach der Neufassung des EMVG-Gesetzes ist eine hieraus resultierende Einschränkung in der Geräteanwendung bereits auf der Verkaufsverpackung anzugeben.

Mit der Durchführung der EMV-Prüfungen und der Festlegung der entsprechenden Grenzwerte befassen sich mehrere EN-Normenreihen:

- EN 50081 Fachgrundnorm Störaussendung
  - Teil 1: Wohnbereich, Geschäfts- und Gewerbebereich sowie Kleinbetriebe
  - Teil 2: Industriebereich
- EN 50082 Fachgrundnorm Störfestigkeit
  - Teil 1: Wohnbereich, Geschäfts- und Gewerbebereich sowie Kleinbetriebe
  - Teil 2: Industriebereich
- EN 61000-4-X Prüf- und Messverfahren

Zusätzlich zu den hier erwähnten Normen gibt es eine Vielzahl von speziellen, z.T. produktgruppenspezifischen Normen, deren Darstellung hier nicht möglich und auch nicht sinnvoll ist. Bei Interesse sei auf die regelmäßigen Veröffentlichungen von Normen-Fundstellen im Amtsblatt der Regulierungsbehörde für Telekommunikation und Post verwiesen.

Im niederfrequenten Bereich werden nach EN 50082-1 nur Betriebsmittel geprüft, die Bauteile enthalten, die empfindlich gegen Magnetfelder sind, z.B. Hall-Sonden, elektrodynamische Mikrophone, Magnetfeldsonden.

Hierbei werden folgende Feldstärken angewendet (Frequenz 50 Hz):

Tabelle 5.28 Prüffeldstärken EMVG (Niederfrequenzbereich)

Bereich	B_{eff} in µT	B_{eff} in A/m
Störfestigkeit im Heimbereich	3,75	3
Störfestigkeit im Industriebereich	37,5	30
Störungen von Monitoren mit Kathodenstrahlröhre im Heimbereich	1,25	1
Störungen von Monitoren mit Kathodenstrahlröhre im Industriebereich	3,75	3

Vergleichbar mit der Einwirkung hochfrequenter Felder auf den Menschen ist die Beaufschlagung eines Gerätes mit einem elektromagnetischen Feld. Hierfür werden je nach Anwendungsbereich unterschiedliche Prüffeldstärken genutzt:

Tabelle 5.29 Prüffeldstärken EMVG (Hochfrequenzbereich)

Frequenzbereich	Prüffeldstärke im Heimbereich	Prüffeldstärke im Industriebereich
80 bis 1000 MHz	3 V/m	10 V/m
895 bis 905 MHz	3 V/m (Pulsmodulation)	

Die Ausweitung auf Frequenzbereiche größer 1 GHz ist in Beratung.

Die Prüfbeanspruchung der Geräte liegt also weit unterhalb der Grenzwerte für den Personenschutz nach der 26. BImSchV, es ist also nicht möglich aus einer beobachteten Gerätestörung auf eine mögliche Personengefährdung zu schließen. Sollte aber z.B. der Betreiber einer Mobilfunkstation die Einhaltung der Grenzwerte nach dem EMVG zusagen, kann von einer deutlichen Unterschreitung der Personenschutzgrenzwerte ausgegangen werden.

Beispiel 5-1

Bei einer Frequenz von $f = 900$ MHz gilt nach der 26. BImSchV ein Grenzwert von 41,25 V/m, eine übliche EMV-Prüfung wird mit einer Prüffeldstärke von 3 V/m durchgeführt. Diese Werte unterscheiden sich um den Faktor 13.75.

5.14 Europaweite und internationale Bestrebungen

Die Verfahren nach denen Grenzwerte zum Schutz des Menschen vor schädlichen Wirkungen elektromagnetischer Felder festgelegt werden, differieren in den einzelnen Ländern. In den Mitgliedsstaaten der EU lösen allerdings europäische Vorschriften peu a peu nationale Regelungen ab. Die europäische Kommission ist dabei für Grenzwertfestlegungen zuständig. Daneben tritt in dieser Angelegenheit – quasi als Konkurrent – das europäische Komitee für elektrotechnische Normung (CENELEC) in Erscheinung. Im Gegensatz zur Kommission handelt es sich dabei jedoch nicht um ein überstaatliches Gremium, sondern um eine privatrechtliche Körperschaft belgischen Rechts, welche sich überwiegend aus Industrievertretern zusammensetzt.

Von der Kommission existiert ein Empfehlungsentwurf zum Schutz der Allgemeinbevölkerung aus dem Jahr 1998. In dem Vorschlag für eine Empfehlung des Rates zur Begrenzung der Exposition der Bevölkerung durch elektromagnetische Felder (0 Hz – 300 GHz) wird ein Grenzwertkonzept angewendet, welches sich weitesgehend an die ICNIRP-Guidelines (Abschnitt 5.11) anlehnt.

Für den Bereich der beruflich Exponierten gibt es – ebenfalls von der Kommission – einen Vorschlag für eine Richtlinie des Rates über Mindestvorschriften zum Schutz von Sicherheit und Gesundheit der Arbeitnehmer vor Gefahren durch physikalische Einwirkungen aus dem Jahre 1994. Vom Grenzwertkonzept her richtet er sich nach den damaligen IRPA-Empfehlungen (Abschnitt 5.11).

Vereinzelt stößt man bei Recherchen auf europäischer Ebene auf den Normentwurf prENV 50166 der CENELEC. Die darin enthaltenen Grenzwerte für die Allgemeinbevölkerung und die Arbeitnehmer weichen jedoch von den ICNIRP-Empfehlungen ab (liegen zumeist höher).

Eine weitere Quelle von Richtwerten entsteht im Rahmen der Maschinenrichtlinie bei der europäischen Normungsorganisation (CEN). Darin werden Festlegungen für die von technischen Arbeitsmitteln ausgehenden Felder erarbeitet.

Innerhalb Europas seien außerdem auf die Veröffentlichungen des in Großbritannien tätigen National Radiation Protection Board (NRPB) verwiesen. Für den deutschsprachigen Raum sind neben der österreichischen ÖNORM S 1120 auch die Publikationen des schweizersichen Bundesamtes für Umwelt, Wald und Landschaft (BUWAL) von Interesse.

Für viel Aufsehen in der Elektrosmogdebatte sorgte seit Anfang der 80er Jahre die Grenzwertphilosophie der damaligen osteuropäischen Staaten. International konnten sich die teilweise um ein Vielfaches niedrigeren Limits allerdings nicht durchsetzen. Mithin werden diese Werte besonders von den Kritikern (Abschnitt 5.15) der westlichen Grenzwerte nach wie vor ins Felde geführt.

In den USA befasst sich vor allem das Institute for Electrical and Eelctronic Engineering (IEEE) mit Grenzwerten und Normen. Die IEEE-Standards haben eine gewisse Bedetung erlangt, was daher rührt, dass die Besetzung der Normungsgremien international ausgerichtet ist. Somit stellen die „IEEE Standard Procedures for Measurement of Power Frequency Eelctric and Magnetic Fields From AC Power Lines" (IEEE Std 644-1994) für Untersuchungen an Hochspannungsfreileitungen eine interessante Zusammenfassung dar.

Die Ausführungen gehen aber nicht über die Regelungen der Normenreihe 0848 und der LAI-Durchführungshinweise (Abschnitt 5.2 und 5.5) hinaus. Beispielsweise wird die messtechnische Bestimmung der elektrischen und magnetischen Felder in einer einzigen Höhe von einem Meter (über dem Erdboden) als ausreichend angesehen.

5.15 Kritische Institute und alternative Ansätze

In diesem Kapitel soll in einer kleinen Übersicht dargestellt werden, welche weiteren Quellen der Informationsbeschaffung – neben den offiziellen Stellen – zur Verfügung stehen. Im Wesentlichen geht es dabei um Beiträge zur Grenzwertdiskussion. An einigen Stellen werden auch die Anschauungen von Grenzwissenschaften dargestellt. Nach Ansicht der Autoren geht es dabei nicht darum, deren Sichtweise zu bewerten. Vielmehr soll versucht werden, einen möglichst umfassenden Überblick zu geben, denn vielfach wird der EMVU-Messtechniker, zumeist bei Untersuchungen in privaten Haushalten, mit derartigen Ansichten konfrontiert. Da empfiehlt es sich, sich vorab mit der Materie beschäftigt zu haben.

Fragestellungen hinsichtlich der Messtechnik gehören in diesem Kapitel eher zu den Marginalien. Gleichwohl haben die Baubiologie und auch die Radiästheten mitunter ganz eigene Vorstellungen von der Bestimmung elektromagnetischer Felder.

5.15.1 Kritische Institute

Darunter versteht man solche Einrichtungen, die sich im Sinne einer konstruktiven Kritik mit der aktuellen Grenzwertdiskussion auseinandersetzen und eine deutliche Absenkung der Limits fordern. Von ihrer personellen und materiellen Ausstattung her sind die Institute in der Lage, eigene Untersuchungen auf wissenschaftlich fundierter Basis durchzuführen. Die Einrichtungen stehen der breiten Öffentlichkeit als Anlaufstation zur Verfügung. In der Regel beschränkt sich das Tätigkeitsfeld aber nicht nur auf den Bereich der elektromagnetischen Felder, sondern umfasst das komplette Spektrum zu allen Fragen des Umweltschutzes.

Das KATALYSE-Institut für angewandte Umweltforschung - in der Rechtsform eines gemeinnützigen Vereins - mit Sitz in Köln besteht seit etwa 20 Jahren. Es versteht sich als ein unabhängiges Umweltinstitut. Die Hauptschwerpunkte seiner kritischen Arbeit sieht das Institut im Umwelt- und Verbraucherschutz. Die Beschäftigung mit dem Themenkomplex Elektrosmog als eigenständigem Arbeitsbereich begann 1990.

Tabelle 5.30 Beispiele für Vorsorgegrenzwerte einiger kritischer Institute

	50-Hz-Felder	
	Elektrisch	Magnetisch
Ecolog	60 V/m	0,2 µT
		Für Einzelanlagen: 0,1 µT
Katalyse	Im Freien: 200 V/m (nachts 100 V/m)	Gemittelte Werte:
	In Wohnungen: 20 V/m (nachts 10 V/m)	Tags: < 0,4 µT; Nachts: < 0,2 µT
König/Folkerts	50 V/m	1 µT
	Hochfrequente Felder	
Ecolog	10 bis 400 MHz: 0,1 W/m^2; entsprechend ca. 6 V/m	
	bei 900 MHz: ca. 9 V/m	
	ab 2000 MHz: ca. 10 V/m	
Katalyse	Über den gesamten Frequenzbereich: 1 W/m^2 = 0,1 mW/cm^2	
	dies entspricht einer elektrischen Feldstärke von 19,41 V/m	

Die wohl wichtigste Veröffentlichung im Zusammenhang mit elektromagnetischen Feldern ist das Buch „Elektrosmog – Gesundheitsrisiken, Grenzwerte, Verbraucherschutz". Für den EMVU-Messtechniker von besonderem Interesse sind die darin angegebenen Grenzwert- und

Abstandsempfehlungen für nieder- und hochfrequente elektromagnetische Felder (Tabelle 5.20).

Am ECOLOG Institut für sozial-ökologische Forschung und Bildung mit Sitz in Hannover beschäftigen sich die Mitarbeiter des Arbeitsgebietes „Einfluss elektromagnetischer Felder auf Umwelt und Gesundheit" mit der EMVU-Thematik. Wie schon beim KATALYSE-Institut besteht der wissenschaftlich ausgebildete Oberbau aus Biologen, Medizinern, Ingenieuren und Physikern.

Die vom ECOLOG-Institut vertretenen Ansichten und die daraus resultierenden Grenzwertempfehlungen (Tabelle 5.30) sind dem Buch „Risiko Elektrosmog?" zu entnehmen.

Das Nova-Institut wurde 1994 gegründet und befasst sich neben dem Elektrosmog mit nachwachsenden Rohstoffen, Produktentwicklung und –bewertung, EU-Strukturfonds und der Regionalentwicklung.

Das Institut ist Herausgeber der deutschsprachigen Fachzeitschrift „Elektrosmog-Report", welche seit 1995 monatlich erscheint.

Die beiden Autoren H.L. König und E. Folkerts beziehen in ihrem Buch „Elektrischer Strom als Umweltfaktor" zur EMVU-Thematik Stellung. Diesem Werk sind auch die Grenzwertempfehlungen für 50-Hz-Felder (Tabelle 5.30) entnommen. Insbesondere der Wissenschaftler Prof. König hat sich an der TU München über lange Jahre hinweg der Erforschung von elektromagnetischen Feldern und deren Wirkungen verschrieben, wovon zahlreiche Publikationen ein beredtes Zeugnis ablegen. Das Buch „Unsichtbare Umwelt" gilt als sein bekanntestes Werk.

5.15.2 Baubiologie

Zunächst soll eine Definition dieses Begriffes (vgl. auch Abschnitt 5.1) angegeben werden, die von der Faist Baustoff GmbH im Internet veröffentlicht wurde.

Die Baubiologie ist die Lehre vom Einfluss der gebauten Umwelt auf die Gesundheit des Menschen und die praktische Anwendung dieses Wissens im Bauen. Die Gesundheit ist in diesem Zusammenhang umfassend, nämlich körperlich und seelisch zu verstehen.

Und daraus abgeleitet:

Das relativ junge Wissensgebiet der Baubiologie will die physiologischen, psychologischen und physikalisch-technischen Grundlagen der Wechselwirkung zwischen Menschen, Bauwerken und Umwelt erforschen, zusammenstellen und einem möglichst breiten Interessentenkreis zugänglich machen.

Die Einbeziehung seelischer und psychologischer Aspekte bereitet allerdings vielen reinen Naturwissenschaftlern und Technikern einiges Kopfzerbrechen. Dies rührt vor allen Dingen auch daher, dass der Beruf oder die Berufsbezeichnung Baubiologe/in nicht gesetzlich geschützt ist. Folglich gebrauchen auch einige selbsternannte E-Smog-Forscher und Hausuntersucher aus reinem Geschäftsinteresse diesen Begriff, um sich entsprechende Kundenklientels zugänglich zu machen.

Da die Baubiologie oft mit derartigen zweifelhaften Unternehmungen in einen Topf geworfen wird, haftet ihr zu Unrecht der Geruch der Unseriosität an. Diesem negativen Image versuchen einige namhafte Baubiologen vermehrt durch die Bündelung ihrer Interessen und Aktivitäten in Instituten oder auch in Form von eingetragenen Vereinen zu begegnen.

Mit zu den bekanntesten Einrichtungen dieser Art zählen etwa die Baubiologie Maes in Neuss, das Institut für Baubiologie und Ökologie in Neubeuern (IBN) und das Netzwerk Baubiologie – Berufsverband Deutscher Baubiologen VDB e.V. In dessen Satzung finden sich auch einige Anhaltspunkte zur Frage, was eigentlich einen Baubiologen ausmacht und wie er sich – quasi gemäß einem Ehrenkodex – zu verhalten hat. Für die weitere Betrachtung ist eine exakte Begriffsdefinition jedoch völlig unerheblich. Entscheidend für den EMVU-Messtechniker sind die Aussagen der Baubiologie zur elektromagnetischen Umweltverträglichkeit.

Tabelle 5.31 Zusammenfassung der baubiologischen Richtwerte für Schlafplätze

	Anomalie			
	Extrem	Stark	Schwach	Keine
Gleichfelder				
Oberflächenspannung (V)	> 2000	500 – 2000	100 – 500	< 100
Luftelektrizität (V/m)	> 2000	500 – 2000	100 – 500	< 100
Kompassabweichung in Grad	> 100	10 – 100	2 – 10	< 2
Störung durch Stahl [µT]	> 10	2 – 10	1 - 2	< 1
Geologische Störung [µT]	> 1	0,5 – 1	0,2 – 0,5	< 0,2
Niederfrequenz				
Körperspannung (mV)	> 1000	100 - 1000	10 – 100	< 10
Feldstärke (V/m)	> 50	5-50	1-5	< 1
Flussdichte (µT)	> 0,5	0,1 – 0,5	0,02 – 0,1	< 0,02
Hochfrequenz				
Feldstärke (V/m)	> 2	0,5 – 2	0,1 – 0,5	< 0,1
Strahlungsdichte (mW / m^2)	> 1	0,05 – 1	0,002 – 0,05	< 0,002

Mit die bekannteste Veröffentlichung zu dieser Thematik ist zweifelsohne der Standard der Baubiologischen Messtechnik vom Mai 1998 (SBM-98/5) und als Ergänzung dazu die baubiologischen Richtwerte für Schlafbereiche. Durch eine Spezifizierung der Messtechnik und der Angabe von Limits bei Fasern, Partikeln, Schimmelpilzen und letztlich auch bei elektromagnetischen Feldern liefert der SBM-98/5 ganz konkrete Anhaltspunkte für den an einem Vergleich zur herkömmlichen Herangehensweise Interessierten.

Die Grenzwertphilosophie der Baubiologie beruht dabei im Wesentlichen auf deren eigenen empirischen Erfahrungen, welche im Rahmen von etwa 5000 Hausuntersuchungen der Baubiologie Maes gewonnen wurden. Als Bewertungskriterium für das jeweilige Ausmaß einer Belastung wird am Untersuchungsort der sogenannte Grad der Anomalie festgestellt.

Die niedrigste Einstufung „Keine Anomalie" etwa entspräche den natürlichen Umweltmaßstäben oder dem oft anzutreffenden und nahezu unausweichlichen Mindestmaß zivilisatorischer Einflüsse. Hingegen bedürfen „Starke Anomalien" aus baubiologischer Sicht einer konsequenten und kurzfristigen Sanierung. Bei diesem Grad sollen bereits internationale Grenzwerte und Empfehlungen für Arbeitsplätze erreicht oder überschritten werden. Für die Messtechnik schreibt die Baubiologie oftmals andere Vorgehensweisen und auch Aufbauten vor, als dies von der herkömmlichen Feldmesstechnik üblich ist. Bestes Beispiel hierfür ist die Körperspannungsmessung, welche im Kapitel 4 beschrieben wird, oder aber auch das Ausfindigmachen von Anomalien mittels Kompassnadelabweichung.

Die von der Baubiologie empfohlenen Richtwerte (Tabelle 5.35) liegen teilweise so niedrig, dass sie mit herkömmlichen Feldmessgeräten nicht mehr exakt zu erfassen sind.

5.15.3 Radiästhesie und Geopathologie

Im Gegensatz zur Baubiologie, welche zwar seelische und psychologische Aspekte in die Beurteilung mit einbringt, sich aber letztlich immer noch auf dem Boden physikalischer Messmethoden bewegt, findet man bei den Radiästheten (auch: Geopathologen, Rutengänger) einen etwas anderen Ansatz. Man beschäftigt sich hauptsächlich mit dem Vorhandensein und dem Einfluss von Wasseradern und Erdstrahlen, welche angeblich durch sogenannte geopathogene Zonen (z.B. Verwerfungen in Gesteins- oder Erdschichten) hervorgerufen werden.

Das Wesentliche am Rutengehen (auch: Muten) ist die Annahme, dass der Mensch selbst das Messinstrument ist. Insofern dienen die häufig verwendeten Ruten oder abgewinkelten Drähte letztlich nur der Anzeige einer Körperreaktion. Nach Ansicht vieler Rutengänger hat zwar prinzipiell jeder Mensch die Fähigkeit zu muten. Infolge äußerer Einflüsse (etwa Zivilisation, Reizüberflutung etc.) ist diese ureigenste menschliche Eigenschaft bei den allermeisten verloren gegangen, bzw. liegt brach oder ist verschüttet. Nur einigen wenigen, eben den Rutengängern, ist die Gabe in Form einer spezifischen Empfindsamkeit erhalten geblieben.

Nach dem aktuellen Stand der Wissenschaft gibt es (noch) kein physikalisch-technisches Messmittel für die – wie auch immer gearteten – Erdstrahlen und Wasseradern, ebenso nicht für die von Rutengängern oft ins Feld geführten, die Erde umspannenden, globalen Gitternetze (Hartmann, Curry), welche an ihren Gitterpunkten positive oder negative Einflüsse auf Mensch und Umwelt ausüben sollen.

Es ist aus heutiger Sicht sehr schwierig, den Gegenbeweis derartiger Ansätze anzutreten. Gleichwohl existiert im wissenschaftlichem Sinne natürlich auch noch kein Beweis dafür. Den braucht es aber nach Ansicht vieler Geopathologen auch nicht, denn, so wird oft suggeriert, könnte ein Messgerät wirklich mehr über die Beeinflussung eines Menschen aussagen als der – mit entsprechender Empfindlichkeit – ausgestattete Mensch selbst?

Wird man als EMVU-Messtechniker mit derartigen Ansichten konfrontiert, so sollte man sich davor hüten, diese pauschal als Unsinn oder Irrglauben abzutun. Es ist im Gegenteil eher wissenschaftlich, sich mit der Thematik auf sachlicher Ebene zu beschäftigen und immerhin, vielleicht gibt es eines Tages tatsächlich einen Nachweis bislang gemuteter Effekte?

Man sollte auch nicht übersehen, dass man gerade in ländlichen Gegenden – wenn man sich genau erkundigt – immer wieder auf Einheimische trifft, die sich sozusagen hobbymäßig dem Auffinden von Wasseradern (z.B. in Form verschütteter Brunnen) mit der Wünschelrute verschrieben haben und teilweise große Erfolge nachweisen können. In den meisten Fällen handelt es sich dabei keineswegs um irgendwelche Spinnerte. Vielfach gehen diese Leute einem ganz normalen Beruf nach und stehen auch sonst mitten im Leben. Überdies haben sich einige Rutengänger – ähnlich den Baubiologen – in überregionalen Verbänden lose zusammengeschlossen. Für an alternativen Untersuchungsmethoden Interessierten werden damit Anlaufstationen geschaffen.

Worauf man als EMVU-Messtechniker jedoch darauf achten sollte, das ist die oft unzulässige Vermischung zwischen den ureigensten Themen der Rutengänger mit dem Elektrosmog. In einigen Fällen wird bei einer Hausuntersuchung der Elektrosmog noch mit untersucht und eine Stellungnahme dazu abgegeben. In der Regel werden dabei nicht die tatsächlichen Komponenten des elektromagnetischen Spektrums erfasst, sondern es wird beispielsweise versucht, eine Zuordnung zu den zwar wohlklingenden, aber letztlich nicht scharf definierten Begriffen positive und negative Energie anzugeben. Auf die Spitze getrieben führen derartige Bewertungen auch in die Richtung der Esoterik. Beispielhaft seien hier die Schlagworte Pendel, Raumharmonie, Formenresonanz und Feng Shui genannt.

Man mag zu all dem stehen, wie man will. Getreu dem Motto, dass der Zweck die Mittel heiligt, und jemand sich etwa durch das Mitführen eines kleinen Rosenquarzes wohler fühlt als ohne, wird man es wahrscheinlich unterlassen, dem Stein eine positive Wirkung in Abrede zu stellen, auch wenn man selbst nicht an dessen guten Einfluss glaubt. Bedenkliche Ausmaße nehmen jedoch derartige Empfehlungen zum Elektrosmog an, wenn tatsächlich Grenzwerte überschritten werden. Daher sollten einige Rutengänger sich selbstkritisch fragen, ob sie sich – ohne die Benutzung geeigneter Messgeräte - wirklich guten Gewissens Aussagen über die Qualität und Quantität von Feldstärken und entsprechende Gegenmaßnahmen zutrauen.

Wenn überdies das Ergebnis so gearteter Hausuntersuchungen darauf abzielt, in großem Umfang teure Mittelchen (Abschirmmatten, Steine, Energiewandler etc.) zu verkaufen oder gar eine komplette Gebäudesanierung im sechsstelligen DM-Bereich nahelegt, sollten bei den Betroffenen die Alarmglocken läuten. Da der Beweis einer (Un-) Tauglichkeit der Maßnahmen sehr schwer zu führen ist, gilt es grundsätzlich, spätestens jedoch oberhalb bestimmter Geldbeträge, den gesunden Menschenverstand einzuschalten. Als sinnvoll und in einer gewissen Art und Weise auch heilsam erweist sich dabei oft ein Vergleich zwischen den Anschaffungs- sowie den Material- und Herstellungskosten der anheim gestellten Investitionen.

5.15.4 Bürgerinitiativen und Selbsthilfeorganisationen

Eine Reihe von Bürgerinitiativen sind im Zuge der Elektrosmog-Debatte neu entstanden. Vor allem die Errichtung von Mobilfunkbasisstationen war und ist sicher eine der Hauptursachen. Aufgrund der geringen Reichweite derartiger Sendeanlagen formiert sich der Widerstand meist nur lokal. Dementsprechend agieren die Initiativen mit wenigen Ausnahmen (z.B. Bayerische Bürgerwelle) lediglich auf regionaler Ebene. Was die Grenzwertdiskussion anbelangt, so betreiben die meisten Organisationen keine eigenen Studien, sondern übernehmen die Veröffentlichungen und Empfehlungen besonders kritischer Institute.

Selbsthilfevereine bieten all denjenigen eine Plattform, welche sich mit Gleichgesinnten auf der Grundlage gegenseitiger Unterstützung austauschen und helfen wollen. Im Bereich der EMVU geht es dabei zumeist um das in Kapitel 4 vorgestellte Phänomen der Elektrosensibilität. Vereinfacht ausgedrückt, empfinden sich die davon Betroffenen in einer bestimmten Art und Weise unter Strom, Spannung oder Feldern leidend. Damit einher geht vielfach auch das Gefühl, von den Mitmenschen nicht verstanden oder ernst genommen zu werden. In diesem Zusammenhang bieten etwa die Arbeitsgemeinschaft „Leiden unter Spannung" oder der „Selbsthilfeverein für Elektrosensible" Hilfestellungen an.

6 Messtechnik

6.1 Allgemeines

Die Aufgabe der Messtechnik besteht ganz allgemein darin, eine physikalische Größe zu erfassen und in geeigneter, interpretierbarer Form darzustellen. Dabei ist es zunächst unerheblich, ob es sich um eine elektrische oder nichtelektrische Größe handelt und ob die Messung selbst elektrisch oder nichtelektrisch, z.B. mechanisch, erfolgt. Die Messung von Längen erfolgt beispielsweise über einen Vergleich der Größe mit einem genormten Messwerkzeug, dem Metermaß. Der Messende kann dabei auf seinem Messwerkzeug einen Wert in entsprechender Maßeinheit als Ergebnis seiner Messung ablesen. Die Temperatur wird klassischerweise über Quecksilberthermometer gemessen. Hierbei findet zunächst über die proportional zur Temperatur steigende oder fallende Quecksilbersäule eine Umwandlung der thermischen Größe in eine mechanische Länge statt. Danach erfolgt eine Längenmessung mit einem statt in Längeneinheiten in Temperatureinheiten geeichten Vergleichswerkzeug.

Moderne Messeinrichtungen sind darauf ausgelegt, auch nichtelektrische Messgrößen in elektrische Messsignale umzuwandeln, um mit Hilfe elektronischer Datenverarbeitungsanlagen automatische Messsignalverarbeitungen zu ermöglichen. Die Darstellung als Messkette verdeutlicht das Funktionsprinzip moderner Messeinrichtungen.

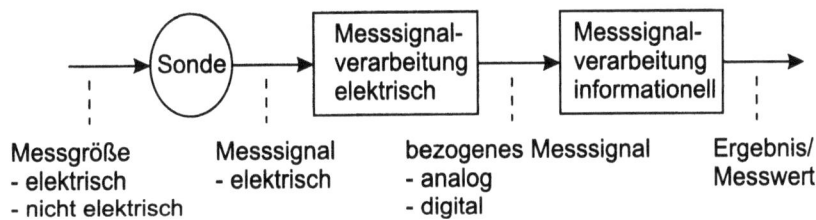

Bild 6-1 Funktionsprinzip moderner Messeinrichtungen

Die zu messende Größe, elektrisch oder nichtelektrisch, wird zunächst mittels einer Sonde oder eines Sensors in ein geeignetes elektrisches Messsignal, in der Regel ein Strom- oder Spannungssignal, umgewandelt. Im Beispiel der Temperaturmessung könnte die Sonde aus einem Thermoelement bestehen, das eine für die Messsignalverarbeitung geeignete temperaturabhängige Spannung liefert. Zur Durchführung der später beschriebenen Verfahren zur Feldmessung werden als Sonden im hochfrequenten Bereich Antennen unterschiedlichster Ausführung, im niederfrequenten Bereich Magnetfeldspulen und geeignete elektrische Feldsonden eingesetzt. Auch diese setzen die zu messenden Feldgrößen in Strom- oder Spannungssignale um, die dann im Rahmen der Messsignalverarbeitung entsprechend aufbereitet werden. Zunächst erfolgt eine rein elektrische Verarbeitung des Messsignals, beispielsweise werden kleine Spannungen verstärkt, Strom-Spannungswandlungen durchgeführt und eventuell analoge Signale digital gewandelt. Der dann erhaltenen Größe, die hier als bezogenes Messsignal bezeichnet wird, wird im Rahmen der informationellen Messsignalverarbeitung ein der Messgröße entsprechender Wert in der definierten Einheit zugeordnet und als Ergebnis dargestellt. Diese zunächst recht einfach dargestellte informationelle Messsignalverarbeitung wird in der Praxis wesentlich komplexer sein. Das nichtideale Verhalten verfügbarer Sonden im Hinblick auf ihre Übertragungseigenschaften oder ungenügende Informationsgehalte von Einzelmessungen erfordern häufig einen hohen Verarbeitungsaufwand, der meist nur mit dem Einsatz von Digitalrechnern bewältigt werden kann. Die zur Messung hochfrequenter Felder eingesetzten Antennen besitzen stark frequenzabhängige Aufnahmeeigenschaften, die durch Kalibrierroutinen erfasst und über sogenannte antennenspezifische Korrekturfaktoren berücksichtigt werden müssen. Das von der Antenne gelieferte Spannungssignal muss dabei für jeden im Signal enthaltenen Frequenzanteil um den entsprechenden Faktor korrigiert werden. Sind die erhaltenen Messsignale störungsbehaftet, so kann eine einzelne Messung keine exakte Aussage über den Wert der zu messenden Größe liefern. In einem solchen Fall sind am gleichen Messort eine Reihe von Messungen notwendig, aus denen dann der exakte Wert berechnet werden muss.

Grundlage aller elektrischen Messverfahren stellen aber Strom- und Spannungsmessungen dar, die im nachfolgenden Abschnitt näher erläutert werden.

6.2 Strom und Spannung

6.2.1 Messtechnik

Die klassische Strom- und Spannungsmesstechnik basiert auf dem Einsatz analog anzeigender Drehspulinstrumente. Der physikalische Effekt beruht auf der Kraftwirkung auf einen in einem Magnetfeld befindlichen stromdurchflossenen Leiter.

$$\vec{F} = I \cdot (\vec{l} \times \vec{B}) = I \cdot \left|\vec{l}\right| \cdot \left|\vec{B}\right| \cdot \sin(\alpha) \tag{6.1}$$

Die Kraft $\vec{F}$ berechnet sich über dem Betrag des Stromes I, multipliziert mit dem Vektorprodukt aus der gerichteten Leiterlänge $\vec{l}$ und der magnetischen Induktion $\vec{B}$ des Feldes. Die Kraft $\vec{F}$ ist maximal, wenn der Winkel α zwischen $\vec{l}$ und $\vec{B}$ 90° beträgt. Die Richtung der Kraft steht senkrecht zu $\vec{l}$ und $\vec{B}$.

Bei einem linearen Drehspulinstrument wird mit Hilfe eines Permanentmagneten ein Magnetkreis aufgebaut, der ein radialsymmetisches Feld mit der Induktion B erzeugt. Auf die Flanken einer in diesem Feld angeordneten, drehbar gelagerten Spule mit der Windungszahl w, die vom Messstrom durchflossen wird, wirken in jeder Windung Kräfte entsprechend Gleichung (6.1). Die Kräfte erzeugen ein elektrisches Drehmoment, das sich über den halben Spulendurchmesser zu

$$M_{el} = 2 \cdot F \cdot \frac{d}{2} \tag{6.2}$$

berechnet. Mit Hilfe von Drehfedern mit der gemeinsamen Federkonstanten D wird ein mechanisches Gegenmoment erzeugt.

$$M_{mech} = D \cdot \alpha \tag{6.3}$$

Der Winkel α beschreibt den Drehwinkel der Spule und damit den Ausschlagwinkel des fest mit der Spule verbundenen Zeigers.

Im eingeschwungenen Zustand stellt sich ein Gleichgewicht zwischen elektrischem und mechanischem Drehmoment ein.

$$M_{mech} = M_{el} \tag{6.4}$$

6.2 Strom und Spannung

Konstruktionsbedingt stehen Strompfad $\vec{l}$ und magnetische Induktion $\vec{B}$ im linearen Bereich des Messinstruments stets senkrecht aufeinander, so dass sich der Ausschlagswinkel α aus den Beträgen der Größen berechnen lässt.

$$D \cdot \alpha = I \cdot B \cdot d \cdot l \cdot w \tag{6.5}$$

$$\alpha = \frac{1}{D} \cdot I \cdot B \cdot d \cdot l \cdot w \tag{6.6}$$

Der Ausschlagwinkel α ist somit linear abhängig vom Messstrom I. Bei geeigneter Skalierung ist ein Ablesen der Höhe des Messstromes aus der Zeigerstellung des Drehspulinstruments möglich.

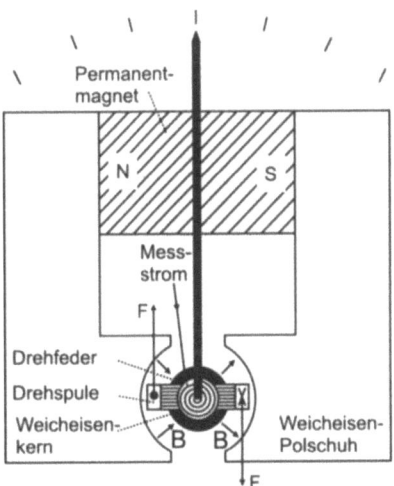

Bild 6-2 Funktionsprinzip eines linearen Drehspulinstruments

Mit dem Drehspulinstrument, bei dem der Zeigerausschlag linear dem Strom folgt, lassen sich nur stationäre Ströme, d.h. Gleichströme oder Wechselströme mit langsam veränderlichen Amplitudenwerten, messen. Mit steigender Frequenz der Wechselströme kann das Instrument aufgrund der mechanischen Trägheit den schnellen Amplitudenänderungen nicht mehr folgen. Nach Überschreiten der Eigenfrequenz des Messwerkes wird nur noch der Mittelwert des Stromes, bei sinusförmigen Wechselströmen der Wert null, angezeigt. Somit ist keine Aussage über die Höhe des Stromes möglich. In diesem Fall kann jedoch der Gleichrichtwert des Messstromes als Messgröße herangezogen werden, indem man das Messinstrument an eine Gleichrichterschaltung entsprechend Bild 6-3 anschließt. Fasst man die vier Gleichrichter als ideale Schalter auf, so fließt durch das Drehspulinstrument der Betrag $|I(t)|$ des Messstromes $I(t)$. Durch die Trägheit des Messinstruments wird eine Mittelwertbildung vorgenommen und der angezeigte Wert entspricht dem Gleichrichtwert des Messstroms. Der für viele Messaufgaben interessantere Effektivwert des Stroms kann bei bekannter Signalform durch Multiplikation des angezeigten Gleichrichtwertes mit dem sogenannten Formfaktor, einer signalformabhängigen Größe, berechnet werden. In der praktischen Anwendung wird die Multiplikation durch eine geeignete Skalierung des Messgeräts umgangen.

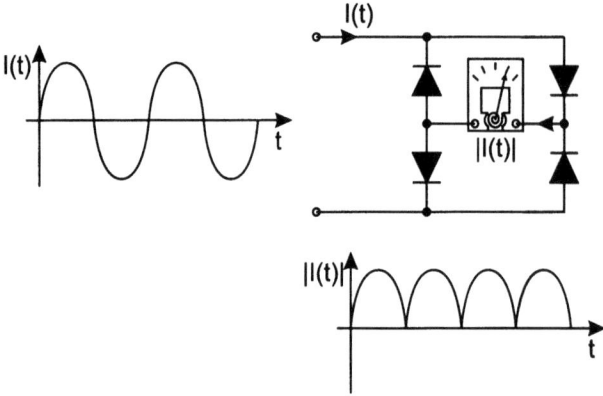

Bild 6-3 Gleichrichterschaltung (Graetzbrücke)

Die zuvor beschriebene Funktionsweise des Drehspulinstrumentes zeigt einen linearen Zusammenhang zwischen Zeigerausschlag und fließendem Strom. Um das Instrument zur Spannungsmessung einsetzen zu können, muss eine Beschaltung des Messgeräts mit einem Vorwiderstand erfolgen.

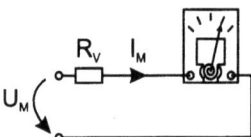

Bild 6-4 Drehspulinstrument mit Vorwiderstand

Die Messspannung U_M treibt über den Vorwiderstand R_V einen Messstrom I_M, der vom Drehspulinstrument angezeigt wird. Mit dem im ohmschen Gesetz beschriebenen Zusammenhang zwischen Strom und Spannung berechnet sich die Messspannung aus dem angezeigten Wert des Messstroms zu

$$U_M = I_M \cdot R_V . \tag{6.7}$$

Auch hier kann bei fest eingebautem Vorwiderstand eine Skalierung vorgenommen werden, die ein direktes Ablesen der Messspannung erlaubt.

Bei den bisherigen Betrachtungen wurde von einem idealen Messwerk ausgegangen, dessen eigener Widerstand, der Innenwiderstand R_i null beträgt. Reale Drehspulinstrumente besitzen einen nicht zu vernachlässigenden Innenwiderstand, der beim Einsatz der Messgeräte Berücksichtigung finden muss. Moderne, kommerzielle, insbesondere elektronische Messgeräte besitzen Innenwiderstände, die den Idealforderungen nahe kommen, aber auch hier kann dieser Widerstand, insbesondere bei Messungen kleinster Ströme und Spannungen, nicht vernachlässigt werden. Durch das Einbringen von Messgeräten in eine Schaltung werden der Schaltungsaufbau prinzipiell verändert und die Ströme und Spannungen, die in der Schaltung fließen, in

6.2 Strom und Spannung

Abhängigkeit vom Innenwiderstand der Messgeräte mehr oder weniger stark beeinflusst. Die beiden nachfolgenden Beispiele sollen dies verdeutlichen.

Beispiel 6-1 Spannungsmessung an einem Spannungsteiler

An einem Spannungsteiler, bestehend aus den Widerständen R_1 und R_2 soll die über R_2 liegende Spannung gemessen werden. Der Spannungsteiler liegt an der Versorgungsspannung U_V, das verwendete Messgerät besitzt einen Innenwiderstand R_i.

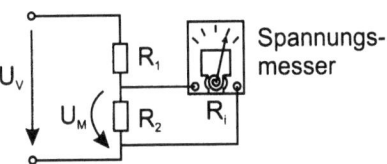

Bild 6-5 Spannungsmessung an einem Spannungsteiler

Ohne Messgerät ergibt sich nach der Spannungsteilerregel der rechnerische Wert der Spannung U_M zu

$$U_M = U_V \cdot \frac{R_2}{R_1 + R_2}. \tag{6.8}$$

Durch das Einbringen des Messinstruments ändert sich der Spannungsteiler jedoch. Er besteht nun nicht mehr nur aus den Widerständen R_1 und R_2, sondern aus R_1 und der Parallelschaltung aus R_2 und R_i. Damit ändern sich das Übersetzungsverhältnis des Teilers und die Spannung U_M.

$$U_M = U_V \cdot \frac{\frac{R_i \cdot R_2}{R_i + R_2}}{R_1 + \frac{R_i \cdot R_2}{R_i + R_2}} \tag{6.9}$$

$$U_M = U_V \cdot \frac{R_2}{R_1 + R_2 + \frac{R_1 \cdot R_2}{R_i}} \tag{6.10}$$

Für einen großen Innenwiderstand ($R_i \to \infty$) nähert sich Gleichung (6.10) der Gleichung (6.8) an, die Spannung U_M wird korrekt gemessen. Für einen sehr kleinen Innenwiderstand ($R_i \to 0$) läuft der Wert der Spannung U_M gegen Null und es wird ein beliebig großer Fehler gemacht.

Beispiel 6-2 Strommessung in einem einfachen Stromkreis

In einem einfachen Stromkreis, bestehend aus einer Versorgungsspannungsquelle mit der Spannung U_V und einem Widerstand R_1 soll der fließende Strom I_M gemessen werden. Hierzu muss der Stromkreis aufgetrennt werden und das Messgerät mit dem Innenwiderstand Ri eingeschleift werden.

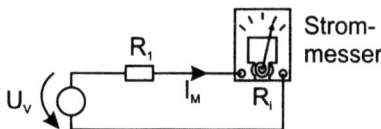

Bild 6-6 Strommessung in einem einfachen Stromkreis

Ohne Messgerät ergibt sich nach dem ohmschen Gesetz der fließende Strom I_M zu

$$I_M = \frac{U_V}{R_1}. \tag{6.11}$$

Durch Einschleifen des Messgeräts ändert sich der Widerstand der Schleife zu $R_1 + R_i$, wodurch sich der fließende Strom ändert.

$$I_M = \frac{U_V}{R_1 + R_i} \tag{6.12}$$

Für einen sehr kleinen Innenwiderstand ($R_i \to 0$) nähert sich Gleichung (6.12) der Gleichung (6.11) an, und der Strom I_M wird korrekt gemessen. Für einen großen Innenwiderstand ($R_i \to \infty$) läuft der Wert des Stroms I_M gegen null; es wird ein beliebig großer Fehler gemacht.

□

Allgemein lässt sich festhalten, dass der Innenwiderstand des verwendeten Messgeräts bei Spannungsmessungen möglichst groß, bei Strommessungen möglichst klein sein soll. Der gemachte Messfehler ist generell abhängig vom Verhältnis der Widerstände der zu untersuchenden Schaltung zum Innenwiderstand des verwendeten Messgeräts.

Fehlerfreie Messungen setzen daher eine ausreichende Kenntnis der zu untersuchenden Schaltung und der verwendeten Messgeräte voraus. In diesem Zusammenhang stehen heute eine Vielzahl von Messgeräten für unterschiedliche Messaufgaben zur Verfügung.

Im nachfolgenden Abschnitt wird eine Übersicht über die gebräuchlichsten Messgeräte zur Strom- und Spannungsmessung sowie deren Leistungsmerkmale und Einsatzbereiche, insbesondere im Hinblick auf deren Verwendung im EMVU-Bereich, geliefert.

6.2.2 Messgeräte

Im Rahmen von EMVU-Untersuchungen ist es häufig notwendig, vor Ort Messungen von Strömen und Spannungen zur Identifizierung von Feldquellen, insbesondere im Bereich der Energieversorgung, vorzunehmen. Der vorliegende Abschnitt gibt eine prinzipielle Übersicht über die gebräuchlichsten Gerätetypen für den mobilen Einsatz.

6.2 Strom und Spannung

Tabelle 6.1 Übersicht Messgeräte

Messgeräte	Leistungsmerkmale	Einsatzbereich in der EMVU-Messtechnik
Analoge Multimeter	– Messung stationärer oder quasi-stationärer Signale – analoge Messwertanzeige – verschiedene Messgrößen Strom, Spannung, Widerstand	– einfache Messungen von Strömen und Spannungen in Energieversorgungsnetzen – Überwachung langsam veränderlicher Größen
Digitale Multimeter	– Messung stationärer oder quasi-stationärer Signale – digitale Messwertanzeige – verschiedene Messgrößen Strom, Spannung, Widerstand, Frequenz u.a. – automatische Messbereichswahl	– einfache Messungen von Strömen und Spannungen in Energieversorgungsnetzen – nur Messung statischer und quasistatischer Größen
Zangenamperemeter	– Strommessung ohne Eingriff in den Stromkreis durch Umschließen des Leiters mit Messzange – Messung stationärer oder quasi-stationärer Ströme – digitale Messwertanzeige – automatische Bereichswahl	– Strommessung ohne Unterbrechung des Stromkreises, besonders geeignet für Messungen in nicht abschaltbaren Energieversorgungsanlagen
Oszilloskope	– Spannungsmessungen – grafische Darstellung des zeitlichen Verlaufs auch schnell veränderlicher Signale – Aufnahme impulsförmiger Spannungen	– Messungen des zeitlichen Verlaufs von Spannungen in Energieversorgungsnetzen – Ermittlung von impulsförmigen Spannungssignalen
Spektrumanalysatoren	– Spannungsmessungen – grafische Darstellung der spektralen Zusammensetzung periodischer Wechselsignale	– frequenzselektive Messung von Feldstärkewerten unter Zuhilfenahme von Antennen
Messempfänger	– frequenzselektive Spannungsmessung – digitale und analoge Darstellung der Messwerte	– frequenzselektive Messung von Feldstärkewerten unter Zuhilfenahme von Antennen

Multimeter oder auch Vielfachmessgeräte sind handliche, einfach zu bedienende Messgeräte, die speziell für den mobilen Einsatz entwickelt wurden. Sie ermöglichen die Messung verschiedener elektrischer Größen mit einem Gerät.

Analoge Multimeter besitzen als Anzeigeeinheit ein Drehspul- oder Dreheisenmesswerk, das den Messwert als Zeigerausschlag über einer Skala darstellt. Bei den gebräuchlichsten Geräten dieser Art kann zwischen Strom- und Spannungsmessung mit einer Unterscheidung zwischen Gleich- und Wechselsignalen oder Widerstandsmessung gewählt werden. Bei Wechselsignalen wird als Messwert der Effektivwert der Messgröße dargestellt. Zur Erhöhung der Anzeigeauflösung wird eine Messbereichsaufteilung vorgenommen, d. h. in Abhängigkeit von der Höhe der erwarteten Messgröße ist vom Anwender eine Messbereichswahl zu treffen, um für den jeweiligen Bereich eine maximale Ausnutzung der Anzeigeskala zu erhalten. Analoge Multimeter eignen sich besonders zum Überwachen zeitlich veränderlicher Messgrößen. Der Anwender kann aus den Zeigerbewegungen direkt Tendenzen der Änderung erkennen.

Digitale Multimeter stellen den Messwert als Zahlenwert dar. Gegenüber den analogen Geräten sind sie in der Regel für die Messung weiterer Größen geeignet. Zusätzlich zur Messung von Strömen, Spannungen und Widerständen bieten sie häufig die Möglichkeit zur Messung der Frequenz eines anliegenden Messsignals, erlauben die Messung von Kapazitätswerten oder - in Verbindung mit geeigneten Sensoren - die Aufnahme von Temperaturen. Die Messbereichswahl erfolgt automatisch und bei Wechselsignalen wird deren Effektivwert dargestellt. Tendenzen zeitlicher Änderungen der Messsignale sind für den Anwender aufgrund der digitalen Darstellung der Messwerte nur schwer zu erkennen.

Zangenamperemeter ermöglichen die Messung von Strömen in Einzelleitern ohne Eingriff in den Stromkreis. Der Stromkreis muss nicht unterbrochen werden, wodurch diese Geräte besonders für Messungen in Anlagen, die sich im Betrieb befinden, geeignet sind. Die Messung erfolgt über die von den Strömen erzeugten Magnetfelder, wozu die Zange um den zu messenden Leiter gelegt wird. Die Messwerte der Ströme, bei Wechselströmen auch hier Effektivwerte, werden digital dargestellt.

Bei der Messung von Wechselsignalen ist bei allen oben beschriebenen Geräten darauf zu achten, dass die Geräte eine echte Effektivwertbildung durchführen, oder dass der Effektivwert mit Hilfe eines Formfaktors aus dem Gleichrichtwert berechnet wird. Der Formfaktor ist eine signalformabhängige Größe, so dass die Berechnung lediglich für eine Signalform, im Allgemeinen die reine Sinusform, exakt durchgeführt wird. Bei Abweichungen von der Sinusform, z. B. bei stark oberwellenbehafteten Strömen, werden beliebig große Fehler gemacht. Geräte, die eine echte Effektivwertbildung vornehmen, sind häufig durch die Aufschrift „True RMS" gekennzeichnet.

Oszilloskope sind Spannungsmessgeräte, die den zeitlichen Verlauf einer Spannung darstellen können. Das Elektronenstrahl-Oszilloskop besteht im Wesentlichen aus der Elektronenstrahlröhre, Verstärkern für die Eingangssignale, einer Zeitablenkung und einer Triggereinrichtung. Beim Elektronenstrahl-Oszilloskop erfolgt die Darstellung des Signals mit Hilfe einer Elektronenstrahlröhre über einen Strom von Elektronen, die beim Auftreffen auf den Bildschirm ein Leuchten verursachen. Die Ablenkung des Elektronenstrahls erfolgt fast trägheitslos, so dass schnell ablaufende Vorgänge darstellbar sind. Auf einem Bildschirm werden die Momentanwerte einer veränderlichen Messspannung über einer Zeitachse dargestellt. Mit Hilfe von Oszilloskopen, die eine Speicherfunktion besitzen, d. h. einen zeitlichen Ausschnitt aus einem Spannungssignal dauerhaft auf dem Bildschirm darstellen können, ist es möglich, auch kurze, impulsförmige Spannungen zu messen. Oszilloskope besitzen einen eingeschränkten Eingangsspannungsbereich. Eine Anpassung an die zu messenden Spannungen erfolgt über sogenannte Tastköpfe, die die Messspannung in geeigneter Weise herunterteilen.

Spektrumanalysatoren führen eine spektrale Auflösung eines periodischen Spannungssignals durch. Die einzelnen - in einem periodischen Signal enthaltenen - Frequenzanteile werden mit der jeweiligen Amplitude über der Frequenzachse auf einem Bildschirm dargestellt, nicht aber der zeitliche Verlauf der Größe. Mit Hilfe eines Spektrumanalysators lässt sich z. B. der Oberwellengehalt einer Netzspannung feststellen. Der Haupteinsatzbereich der Spektrumanalysatoren in der EMVU-Messtechnik liegt in der frequenzselektiven Bestimmung der elektromagnetischen Felder, die in Abschnitt 6.7 näher erläutert wird.

Messempfänger sind Messgeräte zur frequenzselektiven Messung kleinster Spannungen. Durch entsprechend einstellbare Filterschaltungen am Geräteeingang werden aus einem periodischen Spannungssignal nur die gewünschten Frequenzanteile herausgefiltert und der Effektivwert dieser Signalanteile digital und analog dargestellt. Typischer Einsatz dieser Geräte ist - in Verbindung mit Antennen - die Messung elektromagnetischer Felder. Die elektromagnetischen Felder werden von den Antennen aufgenommen und in Spannungen umgewandelt, die am Antennenausgang von einem Messempfänger gemessen werden.

Alle Messgeräte weisen ein Tiefpassverhalten mit einer gerätespezifischen Grenzfrequenz auf. Das bedeutet, dass schnell veränderliche Signale mit einer Frequenz, die oberhalb der Grenzfrequenz der Messgeräte liegt, nicht oder nur noch stark verfälscht aufgenommen werden können.

6.3 Statische elektrische Felder

6.3.1 Messtechnik

Die elektrische Feldstärke wird grundsätzlich über indirekte Messverfahren bestimmt. Dabei lassen sich verschiedene physikalische Effekte ausnutzen, z. B. die Kraftwirkung des elektrischen Feldes auf elektrisch geladene Körper oder die Influenzwirkung des elektrischen Feldes.

Bekanntestes Messgerät, bei dem die Kraftwirkung im elektrischen Feld ausgenutzt wird, ist die Messanordnung nach Starke-Schröder (1928).

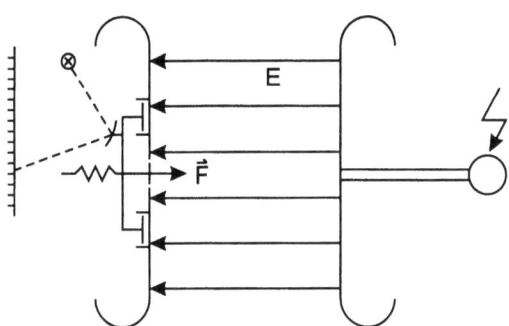

Bild 6-7 Messaufbau nach Starke-Schröder

Zwischen zwei kreisförmigen, sprühfreien Plattenelektroden entsprechend Bild 6-7 besteht in der Plattenmitte ein weitgehend homogenes, elektrisches Feld. In der Mitte der geerdeten Platte befindet sich eine kreisförmige Öffnung, in der eine Kreisscheibe der Fläche A beweglich gelagert ist. Durch Anlegen einer Spannung an die zweite Plattenelektrode bildet sich ein elektrisches Feld aus, das eine Auslenkkraft auf die bewegliche Kreisscheibe in Richtung der zweiten Platte ausübt. Diese Kraft im homogenen Feld eines Plattenkondensators ergibt sich zu

$$F = \frac{1}{2}\varepsilon_0 \cdot U^2 \cdot \frac{A}{d^2} \qquad (6.13)$$

bzw.

$$F = \frac{1}{2}\varepsilon_0 \cdot E^2 \cdot A \qquad (6.14)$$

mit A als wirksamer Plattenfläche und d als Plattenabstand. Eine Rückstellfeder bewirkt eine mechanische Gegenkraft zur Auslenkkraft. Die Federkonstante ist so dimensioniert, dass im eingeschwungenen Zustand nur sehr kleine Auslenkungen der beweglichen Kreisscheibe auftreten, um die Feldhomogenität nicht unzulässig zu beeinflussen. Die Auslenkung der Scheibe muss daher über einen Lichtzeiger, der durch einen an der Kreisscheibe befestigten Spiegel abgelenkt wird, dargestellt werden.

Die Influenzwirkung des elektrischen Feldes kann durch folgenden Versuch veranschaulicht werden. Bringt man einen aus zwei metallischen Platten bestehenden Probekörper entsprechend Bild 6-8 in ein elektrisches Feld und nimmt dann beide Platten getrennt aus dem Feldraum heraus, so tragen beide Platten eine betragsmäßig gleiche elektrische Ladung entgegengesetzter Polarität; in den Platten sind Ladungen influenziert worden.

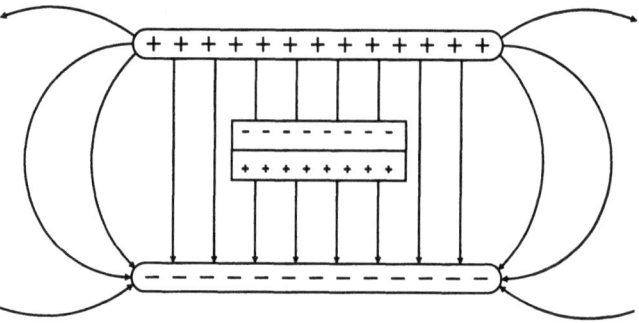

Bild 6-8 Influenzwirkung im elektrischen Feld einer Plattenkondensatoranordnung

Die in Abschnitt 2.2 beschriebene Kraftwirkung des elektrischen Feldes auf geladene Körper hat eine Verschiebung der Elektronen in den zunächst elektrisch kontaktierten Platten von unten nach oben bewirkt, so dass in der oberen Platte ein Elektronenüberschuss und in der unteren Platte ein Elektronenmangel entstand. Durch die Verschiebung der Elektronen entsteht ein Stromfluss zwischen den beiden Platten. Bei elektrischen Wechselfeldern kommt es zu einer ständigen Polarisationsänderung und damit verbunden zu einem kontinuierlichen Wechselstrom, der bei geeigneter Anordnung des Probekörpers im Feldraum messtechnisch erfasst und zur Bestimmung der elektrischen Feldstärke herangezogen werden kann. Bei elektrischen Gleichfeldern stellt sich jedoch sofort ein Gleichgewichtszustand ein. Zur Erzeugung eines kontinuierlichen Stromflusses, der eine messtechnische Auswertung erlaubt, müssen zusätzliche Maßnahmen ergriffen werden.

Klassische Vertreter, die dieses Messprinzip zur Erfassung von elektrischen Gleichfeldern ausnutzen, sind die rotierenden Feldstärkemessgeräte, die sogenannten Feldmühlen.

6.3 Statische elektrische Felder

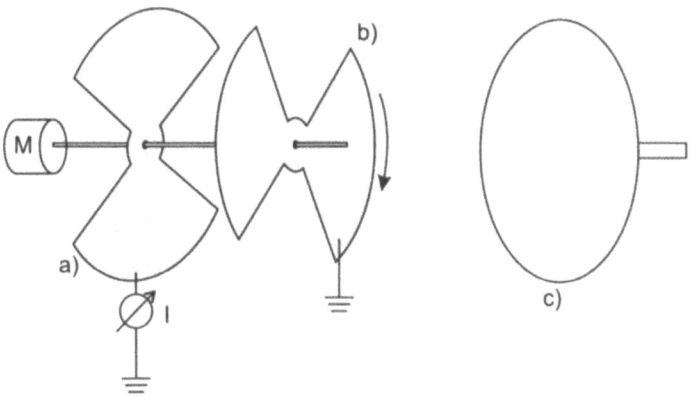

Bild 6-9 Prinzipieller Aufbau eines rotierenden Voltmeters
    a) feststehende, geerdete Platte
    b) rotierende, geerdete Platte
    c) Hochspannungselektrode

Eine geerdete Messelektrode wird im elektrischen Feld platziert, was zu einer Influenzierung von Ladungen auf der Elektrodenfläche führt. Wird diese Messelektrode durch eine weitere, ebenfalls geerdete, rotierende Elektrode periodisch abgedeckt und wieder freigegeben, so kommt es zu einer ständigen Änderung der influenzierten Ladung auf der Messelektrode und damit zu einem Stromfluss in der Erdverbindung. Dieser Verschiebungsstrom ist ein Maß für die elektrische Feldstärke und kann mittels üblicher Amperemeter gemessen werden.

6.3.2 Messgeräte

Am weitesten verbreitet sind heutzutage die elektrostatischen Messgeräte mit kapazitiven Spannungsteilern, die ebenfalls die Influenzwirkung des elektrischen Feldes ausnutzen.

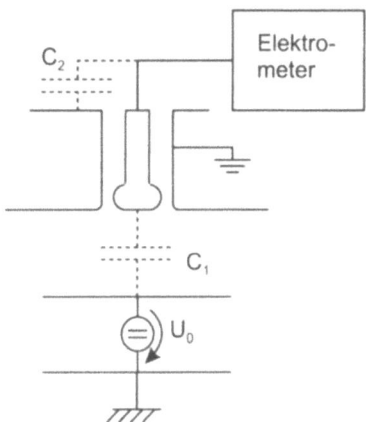

Bild 6-10 Elektrostatisches Messgerät mit kapazitivem Spannungsteiler

Eine Messelektrode, die sich in einer geerdeten Abschirmelektrode befindet, wird mit einem extrem hochohmigen Voltmeter, einem sogenannten Elektrometer, verbunden und im Feldraum platziert. Die Forderung nach einem extrem hohen Eingangswiderstand des Voltmeters ist notwendig, um Ladungsneutralisationen durch das Messgerät zu verhindern.

Die von einer geladenen Fläche – in Bild 6-10 durch die Spannungsquelle U_0 modelliert – ausgehenden Feldlinien influenzieren Ladungen in der Messelektrode und bewirken eine Ladungsverschiebung in der Messelektrodenanordnung. Die Kapazitäten, die die Messelektrode zur geladenen Oberfläche (C_1) und zur geerdeten Abschirmung (C_2) besitzt, bewirken eine Spannungsteilung der Spannung U_0 entsprechend dem Ersatzschaltbild (Bild 6-11).

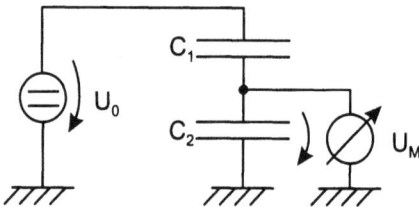

Bild 6-11 Ersatzschaltbild eines elektrostatischen Messgeräts mit kapazitivem Spannungsteiler

Die Spannung U_0 wird am kapazitiven Spannungsteiler C_1/C_2 auf die gemessene Spannung U_M heruntergeteilt. Aus dieser Spannung lässt sich die elektrische Feldstärke unter Berücksichtigung der geometrischen Abmessungen bestimmen.

6.4 Statische magnetische Felder

6.4.1 Messtechnik

Elektrische, magnetische und elektromagnetische Felder werden nicht direkt gemessen, sondern über physikalische Effekte messtechnisch erfasst.

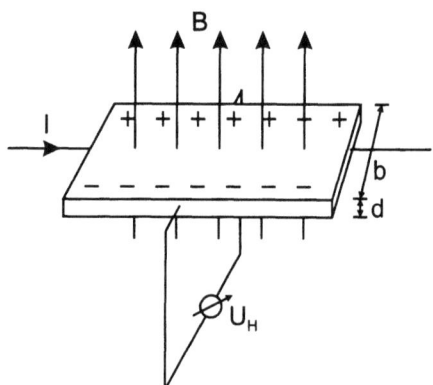

Bild 6-12 Halleffekt

6.4 Statische magnetische Felder

Bei der Messung statischer magnetischer Felder nutzt man beim sogenannten Halleffekt die Kraftwirkung magnetischer Felder auf bewegte Ladungen in dünnen Leiterstreifen aus.

In einem langgestreckten, stromdurchflossenen Leiterstreifen der Breite b und Dicke d entsteht, wenn er entsprechend Bild 6-12 senkrecht von einem Magnetfeld der magnetischen Induktion B durchsetzt wird, zwischen den Längsseiten eine messbare Spannung U_H, die sogenannte Hallspannung.

Bei Elektronenleitung entspricht dem elektrischen Strom I ein Fluss der Leitungselektronen entgegengesetzt der eingezeichneten technischen Stromrichtung. Das einwirkende Magnetfeld B übt auf ein bewegtes Elektron eine Kraftwirkung F aus.

$$\vec{F} = Q \cdot (\vec{v} \times \vec{B}) \tag{6.15}$$

Dabei sind Q die Ladung des Ladungsträgers, in diesem Falle die negative Elektronenladung, $\vec{v}$ der Geschwindigkeitsvektor des Elektrons und $\vec{B}$ der Vektor der magnetischen Induktion.

Stehen $\vec{v}$ und $\vec{B}$ senkrecht aufeinander, so berechnet sich der Betrag der Kraft aus dem Produkt der Beträge von Q, v und B und die Richtung der Kraft unter Berücksichtigung der Polarität der Ladungsträger aus der Rechten-Hand-Regel. Für das Beispiel aus Bild 6-12 ergibt sich damit eine Ablenkung der Elektronen zur Vorderseite des Leiterstreifens hin. Durch diese Ablenkung der Elektronen lädt sich die Vorderkante des Leiterstreifens negativ, die hintere Kante positiv auf. Aufgrund der Ladungstrennung baut sich ein elektrisches Feld auf, das ebenfalls eine Kraft auf die bewegten Elektronen ausübt. Diese Kraft wirkt der ablenkenden Wirkung des magnetischen Feldes entgegen. Die Aufladung der Längskanten des Leiterstreifens währt so lange fort, bis die elektrische Gegenkraft den gleichen Wert besitzt wie die magnetische Ablenkkraft. Nach Erreichen dieses Gleichgewichtszustands verlaufen die Leitungselektronen wieder auf geradlinigen Bahnen durch den Leiterstreifen. Die elektrische Feldstärke, die im Gleichgewichtszustand zwischen den Längskanten herrscht, wird als Hallfeldstärke bezeichnet und bestimmt die Hallspannung U_H. Der Betrag der Hallspannung ist proportional dem Strom I, dem Betrag der den Leitersteifen senkrecht durchsetzenden magnetischen Induktion B und umgekehrt proportional zur Dicke des Steifens.

$$U_H = \frac{R_H}{d} I \cdot B \tag{6.16}$$

Der Proportionalitätsfaktor R_H, die Hallkonstante, beschreibt die Materialeigenschaften des verwendeten Leitermaterials. Um hohe Hallspannungen erreichen können, muss die Hallkonstante des verwendeten Materials so groß wie möglich sein. Die Hallkonstante ist bei reiner Elektronenleitfähigkeit lediglich vom Kehrwert der Konzentration der Leitungselektronen abhängig. Zum Erreichen hoher Hallkonstanten müssen die Materialien somit eine niedrige Leitungselektronenkonzentration aufweisen. Um die Hallspannung weitestgehend beeinflussungsfrei messen zu können, muss das Hallelement einen relativ geringen Innenwiderstand, d. h. eine hohe Leitfähigkeit besitzen. Die elektrische Leitfähigkeit eines Materials ist proportional zur Leitungselektronenkonzentration und der Driftgeschwindigkeit der Elektronen. In Verbindung mit einer niedrigen Leitungselektronenkonzentration lässt sich eine hohe Leitfähigkeit nur über sehr hohe Driftgeschwindigkeiten erreichen. Als geeignete Materialien für Hallelemente haben sich daher insbesondere Halbleitermaterialien erwiesen, die bei niedriger Leitungselektronenkonzentration Driftgeschwindigkeit von einigen 100 m/s erreichen. Bei Metallen hingegen liegt die maximale Driftgeschwindigkeit der Elektronen nur bei wenigen mm/s.

Entsprechend Gleichung (6.16) können Hallelemente zur Bestimmung der magnetischen Induktion durch Messung der Hallspannung herangezogen werden. Bei industriell - in der Regel aus Silizium - gefertigten Hallsonden müssen jedoch einige Nachteile berücksichtigt werden.

- In Gleichung (6.16) wird von einem unendlich langen Element ausgegangen. Bei endlichem Verhältnis von Länge zu Breite muss die Gleichung um einen Geometriefaktor $G_H(l/b,B)$ erweitert werden.

$$U_H = \frac{R_H}{d} I \cdot B \cdot G_H(l/b,B) \qquad (6.17)$$

Dieser Geometriefaktor, der für einen unendlich langen Leiterstreifen gegen eins läuft, ist nicht nur von dem festen Länge-zu-Breite-Verhältnis, sondern auch von der aktuellen magnetischen Induktion B abhängig.

- Produktionsbedingt liegen sich die Queranschlüsse der Sonde nie exakt gegenüber. Durch diesen Versatz verursacht der Sensorstrom auch ohne anliegendes magnetisches Feld einen ohmschen Spannungsabfall zwischen den Messanschlüssen. Diese Offsetspannung, auch als ohmsche Nullspannung bezeichnet, muss vom auswertenden Messgerät in geeigneter Weise korrigiert werden.

- Auch bei geeigneten Sensormaterialien ist das abgegebene Messsignal sehr klein, in der Praxis sind einige mV/Tesla erreichbar. Um es auf ein sinnvoll weiterverarbeitbares Niveau zu bringen, sind geeignete Verstärkungsmaßnahmen notwendig.

- Die Hallspannung ist stark temperaturabhängig. Die Temperatur des Hallelements muss deshalb immer mit erfasst und der Messwert entsprechend korrigiert werden.

Die Bestimmung der magnetischen Induktion mit Hilfe von Hallsonden ist trotz der beschriebenen Nachteile das verbreitetste Verfahren zur Messung von magnetischen Gleichfeldern. Je nach Anforderungen an die Messgenauigkeit und den Einsatzbereich gleichen die Messgeräte die beschriebenen Nachteile aus.

6.4.2 Messgeräte

Kommerzielle Messgeräte zum Messen magnetischer Gleichfelder werden als Tesla- oder Gaussmeter bezeichnet.

Präzisionsgeräte arbeiten dabei in aller Regel anisotrop, d. h. sie besitzen lediglich eine eindimensionale Hallsonde und können immer nur eine Komponente des Feldes erfassen.

Das eigentliche aktive Element ist in der Regel zu empfindlich, um direkt eingesetzt werden zu können, so dass das Element auf einem Träger mit Schutzhülle montiert wird. Je nach Montageart unterscheidet man transversale und axiale Sonden, die für unterschiedliche Messaufgaben eingesetzt werden.

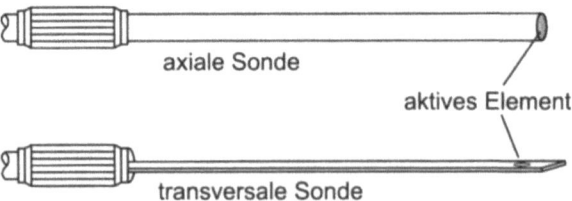

Bild 6-13 Sondenaufbau

6.4 Statische magnetische Felder

Bei axialen Sonden befindet sich das aktive Element, dessen aktive Fläche allgemein als die maximale kreisförmige Fläche innerhalb des Halbleitermaterials definiert wird, auf der Stirnseite eines Trägerrohres. Diese Sonden werden beispielsweise zum Messen des magnetischen Feldes innerhalb von Zylinderspulen eingesetzt. Bei transversalen Sonden ist das aktive Element am Ende eines streifenförmigen Trägers montiert. Diese Sonde dient vor allem zur Messung des magnetischen Feldes in Luftspalten, z. B. zwischen den Magnetpolen von elektrischen Motoren.

Hochwertige Messgeräte erlauben eine Korrektur der physikalischen Unzulänglichkeiten der Hallelemente. Durch leistungsfähige Verstärkerschaltungen ist es möglich, trotz der geringen Empfindlichkeit der Sensoren magnetische Flussdichtewerte ab 0,1 µT bis mehrere Tesla zu messen. Mit einer sogenannten Null-Gauss-Kammer, in der äußere Magnetfelder vollständig abgeschirmt werden, lassen sich produktionstechnisch bedingte Offset-Spannungen abgleichen. Der Einfluss des Geometriefaktors wird softwaremäßig ausgeglichen; zur Korrektur des Temperatureinflusses stehen temperaturkompensierte Sonden zur Verfügung.

Als nachteilig für den Einsatz im EMVU-Bereich wird jedoch die Anisotropie der Messeinrichtung empfunden. Soll die maximale Amplitude eines magnetischen Gleichfeldes unbekannter Richtung im Raum gemessen werden, so muss die Sonde während der Messung dreidimensional bewegt werden, bis der angezeigte Messwert einen Maximalwert annimmt. Diese Prozedur ist sehr aufwendig und bei der Messung langsam veränderlicher magnetischer Felder unpraktikabel, da sich die Amplitude des Feldes während des Ausrichtens der Sonde ändert.

Im Bereich der EMVU-Messtechnik sind daher isotrop messende Tesla- oder Gaussmeter für den Feldeinsatz besser geeignet. Es handelt sich dabei um robuste, einfach zu bedienende Messgeräte mit einer dreidimensionalen Sonde.

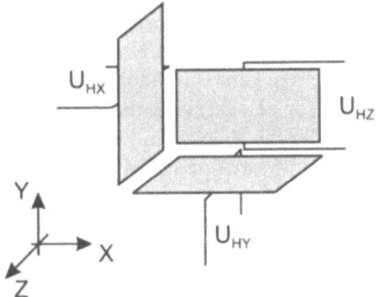

Bild 6-14 Dreidimensionale Hallsonde

Die Sonde arbeitet mit drei Einzelsensoren. Alle drei Kanäle werden separat herausgeführt und in einem Grundgerät durch vektorielle Addition ausgewertet. Durch Kalibrierung der Sonden mit definierten Gleichfeldern werden die physikalischen Unzulänglichkeiten der Sonden ausgeglichen. Die Genauigkeit der Messung hängt zusätzlich noch von der Exaktheit des mechanischen Aufbaus der Sonden ab. Stehen die drei Einzelsonden nicht absolut senkrecht aufeinander, so kommt es zu einem sogenannten Isotropiefehler, bei dem Feldkomponenten, die nicht senkrecht aufeinander stehen, jedoch als orthogonal addiert werden.

Isotrop arbeitende Messgeräte erlauben dem Messenden - unabhängig von der Lage der Sonde im Feld - die Aufnahme der korrekten Feldwerte.

Die Messgeräte sind speziell für die Messung magnetischer Gleichfelder, wie sie z. B. in der Kernspintomographie, in der Metallproduktion oder im Schienenverkehr vorkommen, ausgelegt. Sie besitzen gegenüber den Präzisionsgeräten in der Regel einen eingeschränkteren Messbereich, sind jedoch auf nationale und internationale Standards rückführbar kalibrierbar.

6.5 Niederfrequente Wechselfelder

Im Bereich niederfrequenter Felder sind wie im Falle der Gleichfelder elektrisches und magnetisches Feld nicht definiert über den Wellenwiderstand des freien Raumes miteinander verkoppelt. Jede Feldkomponente muss getrennt erfasst und ausgewertet werden, was unterschiedliche Messverfahren und somit auch Messgeräte erforderlich macht.

6.5.1 Messtechnik

6.5.1.1 Messung niederfrequenter elektrischer Felder

Elektrische Felder können unter Ausnutzung verschiedener physikalischer Wirkungen bestimmt werden.

Klassische Messverfahren beruhen auf der unter Abschnitt 2.2 beschriebenen Kraftwirkung des elektrischen Feldes auf geladene Körper. Mit diesem Verfahren werden vor allem die von Oberflächenladungen verursachten elektrischen Felder, weniger jedoch elektrische Wechselfelder bestimmt.

Andere Messverfahren beruhen auf der Änderung physikalischer Materialeigenschaften, verursacht durch vorhandene elektrische Felder. Bei elektrooptischen Sensoren wird beispielsweise der Brechungsindex von Gasen, Flüssigkeiten und Kristallen derart verändert, dass daraus die elektrische Feldstärke bestimmt werden kann. Grundprinzip dieser Verfahren ist, dass ein polarisierter Lichtstrahl durch den Sensor geleitet wird, der durch die Änderung des Brechungsindex eine Modulation erfährt, aus der die Feldstärke bestimmt wird. Lichtquelle und optischer Detektor zur Auswertung der Messinformation befinden sich auf Erdpotential. Lediglich das optisch aktive Element, durch welches das Licht über nichtmetallische Lichtleiter geführt wird, befindet sich am Messort. Der Vorteil dieses Messverfahrens besteht in der Vermeidung elektrisch leitfähiger Teile am Messort, die zu einer unerwünschten Feldverzerrung und damit zu einer fehlerbehafteten Messung führen würden. Nachteilig sind jedoch die geringe Richtungsselektivität der Sensoren, d. h. die Richtung des zu messenden Feldvektors sollte vorher bekannt sein, die schwierige Handhabung und der in der Regel stark begrenzte Dynamikbereich. Aufgrund der geringen Empfindlichkeit der optoelektrischen Sensoren können geringe Feldstärken von einigen V/m nicht gemessen werden.

Am weitesten verbreitet sind im Bereich der EMVU-Messtechnik Messeinrichtungen mit Sensoren, die die Influenzwirkung ausnutzen.

Zur Messung der elektrischen Feldstärke an einem beliebigen Punkt im Raum wird entsprechend Bild 6-15 eine Plattenkondensatoranordnung in den Feldraum eingebracht.

6.5 Niederfrequente Wechselfelder

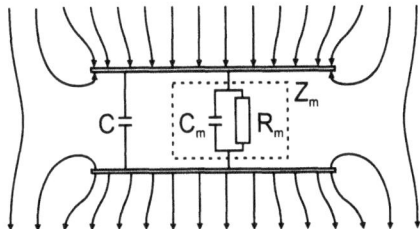

Bild 6-15 Kapazitiver Sensor im elektrischen Feld

Dieser kapazitive Sensor besteht aus einer Messelektrode, die über eine Messimpedanz $\underline{Z}_M$ mit einer Bezugselektrode verbunden ist. Die parallele Kapazität C stellt die Kapazität der Plattenanordnung dar und kann mittels eines Kapazitätsmessgerätes experimentell bestimmt werden.

Das wechselnde elektrische Feld influenziert in den Elektrodenflächen wechselnde Ladungen, was zu einem Stromfluss über die Parallelschaltung aus der Kapazität C der Plattenanordnung und der Messimpedanz $\underline{Z}_M$ führt. Dieser Verschiebungsstrom kann durch die Integration der elektrischen Feldstärke über eine Elektrodenoberfläche berechnet werden.

$$\underline{I} = j\omega\varepsilon \int_A \vec{\underline{E}} \, d\vec{A} \tag{6.18}$$

Die Sensoranordnung kann somit durch eine frequenzabhängige Stromquelle und die Parallelschaltung von C und $\underline{Z}_M$ dargestellt werden.

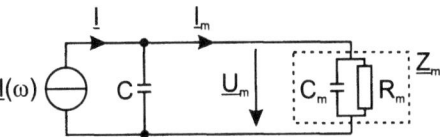

Bild 6-16 Ersatzschaltbild des kapazitiven Sensors

Die Spannung $\underline{U}_M$, die zwischen den Sensorplatten auftritt und über $\underline{Z}_M$ gemessen wird, berechnet sich zu

$$\underline{U}_M = \underline{I}_M \cdot \underline{Z}_M = \underline{I} \cdot \underline{Z}_{ges} = \frac{j\omega\varepsilon \int_A \vec{\underline{E}} \, d\vec{A}}{\frac{1}{R_M} + j\omega(C + C_M)}. \tag{6.19}$$

Das System stellt somit einen Hochpass erster Ordnung dar, seine Grenzfrequenz beträgt

$$f_g = \frac{1}{2\pi R_M (C + C_M)}. \tag{6.20}$$

Bei Frequenzen deutlich oberhalb der Grenzfrequenz kann der Eingangsleitwert der Anordnung gegenüber dem Blindleitwert vernachlässigt werden.

$$\frac{1}{R_M} \ll \omega(C + C_M) \tag{6.21}$$

Somit vereinfacht sich Gleichung (6.19) zu

$$\underline{U}_M = \frac{\varepsilon \int_A \underline{\vec{E}} d\vec{A}}{C + C_M} \tag{6.22}$$

und es wird ersichtlich, dass bei hohen Frequenzen eine frequenzunabhängige Messung erfolgt.

Es ist jedoch zu beachten, dass nur so lange die Abmessungen der Anordnung sehr viel kleiner als die Wellenlänge des zu untersuchenden Signals sind, die Anordnung als kapazitiver Dipol betrachtet werden kann und obige Berechnungen gelten. Bei zu hohen Frequenzen kann das Feld im Bereich des Sensors nicht mehr als quasistatisch betrachtet werden. Je nach Orientierung im Feld ergeben sich andere Stromverteilungen auf den Sensoroberflächen und somit auch unterschiedliche Messwerte. Bahmeier hat gezeigt, dass die beschriebenen Sonden bis etwa in den Bereich von 180 MHz eingesetzt werden können.

Ein prinzipieller Nachteil dieser Sensoren besteht darin, dass stets nur eine Komponente des im allgemeinen beliebig orientierten Feldvektors erfasst werden kann. Zur Ermittlung der maximalen Feldstärke muss die Messelektrodenfläche auf einer Äquipotentialfläche des elektrischen Feldes platziert werden. Im praktischen Messeinsatz führt das zu einem erhöhten messtechnischen Aufwand. Der Messende muss durch geschicktes Drehen der Sondenanordnung an jedem einzelnen Messpunkt versuchen, die optimale Ausrichtung zu finden, um den Maximalwert der Feldstärke bestimmen zu können. Mit Hilfe einer Anordnung von drei Einzelsonden, die exakt orthogonal zueinander ausgerichtet sind, kann dieser Nachteil behoben werden.

Bei quadratischen Sensorplatten entsteht auf diese Weise ein würfelförmiger Sensor mit flächigen Elektroden, der in der Lage ist, das elektrische Feld unabhängig von dessen Einfallswinkel zu erfassen. Dabei wird das Feld in seine drei orthogonalen Feldkomponenten zerlegt.

6.5.1.2 Messung niederfrequenter magnetischer Felder

Entsprechend der Messung niederfrequenter elektrischer Wechselfelder können auch bei der Messung niederfrequenter magnetischer Felder verschiedene physikalische Effekte ausgenutzt werden.

Gängige Messsysteme basieren auf dem Induktionseffekt. In einer Leiterschleife, die von einem sich ändernden magnetischen Fluss Φ durchsetzt wird, wird entlang des Leiters eine elektrische Spannung U_{ind} induziert, deren Größe von der Intensität, der Richtung und der Art der Änderung des Feldes sowie von der Größe der Schleifenfläche abhängt. Dabei ist es unerheblich, ob die Änderung des magnetischen Flusses aufgrund einer zeitlichen Änderung des Magnetfeldes oder einer mechanischen Bewegung der Leiterschleife, z. B. durch Rotation, erfolgt.

6.5 Niederfrequente Wechselfelder

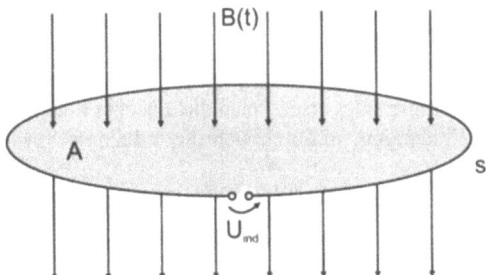

Bild 6-17 Leiterschleife im magnetischen Feld

Den mathematischen Zusammenhang beschreibt das Induktionsgesetz.

$$\oint_s \vec{E}d\vec{s} = -\iint_A \frac{d\vec{B}}{dt} d\vec{A} \tag{6.23}$$

Die magnetische Induktion $\vec{B}$ und auch die Fläche $\vec{A}$ besitzen Richtungscharakter, so dass beide durch einen Vektor beschrieben werden müssen. Das skalare Vektorprodukt aus Induktions- und Flächenvektor ergibt den die Leiterschleife durchsetzenden magnetischen Fluss Φ,

$$\Phi = \vec{B} \cdot \vec{A} \tag{6.24}$$

wenn davon ausgegangen wird, dass die magnetische Induktion über der gesamten Schleifenfläche räumlich konstant ist. Steht der Richtungsvektor der magnetischen Induktion senkrecht auf der Schleifenfläche, d. h. der Winkel α zwischen Induktions- und Flächenvektor beträgt 0°, so errechnet sich der magnetische Fluss zu $\Phi = B \cdot A$, dem Produkt der Beträge der einzelnen Vektoren. Für beliebige Winkel $\alpha \leq 90°$ erhält man

$$\Phi = B \cdot A \cdot \cos\alpha . \tag{6.25}$$

Das Linienintegral der Feldstärke $\vec{E}$ über einen geschlossenen Weg um den magnetischen Fluss Φ liefert die in der Leiterschleife induzierte Spannung U_{ind}, so dass das Induktionsgesetz für eine einzelne Leiterschleife in einem magnetischen Feld als

$$U_{ind} = -\frac{d\Phi}{dt} \tag{6.26}$$

dargestellt werden kann.

Unter der Voraussetzung räumlich konstanter Schleifenfläche $\vec{A}$ und festem Winkelbezug α ist die induzierte Spannung ausschließlich von der Größe und der zeitlichen Änderung des magnetischen Feldes abhängig.

$$U_{ind} = -A \cdot \frac{dB}{dt} \cdot \cos\alpha \tag{6.27}$$

In einem sinusförmigen Wechselfeld $B = \hat{B} \cdot \cos(\omega t)$ wird in einer Leiterschleife mit Schleifenfläche A eine Spannung

$$U_{ind} = A \cdot \omega \cdot \cos\alpha \cdot \hat{B} \cdot \sin(\omega t) \tag{6.28}$$

mit einem Effektivwert

$$U_{indeff} = A \cdot 2\pi f \cdot \cos\alpha \cdot B_{eff} \tag{6.29}$$

induziert.

Zur Verbesserung des Wirkungsgrades ersetzt man die einzelne Leiterschleife zu Messzwecken durch eine Spule mit n Windungen, wodurch sich die induzierte Spannung um den Faktor n erhöht.

$$U_{indeff} = n \cdot A \cdot 2\pi f \cdot \cos\alpha \cdot B_{eff} \tag{6.30}$$

Bei hochohmigem Abschluss der Spule kann aus der gemessenen Induktionsspannung direkt der Wert der magnetischen Feldstärke berechnet werden.

$$B_{eff} = \frac{U_{indeff}}{n \cdot A \cdot 2\pi f \cdot \cos\alpha} \tag{6.31}$$

Besonders zu beachten ist, dass die induzierte Spannung nicht nur von der Intensität der magnetischen Feldstärke, sondern insbesondere auch von deren Frequenz abhängig ist. So induziert ein höherfrequentes magnetisches Wechselfeld bei gleicher Amplitude eine höhere Spannung als ein Wechselfeld mit niedrigerer Frequenz. Für die Berechnung der magnetischen Induktion bedeutet das, dass zusätzlich zur Messung der induzierten Spannung eine Bestimmung der Signalfrequenz erfolgen muss. Bei Mischfrequenzen ist eine Zerlegung des Signals in die einzelnen Frequenzanteile und deren getrennte Auswertung notwendig. Hochwertige Messgeräte, die auf dem Induktionsprinzip basieren, besitzen aus diesem Grund eine schaltungstechnische Frequenzgangkompensation, die einen frequenzunabhängigen Anzeigewert ermöglicht.

Weiterhin fällt die Abhängigkeit der induzierten Spannung vom Einfallswinkel des Vektors der magnetischen Induktion auf die Spulenfläche auf. Eine exakte Bestimmung der magnetischen Induktion aus der gemessenen Induktionsspannung ist nur dann möglich, wenn der Vektor der magnetischen Induktion senkrecht auf der Spulenfläche steht, d. h. der Winkel $\alpha = 0°$ beträgt. Die Genauigkeit des Messergebnisses hängt somit sehr stark davon ab, wie genau die Spule im Feld positioniert, d. h. wie genau der Winkel α eingestellt werden kann. In der Messpraxis bedeutet das, dass die Messspule so lange im Feld gedreht werden muss, bis ein Maximalwert angezeigt wird, der dann der Feldgröße an dieser Stelle entspricht.

Zur Vereinfachung des Messvorgangs werden anstelle von eindimensionalen Magnetfeldsonden, d. h. einzelnen Spulen, Anordnungen von drei senkrecht aufeinander stehenden Spulen eingesetzt.

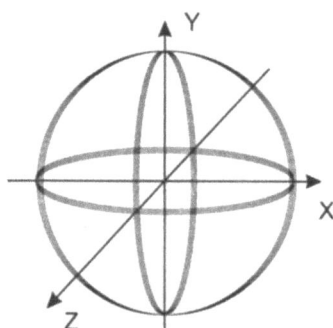

Bild 6-18 Isotrope Magnetfeldsonde

6.5 Niederfrequente Wechselfelder

Diese Sonden besitzen den großen Vorteil, dass sie, in Verbindung mit einer geeigneten Auswerteeinrichtung, lageunabhängig immer den korrekten Wert liefern. Solche Sonden, die richtungsunabhängig arbeiten, bezeichnet man als isotrope Messaufnehmer.

Bei der dreidimensionalen Spulenanordnung nach Bild 6-18 wird in jeder Spule eine Spannung induziert, die nur von der Komponente einer aus beliebiger Richtung einfallenden magnetischen Induktion erzeugt wird, die die entsprechende Spule senkrecht durchsetzt. Das bedeutet, dass der Sensor eine Zerlegung des Feldvektors in seine Komponenten - bezogen auf ein kartesisches Koordinatensystem - vornimmt. Dabei wird die Orientierung des Koordinatensystems durch die Ausrichtung der Spulen im Raum festgelegt. Durch eine vektorielle Addition der Momentanwerte der Einzelkomponenten kann unabhängig von der Orientierung der Sonde im Feld die Amplitude der magnetischen Induktion bestimmt werden.

$$B(t) = \sqrt{B_x^2(t) + B_y^2(t) + B_z^2(t)} \qquad (6.32)$$

Beim Aufbau einer solchen dreidimensionalen Spulenanordnung ist besonders auf die exakt senkrechte Anordnung der einzelnen Spulen zueinander zu achten. Bei Abweichungen von der orthogonalen Anordnung tritt der sogenannte Isotropie-Fehler auf, der auch bereits bei geringen Winkelverschiebungen zu nicht mehr zu vernachlässigenden Messfehlern führt.

6.5.2 Messgeräte

Die Messung niederfrequenter Wechselfelder dient in der überwiegenden Zahl der Anwendungsfälle der Überprüfung auf Einhaltung der Expositionsgrenzwerte biologischer Organismen.

Geräte zur Messung niederfrequenter elektrischer Felder lassen sich im Wesentlichen in zwei Gruppen unterteilen, die Feldanalysatoren und die Feldmessgeräte.

Feldanalysatoren sind Messgeräte, die eine Untersuchung der Felder mit spektraler Auflösung ermöglichen. Diese Vorgehensweise ist notwendig, wenn z. B. die Felder einer oberwellenbehafteten Energieversorgung untersucht werden sollen, wie sie heutzutage fast in allen Bereichen vorzufinden ist. Durch den Einsatz von Frequenzumrichterantrieben, elektronischen Geräten mit Schaltnetzteilen oder anderen Geräten mit gepulster Leistungsaufnahme wird die sinusförmige Spannungsversorgung mit Oberwellen höherer Ordnung beaufschlagt. Besonders ausgeprägt ist dieser Effekt in großen Bürogebäuden mit ausgedehnten Datenanlagen und einer Vielzahl von Endgeräten. Die sehr stark ausgeprägte dritte Harmonische der Netzfrequenz (50 Hz) bei 150 Hz führt unter anderem dazu, dass sich auch bei symmetrischer Belastung des dreiphasigen Energieversorgungsnetzes die Neutralleiterströme nicht kompensieren, sondern addieren. Durch die teilweise noch übliche Installationspraxis, den Neutralleiter mit reduziertem Querschnitt auszulegen, ist es immer wieder zu Überlastungen dieses Leiters - verbunden mit Brandentwicklungen - gekommen.

Realisiert werden solche Feldanalysatoren mit Hilfe von FFT-Analysatoren (FFT = Fast Fourier-Transformation), die das über eine geeignete Antenne aufgenommene Signal spektral auflösen und für jeden Frequenzanteil den entsprechenden Amplitudenwert darstellen. Alternativ kann eine frequenzselektive Messung auch mit breitbandigen Messgeräten, denen ein durchstimmbarer Eingangsfilter vorgeschaltet wird, durchgeführt werden.

Für eine exakte Bestimmung der Feldbelastung biologischer Organismen ist die spektrale Messung unumgänglich. Die festgelegten Expositionsgrenzwerte sind zum einen frequenzabhängig, so dass bei unbekannter Signalfrequenz diese ermittelt werden muss, zum anderen muss bei Mischsignalen eine gewichtete Addition der Amplitudenwerte der einzelnen Frequenzanteile durchgeführt werden.

Ein Einsatz solcher präziser Analysatoren erfordert auch den Einsatz genauer, rückführbar kalibrierbarer Feldsonden. Solche Sonden sind zur Zeit nur anisotrop erhältlich, d. h. eine gleichzeitige Messung aller drei Raumachsen ist nicht möglich. Für den Messenden bedeutet das eine zeitaufwendige Ausrichtung der Feldsonde an jedem Messpunkt. Die aufwendige Messprozedur in Verbindung mit den hohen Gerätekosten für Sonden und FFT-Analysatoren hat zur Entwicklung der einfacheren, kostengünstigeren, aber auch weniger exakten Feldmessgeräte geführt. Dabei wurde versucht, je nach Anwendergruppe, einen geeigneten Kompromiss zwischen Bedienerfreundlichkeit, erforderlicher Messgenauigkeit und Anschaffungskosten zu finden.

Die einfachsten Messgeräte dieser Art werden unter den Namen Fieldmeter, Gauss- oder Teslameter angeboten und sind lediglich für die Messung niederfrequenter Magnetfelder ausgelegt. Das Erscheinungsbild dieser Geräte entspricht etwa dem von Handmultimetern, sie besitzen lediglich einen Ein-/Ausschalter sowie einen Schalter zur Messbereichswahl. Anstelle von externen Sonden werden kleine, interne Sonden verwendet, die nicht den Normspezifikationen der VDE 0848 entsprechen und nicht rückführbar kalibrierbar sind. Die Geräte arbeiten breitbandig, d. h. sie ermöglichen keine frequenzselektive Messung wodurch eine normgerechte Ermittlung der Expositionsbelastung unmöglich wird. Aufgrund der einfachsten Bedienbarkeit und der vergleichsweise geringen Anschaffungskosten eignen sich diese Geräte auch für den Laien für schnelle, grobe Abschätzungen der Magnetfeldbedingungen am Messort.

Bei steigenden Anschaffungskosten und wachsendem Bedienaufwand sind exaktere Geräte mit normgerechten externen Feldsonden und einstellbaren Eingangsfiltern verfügbar, die zumindest unter dem Gesichtspunkt der biologischen Verträglichkeit ausreichend genaue Untersuchungsergebnisse liefern.

Die folgenden Bilder zeigen in einem Beispiel den Aufbau eines hochwertigen Feldmessgerätes zur Messung niederfrequenter elektrischer und magnetischer Felder.

Bild 6-19 Feldmessgerät (Grundgerät) (Foto: Safety Test Solutions from Wandel & Goltermann)

Solche Geräte bestehen aus einem Grundgerät, das die Messsignalverarbeitung und – darstellung durchführt. Zur Messung der niederfrequenten magnetischen Felder besitzt das

6.5 Niederfrequente Wechselfelder 155

Grundgerät eine interne Sonde, die abschätzende Feldstärkemessungen erlaubt, jedoch nicht den normativen Anforderungen entspricht. Für exakte Messungen kann an das Grundgerät eine externe Magnetfeldsonde entsprechend Bild 6-20 angeschlossen werden.

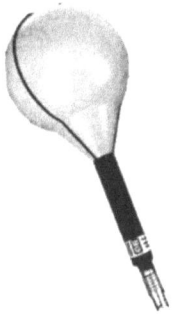

Bild 6-20 Externe Magnetfeldsonde (Foto: Safety Test Solutions from Wandel & Goltermann)

Diese Sonde besteht aus einer dreidimensionalen Spulenanordnung entsprechend der Ausführungen in Abschnitt 6.5.1.2. Die Spulen entsprechen den Anforderungen der Norm und ermöglichen eine isotrope Messung des niederfrequenten magnetischen Felds. Die Sonde selbst ist rückführbar kalibrierbar.

Zur Messung des niederfrequenten elektrischen Feldes steht eine isotrope E-Feldsonde mit integrierter Messsignalverarbeitung zur Verfügung, für die das Grundgerät als Anzeigeeinheit dient (Bild 6-21).

Bild 6-21 Grundgerät mit externer E-Feldsonde (Foto: Safety Test Solutions from Wandel & Goltermann)

Die isotrope E-Feldsonde besteht aus einer orthogonalen Anordnung von drei einzelnen E-Feldsonden entsprechend der Ausführungen in Abschnitt 6.5.1.1. Um das zu untersuchende elektrische Feld bei der Messung nicht unzulässig zu beeinflussen, ist es notwendig, dass möglichst wenig leitfähige Materialien in den zu messenden Feldbereich eingebracht werden. Aus diesem Grund wird die Verbindung zwischen der E-Feldsonde und dem Grundgerät über lange, elektrisch nichtleitende Lichtwellenleiter realisiert.

Das Grundgerät bzw. die E-Feldsondeninterne Messsignalverarbeitung bieten umfangreiche Darstellungs- und Auswertemöglichkeiten.

- Spitzenwertmessung
- Effektivwertmessung
- Darstellung der Ersatzfeldstärke
- Darstellung der Einzelkomponenten der Feldstärke
- frequenzselektive oder bandbegrenzte Messung durch einstellbare Eingangsfilter
- Anzeige der Frequenz des dominierenden Frequenzanteils in einem breitbandigen Signal
- kontinuierliche Datenspeicherung incl. Messzeit

Eine weitere Gruppe von Geräten, die hier bewusst nicht als Messgeräte bezeichnet werden, sind die sogenannten Felddetektoren. Diese Geräte, die von Hobbyelektroniklieferanten für Pfennigbeträge angeboten werden, besitzen meist einfache Zeigerinstrumente oder LED-Anzeigen mit der Wertung gut-schlecht oder kritisch-unbedenklich. Von solchen Geräten ist unbedingt Abstand zu nehmen. Untersuchungen der Autoren haben gezeigt, dass diese Felddetektoren nicht einmal annähernd kalibrierbare Feldsonden besitzen, breitbandig messen und keinerlei Anpassung an Grenzwertkurven haben, die eine kritisch-unkritisch Bewertung zulassen würden. Sie sind nach Einschätzung der Autoren lediglich dazu geeignet, beim Anwender ohne einschlägige Kenntnisse Panik zu verursachen.

Tabelle 6.2 Übersicht Messgeräte

Messgerät	Spezifikation	Genauigkeit	Bedienung	Kosten	Einsatzbereich
Feldanalysatoren	rückführbar kalibrierbare Sonden, spektrale Auflösung der Feldwerte	sehr hoch	aufwendig	sehr hoch	exakte Feldanalysen, Fehlersuche bei Gerätestörungen, Untersuchung von Feldexpositionen im Grenzwertbereich
Feldmessgeräte	normkonforme Sonden, Eingangsfilter	mittel	mittel	mittel	Grenzwertbetrachtungen im EMVU-Bereich
Feldmessgeräte	nicht normkonforme Sonden, keine Eingangsfilter	gering	einfach	gering	schnelle, grobe Abschätzung einer Feldsituation
Felddetektoren		nicht feststellbar	einfach	gering	fraglich

6.6 Elektromagnetische Felder

Die Messung hochfrequenter elektromagnetischer Felder kann in den unterschiedlichsten Weisen erfolgen. Grundsätzlich wird aber immer eine Messung der elektrischen oder magnetischen Feldstärke durchgeführt, wobei in den meisten Fällen eine Umrechnung der beiden Größen möglich ist. Dies ist immer dann der Fall, wenn wir uns im Fernfeld zur Feldquelle befinden.

Für den Benutzer ist nicht immer eindeutig ersichtlich wie die Messung durchgeführt wird, bzw. wie die Geräteanzeige zustande kommt. Für den Großteil der Messungen ist diese Kenntnis nicht erforderlich, in Spezialfällen wird die richtige Interpretation der Ergebnisse jedoch erleichtert.

In diesem Teil werden die wichtigsten Begriffe der Messtechnik erläutert sowie die üblichen Messgeräte vorgestellt.

6.6.1 Messtechnik

Die Messtechnik für hochfrequente elektromagnetische Felder ist in zwei Gruppen einzuteilen:

- frequenzselektive Messtechnik (Messempfänger, Spektrumanalysatoren)
- breitbandige Messtechnik (Strahlungsmessgeräte).

Die Geräte der ersten Gruppe sind die typischerweise in Anwendungen der Nachrichtentechnik verwendeten Geräte mit den bekannten Vorteilen in Empfindlichkeit und spektraler Auflösung, aber auch mit den erheblichen Nachteilen in der Handhabung und im Preis. Ein handelsüblicher Spektrum-Analysator mit dem notwendigen Antennensatz erreicht die 100.000-DM-Grenze.

Wesentlich preisgünstiger und einfacher in der Handhabung ist die zweite Gerätegruppe mit kleinen, tragbaren Strahlungsmonitoren. Hiermit sind allerdings nur einfache Messungen möglich.

6.6.1.1 Effektivwertmessung

Vor dem Einsatz eines Messgerätes ist festzustellen welche Größe gemessen wird. Bei den meisten im HF-Bereich eingesetzten Geräten wird dies der Effektivwert der Feldstärke, d.h. die Wurzel der mittleren quadratischen Feldstärke (RMS) sein. RMS ist die englische Abkürzung für *Root of Mean of Square*. Der Effektivwert ist derjenige Mittelwert eines Wechselstromes, der in einem Widerstand die gleiche Wärmemenge entwickelt wie ein gleich großer konstanter Gleichstrom.

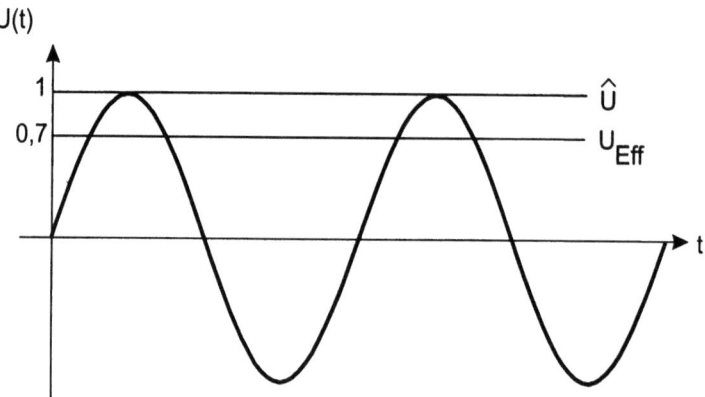

Bild 6-22 Effektivwert eines sinusförmigen Signals

Ausgehend von dieser Messung bieten Geräte, die auf normgerechte Messungen ausgelegt wurden, die Möglichkeit, den RMS-Wert über eine Zeitspanne von sechs Minuten zu mitteln. Diese Mittelung dient der Berücksichtigung langsam modulierter oder nicht dauerhaft auftretender Signale. Bei den meisten untersuchten Anlagen zeigt sich jedoch keine signifikante Abweichung bei Mittelungszeiten zwischen wenigen Sekunden und sechs Minuten.

Eine ideale Effektivwertmessung kann mit Thermoelementen durchgeführt werden, sie sind jedoch aufgrund ihrer geringen Empfindlichkeit und beschränkten Dynamik nur in wenigen Messgeräten zu finden. Bei der Messung mit einem Thermoelement wird die Feldstärkemessung auf eine Erwärmungsmessung zurückgeführt.

Meist werden Diodengleichrichter verwendet, die bei niedrigen Feldstärken eine gute Näherung an den Effektivwertgleichrichter darstellen, bei großen Feldstärken je nach Modulationsfrequenz abweichende Werte liefern. Eine detaillierte Beschreibung eines Diodengleichrichters findet sich in Abschnitt 6.6.2.3.

6.6.1.2 Pulsspitzenleistungsmessung

Eine Messung von Pulsspitzenleistungen, z.B. von Radaranlagen, ist erheblich aufwendiger als reine Effektivwertmessungen. Die zu verwendenden Messverfahren richten sich in erster Linie nach den Parametern wie Pulsdauer und Pulswiederholfrequenz. Ist die Pulsdauer ausreichend lang (deutlich länger als die Messzeit des Gerätes) kann eine Effektivwertmessung durchgeführt werden. In der Regel ist dies nicht der Fall, somit können die in Abschnitt 6.7.2 beschriebenen Geräte nicht benutzt werden da der Puls nur einen Teil der Messzeit des Gerätes vorhanden ist und somit erheblich niedrigere Werte gemessen werden.

Die Auswirkungen zeigt das folgende Bild 6-23: Hier ist die Messzeit T_{mess} zu lang gegenüber der Pulsdauer T_p. Als Folge ist der vom Effektivwertmessgerät angezeigte Wert zu niedrig.

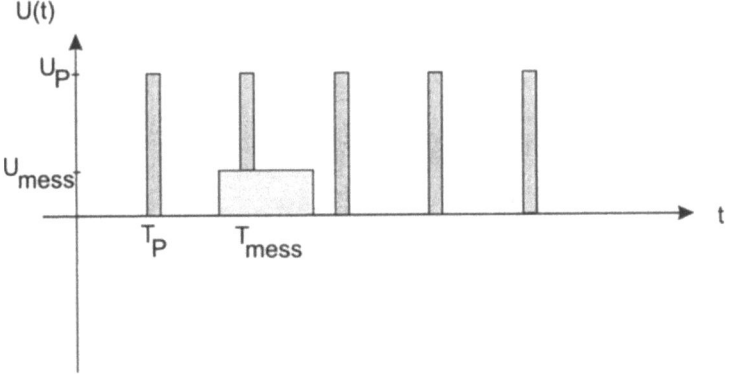

Bild 6-23 Auswirkungen zu langer Messzeiten bei Pulssignalen

Typische Messzeiten breitbandiger Geräte liegen im Sekundenbereich.

Aufgrund der großen Spitzenleistungen der Radaranlagen ist auch eine Beschädigung empfindlicher Eingangsstufen möglich, obwohl die Geräteanzeige noch deutlich unterhalb der spezifizierten, maximalen Feldstärke liegt.

Auf die Messung von Pulsspitzenleistungen haben sich einige wenige Institute spezialisiert, die bei Bedarf mit den Ermittlungen beauftragt werden sollten.

6.6.1.3 Isotrope Messungen

In den meisten Normen wird eine isotrope Messung der Feldstärke gefordert. Unter isotroper Messung versteht man in diesem Zusammenhang eine richtungsunabhängige Messung des Feldes, d.h. die räumliche Ausrichtung des Feldsensors ist nicht von Bedeutung. Es gibt zahlreiche Geräte auf dem Markt, die unmittelbar einen isotropen Wert der Ersatzfeldstärke E anzeigen. Realisiert sind diese Geräte durch Auswertung von drei senkrecht zueinander ausgerichteten Sensoren und der rechnerischen quadratischen Addition zur Gewinnung der Anzeige.

Steht nur ein einachsiges Messgerät zur Verfügung, so sind die drei Raumachsen nacheinander zu vermessen. Die aus den gemessenen Spannungen U_x, U_y und U_z gewonnenen Feldstärken E_x, E_y und E_z sind zur Ersatzfeldstärke E zu berechnen:

$$E = \sqrt{E_x^2 + E_y^2 + E_z^2} \tag{6.33}$$

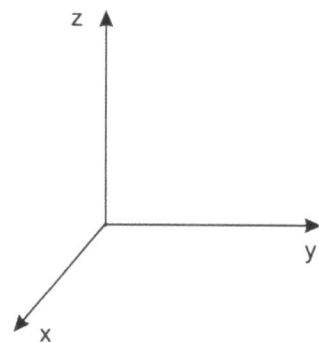

Bild 6-24 Achsen eines kartesischen Koordinatensystems

Aufgrund äußerer Effekte wird diese Messung nicht so genau wie eine isotrope Messung sein, liefert aber Informationen über die Verteilung der Komponenten in den einzelnen Richtungen. Ideal sind Geräte, die zwar isotrop messen, aber eine getrennte Darstellung der drei Achsen erlauben. Hiermit kann eine relativ einfache Ortung der Feldquelle durchgeführt werden.

6.6.2 Messgeräte

6.6.2.1 Spektrum-Analysator

Der Spektrum-Analysator stellt ein universelles Gerät zur Beurteilung von hochfrequenten Signalen in einem weiten Frequenzspektrum dar.

Der interessierende Frequenzbereich wird automatisch durchfahren und auf dem Bildschirm die Signalamplitude über der Frequenz dargestellt.

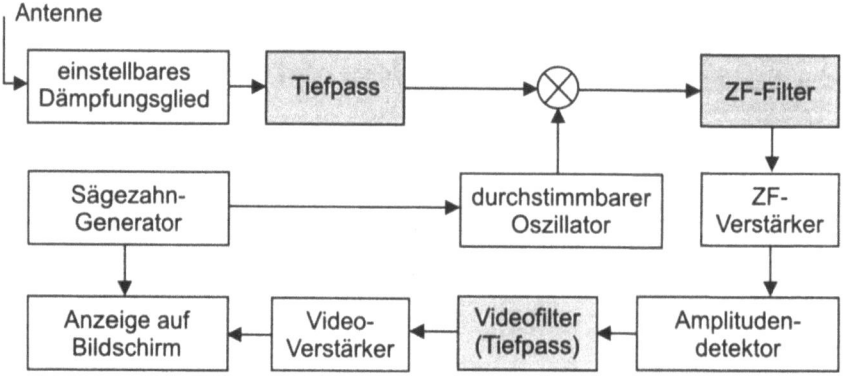

Bild 6-25 Prinzipschaltbild eines Spektrum-Analysators

6.6 Elektromagnetische Felder

Prinzipiell ist ein Spektrum-Analysator ein breitbandiges Messgerät da es über keine frequenzselektiven Eingangsfilter verfügt. Hieraus resultieren Probleme bei starken Signalquellen. Das regelbare Eingangsdämpfungsglied wird auf dieses starke Eingangssignal eingestellt, dies führt zu einer verminderten Empfindlichkeit und schwache Signale werden nicht mehr dargestellt. Der Pegel des Grundrauschens steigt also an. Unter dem Grundrauschen versteht man den Empfangspegel des Gerätes, der ohne das Detektieren eines Signals in der Auswerteeinheit dargestellt wird. Wird nun ein Signal empfangen das einen niedrigeren Pegel als das Geräterauschen hat, wird es nicht angezeigt.

Einige hochwertige Spektrum-Analysatoren verfügen über selektive Eingangsfilter und erreichen Empfindlichkeiten ähnlich denen eines Messempfängers (Abschnitt 6.6.2.2).

Aufgrund des Durchlaufens eines bestimmten Frequenzbereiches ist keine Darstellung des zeitabhängigen Verlaufes eines Signals möglich. Im Gegensatz zu einem Messempfänger kann also nicht auf einem angeschlossenen Oszilloskop das Signal s(t) dargestellt werden. Änderungen in der Signalamplitude die langsam gegenüber der Sweep-Zeit des Spektrumanalysators stattfinden können jedoch beobachtet werden. Die Sweep-Zeit ist die Zeitspanne, die der Spektrum-Analysator benötigt den eingestellten Frequenzbereich darzustellen. Die Dauer ist u. a. abhängig von der Breite des Frequenzbereiches oder der eingestellten Auflösungsbandbreite.

6.6.2.2 Messempfänger

Im Gegensatz zu einem Spektrum-Analysator kann ein Messempfänger nur Signale einer einzigen Frequenz empfangen, dies aber ohne Unterbrechungen, so dass eine Auswertung der Signalform s(t) möglich ist. Wie im Prinzipschaltbild zu erkennen ist, verfügt der Messempfänger über ein abstimmbares HF-Filter, ausgeführt als Bandpass. Je nach Filterbandbreite kann , ohne dass die Dämpfung vergrößert wird, auch in relativer spektraler Nähe zu einem stärkeren Signal eine hohe Empfindlichkeit erreicht werden.

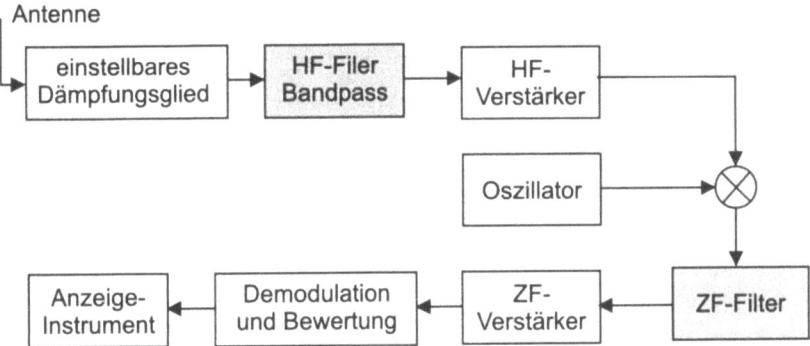

Bild 6-26 Prinzipschaltbild eines Messempfängers

Der Anschluss eines Oszilloskops zur Bewertung der Signalform ist am Demodulations-Ausgang oder am ZF-Ausgang möglich, die ZF liegt meist bei 10,7 MHz. Somit können also Erkenntnisse über den zeitlichen Verlauf des Signals gewonnen werden.

6.6.2.3 Breitbandige Messgeräte

Die Sensoren breitbandiger Messgeräte sind meist mit kurzen Dipolen, d.h. die Länge der Dipole ist klein gegenüber der Wellenlänge, und einer Diode realisiert. Das hochfrequente Signal wird mit dem Dipol empfangen und an der Diode gleichgerichtet. Die dort anliegende Gleichspannung liefert die Informationen über die Feldstärke.

Das folgende Bild 6-27 zeigt eine Realisierung eines einachsigen Messgerätes.

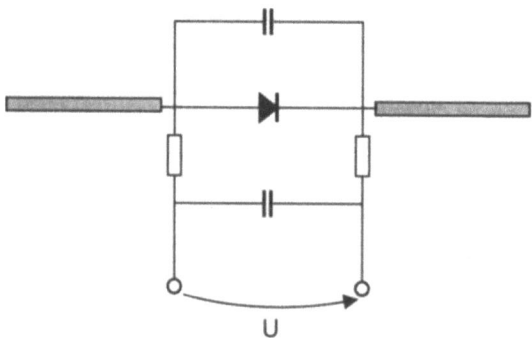

Bild 6-27 Prinzipieller Aufbau einer E-Feld-Sonde

Die Ausgangsgleichspannung an der verwendeten Diode (z.B. Schottky-Diode) ist über einen großen Dynamikbereich linear zur Eingangsleistung.

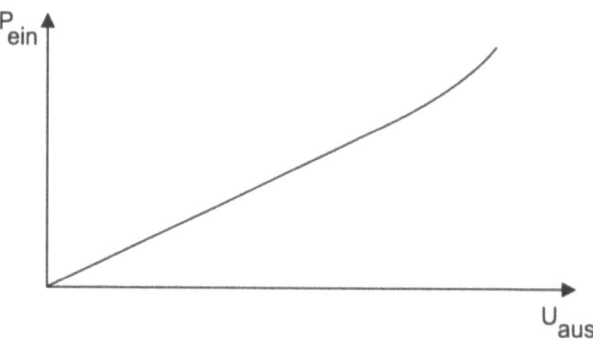

Bild 6-28 Diodenkennlinie einer typischen Halbleiterdetektordiode

Die technische Realisierung eines HF-Messkopfes für elektrische Felder zeigt das folgende Bild 6-29.

6.6 Elektromagnetische Felder

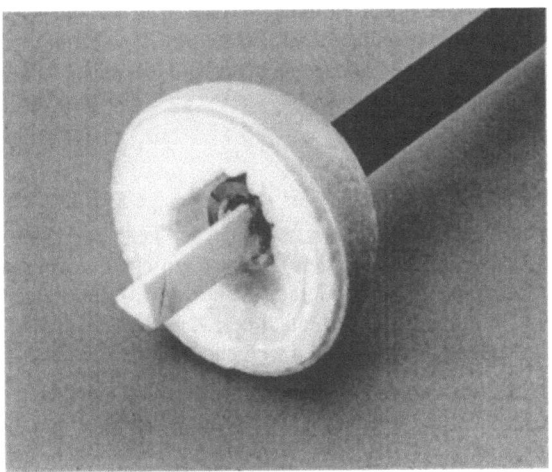

Bild 6-29 Geöffneter HF-Messkopf (Foto: Safety Test Solutions from Wandel & Goltermann)

Die mittels der Sensoren gewonnene Spannung wird in einem Messgerät weiterverarbeitet und auf einer entsprechenden Anzeige dargestellt.

Ist die Frequenz der Feldquelle bekannt, kann nach den Gerätedaten ein Korrekturfaktor berücksichtigt werden, allerdings nur dann, wenn vorrangig ein Signal detektiert wird.

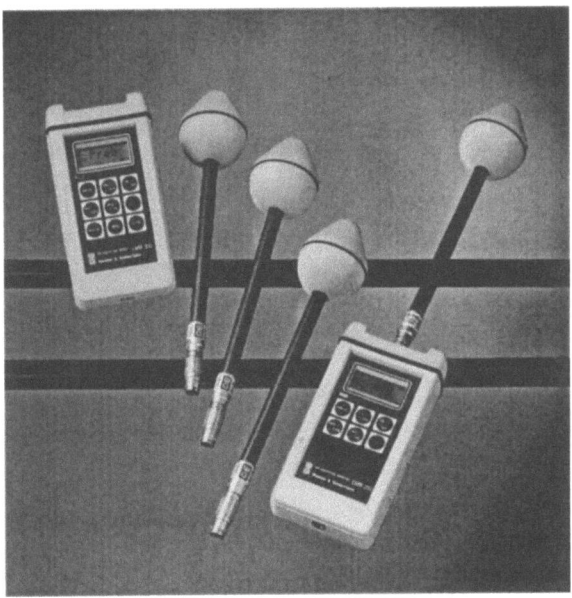

Bild 6-30 Breitbandige HF-Messgeräte (Foto: Safety Test Solutions from Wandel & Goltermann)

Die eingesetzten Sensoren sind frequenzabhängig. Es ist heute bereits möglich, mit einem Sensor den Frequenzbereich von wenigen MHz bis zu 60 GHz abzudecken. Hierbei wird eine Dynamik von 1 V/m bis zu mehreren hundert V/m erreicht (50 dB).

6.6.2.4 Detektoren mit grenzwertbezogener Anzeige

Neben den Messgeräten mit einer direkten Anzeige der Feldstärke gibt es eine Reihe von Messgeräten die eine Anzeige relativ zu den Grenzwerten einer Norm bieten. Vorteile bietet dies im alltäglichen Gebrauch da diese Geräte kleiner sind, mit weniger Anzeigeelementen auskommen und einen geringen Stromverbrauch besitzen. Bei Arbeiten in gefährdeten Bereichen können diese Geräte am Körper getragen werden.

Technisch realisiert sind diese Geräte mit einer, dem Grenzwert angepassten, frequenzabhängigen Empfindlichkeit des Empfangselementes. Jedes Gerät kann also nur eine Bewertung nach einer Norm vornehmen.

Bild 6-31 Persönlicher Strahlungsmonitor (Foto: Safety Test Solutions from Wandel & Goltermann)

Diese Geräte eignen sich als Teil einer persönlichen Schutzausrüstung, für weitergehende Beurteilungen sind sie nicht geeignet.

6.6.2.5 Antennen

Zu jedem Messgerät sind geeignete Antennen notwendig, sofern sie nicht wie bei den Geräten aus Abschnitt 6.6.2.2 ins Messgerät integriert sind.

Oft werden breitbandige Antennentypen verwendet, um ein möglichst großes Frequenzspektrum abzudecken. Ist die Frequenz der Störquelle bekannt, kann mit einer frequenzselektiven Antenne eine präzise Messung durchgeführt werden.

6.6 Elektromagnetische Felder

Breitbandige Antennenstrukturen

- Logarithmisch-periodische Antennen
- Bikonische Antennen
- Parabolantennen
- Hornantennen

Logarithmisch-periodische Antennen

Die Logarithmisch-Periodische Antenne beruht auf dem Winkelprinzip, das für eine Antenne, deren Geometrie ausschließlich durch Winkel bestimmt wird, gleiche Strahlungscharakteristik aufweist. Bei diesem Antennentyp wird das Winkelprinzip durch resonanzfähige Antennenelemente nachgebildet, die ausreichend dicht beieinander liegen, um die Änderungen in den elektrischen Eigenschaften gering zu halten. Die charakteristischen Eigenschaften der Antenne wiederholen sich periodisch mit dem Logarithmus der Frequenz, daher auch ihr Name.

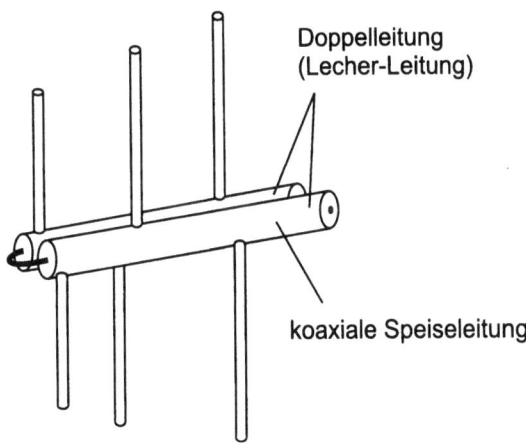

Bild 6-32 Logarithmisch-periodische Antenne

Die untere Grenzwellenlänge l_u dieser Antenne ergibt sich aus der Länge des größten Resonatorelements zu

$$l_u = 0{,}25 \ldots 0{,}27 \cdot \lambda \qquad (6.34)$$

Von der Einspeisestelle läuft eine Leitungswelle die Doppelleitung in der Mitte entlang und sorgt für eine Abstrahlung an den Dipolen; die maximale Abstrahlung findet an dem Dipol mit einer ungefähren Länge von $\lambda/2$ statt. An diesem Punkt wird der überwiegende Teil der Leitungswelle in eine Strahlungswelle umgesetzt. Das Strahlungsdiagramm hat sein Maximum in Richtung der Strukturspitze.

Aus der Tabelle ist eine sinnvolle Frequenzuntergrenze für logarithmisch-periodische Antennen bei ca. 100 MHz zu erkennen. Bei sehr hohen Frequenzen sind auch geätzte Strukturen einsetzbar.

Tabelle 6.3 Räumliche Ausdehnung logarithmisch-periodischer Antennen

untere Grenzfrequenz (Wellenlänge)	Ausdehnung der Antenne
1 MHz (300 m)	156 m
10 MHz (30 m)	15,6 m
100 MHz (3 m)	1,56 m
1 GHz (30 cm)	15,6 cm
10 GHz (3 cm)	1,56 cm

Logarithmisch-periodische Antennen haben meist einen Richtgewinn von ca. 2 bis 6 dBd.

Bikonische Antennen

Bei dieser Bauform handelt es sich im Grunde um eine Dipolstruktur, bei der durch eine Vergrößerung der Stabdicke eine Bandbreite von etwa 1:10 ermöglicht wird. Bei der bikonischen Antenne ist die Stabstruktur konisch angeordnet.

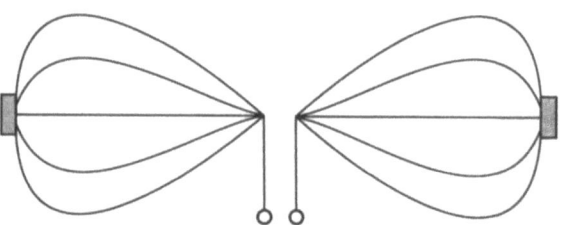

Bild 6-33 Bikonische Antenne

Für größere Wellenlängen empfiehlt sich der Einsatz dieser kompakten Antenne. Anwendbar ist diese Bauform bei Frequenzen von ca. 20 MHz bis zu 200 MHz. Die Antenne weist einen frequenzabhängigen Verlust von bis zu 10 dBd auf.

Parabolantennen

Die Parabolantenne ist seit der Einführung des Satelliten-Fernsehdirektempfangs eine der bekanntesten Antennnenbauformen. Für EMVU-Untersuchungen ist die Antenne nur begrenzt einsetzbar, da aufgrund des mit steigender Frequenz immer kleiner werdenden Öffnungswinkels, eine sehr genaue Ausrichtung auf die Emissionsquelle erforderlich ist.

Einsetzbar ist ein Parabolspiegel bei Frequenzen über ca. 1 GHz.

Die stark gebündelte Hauptkeule hat einen Öffnungswinkel ϑ_{3dB} von:

$$\vartheta_{3dB} = \frac{70°}{d/\lambda} \tag{6.35}$$

Der Gewinn G einer Parabolantenne ergibt sich näherungsweise zu

6.6 Elektromagnetische Felder

$$G \approx q \cdot \left(\frac{d \cdot \pi}{\lambda}\right)^2 \qquad (6.36)$$

Hierbei ist d der Durchmesser des Parabolspiegels und q der Flächenwirkungsgrad, der bei üblichen Richtfunkantennen bei 0,5...0,6 liegt.

Daraus ergeben sich folgende Abschätzungen:

Tabelle 6.4 Öffnungswinkel und Antennengewinn von Parabolspiegeln

Durchmesser d [m]	Frequenz f [GHz]	Öffnungswinkel [°]	Gewinn [dB]
0,5	1	42	11,8
	5	8,4	25,7
	10	4,2	31,8
1	1	21	17,8
	5	4,2	31,8
	10	2,1	37,8
1,5	1	14	21,3
	5	2,8	35,3
	10	1,4	41,3

Der Parabolspiegel stellt nur ein reflektierendes und bündelndes Antennenelement dar. Das eigentliche Sende- bzw. Empfangselement befindet sich im Brennpunkt des Spiegels und kann z.B. aus einer kleinen logarithmisch-periodischen Antenne bestehen. Erst dieses Element begrenzt den sinnvoll einsetzbaren Frequenzbereich.

Hornantennen

Dieser, vor allem bei hohen Frequenzen eingesetzte, Antennentyp ist breitbandig ausgelegt und in einer Vielzahl von Ausführungen erhältlich. Grundsätzlich wird die im Wellenleiter geführte Leistung über das offene Leitungsende abgestrahlt.

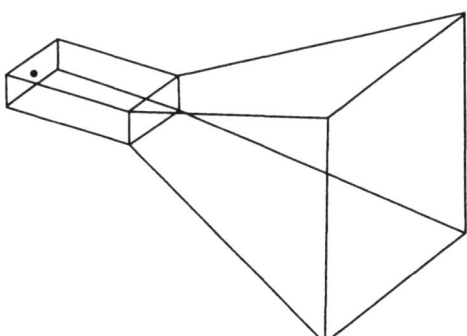

Bild 6-34 Schematische Darstellung einer Hornantenne

Der Hornstrahler kann sowohl als eigenständige Antenne als auch in Verbindung mit einem Reflektor eingesetzt werden.

Je nach Form des Horns spricht man von Kegel- bzw. Pyramidenhorn. Zu beachten ist der in der Regel sehr kleine Öffnungswinkel (1-2°) und ein relativ hoher Gewinn von 10 bis über 20 dBd.

6.7 Berechnung, Simulation und Messung

6.7.1 Allgemeines

Ein Buch, welches sich mit einer praxisgerechten EMVU-Messtechnik befasst, kann die Simulation oder Berechnung von Feldern nicht außen vor lassen. Auf detaillierte Aspekte der Simulationstechnik soll hier jedoch nicht eingegangen werden, da dies eine sehr komplexe Materie ist.

Insofern werden in diesem Abschnitt lediglich die wesentlichen Prinzipien der Simulationstechnik sowie deren Vor- und Nachteile im Vergleich zur reinen Messtechnik dargestellt.

Unter einer Simulation soll im Folgenden eine computerunterstützte Feldberechnung mit numerischen Methoden verstanden werden, die neben der eigentlichen Ausführung der Formeln auch die Möglichkeit der komfortablen Einbindung von Nebeneinflüssen und eine benutzerfreundliche Bedieneroberfläche implementiert hat.

Das magnetische Feld um einen stromdurchflossenen unendlich langen geraden Leiter kann beispielsweise sehr leicht und schnell berechnet werden (Abschnitt 2.3). Die Feldverteilung im Bereich eines 10.000 m² großen Grundstücks unterhalb dreier 110-kV-Hochspannungsfreileitungen bei Berücksichtigung des Durchhangs und unter Einbeziehung der Topographie lässt sich prinzipiell zwar auch noch „zu Fuß" berechnen, weitaus eleganter ist jedoch die Bewältigung einer solchen Aufgabe mit einem speziellen Softwarewerkzeug.

Nun kann man selbstverständlich einwenden, dass ein kleineres Computerprogramm, welches eine Teilberechnung softwaremäßig vornimmt, diese nicht einfach nur berechnet, sondern sie in einer gewissen Weise auch simuliert. Damit stellt sich zwangsläufig die Frage, wo überhaupt eine Grenze zwischen Berechnung und Simulation gezogen werden kann.

Die Autoren erachten eine strikte Differenzierung zwischen Simulation und Berechnung im Sinne einer Unterscheidung zwischen analytischen und numerischen Verfahren als nicht sehr sinnvoll, denn die große Gemeinsamkeit beider Wege ist ganz sicher die Abgrenzung zur reinen Messung. Daher werden in diesem Buch die Begriffe Berechnung und Simulation synonym verwendet.

Kommt man nun zum Ausgangspunkt der Überlegungen zurück, so steht man in der Regel vor dem Problem, dass für eine bestimmte geometrische Anordnung, etwa eine energietechnische Anlage im NF- oder einen Funksender im HF-Bereich, unter gewissen Nebenbedingungen die Feldverteilung an einem bestimmten Ort (Raumpunkt) zu ermitteln ist.

Die entscheidende Frage ist nun, ob man derartigen Aufgabenstellungen grundsätzlich nur mit einer Messung gerecht werden kann oder ob das Problem nur sinnvoll unter Zuhilfenahme einer Software zu lösen ist?

Bevor darauf eine Antwort gegeben wird, sollen im Folgenden die derzeit gängigen Simulationstechniken für nieder- und hochfrequente Felder kurz vorgestellt werden.

6.7.2 Grundsätzliches zur Simulationstechnik im NF-Bereich

Einer jeden Berechnung liegen die physikalischen Gesetze der Feldtheorie zugrunde. Im Falle der elektrischen, magnetischen und elektromagnetischen Felder etwa sind alle derzeit bekannten physikalischen Effekte durch die Maxwellschen Gleichungen vollständig beschrieben.

Ein großes Problem bei der Implementierung von Maxwells Gleichungen ist neben der dafür notwendigen Digitalisierung von Integral- und Differentialgleichungen die Nachbildung der realen Anlagen in einem Modell.

Für einfache Geometrien, wie etwa gerade Leiter oder rotationssymmetrische Gegenstände ist eine derartige Forderung relativ einfach umzusetzen. Überdies lässt sich in vielen Fällen ein gegebenes Problem aus seiner dreidimensionalen Welt in einen zweidimensionalen Lösungsansatz abbilden. Dies ist von großem Vorteil, denn die Berechnung zweidimensionaler Probleme erfordert in der Regel weit weniger Aufwand als diejenige dreidimensionaler.

Im Bereich von Hochspannungsfreileitungen ist die Feldberechnung mittels zweidimensionaler Technik ein gängiges Verfahren. Man spricht in diesem Zusammenhang von der Freileitung als einer translatorischen Anordnung. Die meisten der kommerziell angebotenen Programme bieten jedoch eine freie Anordnung der Leiterseile im dreidimensionalen Raum. Wichtig dabei ist, dass auch äußere Einflüsse, wie etwa der Durchhang (bzw. die Leiterseiltemperatur) vom Programm mit berücksichtigt werden. Die damit einhergehende Variation des Abstandes zwischen Leiterseil und Simulationspunkt führt, wie in Abschnitt 7.3.2 dargestellt wird, zu teilweise erheblichen Änderungen in den Feldstärkewerten.

Im Falle einer Trafostation ist die Geometrie insgesamt dreidimensional. Symmetrien, welche man vorteilhaft für einen 2-D-Lösungsansatz nutzen könnte, liegen kaum vor. Hier muss also an jedem Berechnungspunkt der Einfluss sämtlicher Leiterstücke betrachtet werden.

Aber selbst in einem solchen Fall bleibt immer noch die anspruchsvolle Aufgabe, die vorhandene Geometrie so einzugeben, dass sie der realen Station gerecht wird. Hierbei gelangt man zwangsläufig an einen Punkt, wo man in gewissen Grenzen eine Vereinfachung der energietechnischen Anlage vornehmen muss. Die Notwendigkeit dazu ergibt sich zumeist aus zweierlei Gründen.

Zum einen sollen die Erfassung der Geometrie und die anschließende Modellbildung in einem vernünftigen zeitlichen Rahmen bleiben, zum anderen geben die Simulationsprogramme selbst Beschränkungen vor.

Was ist nun ein vernünftiger zeitlicher Rahmen? Dazu sollte man sich einfach einmal in das Innere einer Trafostation begeben und selbst überlegen, welche Geometriedaten tatsächlich für eine Simulation relevant sind. Muss wirklich jede Rundung eines Kabels im exakten Radius nachgebildet werden, oder reicht eine 90°-Ecke aus?

Öffnet man den Kabelkeller – insbesondere bei älteren Anlagen - so wird man erkennen, dass die Kabel in der Regel nicht schön parallel auf Pritschen liegen oder mit Schellen fixiert sind. Wahrscheinlicher ist an der Stelle eine mehr oder weniger wahllose Anordnung der Mittel- und Niederspannungskabel.

Wie aber soll man so etwas geometrisch in eine Berechnungsprogramm eingeben?

Und weiter gefragt: Muss man dies überhaupt für ein hinreichend genaues Simulationsergebnis tun?

Wer hierbei den Ehrgeiz besitzt, schlecht dokumentierte Anlagen bis auf den letzten Zentimeter geometrisch exakt erfassen zu wollen, wird zweifellos mehrere Tage mit einem derartigen Unterfangen verbringen.

Aus Effizienzgründen muss daher eine sinnvolle Abgrenzung vorgenommen werden. Wenn es um die Geometrieerfassung geht, ist ein interessanter Lösungsansatz die direkte Eingabe von Dateien (AutoCad), welche bei der mechanischen Konstruktion ohnehin erstellt wurden. Mit diesem Verfahren lassen sich etwa Feldverteilungen von Kabelendverschlüssen sehr einfach und schnell simulieren.

Bis jedoch ein ähnlicher Weg im Bereich großer Anlagen - über die selten detaillierte Pläne vorliegen - beschritten werden kann, wird sicher noch einige Zeit vergehen. Bis dahin bleibt letztlich nur die Methode des sogenannten scharfen Hinsehens, sowie die Erfahrung und die Kenntnisse desjenigen, welcher das Programm einsetzt.

Viele der im EMVU-Bereich gängigen Tools beruhen bei der Berechnung von niederfrequenten Magnetfeldern auf der Anwendung des Biot-Savart-Gesetzes. Dieses Gesetz gilt aber nur dann, wenn man von dünnen Leitern (Radius sehr klein im Vergleich zum Abstand des betrachteten Aufpunktes) ausgeht.

Kann man nun aber tatsächlich das Stromschienensystem der Niederspannungshauptverteilung als dünne Leiter ansehen, wenn man sich für Flussdichtewerte in ca. einem halben Meter Entfernung interessiert? Berücksichtigt das Programm überhaupt den Skin- und den Proximity-Effekt?

Nun, ganz allgemein gilt, dass es hierzu einerseits Untersuchungen der einschlägigen Softwarehersteller gibt und andererseits eine klare Bestimmung des LAI-Arbeitskreises für elektromagnetische Felder (LAI-AK EMF; Abschnitt 5.3). Diese besagt, dass Software nur dann eingesetzt werden darf, wenn ihre Verlässlichkeit am konkreten Objekt überprüft wurde. Dies bedeutet aber, dass letztlich der Anwender für den Einsatz der Software gerade steht. Es liegt auf der Hand, dass der Hersteller der Software grundsätzlich nicht jede denkbare Konstellation (messtechnisch oder durch Vergleich mit anderen Programmen) überprüfen kann.

6.7.3 Grundsätzliches zur Simulationstechnik im HF-Bereich

Im HF-Bereich gestaltet sich die Problematik im Simulationsbereich nicht so schwierig wie im NF-Bereich, wenn es um Untersuchungen im Fernfeld geht. Hier hat man mit einigen wenigen Formeln schon ein gutes Rüstzeug zusammen, um sich über Feldstärkeverhältnisse im gewissen Abstand zu den Feldquellen Sicherheit zu verschaffen (Abschnitt 2.3.3 und Abschnitt 7.4). Um sich die Berechnung zu erleichtern, kann man für einige spezielle Anwendungen auch auf kleine – zumeist kostenlos vertriebene - PC-Programme zurückgreifen (Abschnitt 7.4.3).

Ergänzend sei darauf hingewiesen, dass für den Mobilfunkbereich umfangreiche Softwaretools existieren, welche mit mathematisch aufwendigen Modellierungen die Feldausbreitung bei gegebener Topologie simulieren. In der Regel handelt es sich dabei um Eigengewächse der Netzbetreiber, in die deren ganzes Know-how eingeflossen ist. Für den EMVU-Messtechniker sind derartige Werkzeuge jedoch von geringem Interesse, da sie zum einen kaum für ihn zugänglich sind und zum anderen die ihm aufgetragenen Messaufgaben in den allermeisten Fällen auch ohne komplexe Spezialprogramme gelöst werden können.

6.7.4 Messung oder Simulation?

Dies ist eine im EMVU-Bereich sehr häufig gestellte Frage. Nach Ansicht der Autoren ergänzen sich Simulations- und Messtechnik in idealer Weise. Bei noch in der Planung befindlichen Anlagen ist ohne ein Softwaretool keine vernünftige Aussage möglich. Auch wenn es um Fragen der Berücksichtigung einer veränderten Anlagenauslastung geht, hat die Software klare Vorteile gegenüber der Messtechnik.

Weiterhin sei in diesem Zusammenhang die Lektüre des Kapitels 7 empfohlen. Dort wird deutlich gemacht, dass für einige Anwendungen die reine Messtechnik schlicht ungeeignet ist.

Wer also die Kosten für ein Softwaretool und die damit verbundene Einarbeitungszeit nicht scheut (Abschnitt 6.8), dem kann nur zur Anschaffung geraten werden. Insbesondere im Niederfrequenzbereich bereichern professionelle – speziell auf die Belange der EMVU zugeschnittene - Softwaretools die Arbeit ungemein.

Insofern sollte man die als Frage formulierte Kapitelüberschrift nicht auf die Spitze treiben und zwanghaft nach einer der beiden Methoden schielen. Letztlich sollte die Einsicht siegen, dass es gerade einer ingenieurmäßigen Vorgehensweise gut zu Gesicht steht, alle gangbaren Wege in die Überlegung mit einzubeziehen und sich dann für diejenige Variante zu entscheiden, welche dem jeweiligen Problem am gerechtesten wird.

6.8 Messgeräteausstattung und Kostenbetrachtung

6.8.1 Das messtechnisch Notwendige

Wie bei allen Anschaffungen gibt es auch für Geräte der EMVU-Messtechnik – was die dafür aufzubringenden Gelder anbelangt - nach oben (nahezu) keine Grenze. Möchte man beispielsweise Untersuchungen im HF-Bereich durchführen, stellen sich eventuell folgende Fragen:

Bis zu welcher Frequenz will man messen und soll dies breitbandig oder frequenzselektiv (Ober- und Untergrenze) erfolgen?

Wird der Spektrumanalysator als portable Version oder nur netzbetrieben angeschafft?

Umso wichtiger erscheint vor diesem Hintergrund die Frage nach dem messtechnisch Notwendigen. Eine Antwort darauf kann man etwa beim LAI-AK EMF (Abschnitt 5.3) finden. In seinen Durchführungshinweisen zur 26. BImSchV ist bei der Ausstattung sachverständiger Stellen für NF- und HF-Anlagen eine detaillierte Auflistung von notwendigem und empfohlenem Messequipment angegeben (Tabellen 6.5 und 6.6).

Bestimmtes, vom LAI vorgeschriebenes Messequipment rechnet sich als Anschaffung jedoch nur dann, wenn man permanent in dem entsprechenden Bereich Messaufgaben zu lösen hat. Beispielhaft sei in dem Zusammenhang die messtechnische Erfassung von Radarsignalen genannt.

6.8.2 Kostenbetrachtung

Die nachfolgende Betrachtung orientiert sich an der Messgeräteausstattung, wie sie vom LAI für sachverständige Stellen (Abschnitt 5.3) vorgeschrieben wird. Die Auflistung soll lediglich einer groben Orientierung dienen. Sie erhebt keinen Anspruch auf Vollständigkeit. Die genannten Hersteller sind als Beispielangaben zu verstehen. Eine Nennung stellt keine Empfehlung seitens der Autoren dar.

Bei der Simulationssoftware gibt es vom gleichen Hersteller in der Regel unterschiedliche Ausstattungsvarianten. Einsteigerpakete umfassen zumeist nur die Berechnung von Trafostationen (und damit auch nur das Magnetfeld). Mit der Vollausstattung können auch komplexere Aufgaben, wie etwa der Einfluss schirmender Metallplatten oder der Leiterseildurchhang inkl. Temperatureinfluss, simuliert werden.

Selbstverständlich gibt es auch hervorragende 3-D-Simulationsprogramme, welche etwa die Berechnung von Feldern mit realen Stromverteilungen gestatten. Für derartige Softwaretools, die in der Regel noch nicht einmal speziell auf EMVU-Bedürfnisse (einfache Geometrieeingabe der Leiterseile, Transformatoren o. ä.) zugeschnitten sind, müssen jedoch Kosten ab 50.000,- DM aufwärts veranschlagt werden.

Tab. 6.5 Kosten für die Ausstattung mit Messgeräten in Anlehnung an LAI-AK EMF (NF-Bereich)

Gerät(e)	Hersteller (Beispiel)	Ca. Kosten in DM je Stck.
Kalibrierte Feldstärkemessgeräte für die magnetische Flussdichte und die elektrische Feldstärke bei 0 Hz mit Speicherung	F.W. Bell, Monroe	10.000,- bis 30.000,-
Kalibrierte Feldstärkemessgeräte für die magnetische Flussdichte und die elektrische Feldstärke > 0 Hz bis 10 (30) kHz mit Spektrumanalyse und Speicheroption	Wandel & Goltermann, Symann & Trebbau, Physical Systems	30.000,- bis 60.000,-
Messeinrichtung für Strom und Spannung	Fluke, Agilent	5.000,-
Geräte zur Bestimmung von Windgeschwindigkeit und Windrichtung, Temperatur und Feuchte	Lambrecht, Kestrel, Testo	5.000,-
Gerät zur Bestimmung von Leiterseilhöhen (z. B. Theodolit)	Zeiss, Leica	15.000,-
Sprechfunkgeräte	Motorola, Stabo	1.000,-
Simulationssoftware	FGEU mbH, Berlin; IEV GmbH, Lübeck, Dr. Bauer, TU Dresden	10.000,- bis 20.000,-

Tab. 6.6 Kosten für die Ausstattung mit Messgeräten in Anlehnung an LAI-AK EMF (HF-Bereich)

Gerät	Hersteller (Beispiel)	Ca. Kosten in DM je Stck.
Kalibriertes Messgerät für die Effektivwertmessung der magnetischen Feldstärke von 30 kHz bis 1000 MHz	Wandel & Goltermann	20.000,-
Kalibriertes Feldstärkemessgeräte für die Messung des Effektivwertes der elektrischen Feldstärke von 30 kHz bis 30 GHz	Wandel & Goltermann	25.000,-
Spektrumanalysator mit zugehörigen Antennen für 100 (30) kHz bis 3 (20) GHz	Agilent, Rhode & Schwarz	> 80.000,-
Messsystem zur Messung des Gesamtkörperableitstromes von 30 kHz bis 100 MHz	Eigenbau	5.000,-

7 Messkonzeption

7.1. Allgemeines

In diesem Kapitel geht es darum, Wege aufzuzeigen, die beschritten werden sollten, wenn bestimmte messtechnische Fragestellungen aus dem Bereich der EMVU anstehen. Es handelt sich dabei jedoch nicht nur um die Vorstellung bestimmter Messverfahren im Sinne einer rein physikalisch zu verstehenden Messvorschrift. Vielmehr stellt das Kapitel ein in sich schlüssiges Konzept vor, mit dem messtechnische Probleme der EMVU praxisgerecht angegangen, analysiert und gelöst werden können.

Die Gesetzes- bzw. Normenlage lässt den Messtechniker weitestgehend mit seinen praktischen Problemen bei der Umsetzung von Vorschriften allein. Die in den folgenden Abschnitten beschriebenen Vorgehensweisen orientieren sich daher zum einen streng an den geltenden Vorschriften, zeigen jedoch andererseits den in der Praxis gangbaren und erprobten Weg auf.

Zum Beginn sollen einige für das Verständnis der folgenden Abschnitte wichtige Begriffe erläutert werden.

Vielfach wird von dem Messtechniker eine *Messung* verlangt. Ganz egal, wo und unter welchem Vorzeichen diese stattfinden soll, werden von den Autoren verschiedene Arten der Messung unterschieden.

7.1.1 Spot-Messung und Dauermessung

In der DIN VDE 0848 Teil 11 (Abschnitt 5.5) wird eine Messung, die zu einem bestimmten Zeitpunkt (daher auch: Augenblicksmessung) an einem bestimmten Raumpunkt durchgeführt wird und die keine Informationen zu den Veränderungen des Feldes über die Zeit und den Raum liefert, als Spot-Messung bezeichnet. Im Gegensatz dazu erfasst eine Dauermessung an einem Raumpunkt in ganz bestimmten - möglichst engen - Zeitabständen die Variation des Feldes.

7.1.2 Übersichtsmessung

Am Messort werden an einigen ausgesuchten typischen Messpunkten bestimmte Anteile des elektromagnetischen Spektrums exemplarisch erfasst. Insofern setzt sich eine Übersichtsmessung aus mehreren Spot-Messungen zusammen.

Eine Übersichtsmessung kann dazu genutzt werden, sich schnell an einem Messort über die Intensitäten vorhandener Felder zu informieren. Sie kann somit - im Sinne einer Voruntersuchung - Ausgangspunkt für Dauermessungen sein. Beispielsweise reichen einige wenige Messpunkte unter einer HS-Freileitung aus, um sich über die Höhe des zu erwartenden niederfrequenten elektrischen Feldes zu vergewissern. Die Übersichtsmessung wird häufig bei Untersuchungen im privaten Bereich angewendet oder aber auch bei Messungen in Industrieunternehmen, wenn es um eine Abschätzung über die ungefähre Höhe von Feldstärkewerten geht. Vor allem die beiden wichtigen Aussagen „weit unter den Grenzwerten" oder „in der Nähe der Grenzwerte" können damit schnell und sicher getroffen werden. Die Lage der Messpunkte wird oft erst unmittelbar vor der Messung bestimmt. Teilweise richtet sich ein Messpunkt auch nach der Lage und dem Feldstärkewert des vorangegangenen Messpunktes. In der

Regel kann mit einer Übersichtsmessung jedoch nur eine qualitative Aussage getroffen werden.

Die Übersichtsmessung ist aber keineswegs eine Messmethode für jedermann. Vielmehr setzt sie beim Messtechniker ein hohes Maß an Sachverstand, Erfahrung und Verantwortung voraus. Nicht zuletzt hängt es vom Ausgang einer Übersichtsmessung ab, ob weitere Maßnahmen eingeleitet werden (etwa: Dauermessung oder Abhilfemaßnahmen wie Schirmung).

Auch wenn die Übersichtsmessung als solche in keiner speziellen Vorschrift beschrieben wird, sind dennoch die Messgeräte nach den anerkannten technischen Regeln einzusetzen. Als Anhaltspunkt dient die DIN VDE 0848 (Abschnitt 5.5).

7.1.3 Analyse der elektromagnetischen Umgebung

Unter der elektromagnetischen Umgebung versteht man die Gesamtheit aller elektromagnetischen Erscheinungen an einem bestimmten Ort. Bei der Analyse derselben werden daher magnetische, elektrische und elektromagnetische Felder in einem weiten Frequenzbereich mit teilweise frequenzselektiven Messgeräten ermittelt.

Ein solches Unterfangen setzt einen umfangreichen und daher teuren Messgerätepark voraus. Neben den üblichen Geräten zur Erfassung niederfrequenter Felder (frequenzselektiv) wird häufig ein Spektrumanalysator mit Antennensatz eingesetzt (typisch: 9 kHz bis einige GHz). In den Bereich einer kompletten Analyse fällt nach Ansicht der Autoren auch die Betrachtung der Netzqualität (Strom- und Spannung). Um diese zu beurteilen, sind Messgeräte für die Bestimmung des Oberwellengehaltes und beispielsweise auch ein Flickermeter notwendig. Wird nämlich eine Untersuchung in Industriebetrieben durchgeführt, darf sich bei Geräte-EMV-Problemen die Betrachtung nicht allein auf Felder beschränken, sondern muss auch Leitungen als Störquelle oder -senke berücksichtigen. Diese Art der Untersuchung wird nur in seltenen Fällen angewandt und richtet sich stets nach den individuellen Forderungen vor Ort.

7.1.4 Simulation und Berechnung

Die Simulation hat selbstredend recht wenig mit einer Messung zu tun. Gerade im EMVU-Bereich kann man aber mit Berechnungsmethoden, seien sie nun analytisch oder numerisch, Messungen ergänzen oder gar komplett ersetzen. Viele dieser Verfahren sind praxistauglich und dürfen daher in einem Buch über EMVU-Messtechnik nicht fehlen.

7.2 Angebot und Kostenfragen

Einen Abschnitt, der sich mit derlei Fragen beschäftigt, vermutet man in der Regel nicht in einem Kapitel, welches sich mit der Messkonzeption auseinandersetzt. Nach Ansicht der Autoren muss aber gerade ein Buch, welches Praxiswissen vermitteln will, auch darauf Antworten geben.

Das Wechselspiel aus Anfrage, Angebot, Auftrag, Auftragsbestätigung und Ausführung bis hin zur Rechnungsstellung ist ein fester Bestandteil im alltäglichen Geschäftsleben jeder Unternehmung und ganz sicher keine Eigenart im Bereich der EMVU-Messtechnik. Dennoch gibt es einige spezielle Aspekte, die potenzielle Kunden und Dienstleister beachten sollten, damit beide Seiten am Ende mit dem jeweils erzielten Ergebnis zufrieden sind.

In der Regel geht die Initiative für eine Untersuchung von demjenigen aus, der eine bestimmte Anlage oder Einrichtung beurteilen, vermessen oder berechnen lassen möchte. Er hat ein kon-

7.2 Angebot und Kostenfragen

kretes Problem. Für die weitere Vorgehensweise ist es jedoch schon von Bedeutung, ob der Kunde bezüglich des Problems ein Fachmann oder ein Laie ist. Der Fachmann ist in der Lage, einen Sachverhalt präzise zu formulieren und genau zu beschreiben. Er weiss, welche Leistung er von ausserhalb benötigt. Typisches Beispiel dafür ist ein EVU, welches die Vermessung einer Trafostation an einen externen Dienstleister vergibt.

In den meisten Fällen ist jedoch nur ein unvollständiges Wissen um die messtechnischen Notwendigkeiten vorhanden. Es liegt auf der Hand, dass es dann nicht der ideale Weg sein kann, sich rein auf die Aussagen externer Dienstleister zu verlassen. Vielmehr sollte sich jeder, der als potenzieller Kunde eine EMVU-Dienstleistung in Anspruch nehmen möchte, mit den folgenden Fragen vorab befassen:

- Geht es um die Bestimmung elektrischer (NF), magnetischer (NF) oder elektromagnetischer (HF) Felder?
- Ist die Örtlichkeit genau festgelegt (z. B. Messung in einem einzigen Raum, Simulation eines bestimmten Abschnitts einer HS-Freileitungstrasse, eine spezielle Ortsnetzstation etc.)?
- Geht es um eine reine Übersichtsmessung (siehe Abschnitt 7.1.2) oder soll eine exakte Bestimmung nach 26. BImSchV, BGV B11, DIN VDE 0848 etc. erfolgen?
- Sollen neben den reinen Personenschutzaspekten auch mögliche Auswirkungen im Sinne des Gesetzes zur Elektromagnetischen Verträglichkeit von Geräten (EMVG) untersucht werden (z. B. mögliche Beeinflussung von Computerbildschirmen oder Störfestigkeit von Datenanlagen)?
- Ist eine exakte Dokumentation (auch: Prüfbericht, Gutachten) erforderlich?
- Was soll dieser Dokumentation entnommen werden können?
- Ist womöglich ein vor Ort erstelltes Prüfprotokoll ausreichend?
- Was darf die Messung kosten?

Nachdem die o. g. Fragen geklärt sind, sollte man sich mit einer möglichst detailliert formulierten Anfrage an einen oder besser gleich mehrere EMVU-Dienstleister wenden. Beispielhaft sind im Folgenden einige typische Kernsätze angegeben:

- Erstellen Sie ein Angebot für eine Übersichtsmessung der niederfrequenten elektrischen und magnetischen Felder in meinem Schlafzimmer.
- Erstellen Sie ein Angebot für eine Simulation der Trafostation XY gemäß 26. BImSchV und LAI-Hinweisen. Ein BImSchV-tauglicher Feldlinienverlauf (Isoliniendarstellung) ist zu generieren.
- Erstellen Sie ein Angebot für die Analyse der elektromagnetischen Umgebung in der Werkshalle 2 im Frequenzbereich von 5 Hz bis 2 GHz und für die Prüfung auf Einhaltung der Personenschutzgrenzwerte an den Arbeitsplätzen X und Y gemäß DIN VDE 0848 bzw. BGV B11.

In der Regel wird ein Dienstleister nach Erhalt derartiger Anfragen versuchen, weitere Einzelheiten zu erfahren. In vielen Fällen kann dies zu einer Ausweitung der Anfrage respektive des bevorstehenden Auftrags führen. Der Anbieter wird dabei nicht zwangsläufig nur aus reinem Geschäftsinteresse handeln. Oftmals weiß der Dienstleister aus seiner alltäglichen Praxis, worauf man zusätzlich achten sollte. So wäre bei der Untersuchung im Schlafzimmer sicher denkbar, noch andere Räume zu untersuchen (z. B. das Kinder- oder Arbeitszimmer). Beim Industriebetrieb könnte der Dienstleister einen nach oben wie unten erweiterten Frequenzbereich vorschlagen und die Untersuchung benachbarter Arbeitsplätze anregen.

Ein größerer Untersuchungsumfang im Angebot des Dienstleisters und später im Auftrag des Kunden wird jedoch immer eng mit den damit verbundenen Kosten verknüpft sein. Prinzipiell unterscheidet man dabei zwischen einer Abrechnung nach Stundensätzen oder einer pauschalen Abrechnung.

In beiden Fällen setzt die Aufwandsabschätzung eine gründliche Vorüberlegung des Dienstleisters voraus, die sich im Wesentlichen auf Erfahrungen mit bereits abgewickelten Projekten und besondere Gegebenheiten der aktuellen Anfrage stützt. Bei komplexen Untersuchungen ist auch sicher ein Ortstermin zur Inaugenscheinnahme und weiteren Planung von Vorteil. Seriöse Dienstleister werden überdies bei einer Abrechnung nach Stunden im Voraus zu einer ungefähren Abschätzung des Aufwands in der Lage sein.

Neben den reinen Kosten für die Untersuchung sollte aus dem Angebot des Dienstleisters hervorgehen, ob auch ein Prüfbericht im Preis enthalten ist. Der Aufwand und die damit verbundenen Kosten dürfen - von beiden Seiten - nicht unterschätzt werden. Eigene Erfahrungen zeigen, dass der Zeitaufwand für einen (ausführlichen) Prüfbericht in etwa genauso hoch ist wie für die eigentliche Untersuchung vor Ort. Nun ist natürlich Prüfbericht nicht gleich Prüfbericht. Als Kunde sollte man daher schon vor dessen Erstellung klar zum Ausdruck bringen, welche Informationen und Erkenntnisse man dem Dokument entnehmen will. Hilfreich kann auch die Forderung sein, den Prüfbericht nach DIN 45001 (Regelung des formalen Aufbaus) zu erstellen (Abschnitt 7.5).

Nach Abklärung der Formalia bleibt die Frage nach den Kosten einer EMVU-Untersuchung.

Bei stundenweiser Abrechnung sollte man darauf achten, wer die Messung durchführt. Handelt es sich um Techniker oder Meister, so sind Stundensätze (zumeist) niedriger als bei Ingenieuren. Die Bandbreite reicht somit von unter 100 bis zu mehreren 100 DM. Wem die Stundensätzen als zu hoch angesetzt erscheinen, der muss bedenken, dass es sich dabei nicht nur um die Honorierung der reinen Denkleistung handelt, sondern in den angegebenen Preisen auch die Benutzung meist sehr teurer Messgeräte mit enthalten ist.

In vielen Fällen wird es alternativ zu einer Abrechnung von Tagessätzen kommen. Hier sind für einen Ingenieur bis zu einigen 1000 DM (inklusive aller Nebenkosten) durchaus keine Besonderheit. Eine Orientierung an der im Bauwesen etablierten Honorarordnung für Architekten und Ingenieure (HOAI) kann für einzelne Leistungen (Ingenieurstunden, Fahrtkosten etc.) vielleicht noch herangezogen werden. Genaue Festlegungen, wie sie etwa für die Berechnung von bestimmten Gewerken am Bau existieren, gibt es im Bereich der EMVU-Messdienstleistung jedoch nicht. Im Sinne der HOAI sind Leistungen zur EMV und EMVU nach wie vor besondere Leistungen. Die Preise sind demnach frei verhandelbar.

Vor diesem Hintergrund können für den privaten Bereich bei pauschaler Abrechnung lediglich Richtwerte angegeben werden. Für ein einzelnes Zimmer fallen nach den Erfahrungen der Autoren Kosten von bis zu einigen 100 DM an. Wird die Untersuchung auf ein ganzes Haus ausgedehnt, so schlägt dies mit bis zu einigen 1000 DM zu Buche. Vor allem Privatleute sollten daher darauf achten, ob die angegebenen Preise die Mehrwertsteuer beinhalten und Nebenkosten, wie etwa die Anfahrt, enthalten sind.

Die BImSchV-taugliche Bewertung einer Trafostation liegt bei mehreren 1000 DM und bei einer Analyse der elektromagnetischen Umgebung in Industriebetrieben kann man durchaus von einem fünfstelligen DM-Betrag ausgehen.

Ein weiterer Aspekt, der bisher noch nicht angesprochen wurde, ist die Haftung bei einer EMVU-Untersuchung. Es bedarf keiner besonderen Fantasie, sich die möglichen Konsequenzen eines falschen Untersuchungsergebnisses vor Augen zu halten.

Der mit der Untersuchung Beauftragte könnte in einem solchem Fall vom Auftraggeber verklagt werden, etwa weil die Untersuchung - nach Lage der aktuellen Grenzwerte - keine gesundheitliche Gefährdung ergab, wo dennoch eine bestand. Es ist daher für den Messtechniker wichtig, sich beizeiten der eigenen Absicherung zu vergewissern.

Abschließend sei noch auf einen Umstand hingewiesen, der eigentlich selbstverständlich sein sollte, der jedoch schon häufig Anlass für Unmut und Fehlinterpretationen gegeben hat. Gemeint ist die Fachkompetenz desjenigen, der die Untersuchung durchführt. Primär ist dies natürlich ein Problem des Kunden, denn er erteilt schließlich den Auftrag. Wenn man jedoch für eine Leistung bezahlt, dann will man auch sicherstellen, dass diese von einem ausgewiesenen Fachmann durchgeführt wird. Wie aber findet man so etwas heraus?

Bei großen Aufträgen von Industrieunternehmen werden daher seriöse Anbieter gerne eine Referenzliste vorweisen. Wenn es allerdings um Messungen in privaten Haushalten geht, offeriert sich dem an einer Untersuchung Interessierten teilweise ein buntes Sammelsurium an Dienstleistern.

Wie Kapitel 6 belegt, ist die korrekte Anwendung von genauen Messgeräten und Messverfahren aber ein sehr diffiziles Terrain. Laien auf dem Gebiet sollten sich daher selbstkritisch fragen, welche physikalischen Größen sie mit welchen Geräten messen.

Nach Ansicht der Autoren empfiehlt sich in dem Zusammenhang eine einschlägige technisch-wissenschaftliche Ausbildung. Wie so etwas konkret aussehen kann, zeigen etwa die LAI-Empfehlungen (Abschnitt 5.3) für sachverständige Stellen auf.

7.3 Messungen im Niederfrequenzbereich

7.3.1 Allgemeines

Um es gleich vorwegzunehmen: Es gibt kein durchgängiges Messkonzept für den Niederfrequenzbereich. Zu vielfältig sind die Anlagen, welche man aufgrund der von ihnen ausgehenden Felder und deren Frequenzen unterscheiden muss.

Primär widmet sich dieser Abschnitt daher denjenigen Anlagen, welche im Sinne der 26. BImSchV als Niederfrequenzanlage anzusehen sind. Letztlich stellen sie das Gros an Objekten dar, mit denen man es in der EMVU-Messtechnik am häufigsten zu tun hat. Darüber hinaus werden aber auch einige andere typische Vertreter von niederfrequent emittierenden Geräten und Einrichtungen behandelt. Auf diese werden die für Anlagen gemäß BImSchV gemachten Angaben sinngemäß angewendet.

Insgesamt gesehen entsteht somit in den nachfolgenden Abschnitten eine mit Beipielen illustrierte logische Abfolge von Vorgehensweisen, mit deren Hilfe der Leser in die Lage versetzt werden soll, ähnliche Problemstellungen eigenständig zu lösen.

7.3.2 Hochspannungsfreileitungen

7.3.2.1 Die Freileitung als Messobjekt der EMVU

In Deutschland fiel der Startschuss für die Übertragung hochgespannten Drehstroms im Jahre 1891 anlässlich der Internationalen Elektrotechnischen Ausstellung in Frankfurt am Main. Seit dieser Zeit sind die Hochspannungsfreileitungen fester Bestandteil einer jeden modernen Zivilisation. Sie gehören somit im gewissen Sinne zu den klassischen Problemstellungen, wenn es um Fragen der elektromagnetischen Umweltverträglichkeit geht.

Da der Eintritt der Hochspannungstrassen in das alltägliche Erscheinungsbild technisierter Gesellschaften bereits vor über 100 Jahren seinen Anfang nahm, sind einige Fachleute der Meinung, dass eigentlich schon alles über derartige Einrichtungen berichtet sei und es letztlich nichts Neues mehr zu entdecken gebe. Somit wäre auch ein Kapitel in diesem Buch überflüssig zu nennen, wenn es denn nur die allseits bekannten Tatsachen wiederholen sollte.

Gemäß der Vorgabe, eine Messkonzeption vorstellen zu wollen, wird in diesem Abschnitt jedoch dargelegt, wie man sich als EMVU-Messtechniker einer Hochspannungsfreileitung nähern sollte. Es geht um die Frage, wie man ganz konkret die elektrischen und magnetischen Felder unter einer Hochspannungsfreileitung ermitteln kann.

Um dies zu beantworten, muss man sich zunächst überlegen, was das Ergebnis der Untersuchung eigentlich aussagen soll.

Ein möglicher Anhaltspunkt ist beispielsweise die Frage, ob es nur um eine Überprüfung von Grenzwertüberschreitungen geht oder ob ein möglichst genaues Profil der Feldverläufe bestimmt werden soll. Des Weiteren kann eine Worst-case-Abschätzung benötigt werden oder man braucht für die Beurteilung bestimmter EMVG-Aspekte noch Informationen, die über die Prüfung auf Personenschutz hinausgehen. Beispielsweise kann es im Sinne des EMVG durchaus sinnvoll sein, auch hochfrequente Anteile (Korona) zu erfassen oder gar Überlegungen hinsichtlich eines Blitzschutzes anzustellen.

Wenn es allerdings nur um eine erste Abschätzung darüber geht, ob die niederfrequente elektrische Feldstärke oder die magnetische Flussdichte in einem bestimmten Abstand zur Trassenmitte gewisse Grenzen überschreiten können, empfiehlt sich zunächst ein Blick in die DIN VDE 0228 Teil 6 (Abschnitt 5.7). In einigen Fällen wird man damit schon hinreichend konkrete Aussagen über Feldverteilungen treffen können. Einschränkungen ergeben sich jedoch dadurch, dass bestimmte Umgebungseinflüsse nicht genügend berücksichtigt werden können. Dies rührt daher, dass die Norm primär zu Untersuchungen an informationstechnischen Einrichtungen und nicht etwa für Bewertungen im Personenschutz auf den Weg gebracht wurde.

In der DIN VDE 0228 T6 sind überdies nur typische Anordnungen bei symmetrischer Belastung zusammengestellt. Andere Konstellationen führen beim Messtechniker unweigerlich zu einer Entscheidung zwischen Messung, Berechnung (Simulation) oder Vergleich.

Auf die grundlegende Problematik bei Messung und Berechnung wurde bereits in Abschnitt 6.8 eingegangen. Beide Verfahren haben Vor- und Nachteile. Welcher Methode allerdings der Vorzug zu geben ist, soll zunächst offen bleiben. In den folgenden Abschnitten werden beide Ansätze mit ihren jeweiligen Vor- und Nachteilen dargestellt.

7.3.2.2 Messung elektrischer und magnetischer Felder unter Freileitungen

Bevor man mit einer Messung beginnt, sollte man sich im Klaren darüber sein, welche Größen man bestimmen will und welchen äußeren Einflüssen diese unterliegen. Bei einer Freileitung

7.3 Messungen im Niederfrequenzbereich

kommen viele derartiger Parameter zusammen. Nachfolgend werden die wichtigsten von ihnen beschrieben.

Auslastung und Verlauf der elektrischen Feldstärke

Viele EMVU-Messtechniker gehen davon aus, dass der Verlauf der elektrischen Feldstärke unter Freileitungen unabhängig vom Stromfluss und somit unabhängig von der Auslastung sei.

Diese Annahme ist aber nicht richtig, denn eine erhöhte Auslastung geht mit einem erhöhten Stromfluss einher. Dadurch steigt die Leiterseiltemperatur und der Durchhang wird größer. Dieser wiederum bewirkt eine Verringerung des Abstandes zwischen den Leiterseilen und dem Erdboden und somit eine nichtlineare Erhöhung der in einer bestimmten Höhe gemessenen elektrischen Feldstärke. Bild 7-1 zeigt den Unterschied in der elektrischen Feldstärke (Effektivwert, 50 Hz) für ein 220-kV-System (Donau-Mast) bei gleichem Bodenabstand, jedoch mit unterschiedlicher Auslastung.

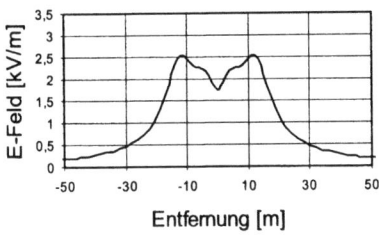
je System: 1500 A, symmetrisch

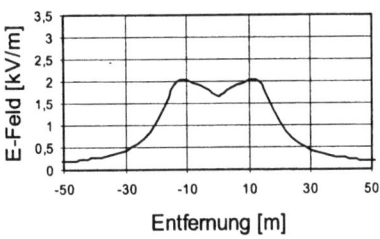
je System: 100 A, symmetrisch

Bild 7-1 Einfluss der Auslastung auf die elektrische Feldstärke

Wer also der Meinung ist, er könnte eine korrekte Messung des elektrischen Feldes vornehmen, ohne die Auslastung der Leitung zum Messzeitpunkt zu berücksichtigen, der irrt und misst Werte, die allein durch diesen - vom Durchhang herrührenden - Fehler im Bild 7-1 im Bereich der Maxima Abweichungen bis zu 25 % aufweisen können.

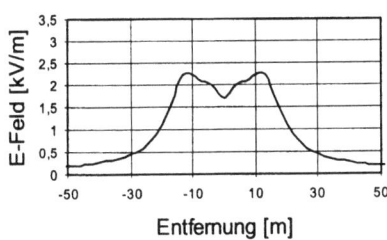
je System: 1000 A, symmetrisch

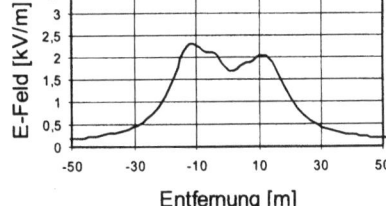
links: 1000 A, rechts: 0 A, jeweils symmetrisch

Bild 7-2 Einfluss einer unsymmetrischen Auslastung auf die elektrische Feldstärke

Selbstverständlich resultiert eine ungleiche Belastung der beiden Systeme einer Doppelleitung zu Fehlern, die ebenfalls nicht zu vernachlässigen sind. In Bild 7-2 beträgt die Abweichung der elektrischen Feldstärke (Effektivwert, 50 Hz) lokal bei ± 12 m etwa 10 %.

Umgebungstemperatur und Verlauf der elektrischen Feldstärke
Wie bereits erwähnt, ergibt sich die Erhöhung der Werte des elektrischen Feldes aus einer Vergrößerung des Durchhangs. Dieser ändert sich bei erhöhter Auslastung durch die steigende Leiterseiltemperatur. Neben der oben beschriebenen Auslastung hat aber auch die Umgebungstemperatur einen entscheidenden Einfluss auf die Erwärmung der Leiterseile. Einen relativ geringen Durchhang wird man somit bei niedrigen Außentemperaturen und gleichzeitiger niedriger Auslastung vorfinden. Mit den höchsten Durchhang kann man an heißen Tagen bei gleichzeitig hoher Last erwarten. In Bild 7-3 liegen die Abweichungen der elektrischen Feldstärke (Effektivwerte, 50 Hz) lokal bei ca. 10 %.

Nicht mit eingerechnet sind bei nahezu allen EMVU-Betrachtungen Durchhangsänderungen, die sich durch Langzeiteffekte, wie etwa die Längendehnung, ergeben.

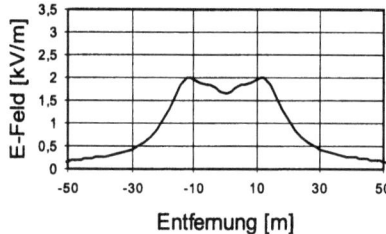 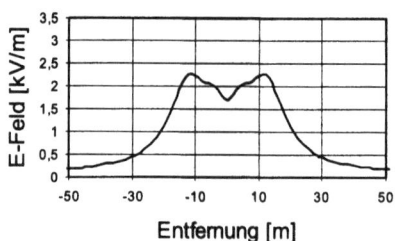

je System: 500 A, symmetrisch, $T_u = 0°$ C   je System: 500 A, symmetrisch, $T_u = 40°$ C

Bild 7-3 Einfluss der Umgebungstemperatur auf die elektrische Feldstärke

Berücksichtigung des Durchhanges
Wenn man also eine Messung durchführt, stellt sich die Frage, welcher Durchhang gerade herrscht. Selbst dann, wenn man den Wert kennt, bleibt offen, wie man diesen für den Fall der höchsten betrieblichen Anlagenauslastung umrechnen kann. Was ist eigentlich unter der höchsten betrieblichen Anlagenauslastung zu verstehen?

Müsste man nicht konsequenterweise diese für die Berechnung des elektrischen Feldes umdefinieren? Bei der Berechnung der maximalen Feldgrößen unter Hochspannungsfreileitungen wäre demnach für das elektrische Feld eine Betrachtung rein nach den Gesichtspunkten des maximalen Durchhangs durchzuführen, wie auch immer dieser zustande kommt.

Die Stärke des magnetischen Feldes an einem bestimmten Punkt hängt zwar vom Durchhang ab, sie ist aber zusätzlich eine Funktion des Stromes. Insofern ist es prinzipiell denkbar, dass ein großer Durchhang mit einem geringen Strom (etwa im Sommer) ein größeres Feld verursacht als ein sehr großer Strom bei geringem Durchhang (etwa im Winter). Hinzu kommt, dass der Durchhang keineswegs linearen Gesetzmäßigkeiten gehorcht.

Für den Messtechniker bedeutet dies alles zusammen genommen ein großes Problem, welches er in den Griff bekommen muss. Den aufgezeigten Umstand einfach unter den Tisch fallen zu lassen, ist sicher die schlechteste aller Möglichkeiten.

Kenngrößen, welche man relativ einfach ermitteln kann, sind die Umgebungstemperatur, bestimmte geometrische Eckdaten und unter Einbeziehung des entsprechenden Energieversorgungsunternehmens auch die Auslastung zum Zeitpunkt der Messung. Möglicherweise kann man sich aus diesen Daten den aktuellen Durchhang berechnen und auch eine Schätzung des maximalen Durchhangs angeben.

Nun kann man leicht auf die Idee kommen, die Differenz zwischen beiden Werten zu nutzen, um eine Messreihe in einer zweiten Messhöhe als Worst-case-Abschätzung durchzuführen. Um es direkt vorwegzunehmen: Eine derartige Vorgehensweise ist für das elektrische Feld höchst zweifelhaft. Sie ist mit einem hohen Fehler behaftet, wie im Folgenden gezeigt wird.

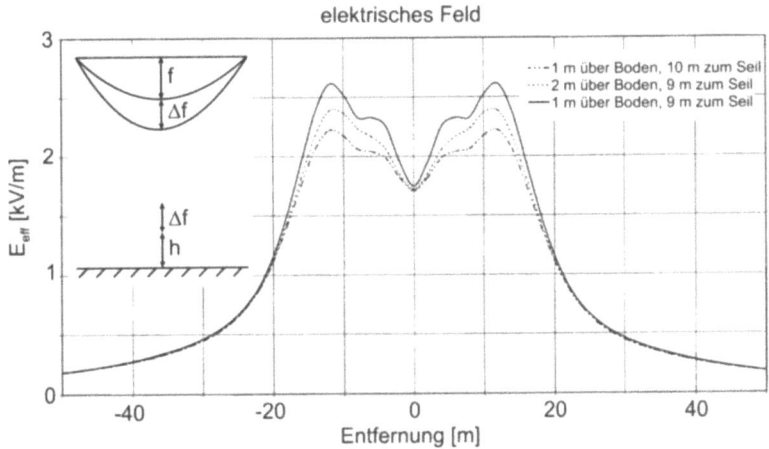

Bild 7-4 Durchhang an einem Leiterseil

Ausgangspunkt sei die geometrische Anordnung nach Bild 7-4. Weiterhin sei angenommen, dass sich aus den o. g. Überlegungen gegenüber den Bedingungen bei der Messung eine maximale Durchhangsänderung von $\Delta f = 1$ m ergeben habe.

Aussagen über die maximal zu erwartende elektrische Feldstärken in einer Höhe von 1 m über dem Erdboden ergäben sich dann aus einer zusätzlichen Messung in $h + \Delta f = 2$ m Höhe.

In Bild 7-4 sind drei verschiedene Feldverläufe dargestellt. Der Leiterseil-Erde-Abstand beträgt bei zwei Simulationen 11 m und bei der dritten 10 m. Man erkennt, dass die Feldstärke sich erhöht, wenn man - bei gleichem Leiterseil-Erde-Abstand - näher am Leiterseil misst (Messeinrichtung 1 m über dem Boden, 10 m zum Seil bzw. Messeinrichtung 2 m über dem Boden und 9 m zum Seil). Hält man nun den Abstand zwischen Leiterseil und Messeinrichtung konstant und verschiebt lediglich den Erdboden, so erhöhen sich die Feldstärken für den Fall, wo ein geringerer Leiterseil-Erde-Abstand herrscht. Die Abweichungen betragen im betrachteten Fall bis zu 10 %. Das oben beschriebene Verfahren eignet sich somit nicht für eine Worst-case-Abschätzung, da die dabei gemessenen Feldstärken unterhalb derjenigen Werte liegen, die man erhält, wenn die tatsächlichen Geometrieverhältnisse vorliegen.

Fehler bei der Messung des elektrischen Feldes

Die Bilder 7-1 bis 7-3 zeigen am Beispiel einer 220 kV - Hochspannungsleitung, wie sich das elektrische Feld in 1,50 m über dem Erdboden für unterschiedliche Belastungsfälle und Temperaturbedingungen ändert. Insgesamt gesehen – unter Einbeziehung aller Effekte – können sich somit für die gleiche Trasse Abweichungen von über 20 % ergeben. Hieraus wird direkt ersichtlich, dass eine Messung der elektrischen Feldstärke unter Hochspannungsfreileitungen, welche eine Aussage über die maximal zu erwartenden Feldstärken machen soll, allein nicht sinnvoll ist. Man könnte zwar den Versuch unternehmen, alle möglichen Einflussfaktoren in eine Worst-case-Abschätzung hineinzupacken und dann jeden Messwert mit entsprechenden Fehlertoleranzen anzugeben. In dem Zusammenhang müsste man sich dann aber auch fragen, ob man dem eigentlichen Messobjekt noch gerecht wird.

Weitere Einflussgrößen, wie etwa die Luftfeuchtigkeit (Korona), ändern in gewissen Grenzen auch die Feldverteilung. Diese Variation liegt jedoch bei weitem nicht in einem Bereich von 20 %.

Auslastung und magnetische Flussdichte

Da die magnetische Flussdichte direkt mit den in den Leiterseilen fließenden Strömen verknüpft ist, liegt die Einflussnahme durch die Auslastung unmittelbar auf der Hand. Zusätzlich kommt jedoch - wie auch schon bei der elektrischen Feldstärke - infolge der Erhöhung der Leiterseiltemperatur - ein weiterer bestimmender Faktor mit hinzu.

Nicht bedacht wird oft auch eine unterschiedliche Belastung verschiedener Drehstromsysteme auf einem Mast. Werden etwa bei 2-systemigen Anordnungen beide Systeme unterschiedlich ausgelastet, so weicht deren Feldverlauf extrem von gleichmäßig belasteten Doppelsystemen ab. Somit besteht die Gefahr, dass der Messtechniker in Unkenntnis des Auslastungszustandes während der Messung bei einer späteren Hochrechnung auf höchste betriebliche Anlagenauslastung niedrigere Feldverläufe ermittelt, als tatsächlich vorherrschen.

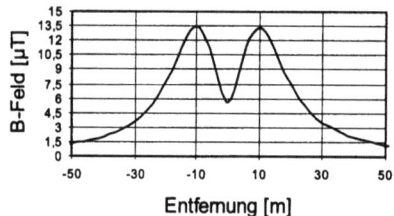
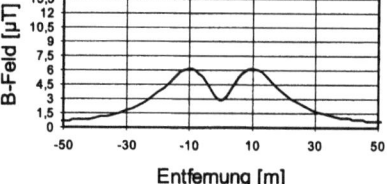

je System: 1000 A, symmetrisch   je System: 500 A, symmetrisch

Bild 7-5 Einfluss der symmetrischen Auslastung auf die magnetische Flussdichte

Die Auswirkungen des Stromflusses auf die Feldverteilung der magnetischen Flussdichte sind so dramatisch, dass man es nur als grob fahrlässig bezeichnen kann, wenn die magnetische Flussdichte unter einer Freileitung bestimmt wird, ohne sich über die Auslastung derselben im Klaren zu sein.

7.3 Messungen im Niederfrequenzbereich

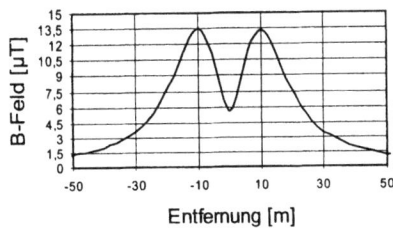
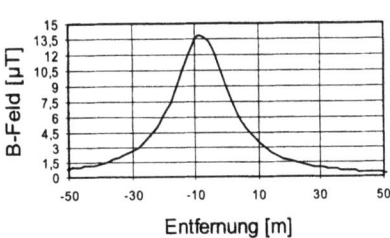

je System: 1000 A, symmetrisch   links: 1000 A, rechts: 0 A, jeweils symmetrisch

Bild 7-6 Einfluss einer unterschiedlichen Auslastung je System auf die magnetische Flussdichte

Erschwerend kommt mit der Lastflussrichtung ein weiterer Einflussfaktor hinzu.. Der Feldverlauf - etwa unter einer zweisystemigen Freileitung - hängt bei sonst gleichen Parametern signifikant davon ab, ob die Energie in beiden Systemen in die gleiche oder entgegengesetzte Richtung transportiert wird.

Die Bilder 7-5 und 7-6 zeigen am Beispiel einer 220-kV-Hochspannungsfreileitung, wie sich die magnetische Flussdichte bei unterschiedlicher Auslastung (jeweils gleiche Lastflussrichtung) in den beiden Systemen ändert. Weiterhin wird aus Bild 7-5 deutlich, dass bei Freileitungen der Zusammenhang zwischen Auslastung und Feldverlauf prinzipiell nichtlinear ist.

Die bezüglich des Temperatureinflusses getroffenen Aussagen über die elektrische Feldstärke gelten bei der magnetischen Flussdichte selbstredend analog.

Einfluss von Unsymmetrien und Oberwellen auf den Feldverlauf

Die Unsymmetrie innerhalb eines einzelnen Drehstromsystems ist auf der Mittelspannungsebene nicht sehr stark ausgeprägt und auf der Hochspannungsebene fast nicht existent. Schließlich werden beide Spannungsebenen schon so geplant und betrieben, dass ein möglichst symmetrischer Betrieb eingehalten werden kann. Für den Feldverlauf haben Unsymmetrien innerhalb eines Systems nahezu keine Auswirkung, weil der Grad der Unsymmetrie extrem klein ist.

Die Existenz von Oberwellen auf der Mittel-, Hoch- und Höchstspannungsebene kann nicht geleugnet werden. Bei einer Messung ist diesem Umstand in besonderer Weise Rechnung zu tragen. Insbesondere wenn es um Überprüfungen zur 26. BImSchV geht, ist lediglich der 50-Hz-Wert von Interesse. Daher sollte auch nur dieser Frequenzanteil erfasst werden (schmalbandiges Filter oder FFT). Wird überdies ein Vergleich mit Stromwerten des Betreibers vorgenommen, so ist darauf zu achten, dass die Stromwerte ebenfalls nur die 50-Hz-Komponente aufweisen. Eine breitbandige Messung führt zu überhöhten Werten (für 50 Hz). Eine schmalbandige Messung, welche mit breitbandigen Stromwerten hochgerechnet wird, liefert im Endergebnis in jedem Fall zu kleine Werte.

Windgeschwindigkeit und Erdbodenbeschaffenheit

Der Einfluss der Windrichtung und -geschwindigkeit liegt auf der Hand. Die Leiterseile werden gegenüber ihrer Ruhelage (bei Windstille) ausgelenkt. Im einfachsten Fall verschiebt sich der gemessene Verlauf um den Betrag der Auslenkung (über Grund) nach der einen oder anderen Trassenseite. In wenigen Ausnahmefällen führt die recht seltene Drehung der Windrichtung während der Messung zu gestauchten bzw. gedehnten Feldverläufen. Mit der Leiterseilablenkung geht selbstverständlich eine Höhenänderung einher. Diese bewirkt gegenüber dem ruhenden Zustand prinzipiell niedrigere Feldstärkewerte. Das Mitführen eines Windsensors o.ä. ist daher sinnvoll und gemäß LAI-Hinweisen (Abschnitt 5.3) auch erforderlich. Bei der Anwendung ist jedoch zu beachten, dass die Windrichtung und -stärke sinnvollerweise etwa in Höhe der Leiterseile erfasst werden sollte und nicht in Bodennähe.

Die Luftfeuchtigkeit wirkt sich direkt auf die elektrische Feldstärke aus. Dies rührt daher, dass die Kombination aus Leiter-, Erdseilen, Erdboden, Bewuchs und Bebauung als eine komplexe Verschaltung von Kondensatoren angesehen werden kann. Die resultierenden Feldstärken sind direkt mit den Kapazitäten verknüpft. Diese sind allerdings eine Funktion der Dielektrizitätskonstanten, in welche die Luftfeuchtigkeit als Faktor mit eingeht.

Die Beschaffenheit des Erdbodens (vor allem dessen spezifischer Widerstand ρ_E) wirkt sich auf die magnetische Flussdichte aus. Auf den Verlauf der elektrischen Feldstärke hat er nahezu keinen Einfluss. Zum Verständnis dieses Mechanismus sei darauf hingewiesen, dass man sich das Drehstromsystem modellhaft mit in einer bestimmten Tiefe (Eindringtiefe δ) befindlichen Rückleitern im Erdreich vorstellen kann. Die Eindringtiefe beträgt bei typischen ρ_E-Werten von 50 Ωm und einer Wechselstromfrequenz von 50 Hz gemäß Gleichung (7.1) 658 m. Bei einer Änderung des Untergrundes, ändert sich aber auch die Eindringtiefe. Bei den extrem feststellbaren Werten der Bodenleitfähigkeit im Bereich von etwa 5 Ωm (Moorböden) bis 3000 Ωm (Granit) ergibt sich mit

$$\delta = 658\,\text{m}\sqrt{\frac{\rho_E/\Omega\text{m}}{f/\text{Hz}}}, \qquad (7.1)$$

dass die Eindringtiefen von ca. 200 m bis zu 5000 m reichen.

Da die Erdströme in der gleichen Größenordnung liegen, wie die eigentlichen Leiterströme, ist ihr Einfluss auf die Felder in unmittelbarer Nähe der Freileitung äußerst gering.

Ermittlung der Auslastung einer Freileitung

Hier stellt sich zunächst die triviale Frage, wie man überhaupt zum Zeitpunkt der Messung an die Auslastungsdaten herankommt. Ein probater Weg ist in jedem Fall, *vor* dem eigentlichen Messtermin mit dem entsprechenden Betreiber (zumeist ein EVU) der Freileitung in Kontakt zu treten und ihn um Mithilfe bei der Messung zu bitten. Welches EVU ist aber für die zu untersuchende Leitung verantwortlich? Hier wendet man sich am besten an die regionalen Versorgungsbetriebe (Stadtwerke etc.). Dort erhält man in vielen Fällen eine Auskunft über den Betreiber der Leitungen.

In der Regel sind dessen Mitarbeiter kooperativ und sicher gerne bereit, die notwendigen Daten zu übermitteln. Möglicherweise muss der Messtechniker, der noch keine Kontakte zu direkten Ansprechpartnern geknüpft hat, als alternativen Weg zunächst die Messung mit Führungskräften (Betriebsleiter von Umspannwerken etc.) der EVU besprechen. Dort erfährt man dann recht schnell, ob und wie eine Datenübermittlung möglich ist. Als sehr sinnvoll hat sich dabei in einigen Fällen auch die Mithilfe des beauftragenden Kunden herausgestellt. Unter Umständen kann er der Notwendigkeit eines Informationsaustausches zwischen Messtechniker und EVU zusätzlich Nachdruck verschaffen.

Als Vorabinformation benötigen die Betreiber meistens die Mastnummern (als Schild am Mast direkt angebracht) oder entsprechende Flurnummern des Katasterplanes. Zusätzlich kann es

7.3 Messungen im Niederfrequenzbereich

von Vorteil sein, sich mit den zuständigen Mitarbeitern der Betreiber ganz konkret auf eine bestimmte Orientierung im Gelände zu verständigen oder ortsspezifische Einzelheiten mitzuteilen. Damit wird eine eindeutige Zuordnung zwischen Auslastungsdaten und am Mast befestigten Systemen gewährleistet.

Am Tage der Messung müssen dann vor Ort - respektive unter der Leitung - beim entsprechenden Betreiber die Auslastungsdaten erfragt und mit der Uhrzeit versehen dokumentiert werden. Die Übermittlung der Daten ist aber nur dann sinnvoll, wenn genau zu diesem Zeitpunkt auch entsprechende Messwerte des elektrischen und magnetischen Feldes festgehalten werden. Nur so kann eine eindeutige Verknüpfung von Belastungs- und Messdaten vorgenommen werden. Im Hinblick auf eine mögliche Hochrechnung von gemessenen auf maximal zu erwartende Werte ist diese Vorgehensweise mithin absolut notwendig.

Nebenbei bemerkt sollte man bei dem ganzen Procedere daran denken, dass die Mitarbeiter des involvierten EVUs, welche die gewünschten Werte per Telefon durchgeben, meistens in einer Steuerwarte sitzen und viele wichtige Überwachungsaufgaben wahrnehmen. Als Empfehlung gilt daher, sich in den Gesprächen mit den betreffenden Personen kurz zu fassen und auf den Austausch der wesentlichen Informationen zu beschränken.

In einigen Fällen kann es vorkommen, dass - aus welchen Gründen auch immer - eine direkte Übermittlung der Auslastungsdaten zum Messzeitpunkt nicht möglich ist. Dies kann ganz triviale Ursachen haben wie beispielsweise ein Funkloch (vor allem in ländlichen Gebieten), welches die Benutzung eines Mobiltelefons unmöglich macht. Dann sollte man darauf dringen, vom EVU einen möglichst detaillierten Ausdruck über die protokollierten Betriebsdaten während der Messung zu erhalten. Die Erfassung betriebsrelevanter Daten ist je nach EVU verschieden. In den meisten Fällen wird lediglich ein Mittelwert mitprotokolliert, der typischerweise aus der Auslastung während einer halben oder viertel Stunde gebildet wird. Oftmals ist aber selbst das nicht möglich, sondern man kann höchstens auf Tagesmittelwerte zurückgreifen.

Für das Ablesen längerfristiger Trends ist dies sicher ein geeigneter Wert. Für den EMVU-Messtechniker stellt der Mittelwert jedoch eine denkbar unbrauchbare Größe dar. Er benötigt vielmehr den tatsächlichen Stromfluss zu einem ganz bestimmten Zeitpunkt, um seine Messdaten richtig einordnen zu können.

Einzige Alternative zur Mittelwertbildung wäre ein exaktes Festhalten zeitlich genau bestimmter Stromflüsse in der Leitwarte, welche dann später mit zum gleichen Zeitpunkt gemessenen Werten in Verbindung gebracht werden können. Dies setzt jedoch in jedem Fall einen sehr genauen Gleichlauf der Uhr in der Leitwarte und der Uhr des Messtechnikers voraus. Die Methode der tatsächlich gleichzeitigen Erfassung von Stromfluss und Feld unter der Leitung via Mobiltelefon erscheint da sicherer.

Wenn dennoch der Weg einer Protokollierung durch das EVU beschritten werden soll und eine exakte Erfassung mit Zeitstempel möglich ist, so sind die für den Messtechniker interessanten Zeiten selbstverständlich *vor* der Messung mit dem EVU abzustimmen.

Offen ist jetzt noch die Frage, wie groß die Anzahl der Messwerte ist, die man mindestens aus der Leitwarte benötigt - oder anders ausgedrückt - wieviele Anrufe man während einer Messung vornehmen muss. Hier lautet die Antwort, dass prinzipiell ein einziger Anruf genügt, um eine Zuordnung zwischen Messwerten und Auslastungsdaten zu erhalten.

Da sich jedoch die Messung unter einer Hochspannungsfreileitung über eine gewisse Zeit erstreckt (typisch ca. 1 - 2 h nach dem weiter unten beschriebenen Verfahren) und sich dabei auch die Auslastungsdaten signifikant ändern können, empfiehlt es sich, in einem halbstündigen Rhythmus oder noch kürzer, aktuelle Auslastungsdaten einzuholen.

Besonders wichtig ist dies bei Leitungen, die im sogenannten gepulsten Betrieb gefahren werden. Solche Anordnungen findet man etwa bei der Versorgung von Stahlwerken, die nur für bestimmte - zumeist leider zufällig verteilte - Zeiten Energie beziehen. Den gepulsten Betrieb kann man auch durch die geschickte Auswertung einer Dauermessung erkennen.

Der denkbar ungünstigste Fall ist, wenn keine zeitgleiche Datenübermittlung möglich ist und in der Leitwarte keine Möglichkeit besteht, Auslastungswerte zu bestimmten Zeitpunkten zu protokollieren. Für den Messtechniker bleibt nun die Frage, wie er seine Messwerte dennoch richtig einordnen kann. Hierzu bietet sich in jedem Fall der Einsatz eines Referenzmessgerätes an (siehe Dauermessung). Darüber hinaus haben *Weiß* und *Leiß* zur Lösung des Problems ein Verfahren beschrieben, mit dessen Hilfe aus den Daten einer Messung, Informationen über den Auslastungszustand und die Phasenanordnung der Freileitung gewonnen werden können.

Bestimmung der Messebene

Grundsätzlich müssen bei Messungen zwei verschiedene Varianten unterschieden werden. Zum einen gibt es solche, bei denen die bestimmende Geometrie grob ermittelt wird und zum anderen solche, bei denen eine hinreichend exakte vermessungstechnische Begleitung mit einhergeht. Untersuchungen zu diesem Thema haben gezeigt, dass insbesondere bei einer nur groben Bestimmung der Geometrie, lokale Fehler in einer Größenordnung von größer 10 % auftreten können. Wo liegt nun das Problem?

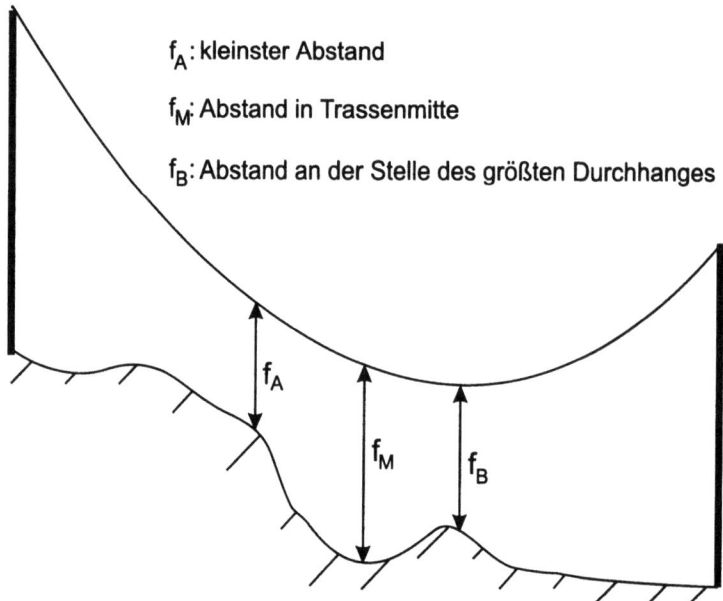

Bild 7-7 Typische Abstände zwischen Bodenprofil und Leiterseil

Hat man es sich etwa zur Aufgabe gemacht, die maximale elektrische Feldstärke unter einer Hochspannungsfreileitung in einem bestimmten Spannfeld bestimmen zu wollen, wenn es also nicht um die Bestimmung der Feldverhältnisse an einem ganz bestimmten vorgegebene Ort geht, so liegt es auf der Hand, dass die maximalen Feldstärkewerte in der Regel an der Stelle

7.3 Messungen im Niederfrequenzbereich

des geringsten Abstandes zwischen Leiterseilen und Erdboden auftreten (Bild 7-7). Verläuft der Erdboden zwischen den beiden - das Spannfeld begrenzenden - Masten eben, so ist die vorher definierte Stelle identisch mit der Spannfeldmitte. In etlichen Fällen ist diese Übereinstimmung jedoch nicht gegeben.

Dies bedeutet, dass man bei der Messung zunächst einmal vor dem geometrischen Problem steht, die Stelle des geringsten Abstandes zwischen Erdboden und Leiterseilen zu finden (Bild 7-7).

Nun kann man der Meinung sein, dass man dieses vermeintlich geometrische Problem rein messtechnisch lösen kann, indem man mit einigen Augenblicksmessungen die Stelle der maximalen Feldstärke bestimmt und dann senkrecht zur Trasse die eigentliche Messebene wählt. Dieses Verfahren ist sicher besser als einfach so drauflos zu messen. Ideal ist jedoch tatsächlich eine Unterstützung durch die Vermessungstechnik.

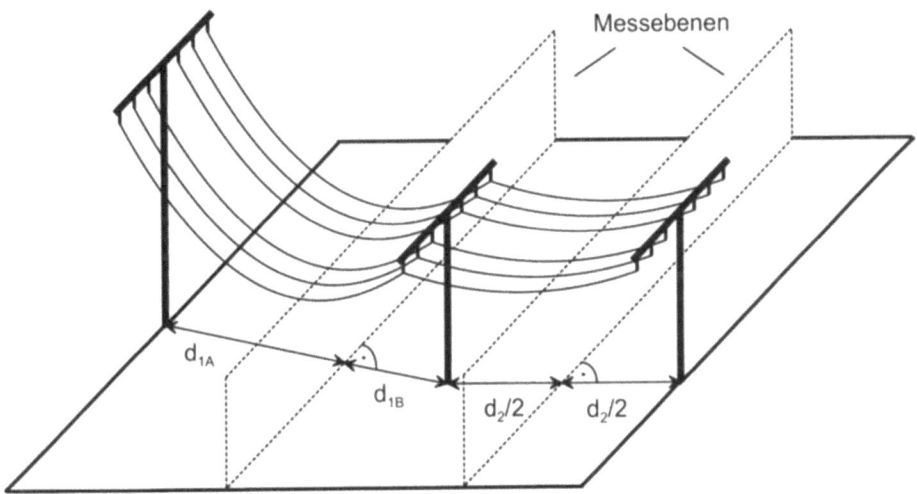

Bild 7-8 Wahl der Messebenen unter einer Hochspannungsfreileitung

Grundsätzlich kann damit die Messebene senkrecht zur Freileitungstrasse beliebig genau bestimmt werden. Bild 7-8 zeigt die unterschiedliche Lage der Messebenen, je nach Art der Trassenführung.

Falls es sich tatsächlich um ein ebenes Gelände handeln sollte, kann die Messebene auch einfach mit einem Messrad durch Ausmessung des Abstandes zwischen gleich hohen Tragmasten und anschließender Halbierung der Entfernung bestimmt werden. Untersuchungen haben jedoch auch hier gezeigt, dass man einen nicht unerheblichen Einfluss auf die Messgenauigkeit bekommt (Unebenheiten im Gelände etc.).

Bestimmung der Messpunkte
Die Frage nach der Lage und der Anzahl der Messpunkte muss unterschiedlich beantwortet werden. Geht es bei der Untersuchung um einen Nachweis nach 26. BImSchV, so sollte eine Messebene senkrecht zur Trassenführung in Spannfeldmitte gewählt werden (Bilder 7-7, 7-8

und 7-9). Die Messabstände sollten nicht größer als der minimale Leiterseilabstand sein. In vielen Veröffentlichungen werden auf der Hochspannungsebene daher Messabstände von etwa 1 - 2 m gewählt.

Für Untersuchungen im Sinne des EMVG ist es vielfach nicht erforderlich, das genaue Profil der Feldverteilung zu ermitteln. Oftmals interessiert man sich nur dafür, ab welcher Entfernung bestimmte Feldstärken oder Flussdichtewerte unterschritten werden. Hierbei sind auch größere Messpunktabstände denkbar.

In jedem Fall aber legt man sich, nachdem die gewünschte Messebene ermittelt wurde, ein Koordinatensystem unterhalb der Trasse fest. Später sollte daraus unbedingt auch die Blickrichtung (etwa: hin zu steigenden oder fallenden Mastnummern) hervorgehen. Es ist vorteilhaft, den Ursprung in die Trassenmitte (d.h. in die Ebene der Masten) zu legen. Die Messwerte werden dann in positive und negative x-Richtung abgetragen.

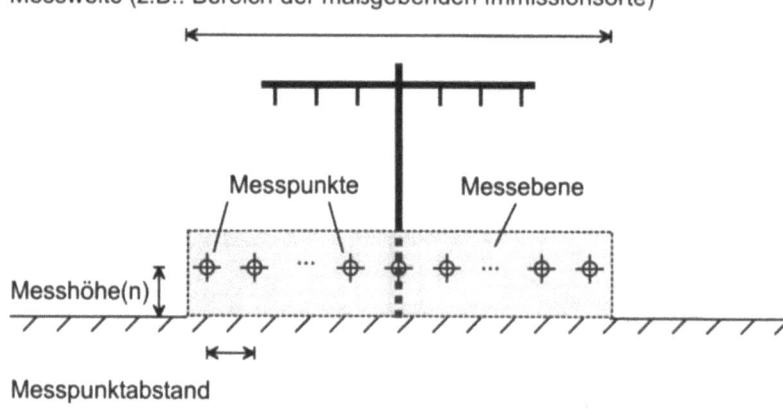

Bild 7-9 Wahl der Messpunkte in der Messebene

Die Bestimmung dieser Trassenmitte ist allerdings ähnlich schwierig wie das Auffinden eines Punktes der Messebene. Prinzipiell bietet sich hier sicher die Methode des scharfen Hinsehens an, indem man beispielsweise eine Peilung von Mast zu Mast über das Messgerätestativ vornimmt. Besser ist aber wieder der Einsatz vermessungstechnischer Hilfsmittel.

Im nächsten Schritt muss der Frage nachgegangen werden, wie man die einzelnen Messpunkte legen kann und wie man sicherstellt, dass man sich bei den Messungen tatsächlich noch in der Messebene befindet. Prinzipiell ist diese durch zwei Punkte und ihre Orientierung festgelegt. Spannt man zwischen den beiden Punkten etwa ein Seil, so ist die Ebene gewissermaßen fixiert. Problematisch bei einem Seil (etwa: Maurerschnur) ist jedoch dessen Durchhang quer zur Messebene. Auch wenn man noch so fest spannt, wird man immer mit einer Dehnung leben müssen.

Bleibt nun noch die Frage, in welchen Abständen man Messwerte erfassen sollte. Die LAI-Hinweise (Abschnitt 5.3) geben für die verschiedenen Spannungsebenen an, bis zu welcher Entfernung zur Trassenmitte maßgebliche Immissionsorte anzunehmen sind (Bild 7-9). Als angemessen hat sich in diesem Streifen eine Rasterung im 2 m Abstand erwiesen.

7.3 Messungen im Niederfrequenzbereich

Messhöhen und das Durchfahren der Messebene

Die Empfehlungen des LAI geben für den Nachweis der 26. BImSchV in inhomogenen Feldern Messhöhen (Bild 7-9) von 0,45 m, 0,9 m und 1,55 m an. In anderen Publikationen (Abschnitt 5.5 und 5.7) werden die Feldstärkewerte in 1 m Höhe über dem Erdboden ermittelt. Nach gefundener Messebene hat sich die Einhaltung des in Bild 7-10 dargestellten Messablaufes für ein rationelles Durchfahren der Messebene bewährt.

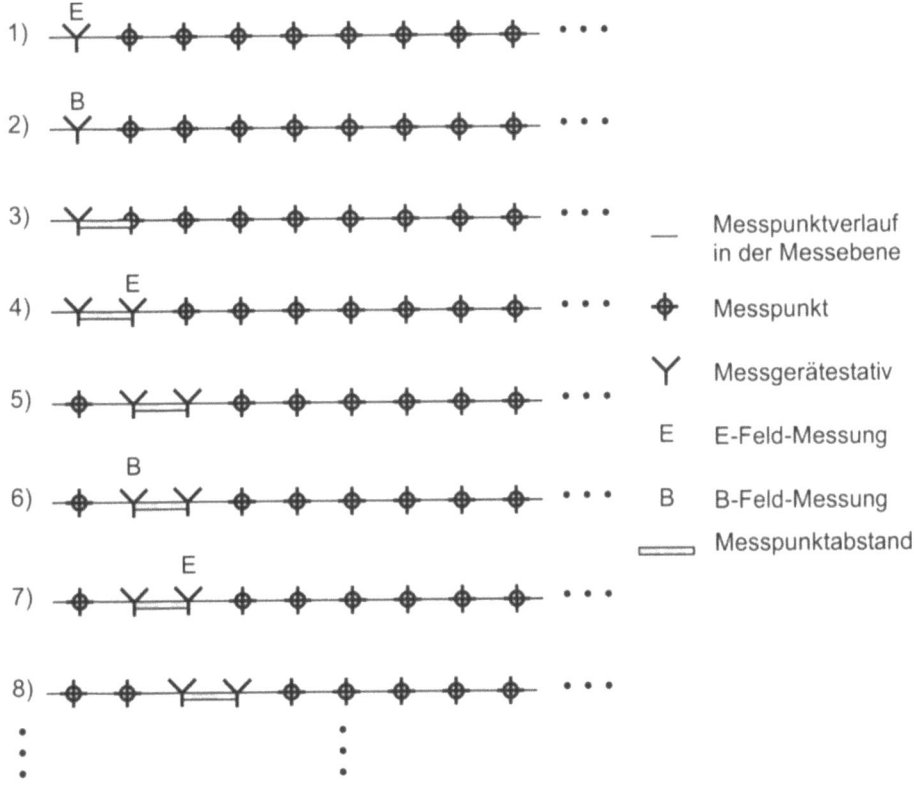

Bild 7-10 Rationeller Messablauf

Verweilzeit am Messpunkt

Hier geht es um die Frage, wie lange an einem Messpunkt verweilt werden sollte. Nun, prinzipiell solange, bis sich ein konstanter Wert der Messgeräteanzeige eingependelt hat. Bei der Ermittlung der elektrischen Feldstärke mag dies noch handhabbar sein. Bei der Erfassung der magnetischen Flussdichte wird man aber damit bestimmt Probleme bekommen, denn in der Regel werden die Werte stark schwanken. Dies ist aber nicht weiter tragisch, wenn man neben den eigentlichen Augenblicksmessungen auch noch eine Dauermessung laufen hat und die Messwerte der Augenblicksmessung mit denen der Dauermessung zeitlich in Einklang gebracht werden können. Von großem Vorteil sind dabei Messgeräte, welche eine manuelle Speicherung mit Zeitstempel erlauben. Damit entfällt das oft mühsame Aufschreiben der Werte vor Ort und die mit dem Aufschreiben, dem Blick auf das Messgerät und die Uhr verbundene Zeitverzögerung und -unsicherheit.

Gesamtaufwand einer Messung

In jedem Fall sollten bei Messungen unter Hochspannungsfreileitungen sowohl die elektrische Feldstärke als auch die magnetische Flussdichte in Dauer- und Augenblicksmessung bestimmt werden. Die Messung kann – bei entsprechender Vorbereitung – nach der oben beschriebenen Vorgehensweise zügig durchgeführt werden. Als Zeitbedarf ist für die Ermittlung vermessungstechnischer Größen ca. eine halbe bis eine Stunde anzusetzen, während die eigentliche Messung in etwa zwei Stunden abgehandelt sein dürfte.

Die Messung sollte grundsätzlich immer von (mindestens) zwei Personen durchgeführt werden. Diese Forderung resultiert nicht etwa nur aus Sicherheitsüberlegungen, sondern ist das Ergebnis von Praxiserfahrungen.

Dauermessung

Im Arbeitsschutz versteht man unter einer Dauermessung oftmals das Aufzeichnen physikalischer Größen über einen Zeitraum von einigen Tagen oder gar Wochen. Bei Hochspannungsfreileitungen soll unter Dauermessung die kontinuierliche Erfassung der elektrischen oder magnetischen Feldgröße über einige Stunden verstanden werden. Bekannt sind in diesem Zusammenhang auch die sogenannten Tageslastkurven. Sie gestatten aber primär nur Aussagen über den Stromverlauf.

Da die Orte, an denen die Untersuchung durchgeführt wird, häufig wechseln und somit keine Möglichkeit einer festinstallierten Messeinrichtung für Feldverläufe vorliegt, wäre es etwa im Hinblick auf Diebstahlsicherheit und Wettereinwirkung sehr schwierig und auch zu teuer, tagelange Messreihen zu fahren. In verschiedenen Studien zur Expositionssituation von Personen wurden und werden auch über einen längeren Zeitraum Felder erfasst. Wenn es jedoch nur darum geht, Messergebnisse aufzubereiten, kann man solchen Langzeitdauermessungen unter Umständen kaum mehr Informationen entnehmen als einer solchen Messung, die sich lediglich über zwei Stunden erstreckt.

Auf die Notwendigkeit einer Dauermessung wurde in den vorangegangenen Abschnitten bereits hingewiesen. Im Folgenden soll nun der Ablauf im Einzelnen dargestellt werden.

Zu Beginn stellen sich dabei gleich mehrere Fragen: Wo sollen welche Werte in welchen Zeitintervallen abgespeichert werden?

Die Antwort lautet: An einem markanten Punkt der Messebene ist die Ersatzfeldstärke des Effektivwertes im kleinstmöglichen Zeitabstand abzuspeichern.

Als markanter Punkt ist in jedem Fall der Koordinatenursprung in Trassenmitte (Bild 7-9) anzusehen. Dieser Punkt hat außerdem den Vorteil, dass bei doppelsystemigen Freileitungen Änderungen der Auslastung in etwa gleichwertig bei der Dauermessung registriert werden. Selbstverständlich können, je nach Ausstattung des EMVU-Messtechnikers, zusätzliche Punkte für eine Dauermessung herangezogen werden. In der Regel ist aber eine einzelne Messung aussagekräftig genug, um Rückschlüsse auf Auslastungsveränderungen ziehen zu können.

Gleichwohl muss erwähnt werden, dass bei einigen Phasenanordnungen genau in Trassenmitte ein lokales Feldminimum vorliegt. In diesen Fällen kann es unter Umständen besser sein, di-

7.3 Messungen im Niederfrequenzbereich

rekt unterhalb der Leiterseile zu messen, da dort die Variation des Feldes bei Auslastungsänderungen signifikanter ausfällt.

Bei Messgeräten mit isotroper Sonde wird typischerweise die Ersatzfeldstärke des Effektivwertes ermittelt. Es handelt sich dabei genau um den Wert, der üblicherweise als Bewertungsgröße für den Personenschutz genannt wird (Abschnitt 6.5).

Bei Messgeräten mit eindimensionaler Sonde sollte diese vorher so ausgerichtet werden, dass die Anzeige maximal wird. Das Messen mit eindimensionalen Sonden kann nur im Bereich der Hochspannungsfreileitungen für die elektrische Feldstärke in Bodennähe toleriert werden. Die immer wieder nachzulesende Empfehlung, die beiden stärksten Raumrichtungen eindimensional zu messen, um daraus eine Abschätzung der Maximalwerte zu erhalten, hat gegenüber der dreidimensionalen Methode gleich mehrere Nachteile. Sie nimmt mehr Zeit in Anspruch, sie stellt höhere Anforderungen an das Geschick des Messtechnikers und letztlich bedingt sie bei diesem ein auch größeres Maß an Geduld.

Der kleinstmögliche Zeitabstand mit dem gemessen werden kann, ist eine Funktion der messgeräteinternen Parameter Signalverarbeitungsgeschwindigkeit, Speicherkapazität und Gesamtmessdauer. Für die Ermittlung des Effektivwertes der Messgröße sollte stets bedacht werden, dass dieser über mindestens eine Periode beobachtet werden muss, bevor man ihn berechnen kann. Bei 50 Hz entspricht eine Periode einer Dauer von 20 ms. Typische Geräte im NF-Bereich ermitteln bei 50 Hz etwa alle 60 ms (entspricht drei Perioden) einen neuen Effektivwert.

Die meisten modernen Messgeräte lassen eine Speicherung im Abstand mehrerer Sekunden zu und besitzen mehrere tausend Speicherplätze. Bei einer realistischen Gesamtmessdauer von etwa zwei Stunden können damit im Abstand von ca. 5 Sekunden Messwerte gespeichert werden. Diese Auflösung genügt, um Lastschwankungen hinreichend genau zu dokumentieren.

Dauermessung und Hochrechnung auf maximale Auslastung

Abschließend muss noch die Frage beantwortet werden, wie die Ergebnisse der Dauermessung überhaupt in die Untersuchung mit einfließen können.

Als interpolierter (da nur zu diskreten Zeiten erfasster) Verlauf dokumentiert diese zunächst einmal sehr anschaulich, wie sich während des Beobachtungszeitraumes die Auslastung des untersuchten Systems geändert hat.

Von größerer Bedeutung ist jedoch die Nutzung dieser Daten, um die in der Messebene ermittelten Werte auf höchste betriebliche Anlagenauslastung umzurechnen. Dazu spricht man auch oft von der Dauermessung als einer sogenannten Referenzmessung, welche am Referenzpunkt $\vec{r}_{ref}$ durchgeführt wird. Der Punkt $\vec{r}_{ref}$ ist zugleich auch ein ganz gewöhnlicher Messpunkt in der Messebene.

Das nachfolgend dargestellte Verfahren ist prinzipiell für Hochspannungsfreileitungen nicht anwendbar, da es mit zu vielen Fehlern behaftet ist. Man wird jedoch immer wieder mit dieser Vorgehensweise konfrontiert, so dass es durchaus sinnvoll ist, sich ihr Prinzip und damit auch ihre Schwächen zu vergegenwärtigen.

Der Einsatz eines Referenzmessgerätes hat - wie bereits erwähnt – eigentlich nur dann einen Sinn, wenn während der Messung mindestens zu einem Zeitpunkt die Auslastung des Systems bekannt ist. Dies kann –wie oben beschrieben – etwa durch funkmäßige Übermittlung von Daten aus der Steuerwarte des entsprechenden EVUs erfolgen.

Unter dem Begriff Auslastung kann man sowohl den Prozentsatz der übertragenen natürlichen oder thermischen Grenzleistung als auch die explizite Angabe der einzelnen Phasenströme verstehen. Besitzt man lediglich Kenntnisse über die transportierte Energie, so ist ein Teil der Information, die im Wissen um die einzelnen Strangströme steckt, verloren.

Wie weiter oben dargelegt wurde, kann man die Unsymmetrie innerhalb eines Systems vernachlässigen. Bei zweisystemigen Leitungen wird man aber nicht davon ausgehen können, dass in beiden Systemen stets die gleiche Energie transportiert wird. Insofern kann man näherungsweise Strangströme und Leistungen immer nur für ein System ineinander umrechnen.

Im Folgenden wird für die magnetische Flussdichte das Verfahren der linearen Hochrechnung für die magnetische Flussdichte beschrieben, welches von einigen EMVU-Dienstleistern bei der Untersuchung von Freileitungen gerne angewendet wird. Nach Ansicht der Autoren ist dieses Berechnungsverfahren zu stark mit Fehlern behaftet, um als eine sinnvolle Alternative zur Simulation zu bestehen.

Die relative Auslastung der gesamten Freileitung ist lediglich zum Zeitpunkt $t = t_{ref}$ ermittelt worden. Sie beträgt $P_r(t = t_{ref})$. Es gilt:

$$P_r(t = t_{ref}) = \frac{P(t = t_{ref})}{P_{max}} \tag{7.2}$$

Außerdem wurde am Referenzort $\vec{r}_{ref}$ eine Dauermessung durchgeführt. Zum Zeitpunkt $t = t_{ref}$ konnte dort der Messwert $B(t = t_{ref}, \vec{r}_{ref})$ registriert werden.

Im ersten Schritt wird mit den Daten der Dauermessung die zeitabhängige relative Momentanauslastung $P_r(t)$ der Freileitung bestimmt.

$$P_r(t) = P_r(t = t_{ref}) \cdot \frac{B(t, \vec{r}_{ref})}{B(t_{ref}, \vec{r}_{ref})} \tag{7.3}$$

Hinter Gleichung (7.3) steckt nichts anderes als eine lineare Interpolation. Man geht einfach davon aus, dass sich eine Auslastungsänderung linear im gemessenen Wert niederschlägt.

An jedem einzelnen Messpunkt $\vec{r}$ kann dann aus den Messwerten $B(t, \vec{r})$ auf die jeweiligen (zeitunabhängigen) Maximalwerte bei höchster betrieblicher Anlagenauslastung hochgerechnet werden, indem $B(t, \vec{r})$ durch die mit Gleichung (7.3) berechnete relative Auslastung $P_r(t)$ dividiert wird.

$$B_{max}(\vec{r}) = \frac{B(t, \vec{r})}{P_r(t)} \tag{7.4}$$

Nebenbei bemerkt setzt dieses Verfahren voraus, dass die Zeitpunkte, an denen einzelne Messpunkte überprüft werden, gleichzeitig auch Messpunkte der Dauermessung sind. Dies ist dann hinreichend genau gewährleistet, wenn etwa im Sekundentakt Werte protokolliert werden und bei den einzelnen Messpunkten jede Messung mit einem Zeitstempel versehen ist.

7.3 Messungen im Niederfrequenzbereich

Beispiel 7-1

Die magnetische Flussdichte wurde am Referenzort $\vec{r}_{ref}$ fortlaufend mit protokolliert. Parallel dazu wird an n Messpunkten $\vec{r}$ (und somit auch zu n Zeitpunkten) der Augenblickswert der magnetischen Flussdichte erfasst.

Zum Zeitpunkt t_{ref} wird außerdem der Wert der relativen Auslastung $P_r(t = t_{ref})$ der Freileitung ermittelt. Er beträgt 40 %. Die magnetische Flussdichte am Referenzort zu diesem Zeitpunkt ist 8 µT. Die Tabelle 7.1 stellt die aus den Gln. (7.3) und (7.4) resultierenden Größen $P_r(t)$ und $B_{max}(\vec{r})$ dar.

Tabelle 7.1 Beispiel für die lineare Hochrechnung bei Einsatz eines Referenzmessgerätes

Zeitpunkt	Messwerte an den Messpunkten [µT]	Werte der Dauermessung [µT]	Tatsächliche Auslastung	$P_r(t)$	$B_{max}(\vec{r})$ [µT]
t_1	2	6	?	0,3	6,7
t_2	3,5	5	?	0,25	14
.	.	.	.	.	.
.	.	.	.	.	.
t_{ref}	8	8	0,4	0,4	20
.	.	.	.	.	.
.	.	.	.	.	.
t_{n-1}	1	1	?	0,05	20
t_n	4	10	?	0,5	8

Die Fragezeichen in der Spalte Tatsächliche Auslastung kennzeichnen den Umstand, dass diese Größe – mit Ausnahme des Zeitpunktes t_{ref} - letztlich unbekannt ist.

Im Idealfall liegt zu jedem Zeitpunkt n eine Information über die Auslastung vor. Man kann dann Gleichung (7.2) direkt benutzen und muss nicht den Umweg über die Daten des Referenzmessgerätes gehen.

Wie aber soll verfahren werden, wenn zu insgesamt i ($i < n$) Zeitpunkten die relative Momentanauslastung $P_r(t=t_i)$ bekannt ist und zudem bei der Referenzmessung die entsprechenden Flussdichtewerte $B(t_i, \vec{r}_{ref})$ erfasst sind?

Welcher dieser i Werte soll für Gleichung (7.3) benutzt werden, um die restlichen $n-i$ Werte $P_r(t)$ zu berechnen?

Wie aus Gleichung (7.4) hervorgeht, beruht die Abschätzung der Maximalwerte auf einer Verhältnisbildung von Mess- zu Auslastungswert.

Aus den einzelnen Werten $P_r(t_i)$ kann durch arithmetische Mittelwertbildung oder Medianbildung ein mittlerer Wert $\overline{P_r}$ berechnet werden. Analog dazu wird aus den Werten $B(t_i, \vec{r}_{ref})$ ebenfalls ein Mittelwert oder der Median $\overline{B(\vec{r}_{ref})}$ gebildet. Die Werte $P_r(t)$ für beliebige Zeitpunkte berechnen sich dann aus Gleichung (7.3), wenn statt $P_r(t = t_{ref})$ der Wert $\overline{P_r}$ und statt $B(t_{ref}, \vec{r}_{ref})$ der Wert $\overline{B(\vec{r}_{ref})}$ eingesetzt wird. Die Umrechnung auf maximale Werte erfolgt – wie gewohnt – mit Gleichung (7.4).

Wie man es aber auch dreht und wendet. Der große Haken am vorgestellten Verfahren ist nach wie vor, dass die Umrechnung linear vorgenommen wird, der tatsächliche Prozess bei Lasterhöhung jedoch nichtlinear ist. Das wäre alles nicht so schlimm, wenn die lineare Umrechnung eine Abschätzung im Sinne des worst-case ergeben würde. Tatsächlich aber kommt bei einer höheren Auslastung nicht nur mehr Strom, sondern eben auch mehr Durchhang hinzu, was zu einer - gegenüber dem nicht hochgerechneten Verlauf - Annäherung zwischen Messpunkt und Leiterseil führt (Bild 7-5). Der damit verbundene Effekt einer überproportionalen Erhöhung der Flussdichtewerte wurde bereits vorher erläutert. Er findet beim beschriebenen Verfahren keinerlei Berücksichtigung.

Es muss daher die Frage erlaubt sein, ob es – allein aus diesem Grund - überhaupt sinnvoll ist, eine Hochspannungsfreileitung rein messtechnisch zu untersuchen.

Eine Antwort darauf könnte die Angabe eines (maximalen) Fehlers sein, der bei Nichtberücksichtigung der Nichtlinearität einzukalkulieren ist. Einen Anhaltspunkt dazu liefert Bild 7-5. Die Maximalwerte der magnetischen Flussdichte (bei ± 10 m) erhöhen sich bei einer Verdopplung der Auslastung von ca. 6 µT auf ca. 13,5 µT, also etwa um das 2,25-fache. Dies bedeutet ein Plus von 12,5 % gegenüber dem linear hochgerechneten Maximalwert von 12 µT. Geht man einmal von den LAI-Vorschriften (Abschnitt 5.3) aus, so wäre ein derart gefundenes Ergebnis sehr kritisch zu betrachten, da allein durch die lineare Umrechnung die Gesamtmessunsicherheit schon größer als die maximal erlaubten 10 % ist.

Weiterhin sollte bei einer Messung mit anschließender Hochrechnung der Einfluss einer ungleichen Belastung der beiden Systeme der Doppelleitung bedacht werden. Unterstellt man einmal, dass bei einer Untersuchung der unsymmetrische Fall nach Bild 7-6 vorliegt, dann ist es grob fahrlässig, aus der Gesamtauslastung der beiden Systeme auf Maximalwerte hochzurechnen. Im Bereich von +10 m wird man eine extreme Fehleinschätzung der Maximalwerte vornehmen.

Abschließend kann daher nur festgehalten werden, dass für Hochspannungsfreileitungen die reine Messung mit anschließender linearer Hochrechnung– ohne Berücksichtigung der Nebeneffekte - kein besonders probates Mittel ist, um die maximalen Feldverläufe exakt zu bestimmen.

7.3.2.3 Die Simulation von Hochspannungsfreileitungen

Die Unterschiede zur reinen Messung

Viele Probleme, welche bei einer Messung auftreten, können bei der Anwendung von Simulationsverfahren verhältnismäßig einfach mit einbezogen werden. Die Vorgehensweise bei einer Berechnung oder Simulation erscheint überdies auf den ersten Blick recht simpel:

Man besorgt sich alle simulationstechnisch relevanten Daten der Freileitung, gibt diese in ein Berechnungsprogramm ein, legt eine bestimmte Ansicht fest, startet die Simulation und erhält die Feldverteilung. Überdies kann man im Gegensatz zur Messung relativ einfach verschiedene Betriebsfälle durchspielen.

Nun, ganz so trivial und einfach wie hier geschildert ist eine Simulation nun auch wieder nicht. Für eine korrekte Berechnung benötigt man stets exakte Angaben über die Aufhängepunkte

7.3 Messungen im Niederfrequenzbereich

(Trag- oder Abspannmast?) der Leiter- und Erdseile über Erde, die Phasenbelegung, das Seilmaterial, die Abstände der Seile vom Erdboden (ideal: Bodenprofil), Angaben zur Berechnung des Durchhanges, Temperatur, Erdbodenwiderstand sowie allgemeine Betriebsdaten (Auslastung etc.).

Sind schließlich alle Daten beschafft, so bleibt die Frage, wie diese Informationen im Simulationsprogramm aufbereitet und weiterverarbeitet werden. Bei Hochspannungsfreileitungen interessieren im Gegensatz zu Erdkabeln oder Trafostationen (Abschnitt 7.3.3) sowohl die elektrischen als auch die magnetischen Felder. Für die elektrischen Felder nutzen moderne Softwaretools das Ersatzladungsverfahren und für die magnetischen Felder kommt das Biot-Savart-Gesetz zur Anwendung, welches sich insbesondere für Feldberechnungen bei großen Leiterabständen anbietet. Letztlich eignen sich die beiden genannten Verfahren sehr gut für eine echte dreidimensionale Feldberechnung (Abschnitt 6.7) – soweit diese nötig ist.

Geometrieerfassung

Wie teilweise auch schon bei der Messung steht man hier vor dem Problem, wie man sich die entsprechenden Daten beschaffen kann.

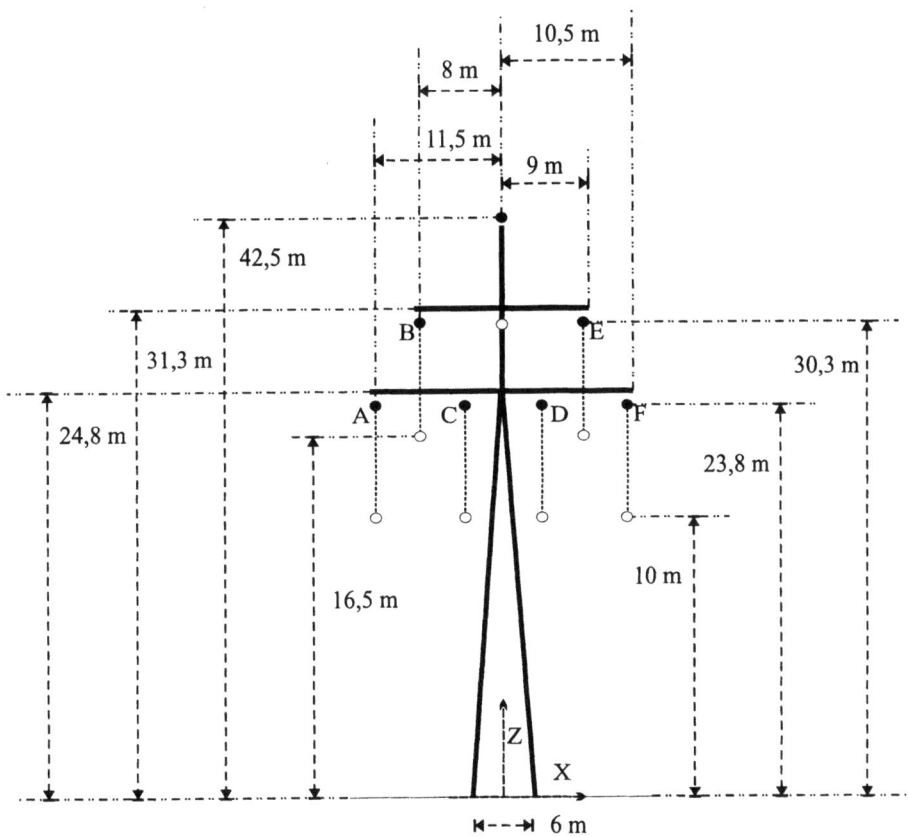

Bild 7-11 Mastbild Donau mit den simulationstechnisch relevanten Geometriedaten

Pläne über die einzelnen Freileitungen erhält man beim Betreiber der Freileitung. Grundsätzlich kann man daraus alle relevanten Geometriedaten entnehmen. Nun muss man aber bedenken, dass in Deutschland schon seit längerer Zeit kein Freileitungsbau im großen Stil mehr stattgefunden hat, da der Bedarf für eine Erweiterung einfach nicht gegeben ist. Die bestehenden Verbund- und Verteilnetze sind zu einem großen Prozentsatz in den 60er und 70er Jahren errichtet worden. Seitdem sind nur noch ganz sporadisch neue Anlagen entstanden bzw. Erweiterungen erfolgt.

Dies bedeutet, dass die Pläne, die man von den EVUs bekommen kann, im Schnitt ca. 25 Jahre alt sind. Bauliche oder landschaftliche Veränderungen sollten zwar in den Unterlagen festgehalten werden. Vielfach existiert aber einfach kein aktueller Plan und er ist, da oftmals nicht nur das EVU involviert ist, auch nicht kurzfristig zu besorgen.

Eines der Probleme ist beispielsweise, dass man in älteren Plänen häufig noch Freileitungen der Mittelspannungsebene vorfindet, die mittlerweile als Erdkabel ausgeführt sind oder gar komplett abgebaut und teilweise andernorts verlegt wurden.

Man braucht sich demnach nicht der Illusion hinzugeben, dass man allein aus den Unterlagen der EVUs alle simulationstechnisch relevanten Daten ablesen kann. Überdies sollte man sich auch nicht unbedingt darauf verlassen, dass die Pläne dem neuesten Stand entsprechen. Bewährt haben sich in dem Zusammenhang selbst erstellte Mast- und Spannfeldschemata (etwa Bild 7-11), die man zur Orientierung vor Ort benutzen kann. Die Gefahr, dass man beim Vermessen der Geometrie relevante Daten vergisst, wird damit geringer.

Sinn und Zweck eines Ortstermins

Man sollte in jedem Fall davon Abstand nehmen, eine Freileitung rein nach Plänen und telefonischen Auskünften zu beurteilen (simulieren). Eine Ortsbesichtigung ist stets in die Untersuchung mit einzubeziehen. Gegebenenfalls kann diese mit einer Übersichtsmessung zur Detektion eventueller weiterer Feldquellen sowie mit der Erfassung der Bodenleitfähigkeit bzw. -beschaffenheit noch ergänzt werden. Nebenbei können auch für die Illustrierung eines Prüfberichtes aussagekräftige Fotos geschossen werden. Der Ortstermin sollte allerdings frühestens nach einer ersten Sichtung der Lagepläne erfolgen. Dadurch können direkt vor Ort bereits Änderungen in den Unterlagen erkannt und eingetragen werden.

Bestehen dennoch Zweifel an der Richtigkeit der bis dahin bekannten Angaben, bleibt schließlich als letzter Ausweg nur noch eine vermessungstechnische Verifizierung der Geometriedaten. Man mag nun der Meinung sein, dass ein derartiger Aufwand des Guten zuviel ist. Allerdings sollte man bedenken, dass es einem EMVU-Dienstleister gut zu Gesicht steht und es für ihn eigentlich eine Selbstverständlichkeit sein sollte, eine von Betreiberangaben unabhängige Untersuchung durchzuführen.

Die Verdrillung bei Hochspannungsfreileitungen

Die im Bereich von Hochspannungsfreileitungen eingesetzten Drehstromsysteme sind durch drei jeweils um 120° gegeneinander phasenverschobene Spannungen gekennzeichnet. Je nach der Art der Anordnung in einem Leitungsabschnitt spricht man von einer bestimmten Verdrillung der Leitung, welche klassischerweise durch griechische Buchstaben gekennzeichnet wird. Die aus dem Freileitungsbau bekannte Verdrillung wird im Bereich der Feldverteilung jedoch einer gewissen Neudefinition unterzogen. Nach herkömmlichem Verständnis unterscheidet dieser Begriff lediglich die Art der Änderung der Leiterseilanordnung. Im Folgenden sollen

7.3 Messungen im Niederfrequenzbereich

unter Verdrillungsart alle diejenigen kombinatorisch möglichen Phasenanordnungen zusammengefasst werden, die einen gleichen Feldverlauf gemeinsam haben. Dass dies überhaupt so ist, resultiert aus der Relativität der Phasen zueinander.

Bei einem einzelnen Dreiphasensystem (etwa eine 20-kV-Freileitung im ländlichen Raum) gibt es insgesamt sechs mögliche Anordnungen der Phasenbelegung der drei Leiterseile. Nun könnte man der Meinung sein, dass sich daraus – bei sonst gleichen Parametern - auch sechs verschiedene Feldverläufe ergeben. Tatsächlich sind jedoch alle möglichen Verläufe völlig identisch.

Bei einem Drehstromdoppelsystem (etwa eine 220-kV-Doppelleitung auf einem Donaumast) ergeben sich durch die Kombinatorik 36 denkbare Phasenbelegungen. Spielt man alle Varianten mit einem Berechnungsprogramm durch, so erhält man sechs unterschiedliche Feldlinienverläufe. Jedem dieser Verläufe sind genau sechs mögliche Phasenkombinationen zugeordnet.

In Anlehnung an *Bauhofer* oder *Weiß* und *Leiß* bilden bestimmte Gruppen von Phasenbelegungen ein sogenanntes Verdrillungsschema. Die einem Verdrillungsschema angehörenden Phasenkombinationen haben einen einzigen Feldlinienverlauf gemeinsam. Dies bedeutet, dass ein Verdrillungsschema immer eindeutig mit einem Feldlinienverlauf einhergeht und umgekehrt.

Folgende Fragen sind nun für die Simulation von Interesse.

- Welchen Einfluss haben die Verdrillungsschemata auf die Simulation?
- Gibt es eine Gesetzmäßigkeit, die bei mehrsystemigen Anordnungen eine genaue Angabe der nicht nur kombinatorisch möglichen, sondern auch der tatsächlich vorhandenen Feldlinienverläufe gestattet?

Es gibt in der Tat eine Gesetzmäßigkeit, die man - wie nachfolgend beschrieben - herleiten kann. Auf den Einfluss der Schemata wird später eingegangen.

Hat man eine Freileitung mit n Dreiphasensystemen, ergeben sich rein rechnerisch 6^n verschiedene Phasenkombinationen. Geht man von einer bestimmten Phasenkombination aus, gelangt man zu einer weiteren Phasenkombination des gleichen Verdrillungsschemas und somit auch des gleichen Feldverlaufes, indem man für jedes beteiligte Drehstromsystem im jeweils gegebenen Drehsinn die Phasenanordnung ringzyklisch tauscht.

Die unterschiedlichen Feldverläufe rühren daher, dass es unterschiedliche Möglichkeiten gibt, zu benachbarten Leiterseilen (Nachbar = jedes Seil auf dem System) eine andere Phasendifferenz einzunehmen.

Bei einem einzelnen System ($n = 1$) hat jeder Leiter stets zwei Nachbarn, zu denen die Phasendifferenz – unabhängig von der Art der Anordnung und vom Drehsinn – stets konstant ist. Alle sechs möglichen Phasenkombinationen führen zu jeweils ein und demselben Feldverlauf.

Bei einer zweisystemigen ($n = 2$) Leitung ergeben sich durch analoge Überlegung nur sechs unterschiedliche Phasendifferenzbeziehungen.

Für eine Anordnung mit n Dreiphasensystemen ergibt sich für die Anzahl v der möglichen Verdrillungsschemata die Beziehung:

$$v = 6^{n-1} \qquad (7.5)$$

Die Darstellungen in Bild 7-12 zeigen für den Fall einer 220-kV-Doppelleitung in Donaumastkonfiguration die sechs prinzipiell möglichen Verdrillungsschemata und die jeweils dazugehörigen Feldlinienverläufe.

Die Unterschlagung des wichtigen Parameters Phasenanordnung bei der Simulation führt dieselbe ad absurdum. Aus Bild 7-12 geht der prägnante Einfluss auf die Feldverteilung eindeutig hervor. Für den Messtechniker – in seiner Eigenschaft als Anwender eines Simulationsprogramms - bleibt die Frage, wie er sich die Information über die Phasenlage verschaffen kann.

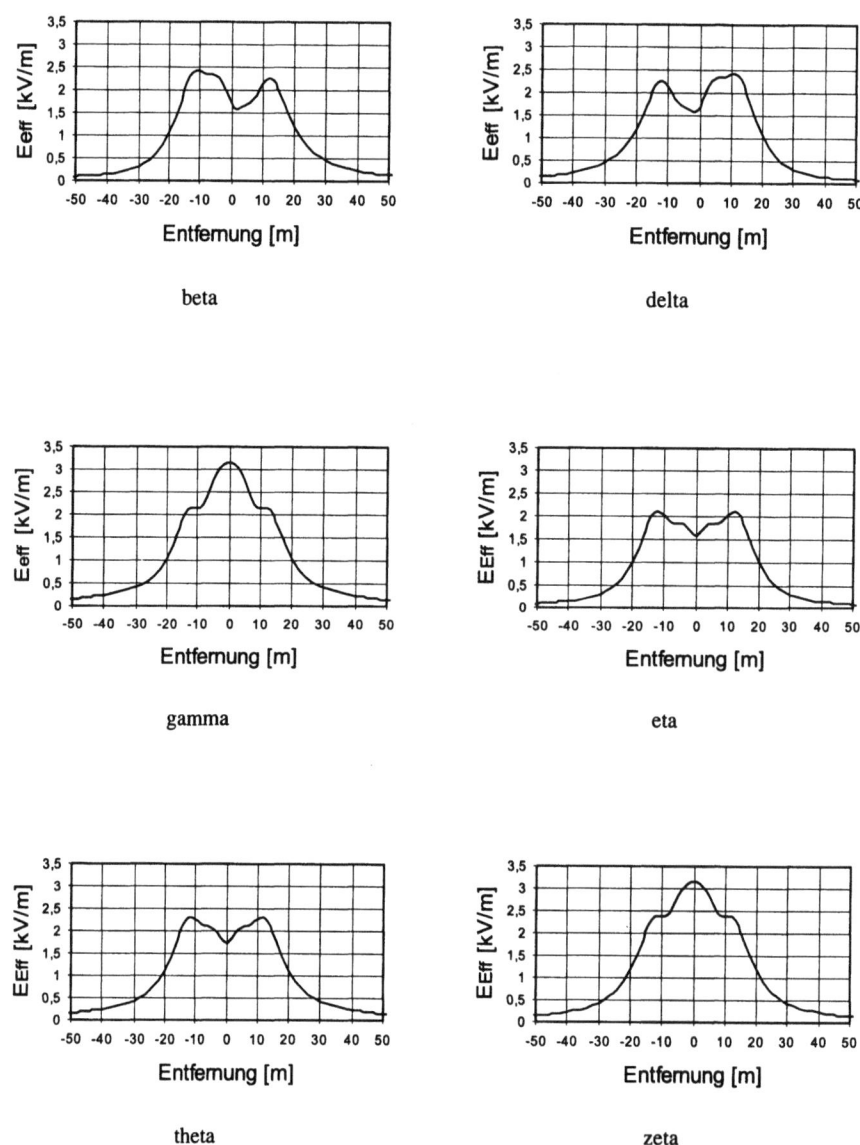

Bild 7-12 Feldverteilungen für den Donaumast in Abhängigkeit von der Verdrillungsart

In einigen wenigen Fällen ist die Phasenlage der Systeme an den Masten in Form von Farbcodes oder durch Klartext angebracht. In der Regel wird man aber auch hier wieder auf die Mitarbeit des EVUs angewiesen sein.

Alternativ dazu könnte man aber auch der Meinung sein, dass für die Simulation die Betrachtung des worst-case ausreichend sei. Für die Berechnung müsste demnach diejenige Anordnung ausgewählt werden, welche die ungünstigste Feldverteilung generiert. Dann müsste allerdings für jede mögliche Systemanordnung die - im Sinne der Feldverteilung - ungünstigste Verdrillungsart bekannt sein.

Außerdem müsste noch definiert werden, was denn überhaupt die ungünstigste Feldverteilung ist. Betrachtet man sich etwa Bild 7-12, so beträgt im Bereich > 0 m bei delta der maximale Wert annähernd 2,5 kV/m. Dies ist mehr als bei Fall beta mit nur ca. 2,25 kV/m. Jedoch liegen ab ca. +20 m bei beta die Feldstärkewerte stets über denjenigen von delta.

In verschiedenen Veröffentlichungen werden daher neben dem maximalen Wert auch Mittelwerte und Standardabweichungen als Vergleichsgrößen berechnet.

Zu welchem Parameter man dabei auch immer gelangt, so kann man dennoch aus den Betrachtungen einen wichtigen Grundsatz ableiten. Wer der Meinung ist, er könnte eine korrekte Simulation ohne die Kenntnis der Phasenlage auf dem System vornehmen, der begeht einen schwerwiegenden Irrtum. Wie die Darstellungen in Bild 7-12 zeigen, können sich lokale Abweichungen von bis zu 50 % ergeben (etwa Fälle zeta und eta bei 0 m).

Ist es nun aus bestimmten Gründen partout nicht möglich, die Phasenlage eines Systemes zu bestimmen, so sei auch an dieser Stelle wieder auf das von *Weiß* und *Leiß* beschriebene Verfahren verwiesen, welches eine messtechnische Erfassung der Verdrillungsart vorsieht. Die Schwierigkeit dabei besteht jedoch darin, einen gemessenen Feldverlauf eindeutig zuzuordnen. Vergleicht man etwa die Bilder 7-2 und 7-12, so könnte der Feldverlauf der unsymmetrischen Belastung aus Bild 7-2, welcher eigentlich von der Verdrillungsart theta generiert wurde, auch von der Verdrillungsart beta bei symmetrischer Auslastung aus Bild 7-12 herrühren. Ohne die Anwendung eines geschickten Untersuchungsverfahrens bleibt demnach das Problem, die während der Messung gewonnenen Daten den tatsächlichen Geometrieverhältnissen zuzuordnen.

Die Frage der Simulationsebenen

Es geht dabei um die trivial erscheinende Frage, wie ein Simulationsergebnis – etwa für die Bewertung oder die Dokumentation – graphisch aufbereitet werden sollte.

Geht es rein um einen Nachweis gemäß 26. BImSchV und folgt man den LAI-Hinweisen (Abschnitt 5.3), so ist eine Isoliniendarstellung oder auch ein 2D-Plot in 1,0 m über dem Erdboden ausreichend. In Anlehnung an die Vorgaben für den messtechnischen Nachweis wäre aber auch die Darstellung in den drei Höhen 0,45 m, 0,90 m und 1,55 m empfehlenswert. Bei inhomogenen Feldern ist sie gewissermaßen Pflicht.

Eine derartige Berechnung lässt sich relativ einfach durchführen bei einer absolut ebenen Geländeform und in einem Spannfeld, bei dem beide Masten gleich hoch sind, respektive die Aufhängpunkte der Leiterseile.

Was aber ist bei einem extrem unebenen Gelände und bei unterschiedlich hohen Aufhängpunkten zu tun?

Eigentlich wünscht man sich in Bild 7-13 eine Feldliniendarstellung in der Hyperebene $z = z_3$ (stets 1 m über dem Boden). Unter Umständen wäre auch eine Darstellung der Fläche $z = z_4$ erstrebenswert, da sie konstanten Abstand zur Freileitung gewährleistet.

Die herkömmlichen Programme bieten als Berechnungsparameter jedoch lediglich die Vorwahl bestimmter Ebenen der kartesischen Koordinatenachsen an (z.B. Plot in der xy-Ebene; z = const.). Letztlich bedeutet dies aber, dass man als Simulationsergebnis tatsächlich den Verlauf in einer Ebene im streng mathematischen Sinne erhält und keinesfalls aber eine Darstellung, die sich an einer Fläche etwa in 1 m Bodenabstand orientiert. Aus Bild 7-13 geht der qualitative Unterschied verschiedener (Simulations-) Flächen hervor. Die Darstellung der xy-Ebene (als 2D-Plot oder Isolinien) bei $z = z_1$ offeriert dem ungeübten Betrachter eine große Informationsfülle und gaukelt Feldverhältnisse vor, die in dieser Form gar nicht vorkommen. Für den Bereich des größten Durchhanges bietet es sich an, die Simulation bei $z = z_2$ durchzuführen.

Mitunter kann es aber auch von Vorteil sein, die Isoliniendarstellung in einer zy-Ebene (x = Stelle des geringsten Abstandes zwischen Leiterseil und Boden) vorzunehmen.

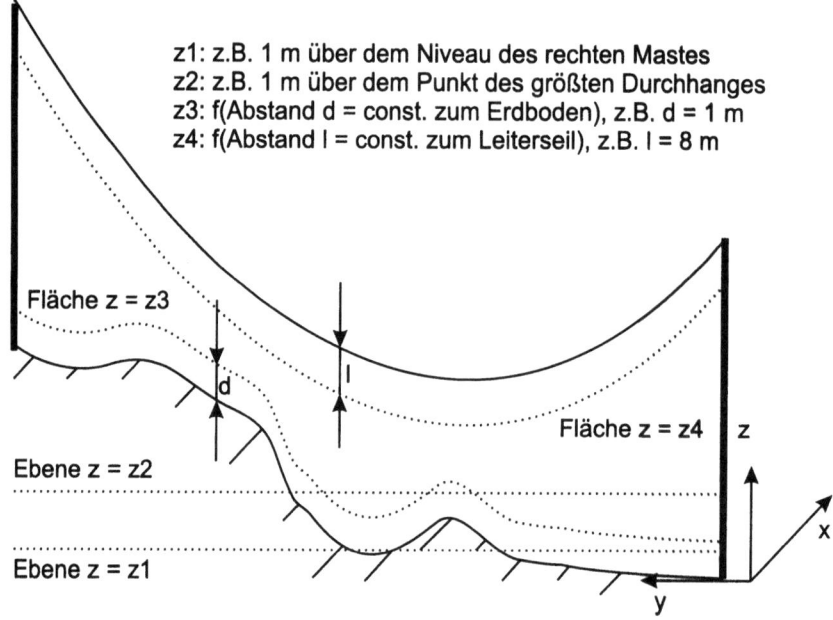

Bild 7-13 Ebenen und Flächen bei einer Simulation

7.3.2.4 Simulation oder Messung bei Hochspannungsfreileitungen

Die Meinung der Autoren zur Frage „Messung oder Berechnung bei Hochspannungsfreileitungen?" lässt sich unter Berücksichtigung der Abschnitte 7.3.2.2 und 7.3.2.3 folgendermaßen zusammenfassen:

7.3 Messungen im Niederfrequenzbereich

- Ist eine Untersuchung an einer Hochspannungsfreileitung nicht ausschließlich durch die 26. BImSchV motiviert (etwa nur im Sinne einer elektromagnetischen Verträglichkeit nach EMVG (Abschnitt 5.13); oder einer reinen Übersichtsmessung), so ist eine mit Sachverstand durchgeführte Messung durchaus sinnvoll und aussagekräftig.
- Der Königsweg für einen Nachweis gemäß 26. BImSchV ist die Simulation in Verbindung mit einer Untersuchung vor Ort.
- Ein messtechnischer Nachweis gemäß 26. BImSchV ist prinzipiell zulässig. Die damit verbundenen Schwierigkeiten bei der praktischen Umsetzung sind jedoch so groß, dass davon abgeraten werden muss.

7.3.2.5 Beispieluntersuchung für eine Hochspannungsfreileitung

Auf dem Grundstück unter einer Hochspannungsfreileitung sind die maximale niederfrequente elektrische Feldstärke und die magnetische Flussdichte zu messen und simulationstechnisch zu bestimmen.

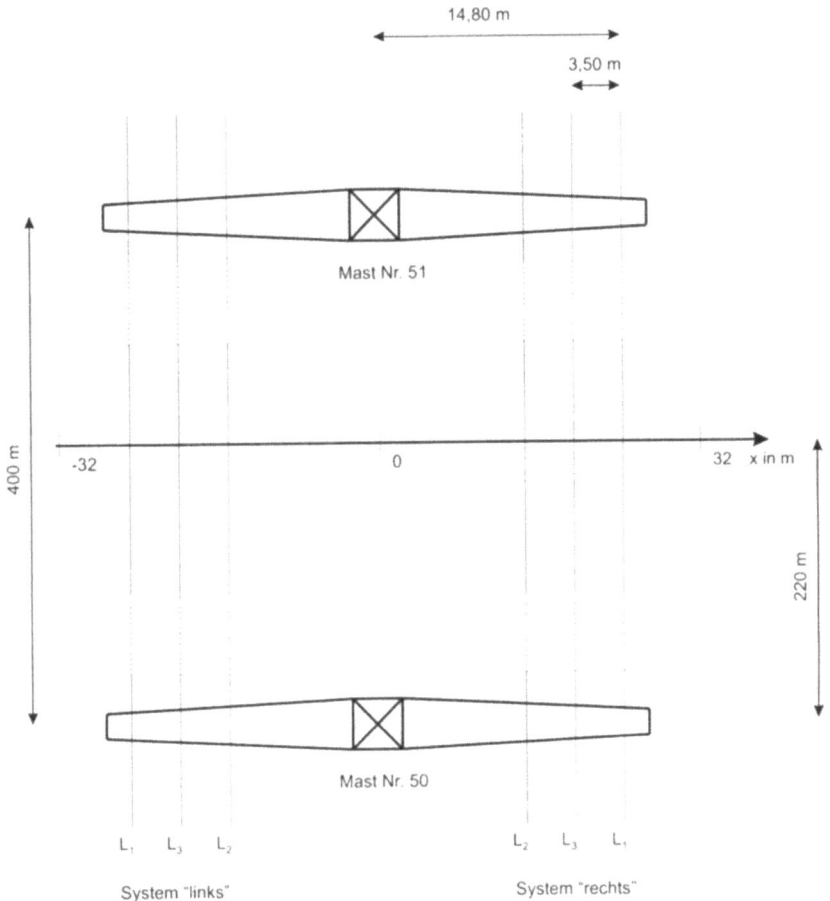

Bild 7-14 Draufsicht und Position der Messgeraden

Das Gelände selbst wird nur als Weidefläche genutzt. Ein Schäfer berichtet von starken Stromschlägen, die er unterhalb der Leitungen an einem mit einem Stahlseil verstärkten mobilen Weidezaun erhalten habe. Die Untersuchung soll zeigen, in welchem Bereich die maximal zu erwartenden Werte der Felder liegen.

Die Freileitung (Bild 7-14 und Bild 7-15) ist als Donaumastanordnung mit zwei 220-kV-Drehstromsystemen (Bündelleiter, Zweierbündel) ausgeführt.

Die eingezeichneten Höhenangaben in Bild 7-15 beziehen sich auf das unterste Leiterseil der Anordnung. Aufgrund der unterschiedlichen Masthöhen im zu untersuchenden Spannfeld ist es nicht ausreichend, in Trassenmitte (hier: jeweils 200 m Abstand zum nächsten Masten) Werte aufzunehmen. Vielmehr ist die Stelle des minimalen Bodenabstandes zu betrachten, Dieser fällt im vorliegenden Fall in etwa mit der Stelle des maximalen Durchhanges zusammen.

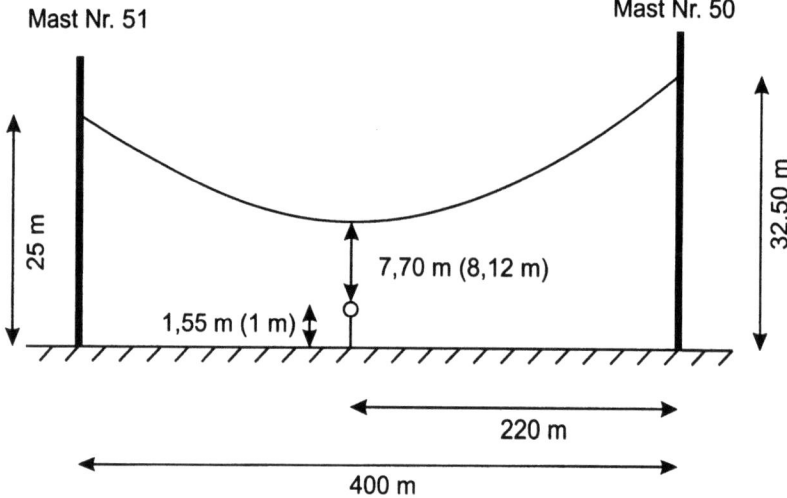

Bild 7-15 Seitenansicht des Spannfeldes bei der Messung (Klammerwerte für die Simulation der Maximalwerte)

Messungen unterhalb der Freileitung

Bei der Messung wird an der Stelle des größten Durchhangs in Trassenmitte ($x = 0$ m) ein Referenzmessgerät aufgestellt, welches im 5-Sekundentakt den 50-Hz-Effektivwert der magnetischen Flussdichte speichert. Die Stelle des maximalen Leiterseildurchhangs wird messtechnisch ermittelt. An dieser Stelle wird die Messgerade gemäß Bild 7-14 senkrecht zur Trassenführung mit Hilfe von mehreren Holzpflöcken markiert. Alle Messwerte werden in einer Höhe von 1,55 m über dem Erdboden aufgenommen.

Im Bereich von -32 m bis +32 m werden im 2-m-Abstand entlang der x-Achse gemäß Bild 7-14 und der Position an der Stelle des größten Durchhanges nach Bild 7-15 die 50-Hz-Effektivwerte der elektrischen Feldstärke und der magnetischen Flussdichte aufgenommen. Die Lage der x-Achse ist so gewählt, dass in Richtung aufsteigender Mastnummern die positive Halbachse rechts von der Trasse liegt. Das Gelände unterhalb der Freileitung ist eben.

7.3 Messungen im Niederfrequenzbereich

Tabelle 7.2 Gemessene magnetische Flussdichte und Auslastungswerte

x in m	Messwert in μT ($= B(t,x)$)	Dauermessung in μT ($= B(t,x_{ref})$)	Auslastung links / rechts in A	$B_{max}(x)$; hochgerechnet in μT
-32	1,0303	3,558		2,76
-30	1,1706	3,642		3,06
-28	1,321	3,57		3,52
-26	1,415	3,58		3,76
-24	1,605	3,58		4,26
-22	1,785	3,631		4,68
-20	2,052	3,611	180 / 785	5,40
-18	2,199	3,505		5,97
-16	2,324	3,45		6,40
-14	2,503	3,407		6,99
-12	2,735	3,442		7,56
-10	2,867	3,436		7,94
-8	3,022	3,538		8,13
-6	3,034	3,563		8,11
-4	2,956	3,437		8,18
-2	3,267	3,57		8,70
0	3,566	3,566		9,51
2	4,011	3,546		10,76
4	4,502	3,562	170 / 820	12,02
6	5,061	3,459		13,91
8	5,697	3,579		15,14
10	5,954	3,538		16,00
12	5,981	3,556		16,00
14	6,303	3,776		15,84
16	6,07	3,776		15,29
18	5,62	3,817		14,00
20	4,928	3,819		12,27
22	4,223	3,789		10,60
24	3,743	3,71		9,59
26	3,219	3,786		8,09
28	2,851	3,806		7,13
30	2,484	3,735		6,33

Die Messgeräte versehen jeden aufgenommenen Messwert mit einem Zeitstempel. Um die verschiedenen Messwerte später zuordnen zu können, wird der Gleichlauf der internen Uhren der beiden Geräte hergestellt. Um Fehler an den Messorten und beim -ablauf gering zu halten, wird die Messreihe mit der Vorgehensweise nach Bild 7-10 ermittelt. Zeitgleich mit der Messung vor Ort werden vom zuständigen EVU die Auslastungswerte mitprotokolliert. Durch einen Abgleich mit den Angaben der Steuerwarte wird eine Synchronisation sämtlicher, am Messvorgang beteiligter, Zeitnehmer gewährleistet.

Zum Vergleich mit den Simulationsdaten werden die gemessenen Flussdichtewerte mit dem in Abschnitt 7.3.2.2 beschriebenen Verfahren der linearen Hochrechnung auf höchste betriebliche Anlagenauslastung umgerechnet.

Beim elektrischen Feld ist vor allem ein Vergleich zwischen den gemessenen und dem sich bei höchster betrieblicher Anlagenauslastung ergebenden Feldverlauf von Interesse. Hierbei wird einfließen, dass zum Messzeitpunkt die zweisystemige Leitung gemäß Gleichung (7.7) nur zu etwa 40 % ausgelastet war.

Die rechte Spalte der Tabelle 7.2 (B_{max}) ergibt sich wie folgt:

Ausgangspunkt ist die sogenannte relative Auslastung, welche sich an den Strömen der beiden Systeme orientiert, die zum Zeitpunkt $t = t_{ref}$ ermittelt wurden. Es gilt:

$$P_r(t = t_{ref}) = \frac{(I_{links}(t = t_{ref}) + I_{rechts}(t = t_{ref}))}{I_{max,gesamt}} \quad (7.6)$$

Man erhält:

$I_{links}(t = t_{ref})$ und $I_{rechts}(t = t_{ref})$ ergeben sich nach Tabelle 7.2. Für $I_{max,gesamt}$ ist das zweifache des maximalen thermischen Grenzstroms (1300 A; Angaben des EVU) eines einzelnen Systems einzusetzen.

Da zu zwei Zeitpunkten die Auslastungswerte vorliegen, wird eine Mittelung vorgenommen. Es gilt:

$$\overline{P_r(t = t_{ref})} = \frac{P_{r,1}(t = t_{ref}) + P_{r,2}(t = t_{ref})}{2} = \frac{0{,}371 + 0{,}381}{2} = 0{,}376 \quad (7.7)$$

Analog werden die zum Zeitpunkt der Auslastungsermittlung gemessenen Flussdichtewerte ebenfalls gemittelt. Mit den Angaben aus Tabelle 7.2 erhält man:

$$\overline{B(t_{ref}, x_{ref})} = \frac{3{,}611 + 3{,}562}{2} \mu T = 3{,}5865 \mu T \quad (7.8)$$

Um nun aus den Werten der Dauermessung $B(t, x_{ref})$ eine Aussage über die Auslastung zum Messzeitpunkt zu erhalten, ist anzusetzen:

$$P_r(t) = \overline{P_r(t = t_{ref})} \cdot \frac{B(t, x_{ref})}{\overline{B(t_{ref}, x_{ref})}} = 0{,}105 \cdot \frac{B(t, x_{ref})}{\mu T} \quad (7.9)$$

Damit können nun die einzelnen Werte $B(t,x)$ auf die Maximalwerte $B_{max}(x)$ mit

$$B_{max}(x) = B(t, x) \cdot \frac{1}{P_r(t)} = B(t, x) \cdot 9{,}524 \cdot \frac{\mu T}{B(t, x_{ref})} \quad (7.10)$$

hochgerechnet werden.

7.3 Messungen im Niederfrequenzbereich

Simulation der magnetischen und elektrischen Felder und Vergleich mit der Messung

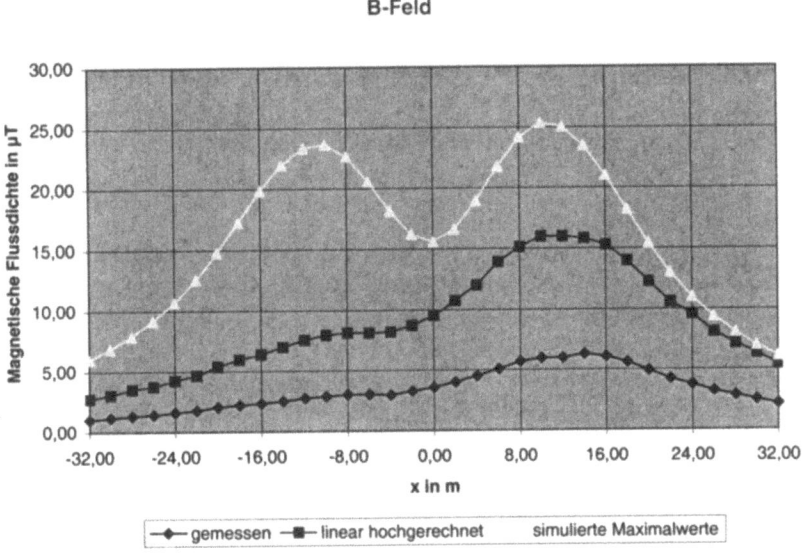

Bild 7-16 Vergleich zwischen Messung und Simulation bei der magnetischen Flussdichte

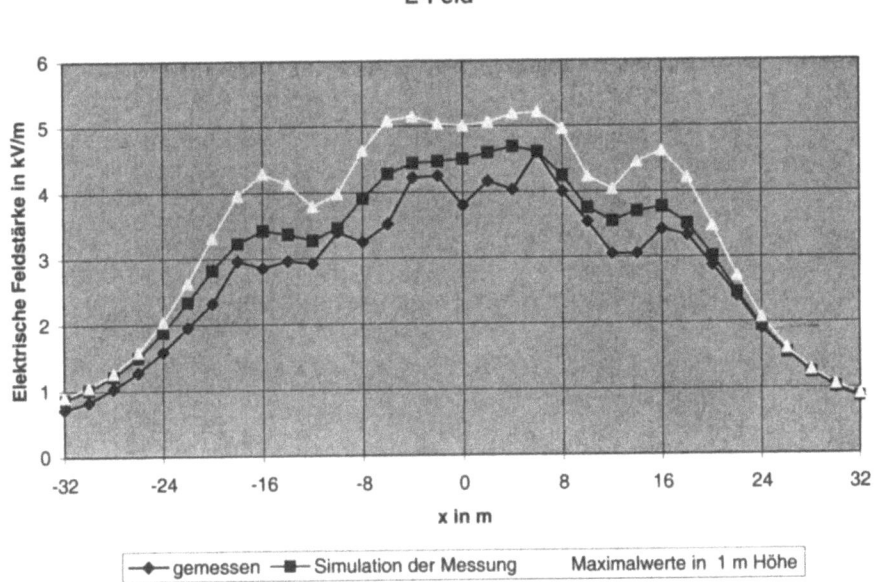

Bild 7-17 Vergleich zwischen Messung und Simulation bei der elektrischen Feldstärke

Ausgangspunkt sind dabei die geometrischen und betriebstechnischen Daten der Bilder 7-14 und 7-15. Man erhält die Verläufe nach Bild 7-16 und 7-17, wobei in beiden Fällen die gemessene Feldstärke bzw. Flussdichte als Vergleichsgröße gleich mit eingetragen ist.

Gemessene, hochgerechnete und simulierte Maximalwerte der magnetischen Flussdichte sind in Bild 7-16 dargestellt. Es zeigt sich dabei einmal mehr, dass die lineare Hochrechnung für Aussagen bezüglich maximaler Flussdichten bei höchster betrieblicher Anlagenauslastung nicht geeignet ist. Die Simulationsdaten ergeben, dass die Grenzwerte der 26. BImSchV etwa um den Faktor 4 unterschritten werden. Direkt unter der Freileitung können jedoch Flussdichten > 20 µT auftreten. Damit wird die Empfehlung der SSK für Träger von Herzschrittmachern überschritten.

Wie zu erwarten, macht sich beim elektrischen Feld (Bild 7-17) bemerkbar, dass bei höchster betrieblicher Anlagenauslastung der Durchhang größer ist als zum Zeitpunkt der Messung. Dementsprechend liegen die Maximalwerte deutlich höher. Eine recht gute Übereinstimmung findet man allerdings zwischen gemessenen und - mit den Daten der Messung - simulierten Feldstärken. Die Simulation ergibt, dass in einer Höhe von 1 m über dem Erdboden der BImSchV-Grenzwert von 5 kV/m an einigen Stellen geringfügig überschritten werden kann.

Sowohl die Messung als auch die Simulation ergeben, dass im direkten Bereich der Freileitung die elektrische Feldstärke Werte von > 2,5 kV/m annehmen kann. Damit wird – wie schon beim magnetischen Feld – die Empfehlung der SSK für Träger von Herzschrittmachern deutlich überschritten.

Die ermittelten elektrischen Feldstärken sind ausreichend hoch, um die von dem Schäfer berichteten Entladungen an leitfähigen Objekten (hier Weidezaun) zu bestätigen. Allgemein werden die durch derartige Wirkungen hervorgerufenen Stromdichten im Körper - bei Feldstärken unterhalb 10 kV/m - als nicht gesundheitsgefährdend angesehen. Gleichwohl können sie aber als Schmerz oder als erhebliche Belästigung empfunden werden.

7.3.3 Trafostation

7.3.3.1 Allgemeines

Trafostationen gibt es schon genauso lange wie Freileitungen betrieben werden. Aus diesem Grund können einige der in Abschnitt 7.3.2 getroffenen Aussagen auch für solche energietechnischen Anlagen uneingeschränkt übernommen werden.

Wenn es nun um die Frage geht, wie man Ortsnetzstationen im Hinblick auf die von ihnen ausgehenden elektrischen und magnetischen Felder zu untersuchen hat, so scheiden sich die Geister. Einziger Trost ist, dass bei Trafostationen das elektrische Feld außerhalb der Station nicht durch energietechnische Anlagen innerhalb der Station beeinflusst wird. Die standardmäßige Einhausung schirmt die im Gebäudeinneren vorkommenden Felder so gut ab, dass man im Außenbereich auf eine Ermittlung derselben verzichten kann. Ausnahmen hierzu sind prinzipiell natürlich dann angezeigt, wenn die Trafostation direkt über Freileitungen gespeist wird.

Die Diskussion über Art und Weise der Behandlung solcher Anlagen wird vor allem im Hinblick auf die Umsetzung der 26. BImSchV (Abschnitt 5.2) teilweise heftig geführt. Einige Experten halten allein die Simulation für den richtigen Weg, um den geforderten Nachweis zu führen. Andere wiederum verweisen mit Recht auf die von den zuständigen Aufsichtsbehörden akzeptierten Nachweise, welche allein auf Messungen und Vergleichen beruhen.

Im Folgenden wird daher erläutert, welche prinzipiellen Probleme bei der Untersuchung von Trafostationen auftreten.

7.3.2 Messung von Trafostationen

Bestimmung der Auslastung während der Messung

Stärker noch als bei der Untersuchung von Freileitungen steht und fällt die Messung von Trafostationen mit der gleichzeitigen Erfassung der Auslastung. Die wesentlichen Komponenten innerhalb einer Trafostation sind neben der Einhausung die Mittelspannungseinspeisung, die Mittelspannungsverteilung einschließlich der Verbindung zum Transformator, der oder die Transformator(en) und schließlich die Niederspannungshauptverteilung (teilweise auch vernetzt ausgeführt) mit den abgehenden Niederspannungskabeln.

Wenn man sich mit einem Messgerät zur Bestimmung der magnetischen Flussdichte in unmittelbarer Nähe oder gar innerhalb der Station befindet, so wird in der Regel die Anzeige sehr stark schwanken. Dies hat seine Ursache darin, dass die EVUs den Lastfluss auf der Niederspannungsseite zumeist nicht steuern können. Er hängt einzig und allein von den angeschlossenen Verbrauchern ab. Während im Hochspannungsnetz schon aus betriebstechnischen Gründen eine symmetrische Auslastung angestrebt wird und diese teilweise auch noch bei der Mittelspannung realisiert werden kann, ist eine Steuerung der Auslastung auf der Niederspannungsseite eher selten und meistens sogar schier unmöglich.

Nun ist es aber gerade die Niederspannungsseite, die den größten Anteil zum niederfrequenten Magnetfeld solcher Trafostationen beiträgt. Schließlich sollte man im Auge behalten, dass es der Stromfluss ist, der die magnetischen Felder erzeugt. Beispielsweise beträgt bei einem 1000-kVA-Transformator idealerweise der Eingangsstrom auf der Primärseite (20 kV) lediglich 29 A, während es auf der Niederspannungsseite 1443 A (etwa Faktor 50) sind.

Bei vielen Untersuchungen an Trafostationen werden die vor allem an älteren Anlagen am Niederspannungsgerüst angebrachten analogen Messgeräte oder Schleppzeiger als Maß für die Auslastung der Station herangezogen. Möglicherweise ergibt sich dabei, dass die Auslastung während der Messung konstant geblieben ist. Dies mag für die Speisung des Niederspannungsgerüstes noch zutreffen. Für die abgehenden Kabel ist diese Annahme jedoch mehr als fraglich.

Während also außerhalb der Station Messpunkt um Messpunkt abgefahren wird, die Anzeige konstant bleibt und eine mehr oder weniger gleichbleibende Auslastung suggeriert, kann sich auf den Abgängen so viel ändern, dass die derart gewonnen Messwerte sicher nicht für eine Bewertung der höchsten betrieblichen Anlagenauslastung zu gebrauchen sind.

Dies rührt daher, dass in der Regel für die Umrechnung der gemessenen Werte das bereits bei den Hochspannungsfreileitungen (Abschnitt 7.3.2) beschriebene Verfahren der linearen Hochrechnung angewendet wird.

Man wird sagen, dass zu einem bestimmten Zeitpunkt t_i die Anlage zu einem bestimmten Prozentsatz ausgelastet ist. Man nimmt überschlägig an, dass idealerweise bei symmetrischer Auslastung vom Transformator gerade die Leistung

$$P(t_i) = \sqrt{3} \cdot 400\,\text{V} \cdot I(t_i) \tag{7.11}$$

abgegeben werde, wobei $I(t_i)$ der Effektivwert eines Phasenstromes ist.

Ausgehend von dieser momentanen Leistung $P(t_i)$ oder dem Strom $I(t_i)$ und dem dazugehörigen Effektivwert der magnetischen Flussdichte $B(t_i, \vec{r})$ an einem beliebigen aber festen Messpunkt $\vec{r}$ wird man dann gemäß

$$B_{\max}(\vec{r}) = B(t_i, \vec{r}) \cdot \frac{P_{\max}}{P(t_i)} \qquad (7.12)$$

linear auf die Feldverhältnisse bei höchster Auslastung hochrechnen. Nichtlineare Zusammenhänge und Einflüsse, wie man sie etwa im Bereich der Freileitungen antrifft, sind hier – infolge der trotz höheren Belastung gleichbleibenden Geometrie – kaum zu erwarten bzw. nicht relevant. Sie treten lediglich in unmittelbarer Nähe der Transformatoren auf.

An dieser Methode ist dennoch vielerlei problematisch. Die Berechnung mit der eingesetzten Leistung mag bei symmetrischer Belastung noch nachvollziehbar sein. Bei symmetrischer Belastung sind die Phasenströme gleich. Was aber ist bei einer unsymmetrischen Belastung zu tun?

Nun, man kann die Unsymmetrie zunächst ignorieren und einfach mit der – auch aus unsymmetrischen Verhältnissen berechenbaren - Leistung weiterfahren. Die Folge hiervon ist eine Art Mittelung der Auslastungsverhältnisse auf den abgehenden Niederspannungskabeln, was dazu führen kann, dass man gegenüber der symmetrischen Belastung die magnetische Flussdichte zu niedrig oder zu hoch zu bewertet. Folgendes Beispiel verdeutlicht dies.

Betrachtet wird eine typische Niederspannungshauptverteilung (NSHV), wie man sie in vielen Ortsnetzstationen vorfindet. Sie wird von einem 630-kVA-Transformator gespeist.

Von der NSHV gehen zehn Mehrleiterkabel ab. Untersucht werden vier verschiedene Belastungsfälle (siehe Tabelle 7.3). Für die Berechnung des Effektivwertes des Neutralleiterstromes siehe weiter unten. Die Phase des Neutralleiterstromes (PEN) beträgt 13,9° (Bild 7-18).

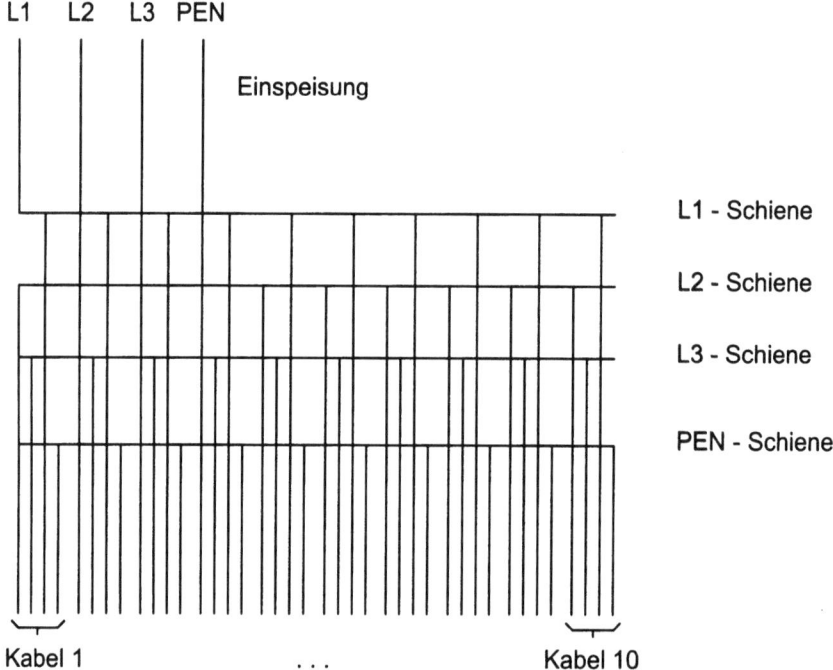

Bild 7-18 Geometrie des Niederspannungsgerüstes (Niederspannungshauptverteilung, NSHV)

7.3 Messungen im Niederfrequenzbereich

Tabelle 7.3 Unterschiedliche Fälle für die Belegung des Niederspannungsgerüstes nach Bild 7-18

Kabel – Nr.	Fall 1 [A]			Fall 2 [A]			Fall 3 [A]				Fall 4 [A]		
	L1	L2	L3	L1	L2	L3	L1	L2	L3	N	L1	L2	L3
1	10	10	10	100	100	100	82,5	55	27,5	49,5	55	55	55
2	20	20	20	90	90	90	82,5	55	27,5	49,5	55	55	55
3	30	30	30	80	80	80	82,5	55	27,5	49,5	55	55	55
4	40	40	40	70	70	70	82,5	55	27,5	49,5	55	55	55
5	50	50	50	60	60	60	82,5	55	27,5	49,5	55	55	55
6	60	60	60	50	50	50	82,5	55	27,5	49,5	55	55	55
7	70	70	70	40	40	40	82,5	55	27,5	49,5	55	55	55
8	80	80	80	30	30	30	82,5	55	27,5	49,5	55	55	55
9	90	90	90	20	20	20	82,5	55	27,5	49,5	55	55	55
10	100	100	100	10	10	10	82,5	55	27,5	49,5	55	55	55
Σ [A]	550	550	550	550	550	550	825	550	275	495	550	550	550
P [kVA]	381			381			381				381		

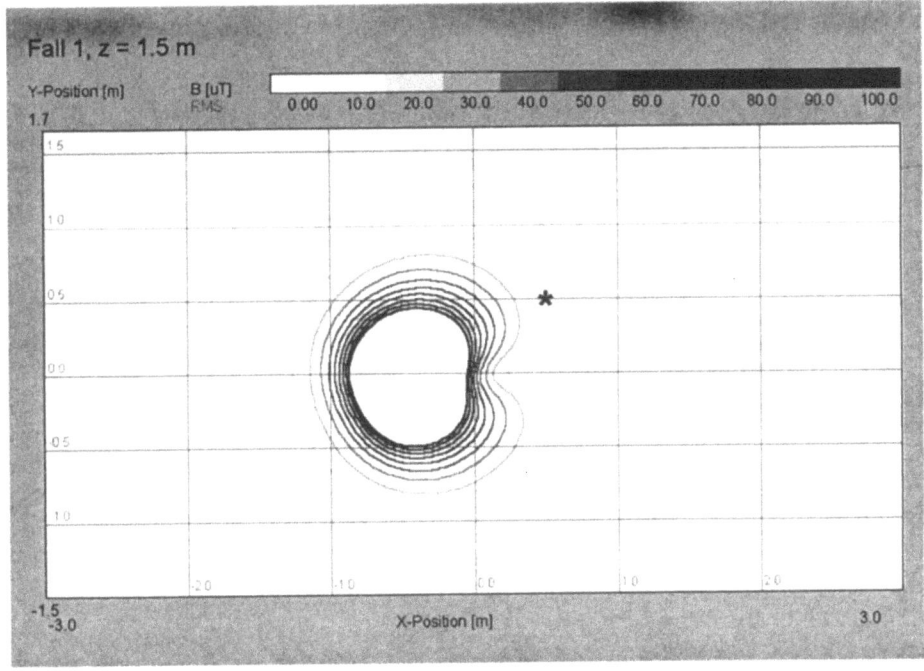

Bild 7-19 Magnetische Flussdichte bei einem Niederspannungsgerüst (Fall 1)

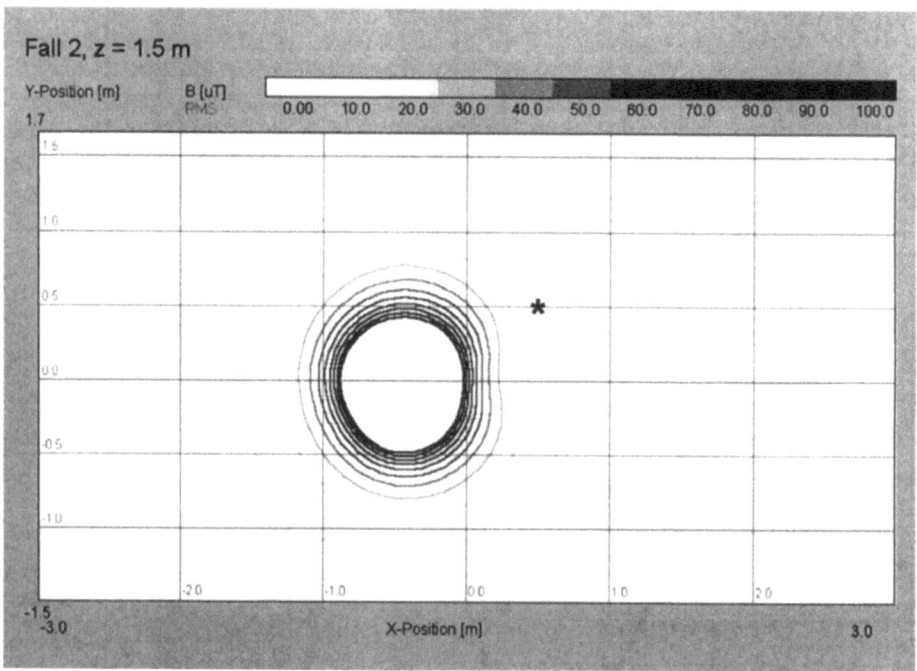

Bild 7-20 Magnetische Flussdichte bei einem Niederspannungsgerüst (Fall 2)

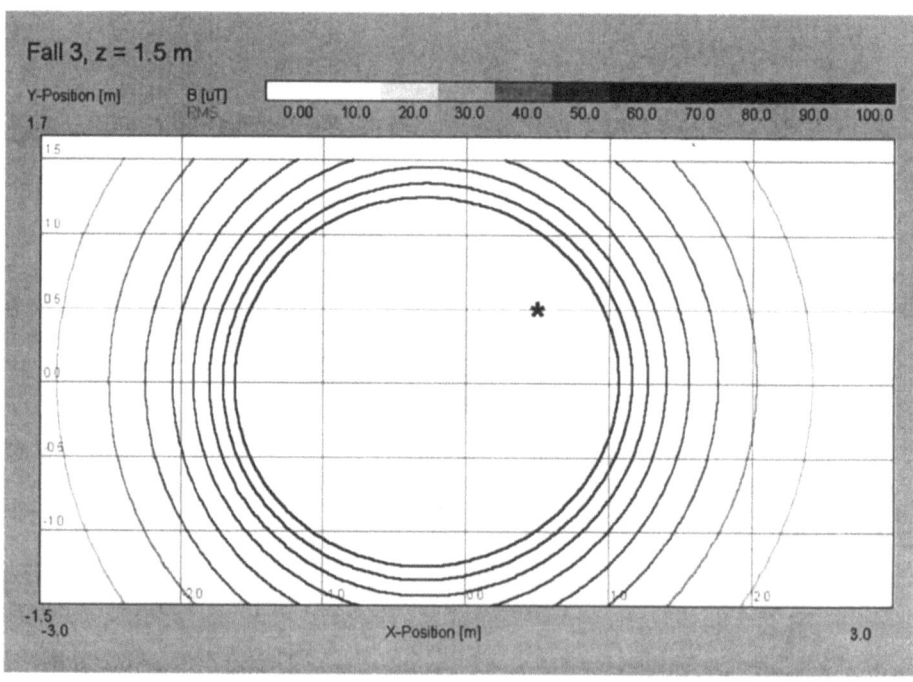

Bild 7-21 Magnetische Flussdichte bei einem Niederspannungsgerüst (Fall 3)

7.3 Messungen im Niederfrequenzbereich

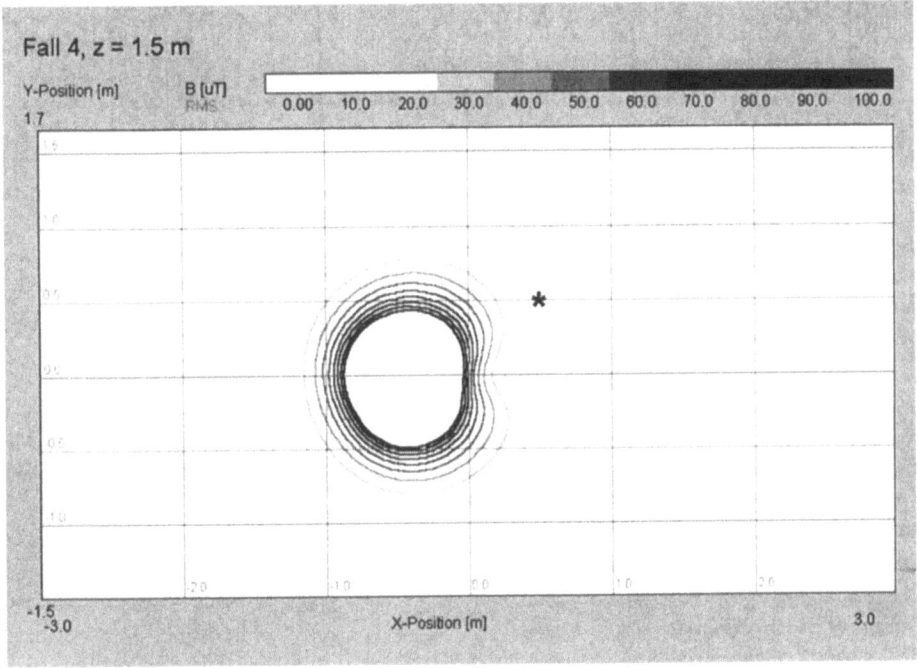

Bild 7-22 Magnetische Flussdichte bei einem Niederspannungsgerüst (Fall 4)

Mit Fug und Recht wird man wohl behaupten, dass der Transformator in allen vier Fällen gleich ausgelastet war. In allen vier Fällen wird an ein und demselben Messpunkt (0,5 m, 0,5 m) in jeweils gleicher Höhe die magnetische Flussdichte bestimmt. Das Ergebnis sind vier verschiedene Flussdichtewerte.

Die Hochrechnung erfolgt mit demjenigen Faktor, welcher sich aus dem Verhältnis der maximalen Leistung zur Leistung während der Messung ergibt.

Der Fall vier stellt die für die Simulation ausgewiesene Gleichverteilung dar. Wie man aus der Tabelle 7.4 leicht erkennen kann, beträgt die Abweichung in diesem Beispiel zu den beiden – ebenfalls symmetrischen Fällen eins und zwei lediglich drei bzw. sechs Prozent des Wertes bei Gleichverteilung. Frappierend wird der Unterschied bei Berücksichtigung einer unsymmetrischen Belastung des Niederspannungsgerüstes.

Tabelle 7.4 Vergleich der Abweichungen an einem Beobachtungspunkt bei Laständerungen

Fall	Messwert in µT (*)	Faktor $P_{max} / P(t)$	Maximalwert, linear hochgerechnet in µT	Δ absolut zu Fall 4 in µT	Δ relativ zu Fall 4 [%]
1	17,44	1,6535	28,84	5,97	5,97
2	11,99	1,6535	19,82	-3,05	-3,05
3	163,93	1,6535	271	248,13	1085
4	13,83	1,6535	22,87	0	0

Ein weiterer Punkt, der zur Ungenauigkeit bei einer Messung beiträgt, ist die Ablesemöglichkeit bei Schalttafeleinbaugeräten. Bei geringer Auslastung (etwa unter 30 A) ist bei analog anzeigenden Geräten mit bloßem Auge keine Veränderung der Zeigerstellung mehr zu erkennen. Selbst erfahrene Elektromeister sind daher oft der Meinung, dass sich in einem solchen Fall nichts auf den Leitungen verändere und man getrost von einer konstanten Auslastung ausgehen könne. Überprüft man jedoch die in die Hauptverteilung eingespeisten Ströme mit genaueren Messinstrumenten, so kann man in solchen Fällen eine sich stetig ändernde Auslastungssituation feststellen, was auch im Hinblick auf die angeschlossenen Verbraucher realistisch ist. Auch wenn diese Ströme keine nennenswerten Größenordnungen erreichen, so sollte man aber immer den Zusammenhang zwischen kleinen Strömen, fehlender Kompensation, deren Einflussnahme auf die Feldverteilung und damit einhergehenden Fehlinterpretationen bei der Messung im Auge behalten.

Als Abhilfemaßnahme scheint daher der Einsatz von vielen Messgeräten geeignet zu sein. Um es gleich vorwegzunehmen. Neben den offenkundigen Problemen beim Handling eines solchen Unterfangens (Vielzahl geeigneter Messgeräte erforderlich, in jeder einzelnen Phase der abgehenden Mehrleiterkabel müsste gemessen werden, etc.) führt diese Methode auch nur wieder in die Leere. Selbst wenn man die Messwerte exakt den Auslastungsdaten zuordnen könnte, wie berechnete man daraus die maximalen Flussdichtewerte?

Die Frage der Messpunkte

Ein zentraler Aspekt bei Messungen an Trafostationen ist die Frage nach den Messpunkten. Vor allem geht es um die Messhöhen und Messpunktabstände. Zu diesen Fragestellungen findet man in den LAI-Empfehlungen ganz konkrete Hinweise. Am Beispiel einer Betonfertigstation zeigt Bild 7-23 die Lage der Messpunkte.

An jedem Messpunkt wird in drei verschiedenen Höhen (0,45 m, 0,90 m und 1,55 m) die magnetische Flussdichte gemessen. Die Messebene befindet sich parallel zur Außenwand der Station in einem Abstand von 0,2 m.

Mit einem Referenzmessgerät werden die Werte der magnetischen Flussdichte an einem speziellen Messpunkt (= Referenzpunkt) mit protokolliert. Der Referenzpunkt ist so zu wählen, dass die von der Station verursachte magnetische Flussdichte möglichst groß ist. Als ein in dieser Hinsicht gut geeigneter Aufstellpunkt gilt die unmittelbare Nähe zur NSHV.

Idealerweise wird während der ganzen Messung die Auslastung dokumentiert. Wie auch schon bei den Freileitungen sind gemittelte Werte denkbar ungeeignet. Die meisten Informationen kann man den Augenblickswerten des Stromes entnehmen. Angaben über den Klirrfaktor bzw. ganz allgemein den Oberwellengehalt sind ebenfalls sinnvoll.

Von Bedeutung ist auch, ob im Falle mehrerer Transformatoren diese parallel einspeisen, oder ob eine geschaltete, vernetzte oder getrennte Niederspannungsverteilung vorliegt. Hat man es tatsächlich mit mehreren quasi von einander unabhängigen NS-Anlagen zu tun, so ist, wenn es um den Nachweis der 26. BImSchV geht, prinzipiell von einer Messung abzuraten, da der Messaufwand zu groß wird bzw. einfach nicht mehr realisierbar ist. Hier bleibt lediglich die Simulation als Ausweg.

Der einfachste – und auch durch eine Messung noch handhabbare - Fall wird durch eine Station gebildet, in der ein einzelner Transformator auf ein einziges Niederspannungsgerüst einspeist (Bild 7-23). Die in der überwiegenden Zahl aller Fälle vorkommende Vernetzung auf der Mittelspannungsebene (oder Primärseite des Transformators) spielt in ihrer Ausprägung

7.3 Messungen im Niederfrequenzbereich

bei der Betrachtung der magnetischen Flussdichte eine eher untergeordnete Rolle, weil im Vergleich zur Niederspannungsseite deren Beitrag zum B-Feld sehr gering ausfällt.

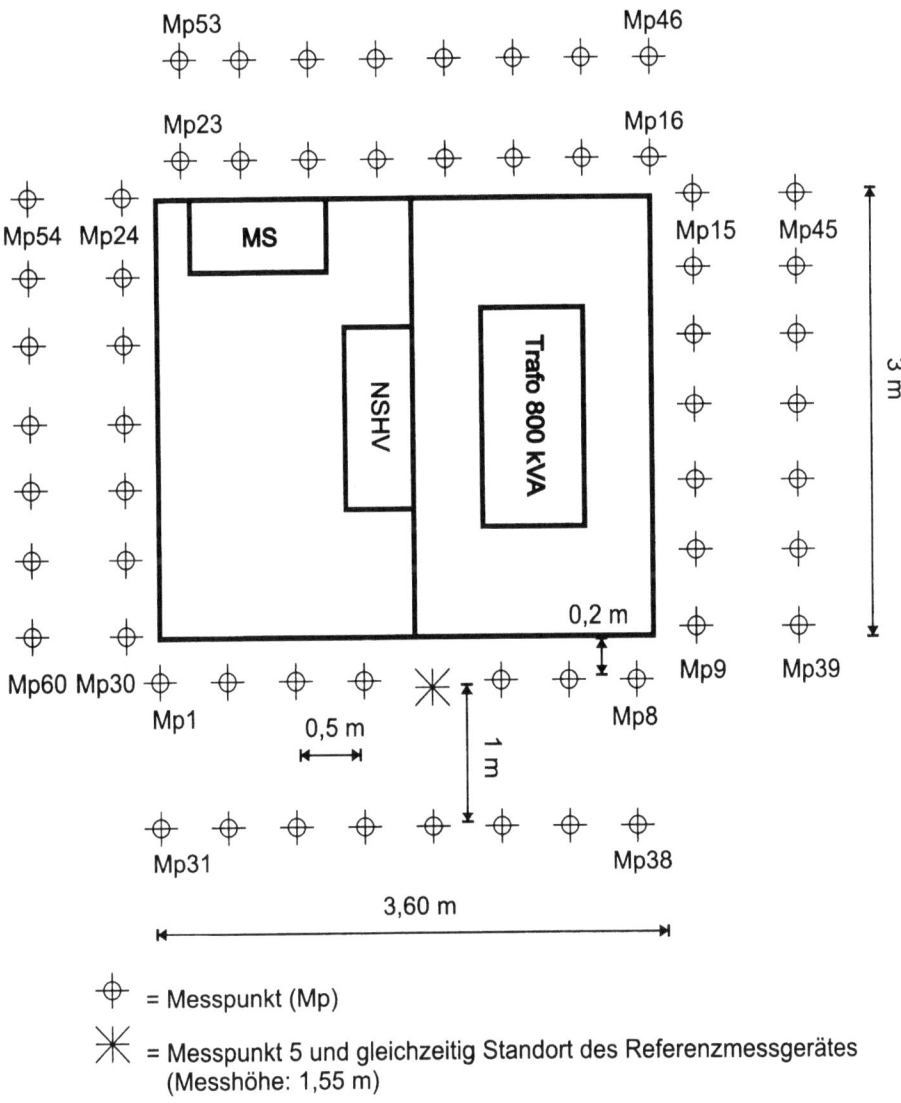

⊕ = Messpunkt (Mp)

✳ = Messpunkt 5 und gleichzeitig Standort des Referenzmessgerätes (Messhöhe: 1,55 m)

Messpunkte Mp31 - Mp60 optional

Bild 7-23 Wahl der Messpunkte bei einer Trafostation

Einfluss von Oberwellen auf die Messung

Ein weiterer bisher unberücksichtigter Aspekt ist die Frage nach den Oberwellen im Strom und damit auch im magnetischen Feld. Ihre Existenz ist nicht zu leugnen, wie aber sollen sie in das Untersuchungsergebnis mit einfließen?

Zunächst einmal kann man sich bei Untersuchungen zur 26. BImSchV darauf versteifen, dass ja lediglich der 50-Hz-Wert zu bestimmen ist. Dem Oberwellengehalt mag dabei allenfalls akademisches Interesse zukommen.

Tatsächlich aber besteht die Möglichkeit, dass der Oberwellengehalt des Stromes einen entscheidenden Einfluss auf die abschließende Bewertung hat. Das Ausmaß der Einflussnahme hängt davon ab, ob die Auslastung (Stromwerte oder Leistung) und die magnetische Flussdichte frequenzselektiv oder breitbandig (gleicher Frequenzbereich) gemessen wurden.

Rein kombinatorisch ergeben sich somit vier Möglichkeiten der Umsetzung (Tabelle 7.5). Lediglich wenn die beiden Parameter Auslastung und Flussdichte frequenzselektiv (schmalbandige 50 Hz –Filter) gemessen werden, kann für alle möglichen Belastungsfälle eine vernünftige Hochrechnung durchgeführt werden. Im Übrigen kommt diese Konstellation der im nächsten Abschnitt beschriebenen Vorgehensweise bei der Simulation am nächsten.

Tabelle 7.5 Bewertung der Umsetzungsmöglichkeiten bei der Messung an Trafostationen

		Magnetische Flussdichte	
		breitbandig	frequenzselektiv
Auslastung	Breitbandig	wenig geeignet (3)	völlig ungeeignet (2)
	Frequenzselektiv	völlig ungeeignet (4)	geeignet (1)

Für den Fall einer 1000-kVA–Trafostation und die in Tabelle 7.5 dargestellten Kombinationsmöglichkeiten (1 – 4) werden ohne Beschränkung der Allgemeinheit folgende Größen bei rein symmetrischer Belastung und dem Vorhandensein dreier Frequenzanteile in Strom und magnetischer Flussdichte vorausgesetzt.

Die Gesamteffektivwerte berechnen sich jeweils zu:

$$I_{eff} = \sqrt{I_{50}^2 + I_{150}^2 + I_{250}^2} \tag{7.13}$$

bzw.

$$B_{eff} = \sqrt{B_{50}^2 + B_{150}^2 + B_{250}^2} \tag{7.14}$$

Bei Anwendung des Prinzipes der linearen Hochrechnung (siehe oben) ergeben sich ungeachtet der Messbandbreiten gemäß den Fällen der Tabelle 7.5 folgende Maximalwerte der magnetischen Flussdichte:

$$B_{max,1} = B_{50} \cdot \frac{1443\,A}{I_{50}} \tag{7.15}$$

$$B_{max,2} = B_{50} \cdot \frac{1443\,A}{I_{eff}} \tag{7.16}$$

7.3 Messungen im Niederfrequenzbereich

$$B_{max,3} = B_{eff} \cdot \frac{1443\,A}{I_{eff}} \qquad (7.17)$$

$$B_{max,4} = B_{eff} \cdot \frac{1443\,A}{I_{50}} \qquad (7.18)$$

Beispiel 7.2
An einem Messpunkt werden die Flussdichtewerte und die zum Zeitpunkt der Messung fließenden Ströme der Tabelle 7.6 vorausgesetzt.

Tabelle 7.6 Differenzen beim hochgerechneten Maximalwert der magnetischen Flussdichte bei Variation des Messverfahrens (Stromwerte der Grundschwingung und der beiden Oberwellen willkürlich)

I_{50}	I_{150}	I_{250}	I_{eff}	B_{50}	B_{150}	B_{250}	B_{eff}
400 A	150 A	50 A	430 A	40 µT	15 µT	5 µT	43 µT

Tabelle 7.7 Hochgerechnete Flussdichtewerte

$B_{max,1}$	$B_{max,2}$	$B_{max,3}$	$B_{max,4}$
144 µT	134 µT	144 µT	155 µT

Wie aus Tabelle 7.7 hervorgeht, liefern lediglich die Fälle (1) und (3) die richtigen Werte. Der schmalbandigen Messung ist dennoch der Vorzug vor der breitbandigen Messung zu geben, da es sehr unwahrscheinlich ist, dass Strom- und Flussdichtemessgerät die gleiche Filterbandbreite aufweisen.

7.3.3.3 Die Simulation von Trafostationen
Modellierung der tatsächlichen Geometrie

Wie auch schon bei der Messung an Trafostationen gilt für die Simulation derselben, dass die elektrischen Felder nicht berücksichtigt werden müssen. Die eingesetzten Berechnungsverfahren dienen lediglich der Bestimmung der magnetischen Flussdichte.

Bei Hochspannungsfreileitungen (Abschnitt 7.3.2) konnte mit der Anwendung des Biot-Savart-Gesetzes eine hinreichend genaue Modellierung tatsächlicher Geometrien und der dadurch erzeugten Feldverteilungen vorgenommen werden. Die dem Gesetz zugrunde liegende Forderung, dass der Radius des stromführenden Leiters im Vergleich zum Aufpunktabstand sehr klein sein muss, wird bei einem Verhältnis von etwa 10 mm Halbmesser des Seils zu ca. 20 m (= 20000 mm) Entfernung zum Messpunkt gut eingehalten.

Dieses günstige Verhältnis ist bei der Untersuchung von Trafostationen jedoch nicht mehr gegeben. Bei typischen Stromschienen derartiger Anlagen (1 x 100 x 10 nach DIN 43670 und DIN 43671) kann man von einem mittleren Radius von etwa 5 mm ausgehen, während der Abstand des simulierten Messpunktes 20 cm von der Außenwand entfernt ist. Bei der – vor allem bei älteren Stationen üblichen - Anbringung des Niederspannungsgerüstes an einer Außenwand ergeben sich typische Aufpunktabstände von etwa 50 cm (= 500 mm).

Gegenüber der Trafostation ist somit bei der Hochspannungsfreileitung die Forderung des Biot-Savart-Gesetzes um etwa den Faktor 20 besser erfüllt.

Als ein weiteres Problem erweist sich die Tatsache, dass die meisten Simulationsprogramme, die für den Nachweis der 26. BImSchV genutzt werden, zwar immerhin die Eingabe runder Leiter zulassen, letztlich aber bei der Flussdichteberechnung diese Angaben nicht nutzen. Vielmehr wird – ganz im Sinne des Biot-Savart-Gesetzes - eine Umwandlung der Leiter endlicher Ausmaße in unendlich dünne Stromfäden durchgeführt.

Selbst wenn man diese Modellierung noch akzeptiert, so ist insgesamt gesehen die Berechnung von Stromverteilungen in rechteckigen Profilen alles andere als trivial. Als Hinweis sei an dieser Stelle auf den Haut (Skin-) und den Nähe (Proximity-) Effekt verwiesen. Vor diesem Hintergrund resultiert insbesondere bei Trafostationen die berechtigte Frage, ob bei einer Modellierung von Stromschienen mit rechteckigen Querschnitten durch unendlich dünne Stromfäden und den damit verbundenen Unzulänglichkeiten keine übermäßige Rechenungenauigkeit entsteht.

Dazu müsste man sich zunächst einmal fragen, wie hoch denn eine Rechenungenauigkeit überhaupt sein darf. Als Anhaltspunkt sollten dabei zwei Aussagen der LAI-Hinweise dienen.

Zum einen muss jedes Berechnungsprogramm durch entsprechende Messungen verifiziert sein und zum anderen sollte – von einer Messung ausgehend – die gesamte Messungenauigkeit nicht mehr als 10 % betragen. Dies bedeutet, dass das jeweils eingesetzte Berechnungsprogramm genauestens mit (am besten eigenen) Messungen verifiziert sein sollte. Letztlich gilt dies für jede simulierte Anordnung.

Neben das Problem mit den Stromschienen treten weitere Fragestellungen. Beispielsweise muss ein Weg gefunden werden, der bei Ein- und Mehrleiterkabeln eine hinreichend genaue Modellierung und Simulation der Kabel selbst und ihrer Verlegewege erlaubt.

Im Folgenden soll anhand mehrerer Beispiele kurz auf die Thematik der Feldberechnung mittels BImSchV-Simulationsprogrammen und den in diesem Zusammenhang häufig auftauchenden Problemstellungen eingegangen werden.

Bild 7-24 zeigt für Stromschienen eine Auswahl verschiedener Philosophien der Modellierung. Die Querschnittsfläche F wird nur im Fall g) genau modelliert. Die meisten Simulationsprogramme nehmen – eine entsprechende Platzierung durch den Anwender vorausgesetzt - eine Modellierung nach Fall f) vor.

In zahlreichen Publikationen wurde der Einfluss verschiedener Modellierungsarten auf die resultierenden Feldverläufe untersucht. Demnach sind prinzipiell alle Nachbildungen von Bild 7-24 zulässig. Voraussetzung ist aber stets die Verfizierung an einer realen Geometrie.

7.3 Messungen im Niederfrequenzbereich

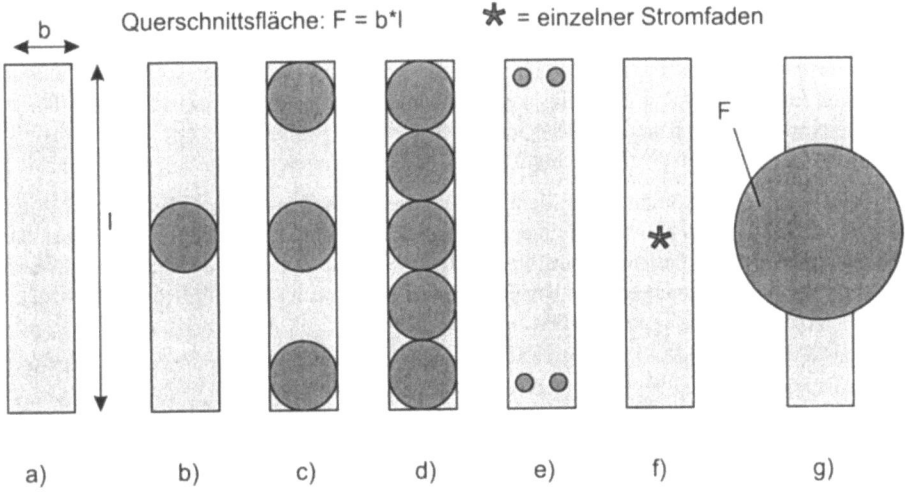

Bild 7-24 Modellierungsarten bei einer Stromschiene

Bild 7-25 zeigt unterschiedliche Ansätze für gebogene Leitungen. Innerhalb der Trafostationen findet man solche Geometrien auf der Niederspannungsseite im Bereich der Ankopplung des Transformators an das Niederspannungsgerüst und ebenso bei Verlegungen im Kabelkeller.

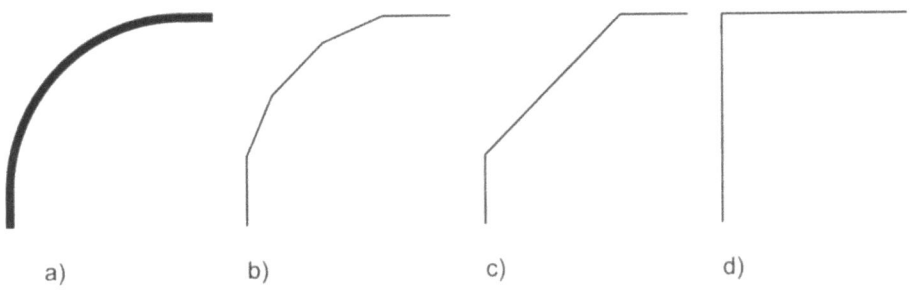

Bild 7-25 Modellierung von Kabelbögen

Bei Bögen von Einleiterkabeln wird in der Regel eine Reduzierung des Querschnittes vorgenommen (Modellierung als Stromfaden) und die Rundung durch eine endliche Zahl gerader Leiterstücke nachgebildet.

Am häufigsten werden die Näherungen c) und d) nach Bild 7-25 verwendet. Der Fehler solcher Vereinfachungen ist nur lokal, d.h. in unmittelbarer Nähe des Bogens selbst, feststellbar (Bild 7-26).

In Bild 7-26 wird ein Bogen (Radius 0,5 m) durch drei verschiedene Geometrien modelliert. Fall a) kommt dem tatsächlichen Verlauf am nächsten. Fall c) stellt die gröbste Nachbildung dar. Signifikante Unterschiede existieren nur im Bereich des Bogens selbst. Die Nachbildung mit einem Leiterstück kann als völlig ausreichend angesehen werden. Hinzu kommt, dass die im Bereich der Niederspannung verlegten Bögen in ihrem Radius eher noch kleiner ausfallen und damit die Unterschiede zum rechten Winkel immer geringer werden.

Bei Mehrleiterkabeln kommt neben dem Problem der Modellierung der Flächen noch hinzu, dass die Verseilung des Kabels mit einer im Vergleich zum nicht verdrillten Kabel signifikanten Feldreduzierung einhergeht. Wird dieser Effekt nicht berücksichtigt, so erhält man bei der Nachbildung mit nah aneinander, aber dennoch einzeln und nicht verdrillt verlegten Leitern lediglich eine Abschätzung nach oben.

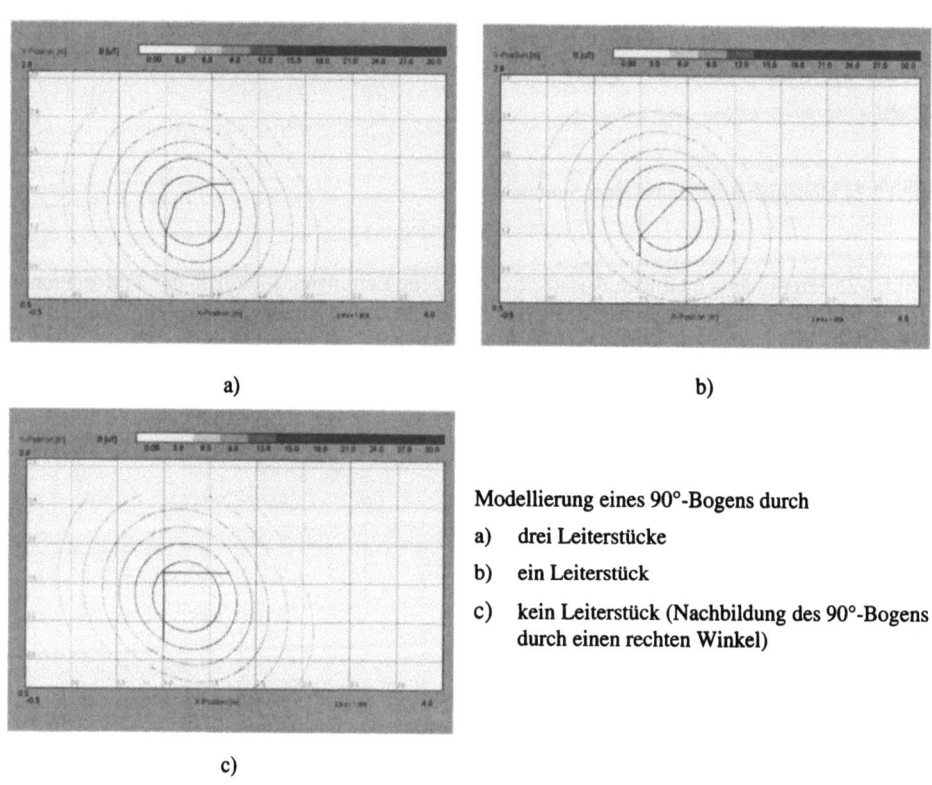

Modellierung eines 90°-Bogens durch

a) drei Leiterstücke

b) ein Leiterstück

c) kein Leiterstück (Nachbildung des 90°-Bogens durch einen rechten Winkel)

Bild 7-26 Feldverteilung bei unterschiedlichen Modellierungen eines runden Bogens

7.3 Messungen im Niederfrequenzbereich

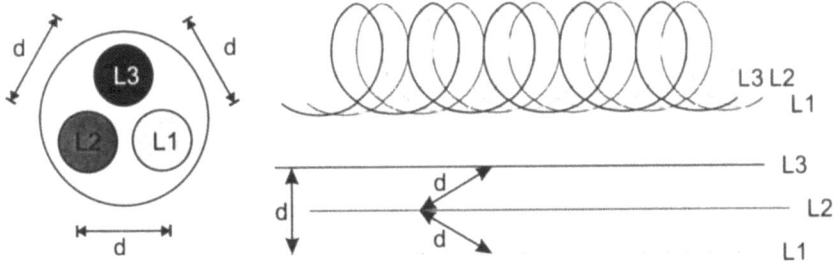

Bild 7-27 Probleme bei der Modellierung von Mehrleiterkabeln

Eventuell wird damit aber die NF-Anlage zu scharf geprüft. In einem solchen Fall ist die Unsicherheit groß, wie weiter verfahren werden soll. Es stellt sich dann die Frage, ob die Feldwerte der realen Geometrie tatsächlich über den Grenzwerten liegen oder ob dieser Umstand nur eine Folge der Rechenungenauigkeit ist.

Ein weiteres Problem, das viele Dienstleister bei der Simulation von Trafostationen zu bewältigen haben, ist die Erfassung des Leitungsverlaufs im Kabelkanal bzw. im Doppelboden einer Betonfertigstation.

Dieses Thema bereitet vor allem bei Untersuchungen an alten Ortsnetzstationen gewaltiges Kopfzerbrechen. Wirft man nämlich einen Blick in den Kabelkeller, so bietet sich dem Betrachter oftmals ein Bild heillosen Durcheinanders. Wie soll man dem Wirrwarr aus MS- und NS-Kabeln simulationstechnisch Herr werden?

Am besten wäre es, wenn diese Einbeziehung erst gar nicht erforderlich wäre. Man würde mit der Simulation einfach ab Oberkante Stationsboden beginnen und der Kabelkeller wäre eine Art Black-Box, die an einigen Stellen in Form von Kabeleintritten und -austritten wohldefinierte Übergänge zur Außenwelt hat. Leider produziert diese Black Box aber auch magnetische Felder und in den LAI-Hinweisen ist nirgends nachzulesen, dass diese nicht zu berücksichtigen sind.

Das allgemeine Problem der exakten Modellierung von Kabelbögen tritt nirgends so krass auf wie im Kabelkeller. Als Empfehlung kann nur gegeben werden, den Kabelverlauf durch direkte Wege (d.h. gerade Kabelstücke) anzunähern. Bögen werden durch zwei gerade Stücke entsprechenden Winkels zusammengesetzt und Schleifen durch rechteckige Nachbildung nachempfunden. Selbstredend gehört auch eine genaue Überprüfung der Verlegetiefe mit dazu.

Die Aufteilung der Ströme auf der Niederspannungsseite

Ein oft diskutiertes Problem bei der Simulation von Trafostationen ist die Frage nach der Aufteilung der Ströme auf der Niederspannungsseite. Möchte man tatsächliche Lastfälle untersuchen, so muss man von einer unsymmetrischen Stromaufteilung ausgehen, was einen Strom auf dem Neutralleiter (PEN) zur Folge hat. In der Regel wird bei Ortsnetzstationen der PEN-Leiter zusammen mit den drei Phasen aus der Station herausgeführt. Die Aufteilung in N und PE erfolgt je nach Netz erst nach dem Hausanschluss. Die als PEN ausgeführte Schiene in der Niederspannungshauptverteilung der Station ist mit dem Sternpunkt des Transformators verbunden. Der prinzipielle Einfluss einer unsymmetrischen Belastung auf die Feldverteilung wurde bereits weiter oben (Bilder 7-19 bis 7-22) untersucht.

Für die Simulation von magnetischen und elektrischen Feldern im Personenschutz hat sich die symmetrische Stromaufteilung durchgesetzt. Diese wird man zwar kaum in der Realität antreffen, aber gibt es andererseits etwa eine typische unsymmetrische Belastung?

Im Übrigen ist die Verständigung auf die symmetrische Belastung ein Kompromiss, der letztlich den Betreibern zugute kommt. Die Gleichverteilung bewirkt mithin den günstigsten (d.h. den mit den niedrigsten Flussdichtewerten einhergehenden) Feldverlauf.

Die Art und Weise, in welcher sich der Neutralleiterstrom ändern kann, verdeutlicht folgende Überlegung. Man geht zunächst von einem Dreiphasensystem mit Neutralleiter aus. Der Abschluss wird idealerweise als rein ohmsch angenommen.

Nach der komplexen Wechselstromrechnung kann man ganz allgemein für eine sinusförmige Zeitfunktion $x(t)$ ansetzen:

$$x(t) = \text{Re} \cdot \left[\hat{\underline{X}} \cdot e^{j\omega t} \right], \tag{7.19}$$

mit $\hat{\underline{X}}$ als komplexer Amplitude der Funktion $x(t)$ und dem in der Energietechnik geläufigeren komplexen Effektivwert $\underline{X}$.

Für $\underline{X}$ gilt:

$$\underline{X} = \frac{\hat{\underline{X}}}{\sqrt{2}} = |\underline{X}| \cdot e^{j\varphi} \tag{7.20}$$

Für ein idealisiertes Dreiphasensystem mit angeschlossenem Neutralleiter nach Bild 7-28 gilt:

$$\underline{I}_1 + \underline{I}_2 + \underline{I}_3 = \underline{I}_N \tag{7.21}$$

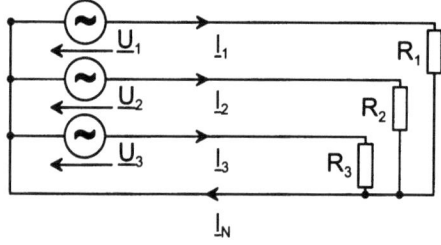

Bild 7-28 Drehstromsystem mit Nullleiter

Für die einzelnen komplexen Spannungsamplituden gilt nach Gleichung (7.20):

$$\underline{U}_1 = |\underline{U}_1| \cdot e^{j0°} \tag{7.22}$$

$$\underline{U}_2 = |\underline{U}_2| \cdot e^{j120°} \tag{7.23}$$

$$\underline{U}_3 = |\underline{U}_3| \cdot e^{j240°} \tag{7.24}$$

7.3 Messungen im Niederfrequenzbereich

und damit

$$\underline{I}_1 = \frac{\underline{U}_1}{R_1} = \frac{|\underline{U}_1|}{R_1} \cdot e^{j0°} = |\underline{I}_1| \cdot e^{j0°} \tag{7.25}$$

$$\underline{I}_2 = \frac{\underline{U}_2}{R_2} = \frac{|\underline{U}_2|}{R_2} \cdot e^{j120°} = |\underline{I}_2| \cdot e^{j120°} \tag{7.26}$$

$$\underline{I}_3 = \frac{\underline{U}_3}{R_3} = \frac{|\underline{U}_3|}{R_3} \cdot e^{j240°} = |\underline{I}_3| \cdot e^{j240°} \tag{7.27}$$

Im Folgenden soll anhand einiger Beispiele überprüft werden, wie sich der Neutralleiterstrom (PEN-Strom) in Phase und Betrag verändern kann. Die jeweils zugehörigen Zeigerdiagramme sind Bild 7-29 zu entnehmen.

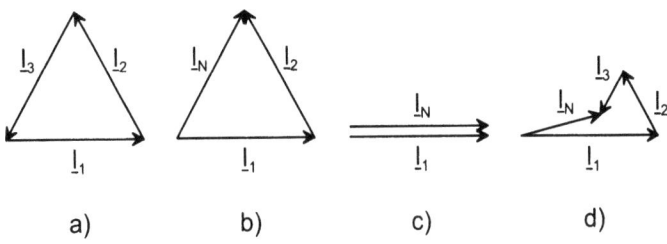

a)   b)   c)   d)

Bild 7-29 Zeigerdiagramme für unterschiedliche Belastungsfälle

Beispiel 7.3

Bei symmetrischer Belastung ($R_1 = R_2 = R_3$) ergibt sich aus dem Zeigerdiagramm (Bild 7-29 a)) und Gleichung (7.21): $\underline{I}_N = 0$.

Beispiel 7.4

Bei $\underline{I}_3 = 0$ ($R_3 \to \infty$) und $\underline{I}_1 = \underline{I}_2$ ($R_2 = R_3$) ergibt sich aus dem Zeigerdiagramm (Bild 7-29 b)) und Gleichung (7.21) für den Neutralleiterstrom:

$$\underline{I}_N = |\underline{I}_N| \cdot e^{-j240°} \tag{7.28}$$

mit

$$|\underline{I}_N| = |\underline{I}_1| = |\underline{I}_2| \tag{7.29}$$

Beispiel 7.5

Bei $\underline{I}_2 = \underline{I}_3 = 0$ ($R_2 \to \infty$, $R_3 \to \infty$) folgt aus dem Zeigerdiagramm (Bild 7-29 c)) und Gleichung (7.21) für den Neutralleiterstrom:

$$\underline{I}_\mathrm{N} = \underline{I}_1 = |\underline{I}_1| \cdot e^{j0°} \tag{7.30}$$

Beispiel 7.6

Unter der Annahme, dass $R_2 = 2R_1$ und $R_3 = 3R_1$, gilt wegen Gleichung (7.21) sowie des Zeigerdiagramms aus Bild 7-29 d)

$$\underline{I}_\mathrm{N} = \underline{I}_1 + \frac{1}{2} \cdot \underline{I}_1 \cdot e^{j120°} + \frac{1}{3} \cdot \underline{I}_1 \cdot e^{j240°} \tag{7.31}$$

Mit

$$e^{j120°} = \left(-\frac{1}{2} + j\frac{\sqrt{3}}{2}\right) \text{ und } e^{j240°} = \left(-\frac{1}{2} - j\frac{\sqrt{3}}{2}\right) \tag{7.32}$$

ergibt sich, dass

$$\underline{I}_\mathrm{N} = \underline{I}_1 \cdot \frac{\sqrt{52}}{12} \cdot e^{j \cdot \arctan \frac{\sqrt{3}}{7}} \approx \underline{I}_1 \cdot 0{,}6 \cdot e^{j13{,}9°} \tag{7.33}$$

□

Wie man aus den obigen Beispielen ablesen kann, wird idealerweise der Effektivwert des Neutralleiterstromes betragsmäßig nicht größer als der jeweils maximale Effektivwert eines Strangstromes. Dieser Umstand deckt sich mit der allgemein vorherrschenden Meinung, dass – bei allen denkbaren Fällen einer Unsymmetrie - im Neutralleiter nie mehr Strom fließen könne als in einer einzelnen Phase.

Unberücksichtigt bleiben bei dieser Annahme jedoch Effekte, die durch Oberwellen entstehen können. Bewirkt wird dies durch eine Fülle von Lasten, die nichtlinearen Charakter haben. Dazu zählen beispielsweise elektronische Vorschaltgeräte von Leuchtstoffröhren.

Dieser Umstand kann zur Folge haben, dass der Effektivwert des Gesamtstromes im Neutralleiter sehr wohl größer wird als der Effektivwert des Stromes in einer einzelnen Phase. Dies ist ein Problem, das häufig bei der Dimensionierung von Neutralleitern nicht beachtet wurde. Die Folge waren zum Teil überlastete Kabel oder Stromschienen, welche im schlimmsten Falle gar zu einer Überhitzung und In-Brandsetzung geführt haben.

Die Auswirkungen des Oberwellengehaltes auf die Belastung des PEN-Leiters hat selbstredend auch etwas mit der Auswirkung auf die Feldbelastung zu tun. Bei der Simulation der Station geht man in der Regel von einer einzigen festen Frequenz (50 Hz) aus und rechnet bei dieser Frequenz mit der höchsten betrieblichen Anlagenauslastung. Die 26. BImSchV gibt noch keine Grenzwerte für Oberwellen her. Selbst wenn sie das täte, bliebe die Frage, wie man so etwas simulationstechnisch umsetzen kann.

Für die Hernahme von Grenzwerten bieten sich zwei Wege an:

Zum einen kann man auf die Werte der ICNIRP (Abschnitt 5.11) für die Frequenzlücken der BImSchV zurückgreifen. Damit verfolgt man einen Ansatz, der von den Grenzwerten für den Personenschutz direkt ausgeht. Bliebe aber dennoch die Frage, welche Stromwerte man bei welcher Frequenz ansetzen muss. Hier müsste – ausgehend von den Grenzwerten - eine Rückrechnung erfolgen.

7.3 Messungen im Niederfrequenzbereich

Ein weiterer Anhaltspunkt wäre aber auch die Nutzung der maximal zulässigen Oberschwingungsströme nach EN 61000-3-2. Diese enthält Angaben über die maximal zulässigen Stromwerte (in Oberwellen), welche ein an das Netz angeschlossener Verbraucher aufnehmen darf.

Bei beiden Ansätzen wird man jedoch Schwierigkeiten mit dem einen oder anderen Simulationsprogramm bekommen, denn die meisten dieser Softwaretools sind nur bis zu einer Grenzfrequenz von 400 Hz spezifiziert. In der Norm zur Qualität der Energieversorgung sind jedoch Limits für Oberwellen bis 2000 Hz angegeben und die ICNIRP-Guidelines enthalten sogar lückenlose Empfehlungen für den Frequenzbereich von 0 Hz bis 300 GHz.

Die möglichen Auswirkungen eines unsymmetrischen Oberwellengehaltes auf den PEN-Strom verdeutlicht das folgende – im Zeitbereich durchgerechnete – Beispiel:

Beispiel 7.7

Ausgangspunkt seien drei Strangströme, wobei gelte:

$$i_1(t) = \hat{i}_1 \cdot \cos(\omega t + \varphi_1) + \hat{i}_{1O} \cdot \cos(3\omega t + \varphi_1) \tag{7.34}$$

$$i_2(t) = \hat{i}_2 \cdot \cos(\omega t + \varphi_2) + \hat{i}_{2O} \cdot \cos(5\omega t + \varphi_2) \tag{7.35}$$

$$i_3(t) = 0 \tag{7.36}$$

Weiterhin sei:

$$\hat{i}_1 = \hat{i}_2 = \hat{i} \tag{7.37}$$

und

$$\hat{i}_{1O} \neq \hat{i}_{2O} \tag{7.38}$$

Der Effektivwert eines Stromes $i(t)$ berechnet sich allgemein zu:

$$i_{\text{eff}} = \sqrt{\frac{1}{T}\int_0^T i^2(t)\,dt} \tag{7.39}$$

Damit gilt für den Effektivwert des Gesamtstromes im Leiter L1:

$$\begin{aligned}
i_{1,\text{gesamt,eff}} &= \sqrt{\frac{1}{T}\int_0^T (i_1(t)+i_{1O}(t))^2\,dt} \\
&= \sqrt{i_{\text{eff}1}^2 + i_{\text{eff}1O}^2 + 2\cdot\frac{1}{T}\int_0^T \hat{i}_1\cdot\cos(\omega t+\varphi_1)\cdot \hat{i}_{1O}\cdot\cos(3\omega t+\varphi_1)\,dt} \\
&= \sqrt{i_{\text{eff}1}^2 + i_{\text{eff}1O}^2} = \sqrt{\frac{\hat{i}_1^2}{2}+\frac{\hat{i}_{1O}^2}{2}} = \sqrt{\frac{\hat{i}^2}{2}+\frac{\hat{i}_{1O}^2}{2}}
\end{aligned} \tag{7.40}$$

Analog gilt für den Strom in L2:

$$i_{2\,\text{gesamt,eff}} = \sqrt{i_{\text{eff}2}^2 + i_{\text{eff}2O}^2} = \sqrt{\frac{\hat{i}^2}{2}+\frac{\hat{i}_{2O}^2}{2}} \tag{7.41}$$

Für den Neutralleiter gilt nach Gleichung (7.21) ganz allgemein die Beziehung:

$$i_N(t) = i_1(t) + i_2(t) + i_3(t) \tag{7.42}$$

Für den Gesamteffektivwert auf dem Neutralleiter erhält man mit $i_3(t) = 0$:

$$i_{Ngesamt,eff} = \sqrt{\frac{1}{T}\int_0^T i_N^2(t)dt} = \sqrt{\frac{1}{T}\int_0^T (i_1(t) + i_2(t))^2 dt}$$
$$= \sqrt{\frac{1}{T}\int_0^T \left(i_1^2(t) + i_2^2(t) + 2\cdot i_1(t) \cdot i_2(t)\right)dt} \tag{7.43}$$

Für den Mischterm ergibt sich Gleichung (7.44):

$$\frac{2}{T}\int_0^T i_1(t)\cdot i_2(t)dt$$
$$= \frac{2}{T}\int_0^T \left(\hat{i}_1 \cdot \cos(\omega t + \varphi_1) + \hat{i}_{1O} \cdot \cos(3\omega t + \varphi_1)\right) \cdot \left(\hat{i}_2 \cdot \cos(\omega t + \varphi_2) + \hat{i}_{2O} \cdot \cos(5\omega t + \varphi_2)\right)dt \tag{7.4}$$
$$= \frac{2}{T}\int_0^T \frac{1}{2}\cdot \hat{i}_1 \cdot \hat{i}_2 \cdot \cos(\varphi_1 - \varphi_2)dt = -\frac{\hat{i}_1 \cdot \hat{i}_2}{2}$$

Das Endresultat lautet somit:

$$i_{Ngesamt,eff} = \sqrt{\frac{\hat{i}_1^2}{2} + \frac{\hat{i}_2^2}{2} - \frac{\hat{i}_1 \cdot \hat{i}_2}{2} + \frac{\hat{i}_{1O}^2}{2} + \frac{\hat{i}_{2O}^2}{2}} = \sqrt{\frac{\hat{i}^2}{2} + \frac{\hat{i}_{1O}^2}{2} + \frac{\hat{i}_{2O}^2}{2}} \tag{7.45}$$

Dieser Effektivwert ist größer als der Effektivwert eines einzelnen Strangstromes. Der Neutralleiter führt in diesem Beispiel beide Oberwellenströme.

□

Einfluss der Umgebung auf die Simulation

Zur Umgebung einer Trafostation gehören nicht nur die reale Welt außerhalb des Station wie etwa Bäume oder angrenzende Gebäude, sondern letztlich auch schon das Mauerwerk und die Türen oder sonstige Zugänge der Station selbst. Ganz allgemein geht es somit um feldverzerrende oder -abschirmende Gegenstände. Einige der kommerziell erhältlichen Simulationsprogramme erlauben die teilweise Berücksichtigung derartiger Objekte. Naturgemäß geschieht dies auch wieder in Form eines Modells. Beispielsweise werden Stahltüren durch ein rechteckiges Stück Stahlblech entsprechender Dicke nachgebildet. Der feldreduzierende Effekt wird durch die Berechnung von Wirbelströmen ermittelt. Das Einfügen geerdeter Flächen bringt unter Umständen bei der Berechnung des Magnetfeldes je nach Programm überhaupt nichts ein, denn dieses Feature wird nur beim elektrischen Feld berücksichtigt. In jedem Fall empfiehlt sich ein genaues Studium der Programmbeschreibung.

Die Einbeziehung feldminimierender Objekte ist vor allem dann interessant, wenn die berechneten Flussdichtewerte in der Nähe von Grenzwerten liegen. Bei einem großen Abstand zu Grenzwerten (etwa Faktor 10 darunter) wird man sich nicht unbedingt mit der Thematik befassen müssen.

7.3 Messungen im Niederfrequenzbereich

Neben den feldminimierenden Objekten gibt es aber noch eine Reihe feldverstärkender Einrichtungen, welche gerade bei der Untersuchung von Trafostationen von Interesse sind. Dazu zählen vor allem unterirdisch verlegte Energiekabel sowie im Außenbereich angebrachte Verteiler (vgl. Bild 7-30). Für eine Untersuchung im Sinne des EMVG (Abschnitt 5.13) sollten diese Anlagen in jedem Falle bei einer Untersuchung mit berücksichtigt werden.

Geht es jedoch lediglich um Fragen des Personenschutzes nach BImSchV, so findet man in den LAI-Hinweisen (Abschnitt 5.3) einen längeren Abschnitt, der sich mit dieser Thematik beschäftigt. Demnach gilt, dass NF-Anlagen, die sich im Einwirkungsbereich der Trafostation befinden (1 m breiter Streifen um die Station) mit zu simulieren sind. Dies gilt vor allem dann, wenn sie zur Feldverteilung einen nicht unwesentlichen Beitrag leisten.

An der gleichen Stelle schließen die LAI-Hinweise jedoch Niederspannungskabel mit einem Strom < 315 A (typischer Sicherungswert für die Niederspannungshauptverteilung in der Station) aus.

Was also ist zu tun, wenn - wie in Bild 7-30 dargestellt - ein Teil der Niederspannungshauptverteilung sich außerhalb des Gebäudes befindet? Im vorliegenden Fall enthält die NSV (außen) 10 Abgänge, die jeweils mit 63 A abgesichert sind. Sollen diese bei der Berechnung tatsächlich unter den Tisch fallen? Ähnliches gilt im Übrigen für die Straßenbeleuchtung.

Bild 7-30 Koordinatenursprung einer Simulation und Kennzeichnung externer NF-Anlagen

Rechnet man die Anlage durch, so stellt man fest, dass die Anforderungen der 26. BImSchV erfüllt werden, wenn die äußere NSV nicht berücksichtigt wird. Der Grenzwert wird jedoch überschritten, wenn man von der Gleichverteilung ausgehend einen Strom – von in diesem Fall 30 A pro Abgang - fließen lässt.

Die Ansicht der Autoren ist, dass grundsätzlich alle NF-Anlagen (und nicht nur solche im Sinne der 26. BImSchV) im Einwirkungsbereich zu berücksichtigen sind.

Bei Energiekabeln stellt sich Frage, bis zu welcher Entfernung von der Station diese in die Berechnung mit einfließen sollten. Hier zeigt sich, dass eine Berücksichtigung bis zu einer Entfernung von etwa 3 m zur Außenwand völlig ausreichend ist, um Effekte der Kabel im Einwirkungsbereich (1 m breiter Streifen direkt um die Station) zu untersuchen.

Die Frage der Simulationsebenen

Bei Transformatorstationen empfiehlt es sich, die Lage des Koordinatenursprunges in eine Ecke der Umhausung zu legen. Im Übrigen eignet sich eine explizite Darstellung dieser Lage am Objekt, um die Anschaulichkeit der späteren Dokumentation (bzw. des Prüfberichtes) zu erhöhen.

Als einzelne Simulationsebenen sind etwa in Bild 7-30 die Ebenen $z = 0{,}45$ m, $z = 0{,}90$ m und $z = 1{,}55$ m (alle gemäß LAI-Hinweisen gewählt) von Interesse.

7.3.3.4 Messung oder Berechnung bei Trafostationen?

Abschließend lässt sich die Meinung der Autoren zur Thematik „Messung oder Berechnung bei Trafostationen?" folgendermaßen zusammenfassen:

- Ist eine Untersuchung an einer Trafostation nicht ausschließlich durch die 26. BImSchV motiviert (etwa nur im Sinne einer elektromagnetischen Verträglichkeit nach EMVG (Abschnitt 5.13); oder einer reinen Übersichtsmessung), so ist eine mit Sachverstand durchgeführte Messung durchaus sinnvoll und aussagekräftig.
- Der Königsweg für einen Nachweis gemäß 26. BImSchV ist die Simulation in Verbindung mit einer Untersuchung vor Ort.
- Ein messtechnischer Nachweis zur 26. BImSchV ist zulässig. Die dabei zu beachtenden Nebenbedingungen sind aber oftmals nicht gut handhabbar und somit in den wenigsten Fällen praktikabel.

7.3.3.5 Beispieluntersuchung einer Trafostation

Bei einer Trafostation sollen die 50-Hz-Werte der magnetischen Flussdichte in Anlehnung an die 26. BImSchV und die Durchführungshinweise des LAI überprüft werden.

Bild 7-31 zeigt den Aufbau der Station und die Lage der Messpunkte.

Die Messung kann zügig durchgeführt werden, da die Station von allen vier Seiten gut zugänglich ist und ein ebener fester Untergrund für die Messstative gegeben ist.

7.3 Messungen im Niederfrequenzbereich

Aufbau der Station und Lage der 40 (bzw. 120) Messpunkte

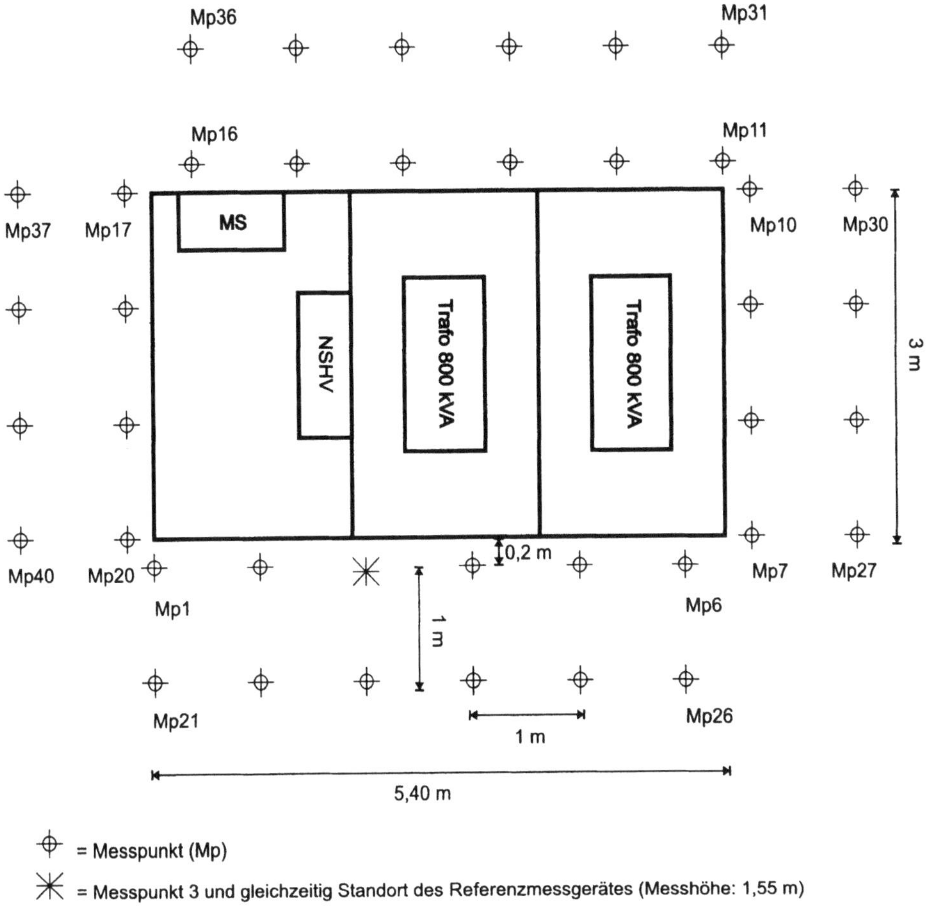

✦ = Messpunkt (Mp)

✳ = Messpunkt 3 und gleichzeitig Standort des Referenzmessgerätes (Messhöhe: 1,55 m)

Bild 7-31 Messpunkte für die Bezugsebene 20 cm und teilweise auch für 120 cm

Voraussetzungen bei der Messung

- Messgeräte: Wandel & Goltermann EFA-3 zur Ermittlung der Ersatzfeldstärke des Effektivwertes nach VDE 0848 (Abschnitt 5.5). Die gesamte Messunsicherheit (Messgeräte und Verfahren zu Hochrechnung der Werte) liegt innerhalb der geforderten Genauigkeit (± 10 %).
- Kontrolle der Auslastung zum Zeitpunkt der Messung durch Ablesen der Stromwerte und durch ein Referenzgerät im Modus der Dauermessung
- Messung an jedem Messpunkt (siehe Skizze; Messpunktabstand: 1 m) in drei Höhen über der jeweiligen Standfläche (0,45 m, 0,90 m und 1,55 m) und anschließende Hochrechnung der Messwerte unter Einbeziehung der ermittelten Auslastung und der Referenzmessung auf die höchste betriebliche Anlagenauslastung

- Bezugsebenen für die Messwerte: 0,20 m Abstand von der berührbaren und zugänglichen Oberfläche der Station und zusätzlich – auf Wunsch des Kunden – in 1,20 m Abstand
- Beide 800-kVA-Transformatoren speisen parallel auf die Niederspannungshauptverteilung (NSHV). Damit ergibt sich bei höchster betrieblicher Anlagenauslastung ein Gesamtstrom von 2·1154,7 A = 2309,4 A pro Phase.
- Während der Messung lag die Anlagenauslastung im Mittel bei ca. 10 %. Die Kontrolle erfolgte über ein Multifunktionsmessgerät. Der Klirrfaktor als Maß für den Oberwellengehalt wurde für jeden Phasenstrom laufend kontrolliert. Er lag stets deutlich unter 1 %.
- Ein möglicher Einfluss weiterer Niederfrequenzanlagen im Sinne der 26. BImSchV wurde verifiziert. Er konnte jedoch nicht nachgewiesen werden. Die Werte einer breitbandigen Übersichtsmessung lagen maximal 5 % über denen der schmalbandigen.

Messergebnisse

Mit einem Referenzmessgerät wurde am Referenzort eine Dauermessung durchgeführt. Bild 7-32 zeigt das entsprechende Ergebnis.

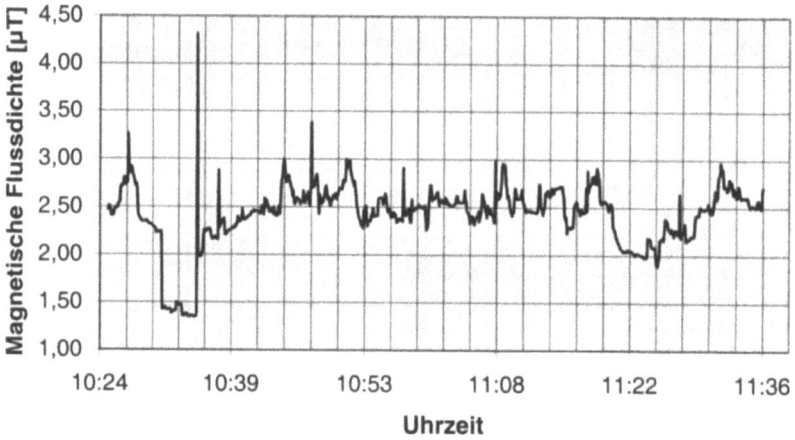

Bild 7-32 Ergebisse der Dauermessung am Referenzpunkt

Ausgehend vom Prinzip der linearen Hochrechnung (Abschnitt 7.3.2) und unter Ausnutzung der Kenntnis über die Belastung zu bestimmten Zeitpunkten wurde aus den gemessenen Werten auf maximale Flussdichten hochgerechnet (Bilder 7-33 und 7-34). Aus den Diagrammen lassen sich außerdem einige signifikante Merkmale der Station ablesen. Beispielsweise spiegeln sich die Ecken der Station (z.B. Übergang von Mp6 auf Mp7 bzw. Mp16 auf Mp17) in niedrigeren Flussdichtewerten wider.

In unmittelbarer Nähe der beiden Transformatoren - insbesondere bei Messpunkte 3, 4, 5, 8, 9, 12, 13, 14 und 15 - treten die höchsten Werte auf. Bedingt durch die Konfiguration der Station (Lage der NSHV, Transformatoren etc.) ist dies zu erwarten.

7.3 Messungen im Niederfrequenzbereich

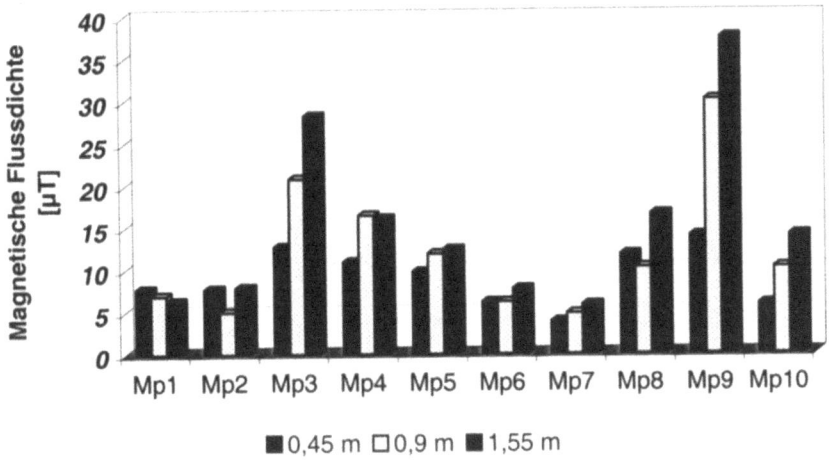

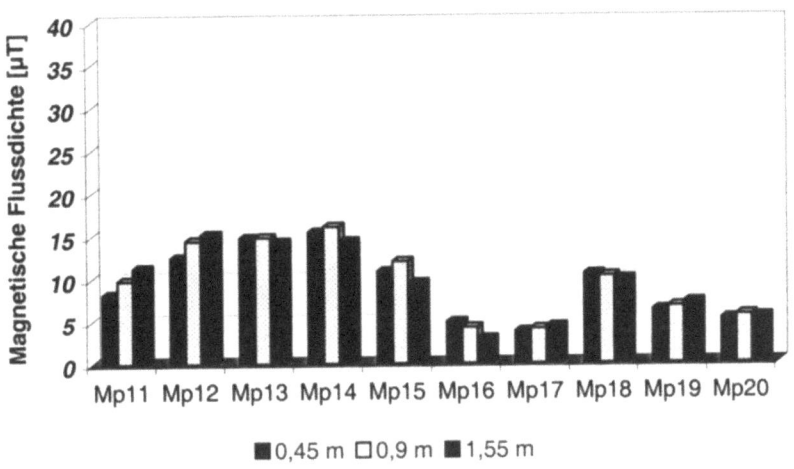

Bild 7-33 Hochgerechnete Flussdichtewerte nach Messhöhen im Abstand von 0,20 m

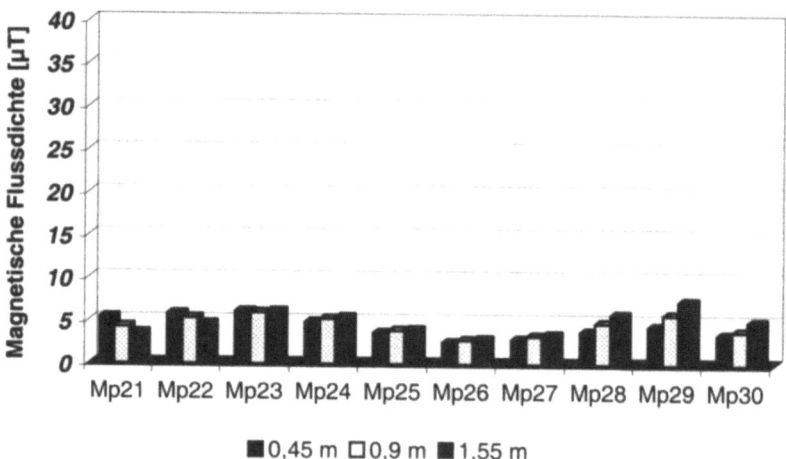

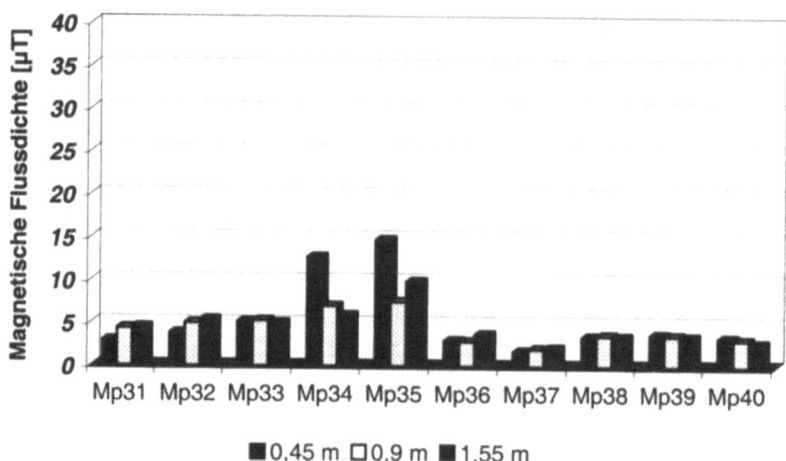

Bild 7-34 Hochgerechnete Flussdichtewerte nach Messhöhen im Abstand von 1,20 m

Im Abstand von 1,20 m ist die magnetische Flussdichte im Bereich der Messpunkte 34 und 35 in Bodennähe gegenüber benachbarten Punkten signifikant erhöht. Dies deutet auf in diesem Bereich verlegte Energiekabel hin.

Insgesamt wurde bei der Messung - zuzüglich der gesamten Messunsicherheit von 10 % - sowie bei der Hochrechnung auf die höchste betriebliche Anlagenauslastung keine Verletzung des Grenzwertes der 26. BImSchV von 100 µT festgestellt.

7.4 Messungen im Hochfrequenzbereich

7.4.1 Allgemeines

Messungen im hochfrequenten Bereich gestalten sich in der Regel aufwendiger und komplizierter als Messungen im niederfrequenten Bereich. Während wir dort meist nur eine einzige, bekannte Frequenz (50 Hz oder 16 2/3 Hz) vorfinden, keine Modulationsarten berücksichtigen müssen und eine eindeutige Trennung von elektrischem und magnetischem Feld besteht, müssen bei hochfrequenten Feldern oft komplexe Betrachtungen durchgeführt werden.

Aus diesen Gründen kann kein allgemeingültiger Messablauf angegeben werden, je nach Emissionsquelle werden unterschiedliche Mess- und Berechnungsverfahren angegeben, hier können also nur einige allgemeingültige Grundlagen genannt werden.

7.4.1.1 Emissionsquellen

Vor Beginn einer Messung ist zu klären, welche Emissionsquellen für den zu überprüfenden Ort maßgebend sind. Hieraus ist die Entscheidung abzuleiten, welche Messtechnik eingesetzt werden kann. Handelt es sich nur um eine einzige Quelle oder um mehrere Quellen bei ähnlichen Frequenzen kann breitbandige Messtechnik verwendet werden, sofern die Grenzwerte für alle auftretenden Frequenzen gleich sind. Ist dies nicht der Fall, so kann mit breitbandigen Messgeräten nur die Einhaltung des niedrigsten Grenzwertes überprüft werden.

Bei mehreren Feldquellen unterschiedlicher Frequenz ist der Einsatz von frequenzselektiver Messtechnik ratsam, bei der eine Bewertung jeder einzelnen Quelle vorgenommen wird und die einzelnen Signale nach den Festlegungen der DIN VDE 0848-2 bewertet werden. Für Frequenzen größer 1 MHz heißt dies, dass die Grenzwerte eingehalten werden, wenn die beiden Bedingungen

$$\sum_{m=1}^{s} \frac{E_m}{E_{gm}} \leq 1 \tag{7.46}$$

$$\sum_{n=1}^{t} \frac{H_n}{H_{gn}} \leq 1 \tag{7.47}$$

erfüllt sind.

Für jede betrachtete Feldquelle sind Ermittlungen über die betrieblichen Parameter wie Modulationsarten, Sendeleistungen und Tastverhältnisse einzuholen.

7.4.1.2 Modulationsarten

Die Kenntnis der verwendeten Modulation ist ein grundlegender Parameter zur Beurteilung der Anzeige der Messgeräte. Bei einem FM-modulierten Rundfunksignal, wie wir es z.B. im UKW-Rundfunk finden, werden sich die maximale Feldstärke und die über sechs Minuten gemittelte Feldstärke kaum unterscheiden. Bei einem AM-modulierten Rundfunksender hingegen kommt es je nach Programmart zu erheblichen Unterschieden. Bei Wortprogrammen ist die mittlere Feldstärke geringer als bei Musikprogrammen. Dies ist in der Nutzung von Verfahren zur Absenkung des Trägersignals zu erklären. Zur Energieeinsparung wird bei kleiner Modulationsamplitude oder in Sprechpausen das Trägersignal (nicht die beiden Seitenbänder, die die Modulation enthalten) abgesenkt. Hierdurch reduziert sich selbstverständlich auch die gemessene Feldstärke. Bezeichnet wird dieses Verfahren mit DAM (dynamikgesteuerte Amplitudenmodulation). Moderne DAM-Verfahren führen, je nach Programminhalt, zu Energieeinsparungen von 30-50 % verglichen mit herkömmlichen AM-Sendern.

In der DIN VDE 0848 Teil 1 findet sich eine Tabelle zur Umrechnung zwischen Trägerleistung P_T, mittlerer Leistung P_M, Spitzenleistung P_S und dem maximalen Augenblickswert der Leistung $\hat{P}$. Einen Ausschnitt findet sich in Tabelle 7.8. Für den erwähnten Fall des frequenzmodulierten Signals (F3E) ergibt sich ein Verhältnis von

$$P_T = P_M = P_S = 2\hat{P} \tag{7.48}$$

Für ein amplitudenmoduliertes Signal (A3E) gilt dagegen

$$P_T = 1{,}5 \cdot P_M = 4 \cdot P_S = 8 \cdot \hat{P} \tag{7.49}$$

An dieser Stelle zeigt sich die Notwendigkeit sowohl die betrieblichen Parameter der Emissionsquelle als auch die Art der durchgeführten Messung zu kennen, um die in der Norm festgeschriebenen Grenzwerte zu kontrollieren. Die DIN VDE 0848 bzw. die 26. BImSchV bezieht sich auf über sechs Minuten quadratisch gemittelte Effektivwerte.

Tabelle 7.8 Umrechnungsfaktoren für verschiedene Leistungsarten nach DIN VDE 0848 Teil 1 (Ausschnitt)

Sende-art	Bekannte Leistung															
	P_T				P_M				P_S				$\hat{P}$			
	Faktor zur Ermittlung von															
	P_T	P_M	P_S	$\hat{P}$	P_T	P_M	P_S	$\hat{P}$	P_T	P_M	P_S	$\hat{P}$	P_T	P_M	P_S	$\hat{P}$
A*E	1	1,5	4	8	0,67	1	2,67	5,33	0,25	0,38	1	2	0,13	0,19	0,5	1
J*E	-	-	-	-	0	1	1	2	0	1	1	2	0	0,5	0,5	1
F**	1	1	1	2	1	1	1	2	1	1	1	2	0,5	0,5	0,5	1

Zur Erläuterung der Sendearten[1], die mit * gekennzeichneten Stellen in der Bezeichnung sind für die Beurteilung des Gefahrenpotenzials nicht relevant:

A*E bezeichnet ein amplitudenmoduliertes Signal (z.B. A3E Mittelwellenrundfunk)

J*E ist die Kennzeichnung eines einseitenbandmodulierten Signals. Da bei dieser Modulationsart auf einen konstanten Träger verzichtet wird und nur ein moduliertes Seitenband zur Informationsübertragung genutzt wird, sind Umrechnungsfaktoren die sich auf P_T beziehen nicht verfügbar.

F** beschreibt alle frequenzmodulierten Signale (z.B. UKW-Rundfunk).

Weitere Umrechnungsfaktoren sind der DIN VDE 0848 Teil 1 zu entnehmen.

---

[1] zur weiteren Klassifizierung von Sendearten sowie deren vollständige Beschreibung sei auf die Literaturhinweise im Anhang verwiesen.

7.4.2 Mobilfunkstationen

Der Mobilfunk ist in den letzten zehn Jahren zu einem selbstverständlichen Bestandteil unserer Informationsgesellschaft geworden. Kleine, tragbare Geräte werden immer leistungsfähiger und der Aufbau von inzwischen fünf Netzen in Deutschland ist weit fortgeschritten.

7.4.2.1 Technische Parameter

Die Anlagen der alten A- und B-Netze sind seit mehreren Jahren abgeschaltet, aus diesem Grund wird hier nicht näher darauf eingegangen.

Das analoge C-Netz wird von T-Mobil betrieben und ist für eine maximale Teilnehmerzahl von ca. 800000 Benutzern ausgelegt. Die Stillegung dieses Netzes ist geplant.

Tabelle 7.9 Technische Daten C-Netz

Allgemeine Daten C-Netz	
Frequenzbereich	460,0...465,74 MHz (Oberband) 450,0...455,74 MHz (Unterband)
Modulationsart	FM
Modulationsbandbreite	300 Hz ... 3000 Hz
Sendeleistung im Endgerät	4,5 W (reduzierbar)
Sendeleistung der Basisstation	15 W (reduzierbar)
Frequenzhub	< 4,0 kHz

Seit ca. 1990 starteten in Deutschland die beiden Netze nach dem digitalen GSM900-Standard; D1 wird von der Telekom-Tochter T-Mobil, D2 von Mannesmann Mobilfunk betrieben. Beide Netze hatten 1999 rund 5 Millionen Teilnehmer. Die Flächenabdeckung liegt bei beiden Netzen über 97 %, beide Netze erreichen über 99 % der Bevölkerung.

Tabelle 7.10 Technische Daten D-Netz

Allgemeine Daten D-Netze	
Frequenzbereich	890,1...914,9 MHz (Mobilgerät) 935,1...959,9 MHz (Basisstation)
Modulationsart	GMSK
Bandbreite eines Kanals	200 kHz
Sendeleistung im Endgerät	Handy: 2 W, Auto bis 14 W
Sendeleistung der Basisstation	< 50 W

Seit Mitte 1994 betreibt E-Plus Mobilfunk ein digitales Netz nach dem GSM1800-Standard, im Januar 1999 hatte E-Plus rund 2 Millionen Kunden. Anfang 1997 erteilte die Regulierungsbehörde für Telekommunikation und Post eine weitere GSM-1800 Lizenz an Viag Interkom, das seine Funkabdeckung vorerst auf Ballungsgebiete beschränken wird.

Tabelle 7.11 Technische Daten E-Netz

Allgemeine Daten E-Netze (Betreiber: E-Plus / Viag Interkom)	
Frequenzbereich	1710...1785 MHz (Mobilgerät) 1805...1880 MHz (Basisstation)
Modulationsart	GMSK
Bandbreite eines Kanals	200 kHz
Sendeleistung im Endgerät	Handy: 1 W
Sendeleistung der Basisstation	< 50 W

Bei messtechnischen Untersuchungen muss beim digitalen Mobilfunk zwischen Basisstation und Mobilstation (Handy) unterschieden werden. Während es sich bei einer Basisstation um einen Dauerträger handelt der mit einem digitalen Signal moduliert wird, senden die Mobilgeräte nur in den Zeitschlitzen die ihnen von der Basisstation zugeteilt werden, außerhalb dieser Zeit ist der Sender ausgeschaltet, zu dieser Zeit senden dann andere Mobilgeräte auf gleicher Frequenz (TDM-Time Division Multiplex).

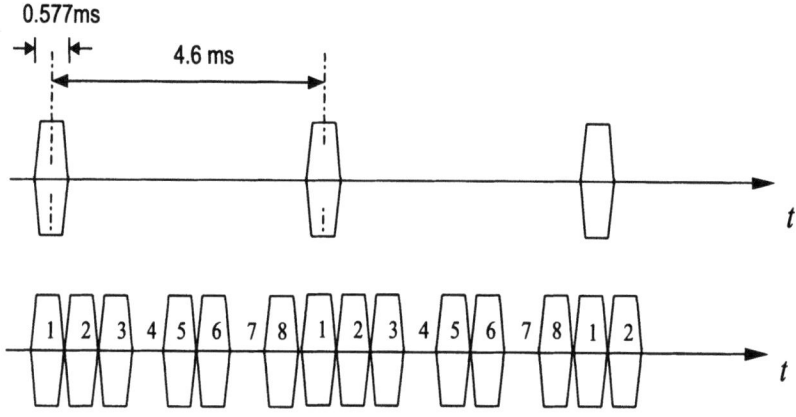

Bild 7-35 Signalverlauf GSM (oben: Handy, unten: Basisstation)

Das Handy sendet also nur in ca. 1/8 der Zeit, bei der Basisstation richtet sich der Sendezyklus nach der Auslastung der Station, in obigem Bild sind die Zeitschlitze 4 und 7 ungenutzt. Die Auswirkungen eines derart gepulsten Signals auf Feldstärkemessungen werden noch besprochen.

Um eine möglichst gute Ausnutzung der vorhandenen Frequenzen zu erreichen, wird das Netz zellular organisiert.

7.4 Messungen im Hochfrequenzbereich

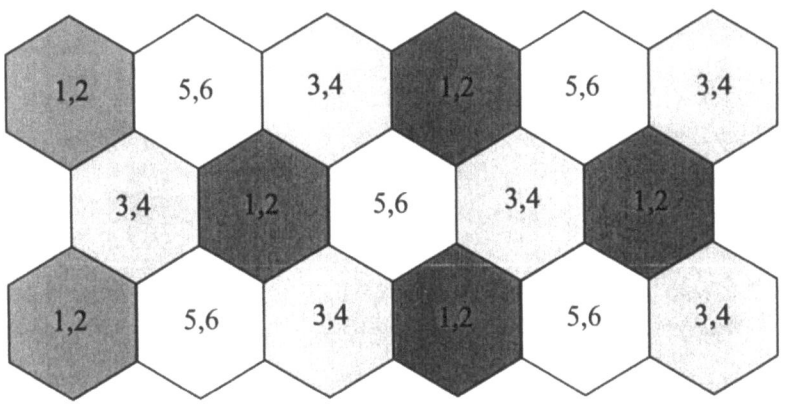

Bild 7-36 Zellenstruktur digitales Mobilfunknetz

In jeder Zelle werden die angegebenen Frequenzkanäle genutzt und können, außer in der direkten Nachbarzelle, wieder verwendet werden. Bei Bewegung eines Teilnehmers von einer Zelle in eine benachbarte Zelle wird das Gespräch automatisch auf einem anderen Kanal fortgesetzt. Die Reichweite einer Basisstation ist nicht rauschbegrenzt sondern meist interferenzbegrenzt. Von einem rauschbegrenzten System spricht man wenn die Funktion nur durch die Dämpfung begrenzt wird, d.h. die Feldstärke sinkt unter einen Mindestwert. Dieser Fall tritt im digitalen, zellularen Mobilfunk nicht auf, hier wird die Feldstärke einer weiteren Basisstation auf gleichem Kanal größer als die Feldstärke der ursprünglichen Station. Dieser Fall wird als interferenzbegrenztes System bezeichnet.

7.4.2.2 Messkonzeption an einer Mobilfunk-Basisstation

In dem meisten Fällen sind die Antennen einer Mobilfunk-Basisstation auf einem höheren Gebäude oder einem Antennenträger (Höhe meist 20 oder 50 m) montiert. Als Antennen wurden in der ersten Phase des Netzaufbaus meist rundstrahlende Antennen verwendet. Diese sind an der Bauform als freistehender, runder Strahler zu erkennen. Inzwischen hat sich bei der Ausstattung der Stationen der Typ der Sektorantennen durchgesetzt, zu erkennen an der kastenähnlichen Bauform. Dieser Antennentyp kann auch direkt an einer Hauswand angebracht werden, da er eine ausgeprägte Richtcharakteristik nach vorne besitzt. Um eine Rundumausleuchtung zu garantieren, müssen mehrere Strahler eingesetzt werden, es ist aber auch die gezielte Versorgung einzelner Gebiete möglich.

Beiden Antennentypen gemeinsam ist eine Bündelung in horizontaler Richtung, direkt am Fuß des Mastes werden wird man sich also nahezu im Strahlungsminimum der Antennen befinden.

An dieser Stelle kann keine Aussage zur Feldbelastung getroffen werden, die Feldstärke wird mit größerem Abstand zum Antennenmast zunehmen. Erst bei größeren Entfernungen kann wieder mit der bekannten Abstandsformel gerechnet werden.

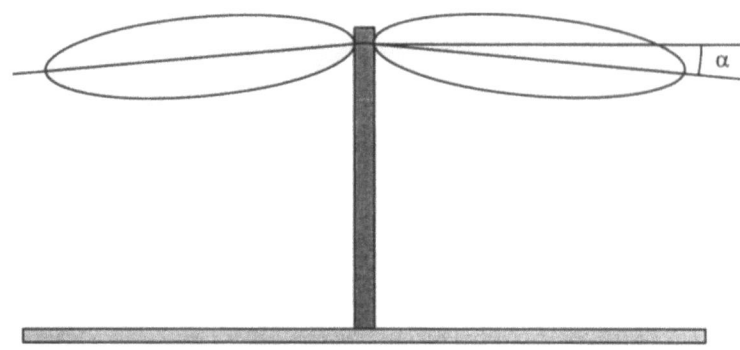

Bild 7-37 Abstrahlverhalten einer typischen Mobilfunkstation (α = Downtiltwinkel)

Der Winkel, mit dem die Hauptstrahlrichtung gegen den Erdboden geneigt ist, wird Downtiltwinkel genannt und liegt in der Regel zwischen 0° und 15°. Dieser Winkel kann bei fast allen Antennen individuell eingestellt werden, ist also nicht aus der Art der verwendeten Antenne ersichtlich und daher - bei Bedarf - beim Netzbetreiber zu erfragen.

Aufgrund der nur sehr kleinen Feldstärken am Erdboden ist der Einsatz breitbandiger Messtechnik zu vermeiden. Aussagekräftige Messungen sind nur mit Messempfängern oder Spektrum-Analysatoren und geeigneter Antennen möglich (siehe auch Abschnitt 6.6).

7.4.2.3 Messungen im Nahbereich der Sendeanlage

Besonders interessant im Hinblick auf den Schutz von Personen in elektromagnetischen Feldern ist der Bereich um die Antennenanlagen, soweit dieser überhaupt zugänglich ist. Meist sind die Antennen am Gebäuderand aufgestellt, so dass kein Aufenthalt vor den Antennen möglich ist. Die Sektorantennen haben eine Abdämpfung nach Hinten (Front-to-back-ratio) von 20-25 dB.

Für eine Sendeleistung von 50 W, einem Gewinn von 15 dBi und einem Front-to-back-ratio von 20 dB (Kathrein F-Panel 900 105°) ergeben sich folgende Sicherheitsabstände nach 26. BImSchV:

Tabelle 7.12 Sicherheitsabstände Mobilfunkbasisstation

Ausstattung	Richtung	Sicherheitsabstand
1 Kanal à 50 W	Hauptstrahlrichtung	5,28 m
	entgegengesetzte Richtung	0,53 m
2 Kanäle à 50 W	Hauptstrahlrichtung	7,47 m
	entgegengesetzte Richtung	0,75 m
3 Kanäle à 50 W	Hauptstrahlrichtung	9,14 m
	entgegengesetzte Richtung	0,91 m

7.4 Messungen im Hochfrequenzbereich

In diesen Bereichen ist eine Messung mittels breitbandiger Feldmesstechnik (siehe Abschnitt 6.6) möglich. Besonders zu beachten ist die momentane Sendeleistung der Station, die selten die, in der Standortbescheinigung angegebene, maximale Leistung ist, sondern vom Netzbetreiber ferngesteuert geregelt werden kann. Eine Rückfrage beim Netzbetreiber ist also auch hier unumgänglich.

Problematisch ist bei jeder Messung die Tatsache, dass es sich hier um ein gepulstes Signal handelt. Je nach Auslastung der Station mit Gesprächen sind einzelne Zeitschlitze getastet oder, solange kein Gespräch geführt wird, ungetastet. Bei Basisstationen mit mehreren Kanälen tritt dieses Problem verstärkt auf, da hier auch noch ein „slow frequency hopping" durchgeführt wird, d.h. die einzelnen Datenpakete für die Handys werden auf wechselnden Trägerfrequenzen ausgesendet, dadurch ergibt sich auch ein sich ständig änderndes Verhältnis zwischen aufgetastetem und abgefallenem HF-Träger bei einer spezifischen Frequenz. Diese Änderung der Sendefrequenz der Basisstation soll den negativen Einfluss von Reflektionen auf das Signal vermindern, da jede Änderung in der Frequenz auch den Ausbreitungsweg der Welle beeinflusst.

Eine Messung kann hier nur eine grobe Abschätzung liefern, der gemessene Wert kann ohne genaue Kenntnis der momentanen Stationsauslastung nur schwer interpretiert werden.

7.4.2.4 Messungen an Mobilfunk-Handys

Messungen an Handys stellen im digitalen Mobilfunk ein messtechnisches Problem dar. Neben der starken räumlichen Änderung des Feldes durch den Abstand ist dieses HF-Feld mit 217 Hz gepulst. Die einzelnen Zeitschlitze dauern also nur etwas mehr als 4,6 ms. Ein Messempfänger oder Spektrum-Analysator muss also über eine Messzeit verfügen, die deutlich kleiner als diese 4,6 ms ist, diese Bedingung erfüllen die Geräte aber nicht, sind also zur direkten Messung der Spitzenleistungen ungeeignet.

Anders verhält es sich bei der Messung des zeitlichen Mittelwertes des HF-Feldes, bei ausreichend langer Messdauer kann ein realistischer Wert aufgenommen werden. Da die breitbandigen Messgeräte auch einen zeitlichen Mittelwert aufnehmen, sind sie zur Beurteilung ebenfalls geeignet. Acht Mobilstationen (Handy's) teilen sich einen physikalischen Kanal, somit sendet jedes Handy nur in 1/8 der Zeit, der Spitzenwert liegt also um den Faktor 8 höher als der gemessene zeitliche Mittelwert.

Im modernen Handys werden zusätzliche Maßnahmen eingesetzt, um den Stromverbrauch, der in erster Linie von der erforderlichen Sendeleistung abhängt, zu begrenzen. Das Feature Power Control sorgt für eine Reduzierung der Sendeleistung bis auf einen Wert, der zur Kommunikation mit der Basisstation gerade noch ausreicht, mittels Schubabschaltung wird eine weitere Leistungsreduzierung während Sprechpausen erreicht. Neben der eigentlichen Zielsetzung längerer Gesprächs- und Stand-by-Zeiten der Handys wird natürlich auch die Belastung durch elektromagnetische Felder mit diesen Features verkleinert.

Diese Gründe sprechen gegen eine ausschließlich messtechnische Beurteilung von Basistation und Handy. Es sollte immer auch eine Berechnung der Feldstärken durchgeführt werden.

7.4.2.5 Berechnungen an einer Mobilfunk-Basisstation

Aufgrund der beschriebenen Probleme mit der variablen Tastrate des HF-Signals führt eine Berechnung der Feldstärke zu aussagekräftigeren Ergebnissen im Vergleich zu einer Messung.

Zur Berechnung werden einige Parameter der Station benötigt, die der Netzbetreiber oder der Hersteller der Antennenanlage liefern kann:

- maximale Sendeleistung der Station
- Anzahl der Kanäle und deren Aufteilung auf die Antennen
- Typ der Antennen und deren Hauptstrahlrichtung (horizontal und vertikal)
- Gewinn und Richtdiagramm der verwendeten Antenne
- Verluste der Antennenzuleitung
- Höhe der Sendeantenne über Grund

Als zweckmäßig hat sich eine Lageskizze auf Basis einer Topographischen Karte oder eines maßstabgetreuen Planes erwiesen. Die Karten sind im Fachhandel oder bei den Landesvermessungsämtern erhältlich, mit einer Lageskizze hilft meist der Mobilfunkbetreiber. Hieraus bestimmt man den Abstand d des Berechnungspunktes zur Sendeanlage.

Zuerst wird der Abstand r des Messpunktes zu der Sendeantenne bestimmt:

$$r = \sqrt{d^2 + h^2} \qquad (7.50)$$

Dann folgt die Berechnung der Gewinne und Verluste (db):

$$G[db] = G_{Sendeantenne} - G_{Kabeldämpfung} - G_{Winkeldämpfung(horiz.)} - G_{Winkeldämpfung(vert.)} \qquad (7.51)$$

mit der Sendeleistung P_0 und dem Feldwellenwiderstand des freien Raumes

$$Z_{F0} = 120 \cdot \pi = 377 \Omega \qquad (7.52)$$

folgt als Berechnungsformel für die elektrische Feldstärke im Fernfeld:

$$E_{eff} = \sqrt{\frac{P_0 \cdot Z_{F0} \cdot G[linear]}{4 \cdot \pi \cdot r^2}} \qquad (7.53)$$

Hierbei ist zu beachten, dass die Gewinnangabe G ein linearer Wert ist, der in Gleichung (7.51) errechnete db-Wert ist vor dem Einsetzen in Gleichung (7.53) umzurechnen:

$$G[linear] = 10^{\frac{G[dB]}{10}} \qquad (7.54)$$

Zur Umrechnung sei auch auf Abschnitt 2.5 verwiesen.

Beispiel 7-8

Eine Basisstation mit drei Kanälen à 25 W Sendeleistung ist mit drei Sektorantennen in den Strahlrichtungen 0°, 60° und 180° ausgestattet. Pro Antenne (25 dBi Gewinn), deren Zuleitungen 3 dB Verlust haben, wird also ein Kanal genutzt.

Die Antennen befinden sich in 40 m Höhe, die Antennen haben keinen Downtild.

Betrachtet wird ein Punkt in einer Entfernung von 70 Metern zur Station in der Richtung 30°.

7.4 Messungen im Hochfrequenzbereich

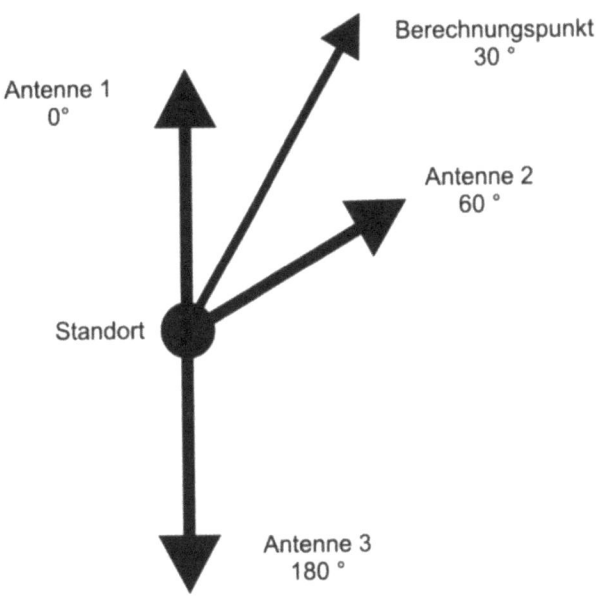

Bild 7-38 Hauptstrahlrichtungen und Beobachtungspunkt

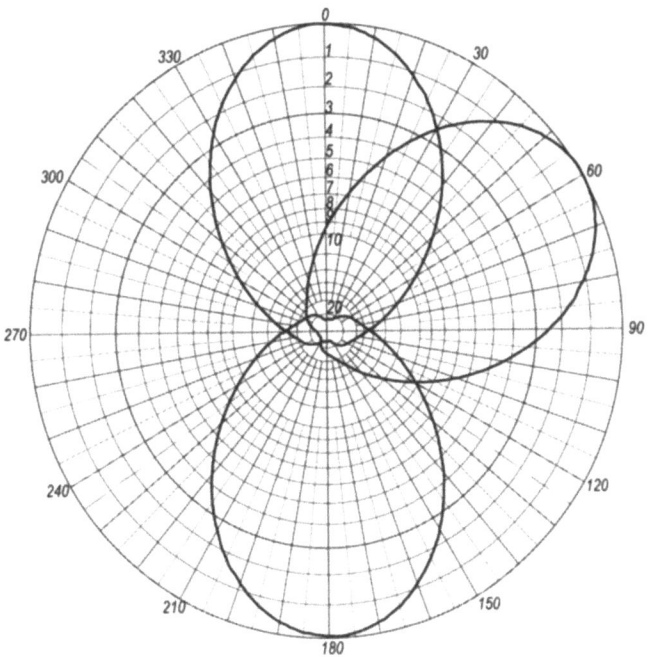

Bild 7-39 Horizontales Richtdiagramm (Kathrein Type 730360 902,5 MHz)

Aus den beiden Richtdiagrammen ist für den zu betrachtenden Punkt die Winkeldämpfung zu entnehmen. Wir befinden uns 30° außerhalb der Hauptstrahlrichtung des Sektors 1, ebenso befinden wir uns 30° außerhalb der Hauptstrahlrichtung von Sektor 2. Sektor 3 schaut 150° am Berechnungspunkt vorbei.

Die Berechnung beschränkt sich zunächst auf die Sektoren 1 und 2.

In Bild 7-38 sind die drei Hauptstrahlrichtungen in das Horizontaldiagramm eingetragen.

Aus dem horizontalen Richtdiagramm (Bild 7-39) kann man für die beiden Sektoren eine Winkeldämpfung zu je 2,5 dB entnehmen.

Der Abstand r berechnet sich zu

$$r = \sqrt{30^2 + 70^2}\,m = \sqrt{5800}\,m = 76{,}2\,m \tag{7.55}$$

Hieraus ergibt sich eine Elevation vom Berechnungspunkt zur Antenne von:

$$\beta = \arctan\frac{30m}{70m} = 23° \tag{7.56}$$

mit Gleichung (7.56) errechnet sich der vertikale Neigungswinkel zu:

$$\alpha = 90° - \beta = 67° \tag{7.57}$$

Für diesen Winkel liest man im Vertikaldiagramm (Bild 7-40) einen Dämpfungswert von ca. 25 dB ab.

Der Gewinn berechnet sich aus Antennengewinn abzüglich der Dämpfung des Antennenkabels und der Winkeldämpfung.

$$G[dB] = 25db - 3db - 2{,}5db - 25db = -5{,}5db \tag{7.58}$$

Bei dem berechneten Gewinn (oder in diesem Fall Verlust) handelt es sich um eine Angabe in db, dieser Wert muss also noch in eine lineare Größe umgerechnet werden:

$$G[linear] = 10^{\frac{G[db]}{10}} = 10^{\frac{-5{,}5db}{10}} = 0{,}28 \tag{7.59}$$

Am Berechnungspunkt müssen nun aber die Wirkungen beider Antennen berücksichtigt werden, hierzu setzen wir aufgrund der räumlichen Symmetrie $2 \cdot P_0$ an.

$$E_{eff} = \sqrt{\frac{2 \cdot P_0 \cdot Z_{F0} \cdot G[linear]}{4 \cdot \pi \cdot r^2}} = \sqrt{\frac{50W \cdot 377\Omega \cdot 0{,}28}{4 \cdot \pi \cdot (76{,}2m)^2}} = 0{,}27\,\frac{V}{m} \tag{7.60}$$

7.4 Messungen im Hochfrequenzbereich

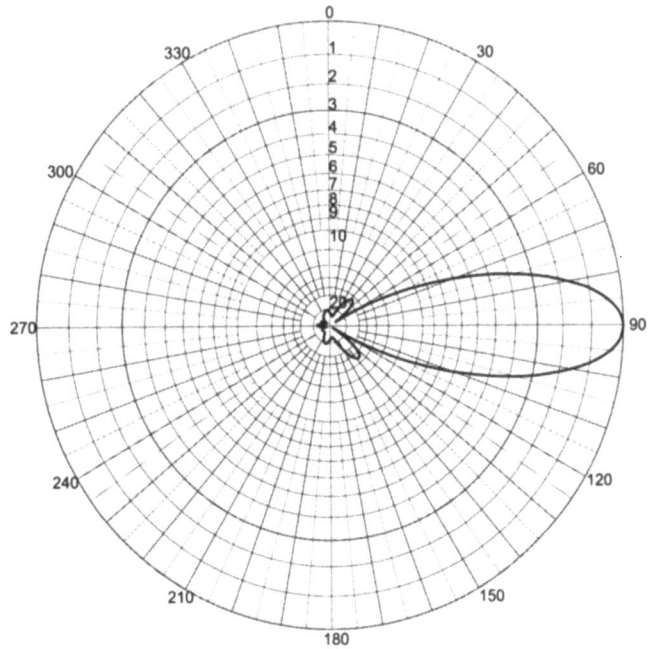

Bild 7-40 Vertikales Richtdiagramm (Kathrein Type 730360 902,5 MHz)

Nun stellt sich die Frage warum der dritte Sektor nicht berücksichtigt wurde. Die horizontale Winkeldämpfung (aus Bild 7-39) beträgt ca. 30 dB, die weiteren Parameter bleiben unverändert.

Analog zu Gleichung (7.58) ergibt sich eine Gesamtdämpfung von

$$G[dB] = 25db - 3db - 25db - 30dB = -33dB \qquad (7.61)$$

umgerechnet in eine lineare Größe

$$G[linear] = 10^{\frac{-33db}{10}} = 5 \cdot 10^{-4} \qquad (7.62)$$

Dies würde am Berechnungspunkt eine Feldstärke von

$$E_{eff} = \sqrt{\frac{2 \cdot P_0 \cdot Z_{F0} \cdot G[linear]}{4 \cdot \pi \cdot r^2}} = \sqrt{\frac{25W \cdot 377\Omega \cdot 5 \cdot 10^{-4}}{4 \cdot \pi \cdot (76,2m)^2}} = 8 \frac{mV}{m} \qquad (7.63)$$

hervorrufen.
Dieser Feldbeitrag kann vernachlässigt werden.

Unberücksichtigt bleiben bei dieser Berechnung Reflektionen und Überlagerungseffekte der beiden Hochfrequenzträgersignale. Diese Effekte können zu lokalen Über- und Unterschreitungen des berechneten Wertes, insbesondere in der Nähe von leitfähigen Flächen, führen.

Ebenfalls ohne Berücksichtigung ist die Auslastung der Station und die daraus resultierende zeitweise Abschwächung des zeitlichen Mittelwertes der Feldstärke, die Berechnung ist in dieser Beziehung eine Worst-Case-Betrachtung.

7.4.3 Messungen an Rundfunksendeanlagen

Rundfunksendeanlagen stellen nicht nur die weitaus größte Anzahl an hochfrequenten Sendeanlagen dar, sie sind auch die leistungsstärksten Sendeanlagen. Die Strahlungsleistung der Sendeanlagen hängt vom Versorgungsbereich und vor allem von der verwendeten Sendefrequenz ab. Die folgende Tabelle zeigt die maximalen Strahlungsleistungen:

Tabelle 7.13 Frequenzbereiche und Sendeleistungen

Art	Frequenz	max. Strahlungsleistung
Langwellenrundfunk	150 - 300 kHz	8000 kW
Mittelwellenrundfunk	500 – 1600 kHz	1200 kW
Kurzwellenrundfunk	3,5 - 30 MHz	500 kW
VHF-Fernsehen	47 – 68 MHz	100 kW
UKW-Rundfunk	87,5 - 108 MHz	100 kW
VHF-Fernsehen	174 – 223 MHz	300 kW
UHF-Fernsehen	470 – 790 MHz	600 kW

Im Lang-, Mittel- und Kurzwellenbereich werden bevorzugt Richtstrahlantennen eingesetzt, in den höheren Frequenzbereichen handelt es sich meist um rundstrahlende Antennen an exponierten Standorten. Bei niedrigen Frequenzen ist vor allem die Bodenbeschaffenheit von großer Bedeutung. Hier findet mal die Sendeanlagen häufig in Tal-Lagen. Dies ist für die Ausbreitung kein Nachteil, da vor allem im Kurzwellenbereich mit Reflektionen an der Ionosphäre gearbeitet wird und die Abstrahlung nicht nur horizontal gerichtet ist, sondern auch eine Elevation in der Vertikalen aufweist.

7.4.3.1 Messungen

Je nach verwendetem Frequenzbereich sind unterschiedliche Ansätze zu wählen. Von entscheidender Bedeutung ist das Verhältnis Wellenlänge zu Abstand und die hieraus resultierende Abschätzung ob sich der Messpunkt bereits im Fernfeld der Antennenanlage befindet.
Hierzu ist es notwendig eine Bedingung für den Übergang vom Nahfeld zum Fernfeld zu definieren.
Eine gute Abschätzung für den Radius R ab dem sich der Beobachtungspunkt im Fernfeld befindet die Bedingung

$$R \approx \frac{\pi^2 \cdot D^2}{2\lambda} \text{ wenn } D \geq \frac{\lambda}{\pi} \tag{7.64}$$

bzw.

7.4 Messungen im Hochfrequenzbereich

$$R \approx \frac{\lambda}{2} \quad \text{wenn} \quad D < \frac{\lambda}{\pi}. \tag{7.65}$$

Der Parameter D kennzeichnet die größte Aperturweite der Sendeantenne, die in guter Näherung durch die maximale lineare Abmessung der Sendeantenne ersetzt werden kann.

Befindet man sich im Nahfeld der Antennenanlage, muss die magnetische und die elektrische Komponente des Feldes getrennt gemessen werden, erst im Fernfeld ist eine Umrechnung über den Feldwellenwiderstand des freien Raumes Z_{F0} zulässig. Hier ist dann die Messung einer Komponente ausreichend.

Für einen Langwellensender der Frequenz f = 234 kHz gleichbedeutend mit einer Wellenlänge von λ = 1282 m ergibt sich ohne Berücksichtigung der Aperturweite die Grenze zwischen Nah- und Fernfeld bei einer Entfernung von 641 m. Führt man also in diesem Umkreis Messungen durch, sind auf jeden Fall die magnetische und elektrische Komponente zu berücksichtigen.

Bei einem UKW-Sender f = 100 MHz (λ = 3 m) kann bereits ab einem Abstand von 1,5 m von Fernfeldbedingungen ausgegangen werden. Berücksichtigt man hierbei noch die Tatsache, dass Bereiche in dieser unmittelbaren Nähe der Sendeantenne nicht zugänglich sind, genügt im hochfrequenten Bereich meist die Messung nur einer Komponente. In den meisten Fällen wird dies die elektrische Komponente sein.

An vielen Standorten werden mehrere Sendeanlagen gleichzeitig betrieben. Es ist also vor Beginn der Messungen sicherzustellen, dass die verwendeten Messgeräte dies richtig auswerten können. Probleme treten vor allem dann auf, wenn es sich um Sender in unterschiedlichen Frequenzbereichen handelt. Für eine aussagekräftige Messung muss in diesen Fällen wiederum mit frequenzselektiver Messtechnik gearbeitet werden.

Im Normalfall arbeiten die Sender mit einem konstanten Träger, der entweder in der Amplitude oder der Frequenz moduliert wird. Im Fall der Frequenzmodulation wird die gemessene Feldstärke immer konstant bleiben, bei amplitudenmodulierten Signalen kann es zu Schwankungen kommen, insbesondere wenn zusätzliche Absenkungen des Trägers durch Verfahren wie DAM[2] verwendet werden, die in erster Linie zur Energieeinsparung beim Sender dienen. In diesen Fällen ergeben sich signifikante Unterschiede je nach Programmart, die Feldstärken können bei Wortprogrammen bis zu 20 % unter den Werten bei Musikprogrammen liegen.

Hier empfiehlt sich bei der Messdurchführung eine Absprache mit dem Anlagenbetreiber, der für eine kurzfristige Messung auch auf einen konstanten Träger umschalten kann.

7.4.3.2 Messbeispiele

In Zusammenarbeit mit der CLT-UFA[3] wurde am Senderstandort Beidweiler in Luxemburg das elektromagnetische Feld, ausgehend von der Langwellensendeanlage (f = 234 kHz) mit einer Strahlungsleistung von ca. 7500 kW bei einer Verstärkerausgangsleistung von 2000 kW gemessen. Der Antennengewinn wird durch eine 3-Mast-Antennenkonstruktion erreicht.

Als Messequipment wurde das EMR-300 Meßsystem der Fa. Wandel&Goltermann verwendet, bestückt mit einer H-Feld-Sonde Typ 13 (3 kHz .. 3 MHz) sowie der E-Feld-Sonde Typ 8

---

[2] Dynamikgesteuerte Amplitudenmodulation (siehe Abschnitt 7.4.2)
[3] Die CLT-UFA betreibt die Sendeanlagen von Radio Luxemburg

(100 kHz .. 3 GHz). Das elektrische und das magnetische Feld wurden an der gleichen Stelle getrennt zueinander gemessen.

Es wurden Messungen sowohl in der Hauptstrahlrichtung als auch zur Seite um 90° zur Hauptstrahlrichtung durchgeführt.

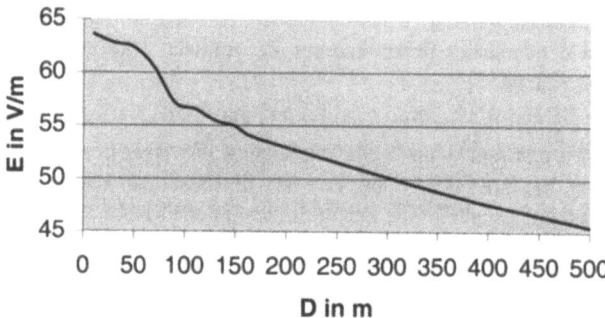

Bild 7-41 Messwerte des elektrischen Feldes in der Hauptstrahlrichtung

Während an exponieren Punkten z.B. in der Nähe der Speisepunkte der Antennen elektrische Feldstärken bis 1000 V/m gemessen werden konnten, nahm die Feldstärke mit der Entfernung sehr schnell ab. Deutlich zeigte sich der Gewinn der Sendeantenne in Hauptstrahlrichtung.

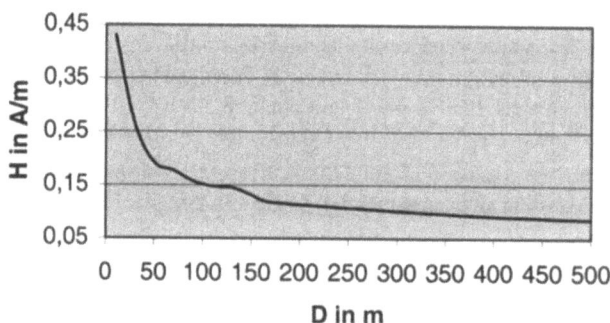

Bild 7-42 Messwerte des magnetischen Feldes in der Hauptstrahlrichtung

7.4 Messungen im Hochfrequenzbereich

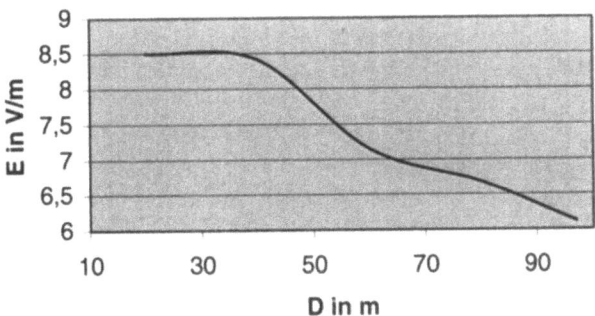

Bild 7-43 Messwerte des elektrischen Feld 90° zur Hauptstrahlrichtung

Die ermittelten Werte bewegen sich hier weit unterhalb der Grenzwerte für diese Frequenz, nach DIN VDE 0848 sind dies bezogen auf den Expositionsbereich 1 1500 V/m für das elektrische Feld und 20,9 A/m für das magnetische Feld.

7.4.3.3 Berechnungsgrundlagen

Im hochfrequenten Bereich bietet sich aufgrund der recht gleichmäßigen Wellenausbreitung eine rechnerische Bestimmung der Feldstärken an.

Hierzu sollten vom Anlagenbetreiber für jeden an dem zu untersuchenden Standort arbeitenden Sender folgende Informationen eingeholt werden:

- Senderausgangsleistung
- Verluste in der Zuleitung zur Antenne (alternativ auch Zuleitungslänge und Art des verwendeten Kabels)
- Gewinn der Sendeantenne
- Richtcharakteristik der Sendeantenne, hierbei ist insbesondere zu klären, ob es sich um eine rundstrahlende Antenne handelt (in diesem Fall kann das Horizontaldiagramm vernachlässigt werden); von entscheidender Bedeutung für die Berechnung ist das Vertikaldiagramm, aus dem die Winkeldämpfung zum Messstandort ermittelt wird
- Höhe der Sendeantenne über Grund

Zuerst wird der Abstand des Messpunktes zu der Sendeantenne bestimmt:

$$r = \sqrt{d^2 + h^2} \qquad (7.66)$$

Dann folgt die Berechnung der Gewinne und Verluste:

$$G[dB] = G_{Sendeantenne} - G_{Kabeldämpfung} - G_{Winkeldämpfung\,(horiz.)} - G_{Winkeldämpfung\,(vert.)} \qquad (7.67)$$

mit der Sendeleistung P_0 und dem Feldwellenwiderstand des freien Raumes

$$Z_{F0} = 120 \cdot \pi = 377\,\Omega \tag{7.68}$$

folgt nach der Umrechnung des Antennengewinns in eine lineare Größe

$$G[linear] = 10^{\frac{G[dB]}{10}} \tag{7.69}$$

als Berechnungsformel für die elektrische Feldstärke

$$E_{eff} = \sqrt{\frac{P_0 \cdot Z_{F0} \cdot G[linear]}{4 \cdot \pi \cdot r^2}} \tag{7.70}$$

Beispiel 7-9

Ein UKW-Rundfunksender mit einer Senderausgangsleistung von $P_0 = 10\,kW$ arbeitet auf einer rundstrahlenden Antenne mit 25 dB Gewinn. Das 70 m lange Antennenkabel hat bei der Frequenz 101 MHz eine Dämpfung von 13 dB / 100m. Die Antenne ist in einer Höhe von 50 m montiert. Aus dem vom Betreiber zur Verfügung gestellten (hier fiktiven) vertikalen Richtdiagramm entnehmen wir eine Winkeldämpfung von 20 dB.

Der Punkt an dem eine Aussage über die auftretende Feldstärke gemacht werden soll befinde sich 90 m vom Fußpunkt der Antenne entfernt.

Aus der Antennenhöhe und der Entfernung ergibt sich:

$$r = \sqrt{50^2 + 90^2}\,m = \sqrt{10600}\,m = 103\,m \tag{7.71}$$

Der Gewinn berechnet sich aus dem Antennengewinn abzüglich der Dämpfung des Antennenkabels und der Winkeldämpfung. In diesem Fall nur der vertikalen Winkeldämpfung da es sich um eine rundstrahlende Antenne handelt, die keine winkelabhängige Richtwirkung in der Horizontalebene besitzt.

$$G\,[db] = 25\,dB - 13\,dB \cdot 0{,}7 - 20\,dB = -4{,}1\,dB \tag{7.72}$$

Bei dem berechneten Gewinn (oder in diesem Fall Verlust) handelt es sich um eine Angabe in db, dieser Wert muss also noch in eine lineare Größe umgerechnet werden:

$$G\,[linear] = 10^{\frac{G[dB]}{10}} = 10^{\frac{-4{,}1\,dB}{10}} = 0{,}39 \tag{7.73}$$

hieraus ergibt sich die elektrische Feldstärke zu

$$E_{eff} = \sqrt{\frac{P_0 \cdot Z_{F0} \cdot G\,[linear]}{4 \cdot \pi \cdot r^2}} = \sqrt{\frac{10000\,W \cdot 377\,\Omega \cdot 0{,}39}{4 \cdot \pi \cdot 103\,m^2}} = 3{,}3\,\frac{V}{m} \tag{7.74}$$

7.5 Auswertung und Prüfbericht

Neben der bereits beschriebenen Messkonzeption zählen auch die Auswertung und die Dokumentation im Rahmen eines Prüfberichtes zu einer fachgerechten Durchführung einer Messung.

Der Prüfbericht dient dem Auftraggeber als Nachweis über die durchgeführte Messung, unter Umständen auch als rechtliche Absicherung im Rahmen seiner Sorgfaltspflicht. Diese Verantwortung begründet natürlich auch eine gewisse Sorgfalt bei der Erstellung des Berichtes. Im

7.5 Auswertung und Prüfbericht

Folgenden sollen die wichtigsten Punkte genannt werden die in einem aussagekräftigen Bericht aufgeführt werden sollten.

Beschreibung der untersuchten Anlage

Die untersuchte Anlage sollte möglichst genau beschrieben werden; dies betrifft auch den Betriebszustand zum Zeitpunkt der Messung. Folgende Angaben sind mindestens notwendig:

- Standort
- Ort und Zeitpunkt der Messung
- Beschreibung aller immisionswirksamen Quellen mit
  - Anlagenart und Anlagenbezeichnung
  - Hersteller und Baujahr
  - Verwendungszweck
  - geometrischer Aufbau (insbesondere bei beweglichen Teilen)
  - Betriebsfrequenzen (einschließlich Modulationsarten)
- Betreiber bzw. verantwortliche Person für die Anlage
- klimatische Bedingungen (Temperatur, Luftfeuchte, Luftdruck)

Beschreibung der verwendeten Messgeräte

Zur Dokumentation und späteren Überprüfung ist eine Auflistung aller verwendeten Geräte notwendig. Dies erleichtert auch spätere Kontrollmessungen oder Plausibilitätsprüfungen.

Folgende Angaben sollten enthalten sein

- Messgeräte mit Typbezeichnung und grundlegenden technischen Daten
  - Frequenzbereich
  - eingesetzte Sonden
  - Empfindlichkeit und Dynamikbereich
  - Messgenauigkeit
- Zeitpunkt der letzten Kalibrierung

Dokumentation der Messergebnisse

Dieser Teil des Prüfberichtes umfasst die Ergebnisse der eigentlichen Messung, unter Umständen ergänzt durch die Ergebnisse einer Simulation.

Zu diesem Teil gehören:

- Skizze mit der Lage der Messpunkte, hierbei sind einzutragen
  - reproduzierbare Entfernungen zu ortsfesten Orientierungspunkten
  - Höhe der Messpunkte über Grund
  - Entfernungen zu leitfähigen Objekten im Nahbereich
  - Kennzeichnung nicht ortsfester Objekte
  - aussagekräftiges Foto des Messpunktes

- Auflistung der Messwerte, wobei eindeutig hervorgehen muss, mit welchem Messgerät gearbeitet wurde
- evtl. Vergleich der Messwerte mit den Grenzwerten
- evtl. Ergebnisse einer Simulation, auch hier sollten die Größen, mit der die Simulation durchgeführt wurde, und das eingesetzte Programm erwähnt werden
- evtl. graphische Darstellungen der Messwerte oder Dauermessungen

Interpretation der Ergebnisse

Soweit der Auftraggeber dies wünscht kann eine Bewertung der Ergebnisse im Hinblick auf gültige Normen und Verordnungen im Prüfbericht enthalten sein.

Eine Beurteilung unter Berücksichtigung ungesicherter Erkenntnisse oder von der Norm abweichender Grenzwerte sollte nicht in einen Bericht integriert werden. Anderenfalls ist dies deutlich zu kennzeichen. Die rechtlichen Konsequenzen die sich aus weitergehenden Beurteilungen ergeben, sind zu berücksichtigen.

Beteiligte Personen

Sowohl der Messdurchführende als auch der Ersteller des Prüfberichtes, dies sollte normalerweise ein und dieselbe Person sein, sind aufzuführen. Diese tragen die rechtliche Verantwortung für die ordnungsgemäße Durchführung und Dokumentation der Messung.

Literaturverzeichniss

Zur eigenen Absicherung sollten die Grundlagen für Grenzwerte und Messverfahren dokumentiert werden, indem die entsprechenden Normen und deren verwendete Ausgabe genannt werden. Werden weitere Quellen benutzt, sollten auch diese aufgeführt werden.

7.6 Beispiele aus der Praxis

7.6.1 Dachständerleitung

7.6.1.1 Allgemeines

In einem Wohnhaus soll das Dachgeschoss (Bild 7-44) als Jugend- oder Arbeitszimmer ausgebaut werden. Über der entsprechenden Räumlichkeit befindet sich in unmittelbarer Nähe eine Dachständerfreileitung (Einzeldrähte) des örtlichen Energieversorgers. Vom Hausbesitzer wurde im Hinblick auf eine feldarme Elektroinstallation im Vorfeld der Umbaumaßnahmen eine Untersuchung auf niederfrequente elektrische und magnetische Felder initiiert. Neben dem Personenschutz spielte auch die Frage eine Rolle, ob Kathodenstrahlgeräte (hier: 19 Zoll-Monitor) gestört werden könnten.

Während das niederfrequente elektrische Feld rein messtechnisch ermittelt werden sollte, wurden für das Magnetfeld eine 24–h-Dauermessung sowie eine Simulation mit realistischen und maximalen Belastungswerten vereinbart.

7.6 Beispiele aus der Praxis

Das Wohnhaus selbst liegt im Ortskern einer ländlichen Gemeinde mit etwa 650 Einwohnern, welche sich auf ca. 150 Wohneinheiten (WE) verteilen. Der Flächennutzungs- und der Bebauungsplan weisen den interessierenden Ortsbereich als reines Wohngebiet aus. Die Energieversorgung erfolgt in demselben ausschließlich mit Dachständerfreileitungen, welche als Strahlennetze ausgeführt sind.

Niederspannungsfreileitungen, die über ein Wohnhaus hinwegführen, fallen nicht unter die Bestimmungen der 26. BImSchV, da sie keine Niederfrequenzanlagen im Sinne der Verordnung darstellen (Abschnitt 5.2).

Wendet man dennoch die Bestimmungen der 26. BImSchV auch auf Dachständerfreileitungen an, so müsste man mit Strömen rechnen, welche sich bei höchster betrieblicher Anlagenauslastung ergeben. Nun handelt es sich bei der Freileitung aber lediglich um eine passive Komponente. Die Art der Auslastung steht und fällt mit dem speisenden Transformator, den angeschlossenen Verbrauchern und der Lage innerhalb des Ortsnetzes.

Im Vorfeld einer Untersuchung kann man sich im Hinblick auf eine Abschätzung von realistischen oder maximal möglichen Strömen Folgendes überlegen:

Geht man davon aus, dass ein Hausanschluss mit Dachständerfreileitung mit etwa 100 A pro Phase abgesichert ist, entspricht dies idealerweise einer maximalen Scheinleistung von

$$S_{Haus,max} = \sqrt{3} \cdot 0{,}4 \text{ kV} \cdot 100 \text{ A} \approx 70 \text{ kVA} \qquad (7.75)$$

Konsequenterweise könnte dann ein einziger 1000-kVA-Transformator höchstens 14 Wohneinheiten versorgen. Bei überschlägiger Rechnung müssten somit in einem Dorf mit 650 Einwohnern und ca. 150 WE etwa 10 Transformatoren zu je 1000 kVA ihren Dienst verrichten.

Tatsächlich sind aber in der Beispielgemeinde nur 3 Transformatoren zu je 400 kVA installiert. Wo liegt also der Fehler in der obigen Überlegung?

Das Missverhältnis hat im Wesentlichen zweierlei Gründe. Zum einen muss man statt von der abgesicherten von der in den Wohneinheiten installierten Leistung ausgehen. Zum anderen muss bei der Betrachtung der sogenannte Gleichzeitigkeitsfaktor g berücksichtigt werden. Diese Größe ist ein Maß dafür, dass nicht alle Wohnungen zur gleichen Zeit die volle Anschlussleistung nutzen. Der Faktor, welcher auf empirischen Erfahrungen beruht, ist ein entscheidender Parameter bei der Auslegung von energietechnischen Anlagen.

Weitere wichtige Größen der Dimensionierung, wie etwa der maximal zulässige Spannungsfall oder die Jahreshöchstleistung von Abnehmern, bleiben bei der nachfolgenden Betrachtung unberücksichtigt . Auch ohne deren Kenntnis kann eine überschlägige Abschätzung der insbesondere für die Simulation relevanten Betriebsströme vorgenommen werden.

Für eine WE nimmt man eine installierte Leistung P_{inst} zwischen 21 kW (ein E-Herd und ein Durchlauferhitzer als größere Verbraucher) und 50 kW (wie vorher, jedoch mit Elektroheizung) an. Mit dieser Angabe kann man für jeden einzelnen Leitungsabschnitt die maximal zu transportierende Leistung P_{max} idealisiert berechnen.

Davon ausgehend kann unter Einbeziehung des Gleichzeitigkeitsfaktors g eine realistischere Rechnung der insgesamt benötigten Leistung durchgeführt werden. In der Literatur findet man unterschiedliche Angaben über den Wert von g, was daher rührt, dass er ein reiner Erfahrungswert ist.

Bei einheitlicher Elektroenergieanwendung für Neubauwohngebiete und Dörfer mit n Wohneinheiten gilt nach *Bochanky* etwa für den Allgemeinbedarf inklusive eines E-Herdes die Formel:

$$g = 0{,}1 + \frac{0{,}9}{\sqrt{n}} \qquad (7.76)$$

Bei einer zusätzlichen Warmwasserbereitung (Durchlauferhitzer) ist anzusetzen:

$$g = 0{,}13 + \frac{0{,}87}{\sqrt{n}} \qquad (7.77)$$

Für reine Wohngebiete findet man bei *Dettmann* und *Heuck* hingegen:

$$g = 0{,}07 + \frac{0{,}93}{n} \qquad (7.78)$$

Die Bandbreite der Gleichzeitigkeitsfaktoren variiert demnach sehr stark. Während man nach *Könen* etwa in Bürohäusern für die Beleuchtung der einzelnen Stockwerke den Wert 1 ansetzen muss, wurden für größere Siedlungen extrem niedrige Werte bis hinunter zu 0,02 ermittelt.

Durch die Einbeziehung von g kann mittels

$$P_{\max,g} = g \cdot P_{\max} \qquad (7.79)$$

für jeden Leitungsabschnitt ein modifizierter (und auch geringerer) Leistungsbetrag überschlägig berechnet werden. Die daraus resultierenden Ströme dürfen jedoch nicht als realistische und durchschnittliche Werte aufgefasst werden. Insofern verbietet sich eine Einbeziehung dieser Größen in die Feldberechnung. Ebenso lassen sich daraus auch keine Aussagen über Spitzenwerte ableiten.

Der Gleichzeitigkeitsfaktor g stellt somit lediglich eine Hilfsgröße für die Dimensionierung des Transformators dar. Gleichwohl erlaubt diese Größe bei bekannten installierten Leistungen eine Plausibilitätsüberprüfung der eingesetzten Trafo-Nennleistung.

Für die Umrechnung der pro WE installierten Leistung P_{inst} in die zugehörige installierte Scheinleistung nimmt man bei reinen Wohngebieten üblicherweise an:

$$P_{\text{inst}} = S_{\text{inst}} \cdot \cos\varphi = S_{\text{inst}} \cdot 0{,}95 \qquad (7.80)$$

Damit ergibt sich für die benötigte gesamte Trafo-Nennleistung unter Berücksichtigung der Gleichzeitigkeit:

$$S = g \cdot n \cdot S_{\text{inst}} = g \cdot n \cdot \frac{P_{\text{inst}}}{\cos\varphi}. \qquad (7.81)$$

Netzstationen werden im Nennbetrieb üblicherweise etwa zu zwei Dritteln ausgelastet. Für die gesamte Trafo-Nennleistung ergibt sich somit:

$$S_{\text{nenn}} = 1{,}5 \cdot S = 1{,}5 \cdot g \cdot n \cdot \frac{P_{\text{inst}}}{\cos\varphi}. \qquad (7.82)$$

Für das eingangs beschriebene Ortsnetz erhält man mit $n = 150$ aus Gleichung (7.76) den Faktor $g = 0{,}173$. Als P_{inst} kann 25 kW angesetzt werden. Damit erhält man:

$$S_{\text{nenn}} = 1{,}5 \cdot 0{,}173 \cdot 150 \cdot \frac{25\,\text{kVA}}{0{,}95} = 1024\,\text{kVA} \qquad (7.83)$$

Da man stets auf die nächsthöheren verfügbaren Trafobauformen aufrundet, ist demnach eine installierte Nennleistung von 1200 kVA (3 × 400 kVA) realistisch.

7.6 Beispiele aus der Praxis

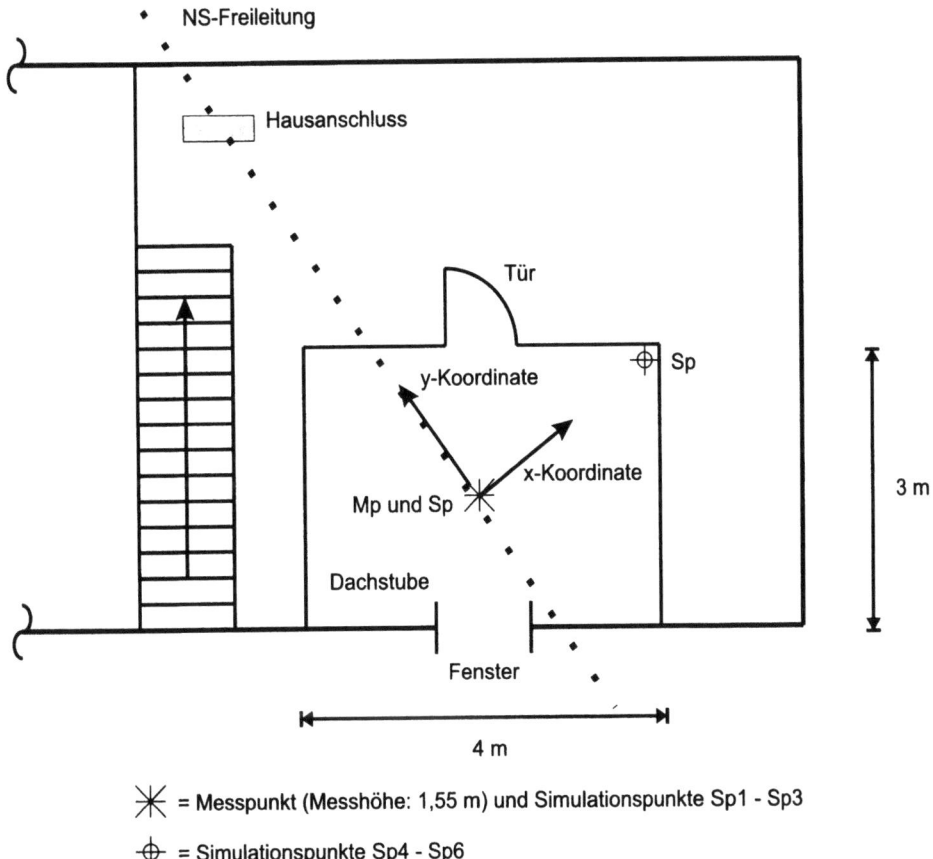

✳ = Messpunkt (Messhöhe: 1,55 m) und Simulationspunkte Sp1 - Sp3

⊕ = Simulationspunkte Sp4 - Sp6

Bild 7-44 Skizze des Dachgeschosses mit Kennzeichnung des Messpunktes und der Simulationspunkte

7.6.1.2 Messergebnisse

Die elektrische Feldstärke wurde in Form einer Übersichtsmessung (Abschnitt 7.1.2) breitbandig (5 Hz – 2 kHz) ermittelt. In der Dachstube (Bild 7-44) lagen sämtliche Werte unter 10 V/m. Damit wird der BImSchV-Grenzwert um den Faktor 500 unterschritten und selbst die strengen Forderungen kritischer Institute für Schlafplätze sind erfüllt.

Die magnetische Flussdichte wurde frequenzselektiv (50 Hz - schmalbandig) und breitbandig (5 Hz – 2 kHz) zur gleichen Zeit an nahezu gleichem Messpunkt mit einer 24-h-Dauermessung aufgenommen (Bild 7-45). Man erkennt, dass der Oberwellenanteil der Flussdichte relativ gering ist, denn die beiden Messreihen unterscheiden sich nur unwesentlich. Die Messung selbst erfolgte Ende August (Sonnenaufgang: ca. 6.30 Uhr, Sonnenuntergang: ca. 20.30 Uhr). Die statistische Auswertung ist in Tabelle 7.14 wiedergegeben.

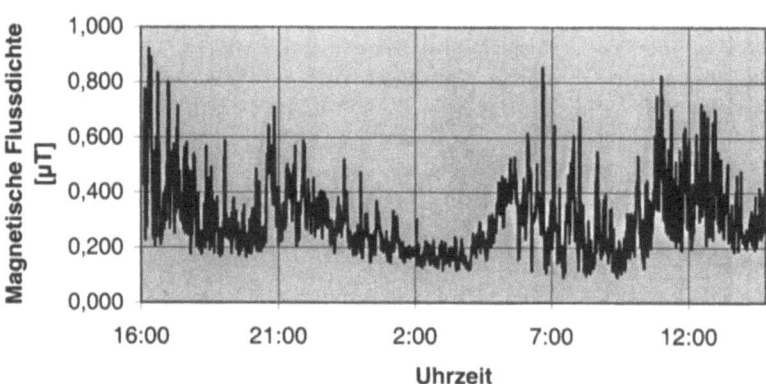

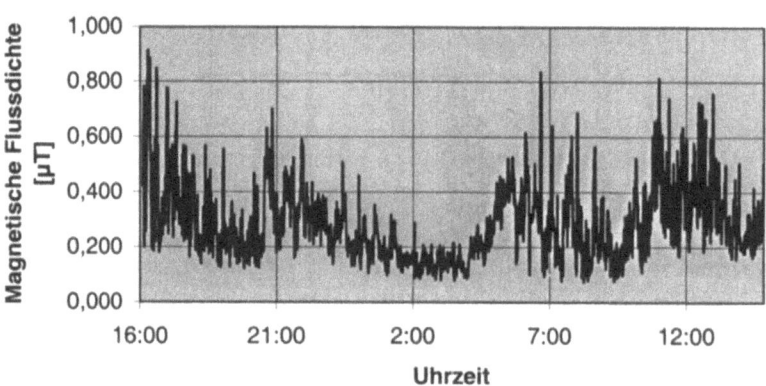

Bild 7-45 Vergleich zwischen schmal- und breitbandiger Messung

Auf Grund der Messergebnisse und der statistischen Auswertung kann davon ausgegangen werden, dass mit einer Überschreitung des 100 µT – Grenzwertes der 26. BImSchV nicht zu rechnen ist. Der Mittelwert liegt mit etwa 0,3 µT allerdings im Bereich der Grenzwertempfehlung kritischer Institute (Abschnitt 5.15) für Schlafplätze. Der Maximalwert von 0,9 µT legt nahe, dass gelegentliche Störungen an Kathodenstrahlgeräten wahrscheinlich sind.

7.6 Beispiele aus der Praxis

Tabelle 7.14 Statistische Auswertung der 24-h–Dauermessung am Messpunkt (Mp)

	Magnetische Flussdichte in µT	
	breitbandig (5 Hz – 2 kHz)	schmalbandig (50-Hz–Filter)
Maximalwert	0,92	0,91
Minimalwert	0,09	0,07
Mittelwert	0,3	0,28
Standardabweichung	0,13	0,13
Median	0,27	0,26

Problematisch an dieser Betrachtung ist, dass die Bestimmung der tatsächlichen Auslastung des Leitungsabschnittes zum Messzeitpunkt nicht möglich war. Es verbietet sich daher von selbst, die gemessenen Größen auf eine maximale Belastung hochzurechnen.

Für eine Abschätzung der maximal zu erwartenden Flussdichtewerte soll daher im Folgenden eine Simulation durchgeführt werden.

7.6.1.3 Simulationsergebnisse

Ausgehend von der idealisierten Annahme einer Gleichverteilung der Leistung im Ortsnetz, kann man sich mehrere Belastungsfälle vorstellen.

Im worst-case wird die komplette Trafo-Nennleistung im betrachteten Freileitungsabschnitt übertragen. Als Phasenstrom kann dann vereinfacht angesetzt werden:

$$I_{100\%} = \frac{400\,\text{kVA}}{400\,\text{V} \cdot \sqrt{3}} \approx 577\,\text{A} \tag{7.84}$$

Nun mag man mit Recht einwenden, dass dieser Belastungsfall absolut unwahrscheinlich ist. Daher wird man im zweiten Schritt die Topologie des Ortsnetzes (Bild 7-46) berücksichtigen. Im vorliegenden Fall beträgt die transportierte Leistung etwa nur noch ein Zwölftel der Nennleistung. Nach Gleichung (7.84) erhält man damit einen Strom von:

$$I_{\text{gleich},100\%} \approx \frac{577}{12}\,\text{A} \approx 48\,\text{A} \tag{7.85}$$

Setzt man ferner voraus, dass ein Transformator wirtschaftlich und betriebstechnisch gut ausgenutzt wird, wenn er im Mittel etwa zu 2/3 ausgelastet ist, so verringerte sich der Strom aus Gleichung (7.85) um diesen Faktor.

Dass in den bisherigen Überlegungen der Gleichzeitigkeitsfaktor überhaupt noch nicht in Betracht gezogen wurde, begründet sich mit der Schwierigkeit, ihn hinsichtlich realer Belastungssituationen zu interpretieren.

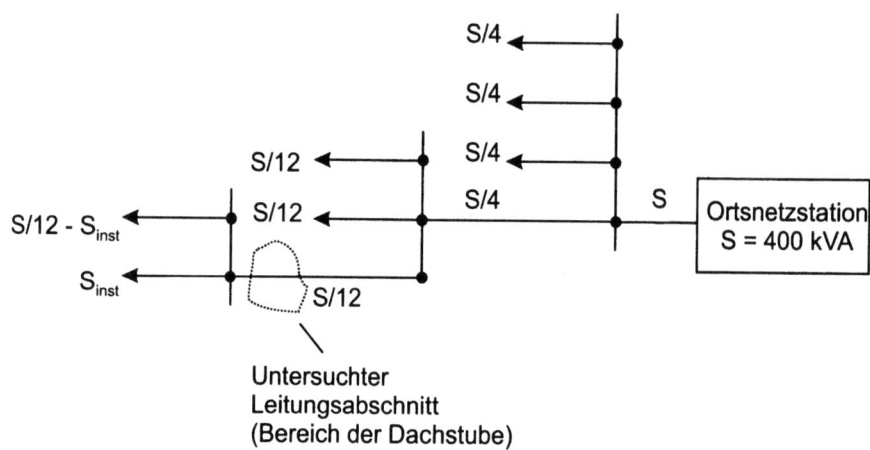

Bild 7-46 Annahme der Gleichverteilung im Ortsnetz und Kennzeichnung der Lage der Dachstube

Rechnet man g beispielsweise auf den maximalen Strom um, so ergibt sich mit Gleichung (7.84):

$$I_{g,100\%} = 577\,\text{A} \cdot 0{,}173 \approx 100\,\text{A}. \tag{7.86}$$

Berücksicht man zusätzlich noch die Topologie und die Gleichverteilung, erhält man:

$$I_{g,\text{gleich},100\%} = 48\,\text{A} \cdot 0{,}173 \approx 8{,}3\,\text{A}. \tag{7.87}$$

Da dieser Wert nun allerdings überhaupt nicht mehr realistisch ist, soll der Gleichzeitigkeitsfaktor für die Simulation außer Acht bleiben. Es werden lediglich die beiden Fälle „577 A" und „48 A" bei symmetrischer Belastung untersucht. Eine Einbeziehung von Unsymmetrien stellt simulationstechnisch zwar keine Schwierigkeit dar, umso mehr jedoch die Frage, welche Unsymmetrien angenommen werden (vgl. auch Abschnitte 7.3.2 und 7.3.3) soll?

Im Gegensatz zu den Phasenströmen sind die geometrischen Daten der NS-Freileitung eindeutig bestimmt. Die einzelnen Leiter sind jeweils 50 cm voneinander entfernt. Der Abstand zwischen den untersten Leitungen und dem Messpunkt beträgt in etwa 2 m. Die abschirmende Wirkung des Daches und des Mauerwerkes können in erster Näherung vernachlässigt werden.

Die Bilder 7-47 bzw. 7-48 zeigen den simulierten Isolinienverlauf der magnetischen Flussdichte (Effektivwert, 50 Hz) für zwei Belastungsfälle. Bei der Berechnung wurde aus Gründen der Übersichtlichkeit das rechtshändige Koordinatensystem gemäß Bild 7-44 gewählt. Die Lage der Leitung in z-Richtung wurde so angesetzt, dass der Messpunkt (Mp) dem Simulationspunkt Sp3 entspricht. Zusätzlich wurden an fünf weiteren Punkten (Sp1, Sp2, Sp4, Sp5 und Sp6) in insgesamt drei verschiedenen Höhen (0,45 m, 0,90 m und 1,55 m) die Flussdichtewerte ermittelt. Die Simulationspunkte Sp4 bis Sp6 nehmen in y-Richtung den weitest möglichen Abstand (im Bereich der Dachstube) zur Freileitung ein (Bild 7-44).

Aus den simulierten Werten geht hervor, dass bei einer maximal möglichen Belastung von 577 A je Phase, am Messpunkt eine magnetische Flussdichte von etwa 15 µT zu erwarten ist, während es bei 48 A noch etwa 1,25 µT sind. Von der Relation her gesehen, passen die beiden Werte gut zusammen. Dies rührt daher, dass im betrachteten Leitungsabschnitt bei höheren Stromwerten nur von einer geringen Durchhangsänderung auszugehen ist (Nähe zum Stützpunkt Hausanschluss; vgl. Bild 7-44).

7.6 Beispiele aus der Praxis

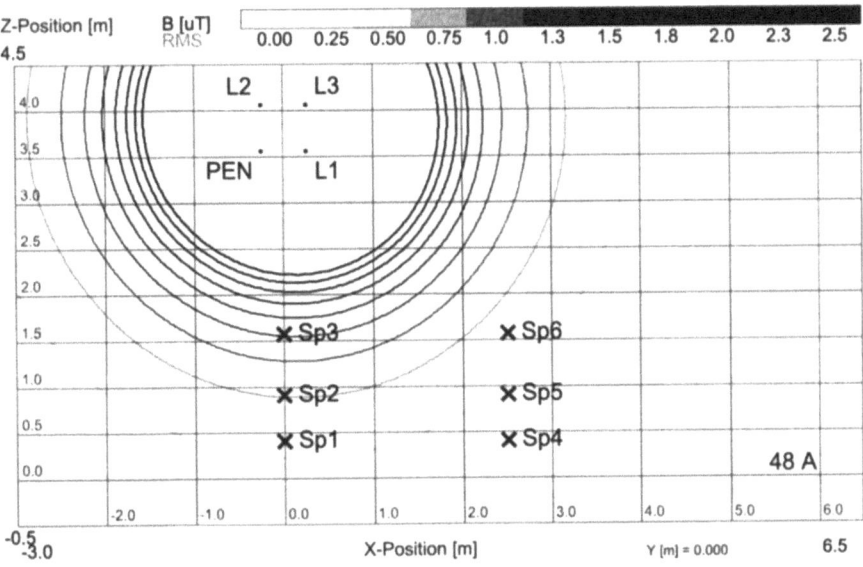

Bild 7-47 Isoliniendarstellung des 50-Hz–B-Feldes bei einem Phasenstrom von 48 A

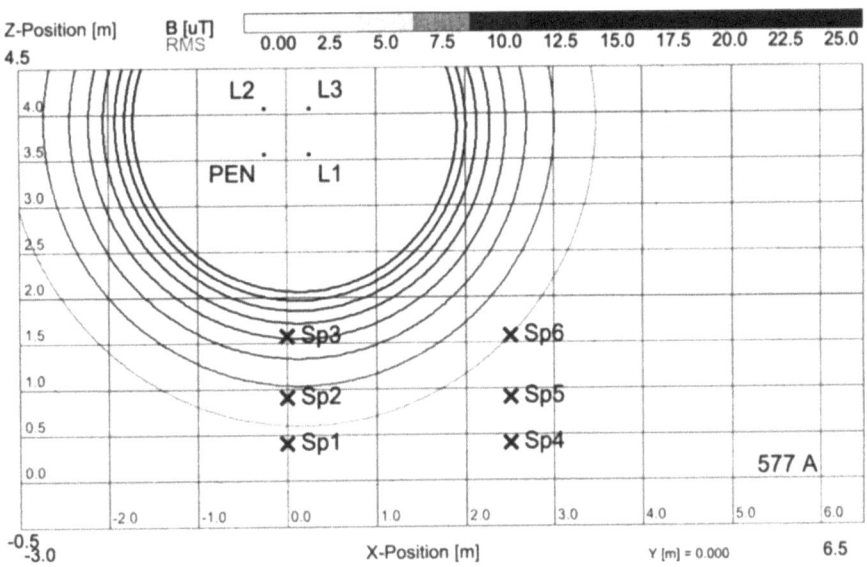

Bild 7-48 Isoliniendarstellung des 50-Hz–B-Feldes bei einem Phasenstrom von 577 A

Der BImSchV-Grenzwert von 100 µT bei 50 Hz wird daher mindestens um den Faktor sechs unterschritten.

Die Verläufe zeigen aber auch, dass selbst bei der relativ geringen – aber realistischen – Auslastung von nur 48 A Phasenstrom am Simulationspunkt Sp4 (weitest entferntester Punkt) noch eine Flussdichte von 0,4 µT erreicht wird.

Damit ergeben sich in der gesamten Dachstube Werte, die über den Empfehlungen kritischer Institute (Abschnitt 5.15) für Schlafräume liegen. Überdies sind im gesamten Raum (vgl. Tabelle 7.15) gelegentliche Beeinträchtigungen von Kathodenstrahlgeräten (hier: Computermonitor) wahrscheinlich.

Nach Abschluss der Untersuchungen wurde vom Hausbesitzer die Entscheidung getroffen, die Dachstube lediglich als Arbeitszimmer auszubauen. Von einer Nutzung als Kinderzimmer (Schlafraum) wurde abgesehen. Mögliche Störbeeinflussungen eines Computerbildschirmes wurden durch die Anschaffung eines LC-Displays umgangen.

Tabelle 7.15 Magnetische Flussdichten in Abhängigkeit vom Phasenstrom und vom Abstand zur Leitung

Simulationspunkte	Magnetische Flussdichte (50 Hz)	
	für 48 A	für 577 A
Sp1	0,57	6,83
Sp2	0,78	9,37
Sp3 (Mp)	1,25	15,00
Sp4	0,40	4,74
Sp5	0,48	5,80
Sp6	0,62	7,48

7.6.2 Haushaltsgeräte

7.6.2.1 Allgemeines

Neben der Vielzahl von äußeren elektromagnetischen Störeinflüssen, wie magnetische und elektrische Felder von Hochspannungsleitungen und elektromagnetische Feldern der Mobilkommunikation und des Rundfunks, die in den privaten Wohnbereich einwirken, wird eine nicht unerhebliche elektromagnetische Belastung der Räume durch die hausinterne Elektroinstallation und die im Haushalt verwendeten Elektrogeräte verursacht. Obwohl die von diesen Einrichtungen erzeugten Felder nicht unter die Reglementierungen des Bundesimmissionsgesetzes fallen, führen sie jedoch in vielen Fällen zu einer höheren Feldbelastung an den Aufenthaltsorten als die, die zum Beispiel durch eine nahe Hochspannungsleitung in den Räumen verursacht werden.

Die nachfolgend beschriebenen Untersuchungen wurden in einer Wohnung im Obergeschoss eines Zweifamilienhauses durchgeführt, in dessen unmittelbarer Nähe eine 110-kV-Freileitung vorbeiführt und dessen Energieversorgung über eine Dacheinspeisung erfolgt.

7.6 Beispiele aus der Praxis

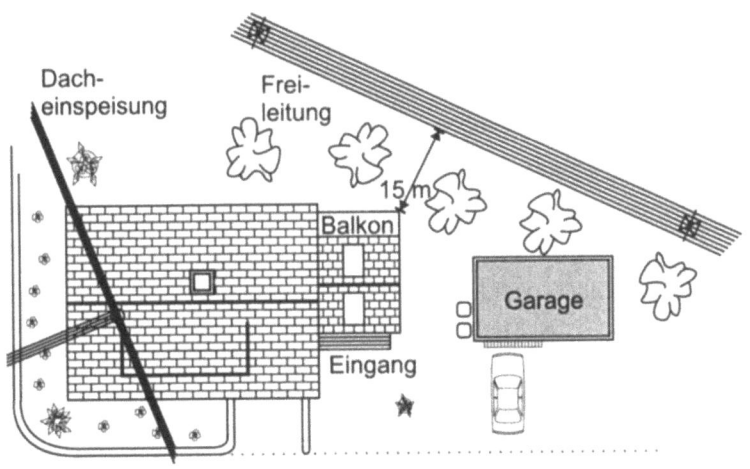

Bild 7-49 Relative Lage des Wohnhauses zur Hochspannungsfreileitung

7.6.2.2 Durchführung der Messung

Die Feldbelastung der Wohnräume durch Hochspannungs- und Dachständerleitung wurde zunächst durch eine Referenzmessung ermittelt, bei der die wohnungsinterne Energieversorgung durch Auftrennen der Hauptsicherungen abgeschaltet wurde. Unter Berücksichtigung der Zugänglichkeit der Messpunkte wurde eine grobe Rasterung der Wohnung vorgenommen (Messpunkte 1 bis 24). Damit Lastschwankungen der Hochspannungsfreileitung in die Beurteilung der Messergebnisse mit einfließen können, wurde am Messpunkt 1 eine Dauermessung durchgeführt, bei der im 30-Sekunden-Abstand jeweils die magnetische Flussdichte aufgenommen wurde. Messpunkt 1 befand sich in kürzestem Abstand zur Hochspannungsfreileitung und wurde, aufgrund seines Abstandes zur Hausinstallation, durch diese nicht signifikant beeinflusst. Die verwendeten Messgeräte für die Dauer- und die Einzelmessung versahen jeden aufgenommenen Messwert mit einem Zeit- und Datumsstempel. Um die verschiedenen Messwerte später zuordnen zu können, wurden die internen Uhren der beiden Geräte synchronisiert.

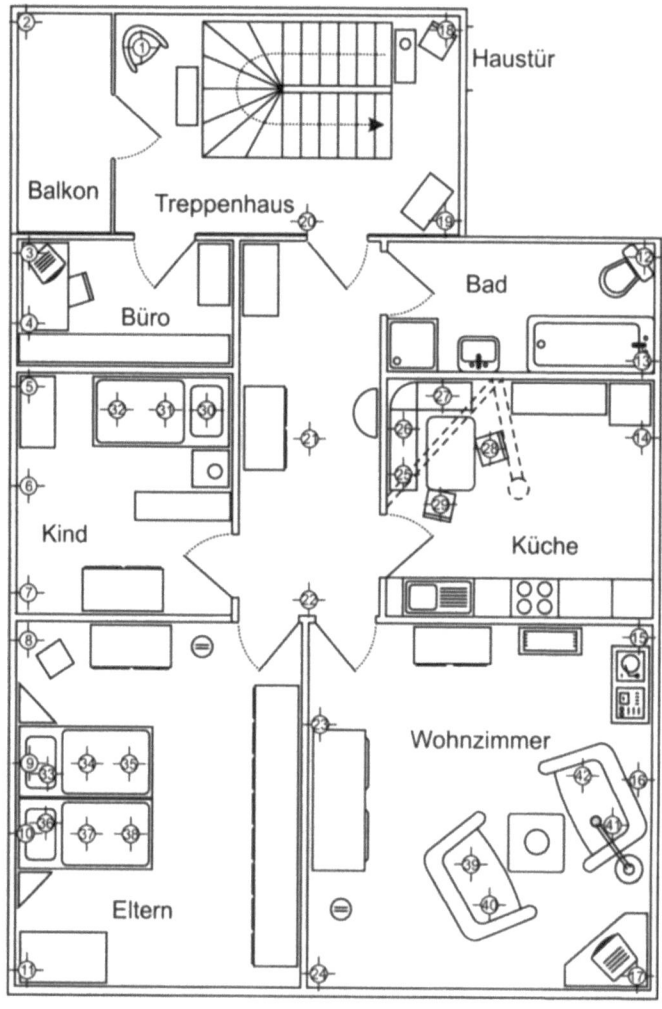

Bild 7-50 Grundriss der Wohnung und Lage der Messpunkte

7.6.2.3 Messergebnisse

Die Ergebnisse der Dauermessung dienten als Anhaltspunkte für Laständerungen auf der Hochspannungsfreileitung. Alle Messwerte der Dauermessung wurden zu diesem Zweck auf den höchsten vorkommenden Messwert normiert. In Bild 7-51 sind die absoluten Messwerte der Dauermessung dargestellt.

7.6 Beispiele aus der Praxis

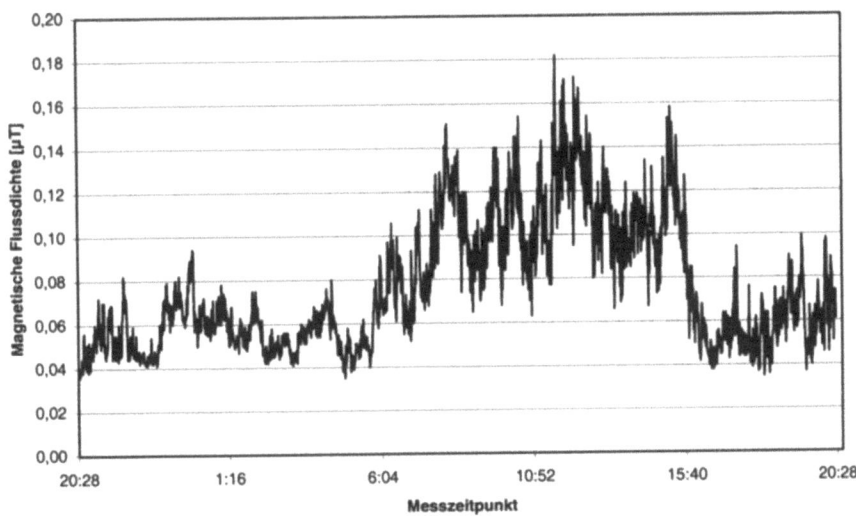

Bild 7-51 Werte der 24-Stunden-Dauermessung an Messpunkt 1

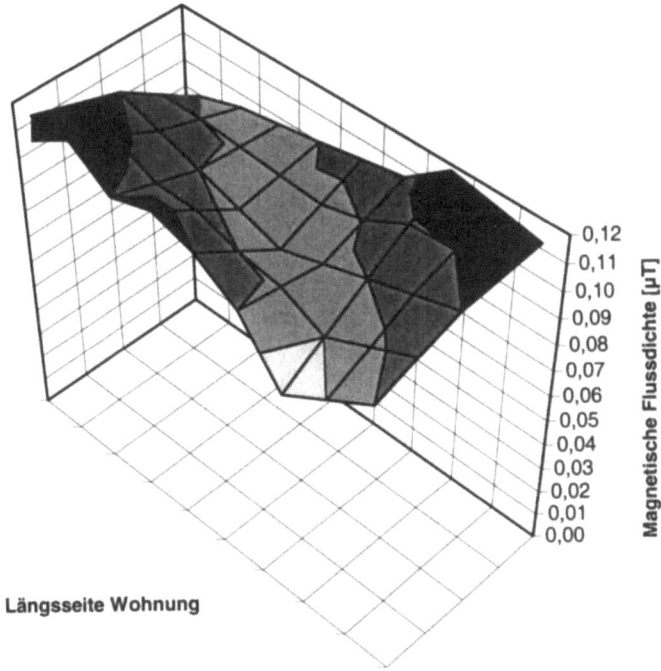

Bild 7-52 Verteilung der magnetischen Flussdichte über den Wohnräumen

Die Messwerte der Einzelmessungen des B-Feldes wurden mit dem zeitlich am nächsten liegenden, normierten Messwert der Dauermessung gewichtet, um somit die Laständerungen über den Messtag zumindest zum Teil zu berücksichtigen. Es ist deutlich zu erkennen, dass die höchste Feldbelastung um die Mittagszeit vorhanden ist. Eine rechnerische Bewertung auf die höchste Anlagenauslastung wurde nicht durchgeführt.

Bild 7-52 zeigt die räumliche Verteilung der gewichteten magnetischen Flussdichte über den Wohnräumen bei abgeschalteter Energieversorgung der Wohnung. In der Darstellung sind Treppenhaus und Balkon ausgenommen. Die Messwertaufnahme erfolgte an allen Messpunkten in einer Höhe von 1,55 m über dem Fußboden.

Deutlich zu erkennen sind die Einflüsse der Hochspannungsfreileitung, die zu der Felderhöhung im linken oberen Bereich führten, sowie der Einfluss der Dachständerleitung, die zu einem vergleichbaren Effekt in der unteren rechten Ecke führte. Zusätzliche Einflüsse durch die Elektroinstallation der Wohnung im Erdgeschoss des Hauses können nicht abgeschätzt werden.

Insgesamt lässt sich aber feststellen, dass die magnetische Feldbelastung durch die Hochspannungsfreileitung bezogen auf den Maximalwert der 24-Stunden-Dauermessung mit maximal 0,12 µT deutlich unter dem zur Zeit gültigen Grenzwert der Bundesimmissionsschutzverordnung von 100 µT lag. Sogar die schärferen Grenzwertempfehlungen kritischer Institute von nur 0,2 µT wurden nicht überschritten.

In weiteren Untersuchungen wurden Messpunkte an ausgezeichneten Aufenthaltsplätzen ausgewählt und die Feldbelastung in Abhängigkeit von eingeschalteten Elektro-Haushaltsgeräten aufgenommen.

- Sitzgruppe in der Küche (Messpunkte 25-29)
- Sitzgruppe im Wohnzimmer (Messpunkte 39-42)
- Bett im Kinderzimmer (Messpunkte 30-32)
- Bett im Elternschlafzimmer (Messpunkte 33-38)

Sitzgruppe in der Küche

An den eingezeichneten Messpunkten wurde in einer Höhe von 1,55 Meter über Fußboden, was etwa der Kopfhöhe im Sitzen entspricht, die magnetische Flussdichte ermittelt bei:

- ausgeschalteten Elektrogeräten,
- eingeschaltetem Backofen,
- eingeschaltetem Elektroherd (Backofen und alle Herdplatten),
- eingeschaltetem Mikrowellenherd,
- eingeschalteter Halogenbeleuchtung (Seilsystem, 5 x 20 Watt),
- komplett eingeschalteten Küchengeräten.

Die Messergebnisse zeigen einen deutlichen Einfluss der Elektrogeräte auf die magnetische Feldbelastung an den Sitzplätzen in der Küche. Durch Einschalten der Geräte stiegen die Werte gegenüber der reinen Belastung durch die Hochspannungsfreileitung leicht an. Dennoch wurden auch hier die Grenzwertempfehlungen der kritischen Institute am den Messpunkten nicht überschritten.

7.6 Beispiele aus der Praxis

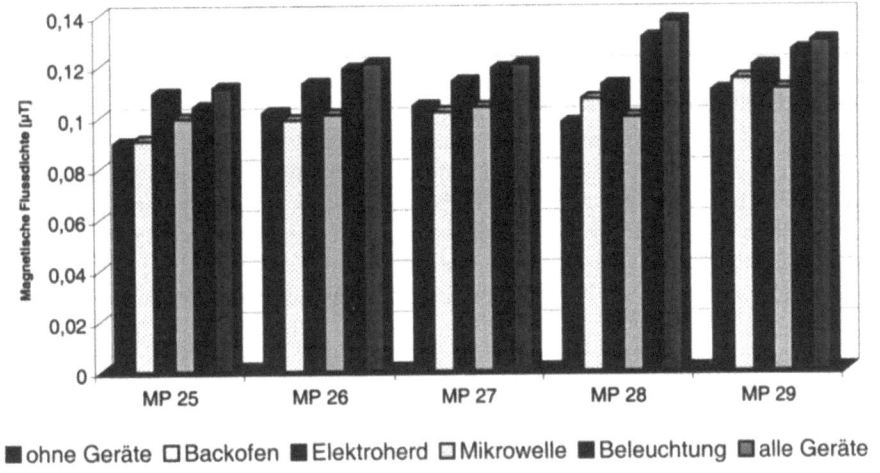

Bild 7-53 Vergleichende Messwerte der magnetischen Flussdichte in der Küche

Sitzgruppe im Wohnzimmer

An den eingezeichneten Messpunkten wurde in einer Höhe von 1,55 m über Fußboden, was etwa der Kopfhöhe im Sitzen entspricht, die magnetische Flussdichte ermittelt bei:

- ausgeschalteten Elektrogeräten,
- eingeschaltetem Fernseher,
- eingeschalteter Stereoanlage.

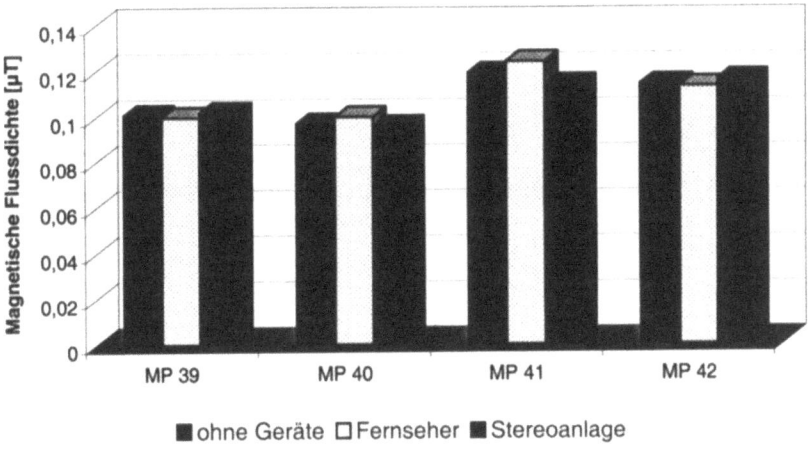

Bild 7-54 Vergleichende Messwerte der magnetischen Flussdichte im Wohnzimmer

Die Messergebnisse an den Sitzpositionen im Wohnzimmer zeigen nur einen geringen Einfluss der Elektrogeräte auf die magnetische Feldbelastung.

Bett im Kinderzimmer

Die Messwerte am Kinderbett wurden direkt auf der Liegefläche aufgenommen. Im Kopfbereich wurde ein Wert von 0,105 µT, in Bettmitte ein Wert von 0,108 µT und am Fußende ein Wert von 0,115 µT gemessen. Außer der Beleuchtung waren im Kinderzimmer und im angrenzenden Büro keine Elektrogeräte vorhanden, die auf die entsprechende Entfernung einen Einfluss auf die Feldbelastung im Kinderbett besaßen. Die herkömmliche Nachttischlampe mit einer Glühbirne von 230 V / 25 W verursachte kein messbares magnetisches Feld.

Betten im Elternschlafzimmer

Die Messwerte an den Betten wurden direkt auf der Liegefläche aufgenommen. An Elektrogeräten befanden sich im Elternschlafzimmer neben einem Radiowecker, der jedoch bereits ca. 1,5 m vom Bett entfernt aufgestellt wurde, lediglich die Beleuchtung, bestehend aus der Deckenbeleuchtung und zwei Niedervolt-Halogen-Nachttischlampen. Die Betten besaßen ein Kopfteil, in das direkt oberhalb der Schlafposition des Kopfes Steckdosen integriert sind. In diese Steckdosen waren die Steckernetzteile der Nachttischlampen eingesteckt.

Direkt auffällig sind die vergleichsweise sehr hohen Werte der magnetischen Flussdichte im Kopfbereich der Betten bei ausgeschalteten Elektrogeräten, aber eingeschalteter Energieversorgung. Die Werte gingen bei eingeschalteten Nachttischlampen merklich zurück, blieben dennoch auf relativ hohem Niveau.

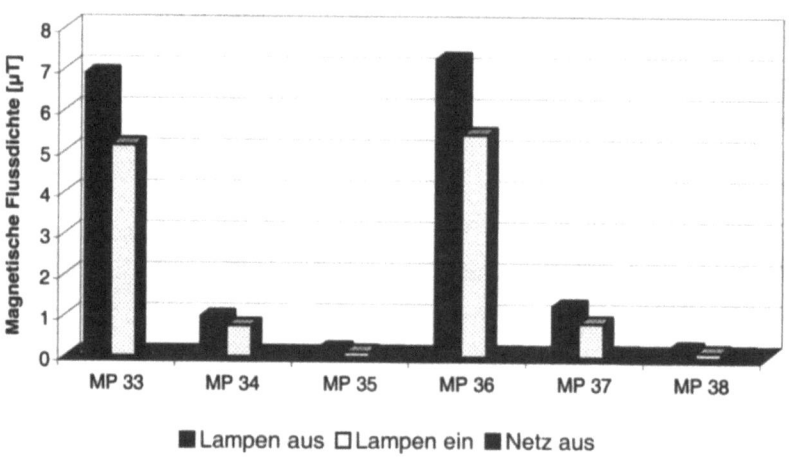

Bild 7-55 Vergleichende Messwerte der magnetischen Flussdichte im Elternschlafzimmer

Ursache für dieses Verhalten waren die Streckertransformatoren der Nachttischlampen. Solche Kleinsttransformatoren erzeugen aufgrund ihrer kostengünstigen und platzsparenden Konstruktion mit minimalem Eisenkern ein hohes magnetisches Streufeld. Transformatoren, die wie im vorliegenden Fall sekundärseitig geschaltet werden, liegen auch bei ausgeschalteter

7.6 Beispiele aus der Praxis

Lampe primärseitig am Netz und erzeugen ein magnetisches Streufeld. Da in diesem Zustand sekundärseitig kein Strom fließt, der eine teilweise Feldkompensation bewirken könnte, sind bei solchen Geräten die Werte der magnetischen Flussdichte in der Umgebung um den Transformator im ausgeschalteten Zustand höher als im eingeschalteten Zustand. Bei der durchgeführten Messung war erst nach Abziehen der Steckernetzteile die Feldbelastung im Schlafbereich auf die Werte der Referenzmessung zurückgegangen.

Die Untersuchung zeigt einen sehr deutlichen Einfluss der Geräte auf die magnetische Feldbelastung. Die Messwerte liegen zwar unterhalb des Grenzwertes der Bundesimmissionsschutzverordnung, aber deutlich oberhalb der Grenzwertempfehlungen kritischer Institute (Abschnitt 5.15). Eine Reduktion der Feldbelastung ist im vorliegenden Fall durch Verzicht auf die Niedervolt-Beleuchtung oder primärseitiges Schalten des Steckertransformators möglich.

Neben den Messungen in den Räumlichkeiten wurden verschiedene Elektrogeräte direkt vermessen.

Elektroherd

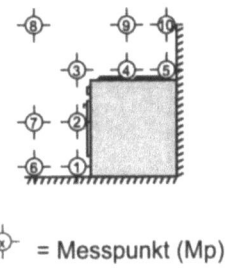

Bild 7-56 Anordnung der Messpunkte am Elektroherd

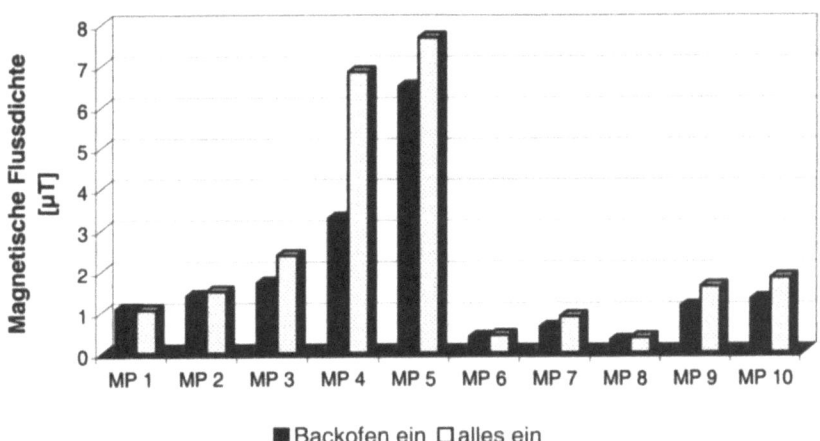

Bild 7-57 Darstellung der Messwerte am Elektroherd

Halogen-Seilsystem

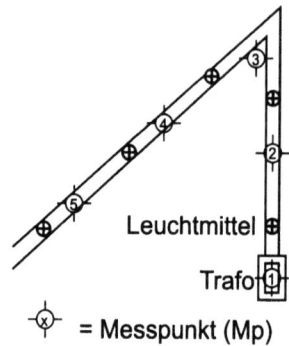

Bild 7-58 Anordnung der Messpunkte am Halogen-Seilsystem

Tabelle 7.16 Messwerte am Halogen-Seilsystem

Messpunkt	Magnetische Flussdichte [µT] Messabstand		
	direkt	30 cm	60 cm
MP 1	146	1,33	0,23
MP 2	26,46	0,66	0,21
MP 3	19,33	0,61	0,27
MP 4	11,19	0,32	0,19
MP 5	5,48	0,14	0,13

Mikrowelle:

Tabelle 7.17 Messwerte am Mikrowellenherd

Messpunkt	Magnetische Flussdichte [µT] Messabstand		
	direkt	30 cm	60 cm
ausgeschaltet, Bedienfeld	12,03	0,39	0,15
eingeschaltet, rechte Seite	180	20,96	3,66

Unterhaltungselektronik:

Tabelle 7.18 Messwerte an Geräten der Unterhaltungselektronik

Messpunkt	Magnetische Flussdichte [µT] Messabstand		
	direkt	30 cm	60 cm
Radiowecker	9,482	0,501	0,170
Fernseher vorne	2,950	0,558	0,230
Fernseher hinten	7,966		
Stereoanlage vorne	3,418	0,414	0,130

7.6.2.4 Magnetische Feldbelastung durch Haushaltsgeräte

Generell lässt sich festhalten, dass elektrische Haushaltsgeräte je nach Funktionsprinzip und Ausführung einen nicht zu vernachlässigenden Einfluss auf die magnetische Feldbelastung in Wohnräumen haben können. Geräte mit Netztransformatoren, wie zum Beispiel die gesamte Unterhaltungselektronik und die Niedervolt-Halogen-Beleuchtung, erzeugen funktionsbedingt ein mehr oder weniger starkes magnetisches Streufeld in der Nähe der Transformatoren, die das magnetische Wechselfeld zur Energieübertragung nutzen. Motoren elektrisch betriebener Haushaltsgeräte nutzen das magnetische Feld zur Erzeugung der mechanischen Bewegung und verursachen so ebenfalls funktionsbedingt magnetische Streufelder. Diese Streufelder fallen jedoch sehr schnell mit zunehmendem Abstand zum Gerät ab. Ansonsten werden nennenswerte magnetische Felder überall dort entstehen, wo vergleichsweise hohe Ströme in Leiterschleifen mit großer Leiterfläche fließen, wie insbesondere in den bereits beschriebenen Halogen-Seilsystemen oder auch in elektrischen Heizgeräten mit ausgedehnten Glühwendeln.

Eine Übersicht über repräsentative Werte magnetischer Flussdichten von Haushaltgeräten in unterschiedlichen Abständen gibt die nachfolgende Tabelle, die vom Bundesamt für Strahlenschutz veröffentlicht wurde.

Tabelle 7.19 Repräsentative Werte magnetischer Flussdichten von Haushaltgeräten in unterschiedlichen Abständen

Gerät	magnetische Flussdichte [µT] Abstand vom Gerät		
	direkt	30 cm	100 cm
Haarföhn	6 - 2000	0,01 - 7	0,01 - 0,3
Trockenrasierer (Schwinganker)	15 - 1500	0,08 - 9	0,01 - 0,3
elektrischer Dosenöffner	1000 - 2000	3,5 - 30	0,07 - 1
Bohrmaschine	400 - 800	2 - 3,5	0,08 - 0,2
Staubsauger	200 - 800	2 - 20	0,13 - 2
Mixer	60 - 700	0,6 - 10	0,02 - 0,25
Gasentladungslampe (Leuchtstoff)	40 - 400	0,5 - 2	0,02 - 0,25
Mikrowellengerät	73 - 200	4 - 8	0,25 - 0,6
Lötkolben	105	0,03	< 0,01
Radio (tragbar)	16 - 56	1	< 0,01
Küchenherd	1 - 50	0,15 - 0,5	0,01 - 0,04
Waschmaschine	0,8 - 50	0,15 - 3	0,01 - 0,15
Bügeleisen	8 - 30	0,12 - 0,3	0,01 - 0,03
Geschirrspüler	3,5 - 20	0,6 - 3	0,07 - 0,3
Tauchsieder (1 kW)	12	0,1	< 0,01
Toaster	7 - 18	0,06 - 0,7	< 0,01
Monitor (Farbe)	5,6 - 10	0,45 - 1,0	< 0,01 - 0,03
Wäschetrockner	0,3 - 8	0,08 - 0,3	0,02 - 0,06
Wasserkochtopf (1 kW)	5,4	0,08	< 0,01
Computer	0,5 - 3,0	< 0,01	
Kühlschrank	0,5 - 1,7	0,01 - 0,25	< 0,01
Uhr (Netzbetrieb)	300	2,25	< 0,01
Diaprojektor	240	4,5	0,15
elektrischer Heizofen	10 - 180	0,15 - 5	0,01 - 0,25
Kleintrafo	135 - 150	0,6 - 1,05	0,24
Fernsehgerät	2,5 - 50	0,04 - 2	0,01 - 0,15
Videorecorder	1,5	< 0,1	< 0,01

7.6.3 Elektrische Bahnen

7.6.3.1 Allgemeines

Unter dem Oberbegriff elektrische Bahnen sollen hier spurgeführte Bahnen behandelt werden, die ortsveränderliche elektrische Antriebe haben. Dazu gehören nicht nur die normale Eisenbahn, sondern auch die S-Bahn und die Straßenbahn. Nicht dazu gehören die zur technischen Rarität gewordenen Oberleitungsbusse und die Seilbahnen, gleichgültig, ob als Hänge-Seilbahn oder als – seltenere – Stand-Seilbahn, da sie ortsfeste Antriebe haben. Gleiches gilt für die „Cable Cars" in San Francisco. Kennzeichen der hier behandelten Bahnen ist die Führung des Rückstroms über den Gleiskörper und auch den Erdboden. – Eine besondere Ausnahme stellen dabei jene Strecken der Pariser Metro dar, welche spurgeführt, aber auf Gummirädern fahren und damit zwei Stromschienen benötigen.

Für die Einordnung gibt es hinsichtlich der EMVU im Wesentlichen zwei Kriterien:

- Die Stromzuführung: entweder über eine Oberleitung (Fahrdraht) oder über Stromschienen, die meist seitlich angeordnet sind.

- Die Spannungsart: Gleichspannung oder (Einphasen-)Wechselspannung; Drehstrombahnen haben nur noch musealen Wert.

Hier soll zunächst ein kurzer Überblick über die in Europa und insbesondere in Deutschland gängigen Bahnstromsysteme gegeben werden.

Die Deutsche Bahn, viele S-Bahnen und die Eisenbahnen Österreichs, der Schweiz, Norwegens und Schwedens fahren mit einer Fahrdrahtspannung von 15 kV bei einer Frequenz von 16 2/3 Hz. Die Wahl dieser Frequenz, welche anfangs des 20. Jahrhunderts getroffen wurde und erst mit den neueren umrichtergespeisten Drehstrom-Antrieben keine Rechtfertigung mehr hat, beruht auf einer Eigenheit von Kommutator-Maschinen: Das Zusammenwirken von Stator (Ständer) und Rotor (Läufer) hat zur Folge, dass eine transformatorisch induzierte Spannung zwischen den Lamellen des Kommutators entsteht, deren Größe u. a. (linear) von der Frequenz abhängt und das Bürstenfeuer und damit den Verschleiß des Kommutators und der Kohlen wesentlich mitbestimmt. Unter diesem Gesichtspunkt ist natürlich $f = 0$, d. h. Gleichspannung, optimal. Sie hat nur den entscheidenden Nachteil, dass die Spannungsebene in der überlagerten Bahnstromversorgung und in der Lokomotive nicht so einfach gewechselt werden kann wie mit dem (Wechselspannungs-)Transformator, für den aber wegen der Baugröße eine höhere Frequenz günstiger wäre. Ein Nachteil der von der öffentlichen Stromversorgung abweichenden Frequenz der Bahnstromversorgung besteht auch darin, dass ein eigenständiges überlagertes Stromversorgungsnetz erforderlich ist. – Man sieht: Die Wahl von 16 2/3 Hz war also ein Kompromiss, der bis heute fortdauert.

Mehrere z. T. erst in jüngerer Zeit elektrifizierte Bahnen Europas bedienen sich einer Fahrdrahtspannung von 25 kV bei einer Frequenz von 50 Hz. Dies gilt für den mittleren Teil Großbritanniens, den nördlichen Teil Frankreichs und den größten Teil Osteuropas sowie für Portugal. Das restliche Europa fährt mit Gleichspannungen zwischen 0,75 und 3,0 kV.

Straßenbahnen fahren mit Gleichstrom und Fahrdrahtspannungen von mehreren 100 V bis nahe an die 1-kV-Grenze, typischerweise 600 V oder 750 V.

Ein wesentlicher Aspekt ist die Rückstromführung. Bei Wechselstrom-Bahnen erfolgt die Rückstromführung im Wesentlichen über die Schienen; diese sind aber gegenüber dem Erdreich nicht isoliert, sondern gezielt geerdet, so dass ein Teil des Rückstroms auch über das Erdreich und darin verlegte leitfähige Rohre und andere Leitungen fließen kann. Dies wird in

Kauf genommen, da bei Wechselstrom keine Kontaktkorrosion auftritt, führt jedoch zu vagabundierenden Erdströmen (Abschnitt 7.6.4). Bei den ICE-Hochgeschwindigkeitsstrecken sind aber zusätzliche Rückstromleiter an den Fahrleitungsmasten ebenso gebräuchlich wie Verstärkungsleitungen für die Fahrdraht-Speisung. – Anders ist die Situation bei den Gleichstrom-Bahnen. Hier ist man bestrebt, Kontaktkorrosion durch eine möglichst gute Isolation des Gleiskörpers gegenüber dem Erdreich zu vermeiden.

Die Fragen sind nun, welche elektrischen und magnetischen Felder unter EMVU-Gesichtspunkten von Bedeutung sind, welche Aspekte bei der Messtechnik beachtet werden müssen und mit welchen Messwerten zu rechnen ist.

Die elektrischen und magnetischen Felder unserer Gleichstrom-Bahnen, d. h. Straßenbahnen, sind unter EMVU-Gesichtspunkten insofern von geringem Interesse, als sie das natürliche elektrostatische Feld der Erde von mehreren 100 V/m und das natürliche magnetische Gleichfeld der Erde von 40 bis 70 µT zwar teilweise überschreiten, jedoch allgemein als unbedenklich denken.

Ganz anders ist die Situation bei den Wechselstrom Bahnen, bei denen uns die mit 16 2/3 Hz betriebenen besonders hinsichtlich der Magnetfelder interessieren.

Die Beleuchtungen und die Geräte in den Bahnhöfen werden mit 50 Hz betrieben, da sich die Entwicklung spezieller 16 2/3 Hz-Geräte nicht lohnt und bei einer Beleuchtung mit 16 2/3 Hz das Flackern des Lichts sehr störend wäre. Hier ist also die Messtechnik für ortsfeste 50-Hz-Anlagen anzuwenden.

Die Traktion der Züge allerdings erfolgt bei uns mit Wechselspannung von 16 2/3 Hz. Wie aber sieht diese bezüglich der Frequenz-Haltung im Vergleich mit unserer 50-Hz-Stromversorgung aus? Letztere wird im europäischen Verbundnetz sehr stabil gefahren und schwankt nur zwischen 49,98 und 50,02 Hz. Das Bahnstromnetz hingegen wird wegen der starken Be-lastungsschwankungen sehr weich gefahren und kann in der Frequenz zwischen 16 Hz und etwas über 17 Hz variieren. Dies hat für die EMVU -Messtechnik zwei Konsequenzen: Zum einen darf man nicht extrem schmalbandig messen. Zum anderen kann die dritte Oberwelle, mit der bei 50-Hz-Messungen zu rechnen ist, zwischen 48 und 52 Hz liegen und damit je nach Schmalbandigkeit der Messung und aktueller Frequenz der Bahnstromversorgung mit erfasst sein oder auch nicht. Dies bedeutet angesichts der vom Bahnbetrieb ausgehenden weiträumig vagabundierenden Erdströme eine nicht zu übersehende Messunsicherheit bei 50-Hz-Magnet-feld-Messungen in der Nähe von Bahnstrecken. – Soviel zur Messtechnik bei 50 Hz.

7.6.3.2 Messungen

Im Folgenden sollen aber die elektrischen und magnetischen Felder bei der eigentlichen Bahnfrequenz von 16 2/3 Hz behandelt werden.

Die übergeordnete Bahnstromversorgung erfolgt aus einem eigenständigen 110-kV-Netz der Deutschen Bahn, welches sowohl von Umformerwerken aus dem 50-Hz-Netz wie auch (überwiegend) von eigenen Bahnstrom-Kraftwerken gespeist wird. Es weist meist zwei Systeme mit symmetrischem Mittelpunkt auf. Die Spannung zwischen jedem Leiter und Erde beträgt somit 55 kV; infolgedessen hat die Hochspannungsleitung vier Isolatoren mit je einem Leiter, zur Versorgung von Schnellfahrstrecken mit hohem Leistungsbedarf auch mit je einem Zweierbündel. Die zu messenden elektrischen und magnetischen Felder sind mit jenen der 110-kV-50-Hz-Hochspannungs-Freileitungen vergleichbar. Diese Leitungen des 110-kV-Bahn-stromnetzes verlaufen nicht unbedingt in der Nähe der Bahntrassen, außer in den sogenannten Unterwerken, die sich in rund 50 km Entfernung entlang der Bahntrassen

7.6 Beispiele aus der Praxis

befinden, in denen von 110 kV auf die Fahrdrahtspannung von 15 kV heruntertransformiert wird. Von dort erfolgt die Einspeisung in die Fahrleitungen und in eventuell vorhandene Verstärkungsleitungen.

Für das elektrische Feld ist die Spannung von 15 kV des Fahrdrahtes in 5 m Höhe uninteressant, zumal es durch den metallischen Wagenkörper gegenüber dem Fahrgast fast vollständig abgeschirmt wird. Ähnliches gilt infolge der Überdachung auch für die am Bahnsteig Wartenden.

Für die magnetischen Felder ist der Fahrdraht-Strom maßgeblich, der allgemein mit bis zu 1000 A pro Gleis angesetzt wird. Zum einen kann er infolge der erdfühligen Gleisverlegung weitreichende Erdströme mit der Folge von Monitor-Störungen verursachen. Zum anderen hat er aber auch Magnetfelder bei den Passagieren und den am Bahnsteig Wartenden zur Folge, da der Wagenkörper und die Bahnsteigüberdachung für das Magnetfeld nur sehr wenig abschirmende Wirkung besitzen. In 1 m Höhe über der Gleisoberkante nennt die Fachliteratur Werte von bis zu 120 µT ohne Rückleiter und 80 µT mit Rückleiter. Eigene Messungen an der Bahnsteigkante am Bahnhof Kaiserslautern-Einsiedlerhof führten – wie das nachfolgende Bild zeigt – innerhalb einer halben Stunde zu schnellen Schwankungen zwischen fast 0 und 25 µT. Wie das nachfolgende Bild ferner zeigt, standen sie nicht in einem erkennbaren Zusammenhang mit durchfahrenden oder anfahrenden Zügen im Sichtbereich. Dies ist dadurch erklärbar, dass auch noch andere Züge auf der Strecke waren und die Speisung des Fahrdrahts durch Unterwerke generell von beiden Seiten her erfolgt.

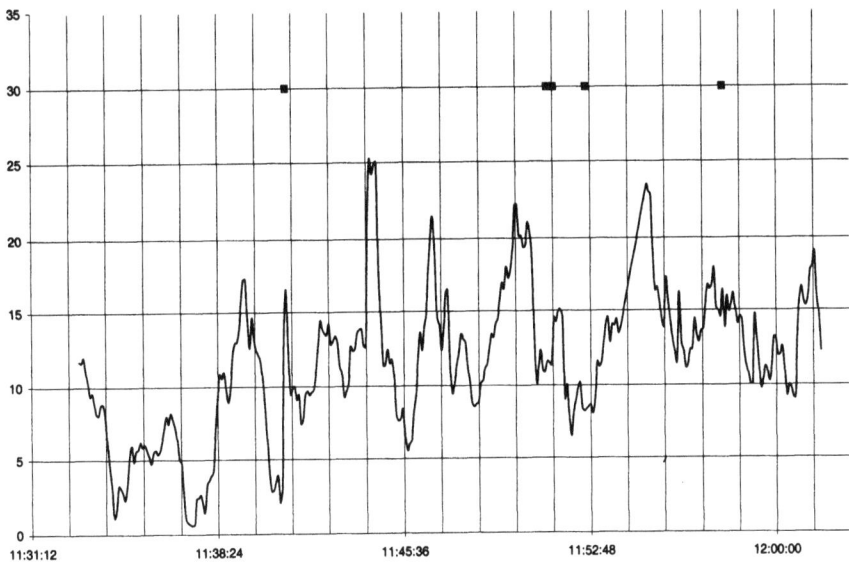

Bild 7-59 Dauermessung an Bahnstrecke in Kaiserslautern-Einsiedlerhof (Durchfahrende Züge sind durch Punkte markiert)

Für die magnetischen Felder im Zug gibt es aber noch eine andere Quelle als den Fahrdraht. Bei einer winterlichen Fahrt auf einer elektrifizierten Strecke im Schwarzwald war festzustellen, dass auch beim Halt in einer Station ein nennenswertes Magnetfeld im Fahrgastabteil auftrat, dessen Maximum mit 130 µT in Waggonmitte am Fußboden lag. Es darf als ziemlich sicher gelten, dass die dort unter dem Waggonboden verlegte Niederspannungsleitung für die Heizung des Waggons und der nachfolgenden Waggons die Ursache ist.

7.6.4 Vagabundierende Erdströme

7.6.4.1 Allgemeines

Bei einem mehrphasigen System mit Spannungsquellen und Verbrauchern tritt im Mittelpunktsleiter kein Strom auf, solange Quellen und Verbraucher symmetrisches Verhalten zeigen. Für unsere dreiphasigen Drehstromsysteme bedeutet dies, dass insbesondere im Niederspannungsnetz mit seiner starren Sternpunkterdung infolge der vielen einphasigen Verbraucher eine mehr oder weniger starke, örtlich und zeitlich beliebig variierende Restunsymmetrie zustande kommt. Die Transformatoren zwischen der Mittelspannungsebene (mit z. B. 10 oder 20 kV) und der Niederspannungsebene (230/400 V) weisen niederspannungsseitig immer eine starre Sternpunkterdung auf. Die Verbraucher, und das gilt auch für alle neueren oder technisch auf den heutigen Stand gebrachten Wohnhäuser, haben eine Potenzial-Ausgleichsschiene, an der der Neutralleiter (PEN) und alle geerdeten oder erdfühligen Leitungen jeglicher Art zusammengeführt werden. Damit hat der aus der Restunsymmetrie resultierende Strom des Neutralleiters die Wahl zwischen dem hierfür verlegten eigentlichen Neutralleiter und dem Erdboden. Die Aufteilung zwischen den beiden Wegen ergibt sich aus den Impedanzverhältnissen.

Für die Praxis bedeutet dies, dass die Höhe des Erdstromes abhängt von

- der Strom-Unsymmetrie,
- der Impedanz des PEN-Leiters und
- der Impedanz des Erdbodens einschließlich der Erdungswiderstände.

Der letzte Punkt ist nun von vielen lokalen Gegebenheiten abhängig.

Zunächst spielt die Leitfähigkeit des Erdreichs eine entscheidende Rolle. Feuchter Humusboden in Verbindung mit einem hohen Grundwasserspiegel schafft natürlich viel bessere Voraussetzungen für die Ausbildung vagabundierender Erdströme als felsiger Untergrund oder trockener Sandboden. Damit wird bereits deutlich, dass auch die meteorologische Situation der einer Messreihe vorangegangenen Wochen eine Rolle spielt. Zur Impedanz des Erdbodens zählen aber auch metallische Leitungen für Wasser, Fernwärme, Datenleitungen, Telefonleitungen etc., wenn diese an mindestens zwei Stellen geerdet sind und dadurch dem Erdstrom einen bequemen, d. h. widerstandsarmen Strompfad anbieten.

Solche vagabundierenden Erdströme können in diesem Fall konzentriert auftreten, bei gut leitendem Erdreich aber auch flächig. Sie werden durch die normale Niederspannungsversorgung ebenso verursacht wie durch Elektrische Bahnen (Abschnitt 7.6.3).

Bemerkt wird das Auftreten dieser Erdströme meist durch Monitor-Störungen. – Über einige Messungen soll hier berichtet werden.

7.6.4.2 Untersuchungsergebnisse

In einem dreieinhalbgeschossigen Haus im Landkreis Kaiserslautern mit Stromversorgung über Dachständerleitung nahm die magnetische Flussdichte mit zunehmender Entfernung von der Dachständerleitung erwartungsgemäß rasch ab, verharrte jedoch im Kellergeschoss und auf dem Grundstück bei ca. 0,15 µT – mit starken zeitlichen Schwankungen und in die Abendstunden hinein deutlich abnehmend. Vom Transformator aus gesehen liegt das Haus am Anfang einer Stichleitung, über die mehrere weitere Häuser über die Dachständerleitung versorgt werden. Die Trafostation ist jedoch so weit entfernt, dass dabei nicht das Magnetfeld des Trafos gemessen wurde. Als Grund für den vagabundierenden Erdstrom kommt ein hoher Grundwasserspiegel infolge der Lage an einem Bach in Frage.

Messungen in einem Stadtteil von Kaiserslautern mit felsigem Untergrund (Buntsandstein, der regional stark vertreten ist) ergaben keine Hinweise auf vagabundierende Erdströme.

Messungen in Koblenz ließen anfänglich vagabundierende Erdströme vermuten, als die Messungen entlang einer Seitenstraße überall einen Grundpegel von 0,1 µT lieferten. Da die Stromversorgung dort über Dachständerleitungen mit Luftkabel erfolgt, war zunächst nicht sofort zu vermuten, dass ein in Straßenmitte verlegtes Erdkabel die Ursache ist. Erst die Messung des über die Transformatorerde fließenden Erdstroms von nur 2 A brachte den sicheren Hinweis, dass es sich nicht um vagabundierende Erdströme handelt.

Monitorstörungen bei den Technischen Werken Kaiserslautern waren schließlich der Anlass, nach Magnetfeldern als gängige Ursache zu suchen. Es stellte sich dabei heraus, dass ein 16 2/3-Hz-Magnetfeld durch einen vagabundierenden Erdstrom erzeugt wird, der seinen Weg über die Leitungen der Fernwärmeversorgung gefunden hat.

Die hier beschriebene Problematik der vagabundierenden *Erdströme* betrifft nicht die Gebäude-internen *Erdungsströme*, welche eine Frage der Erdung und Massung der Elektroinstallation innerhalb eines Gebäudes sind und in Abschnitt 8.6.3 (Gebäudeinstallation) behandelt werden.

7.6.5 Induktionsöfen

7.6.5.1 Allgemeines

Im Folgenden wird eine Untersuchung beschrieben, die zum Zweck einer Monitorentstörung durchgeführt wurde und somit eigentlich dem Bereich der Geräte-EMV zuzuordnen ist. Da jedoch als Ursache für die Störungen starke 50-Hz-Magnetfelder ermittelt wurden, die prinzipiell auch in der EMVU-Diskussion als potentiell gesundheitsschädlich erachtet werden, sollen die Ergebnisse dem Leser nicht vorenthalten werden. Sie sind als ein Beispiel für die vielfältigen Ursachen elektromagnetischer Feldbelastungen anzusehen. Es ist jedoch zu beachten, dass die Messungen nicht speziell zur Beurteilung möglicher gesundheitlicher Gefahren der in dem untersuchten Bereich arbeitenden Personen durchgeführt wurden und demzufolge die Prüfdurchführung nicht den bisher beschriebenen Messvorschriften genügt.

Problembeschreibung

In einem stahlverarbeitenden Betrieb waren in der Nähe der Induktionsschmelzöfen massive Störungen der Monitore der Kontroll- und Steuerrechner vorhanden. Die Monitore flimmerten so stark, dass ein Arbeiten an den Monitoren absolut unmöglich war. Aufgrund des Erscheinungsbildes der Störungen wurden magnetische 50 Hz-Felder als Ursache vermutet. Um geeignete Abhilfemaßnahmen ergreifen zu können, sollten an interessierenden Punkten die Werte der magnetische Flussdichte gemessen und die feldverursachenden Quellen ermittelt werden.

Örtliche Gegebenheiten

In der Anlage waren fünf Induktionsöfen mit einer jeweiligen Leistung von 3,5 MW im Heizbetrieb und 400 kW im Warmhaltebetrieb bei einer 50 Hz-Betriebsspannung von 2 kV installiert. Gegenüber den Öfen befanden sich im Abstand von ca. 5 m und in einer Höhe von ca. 3 m die Büros der Wartungstechniker, in denen die gestörten Monitore installiert waren.

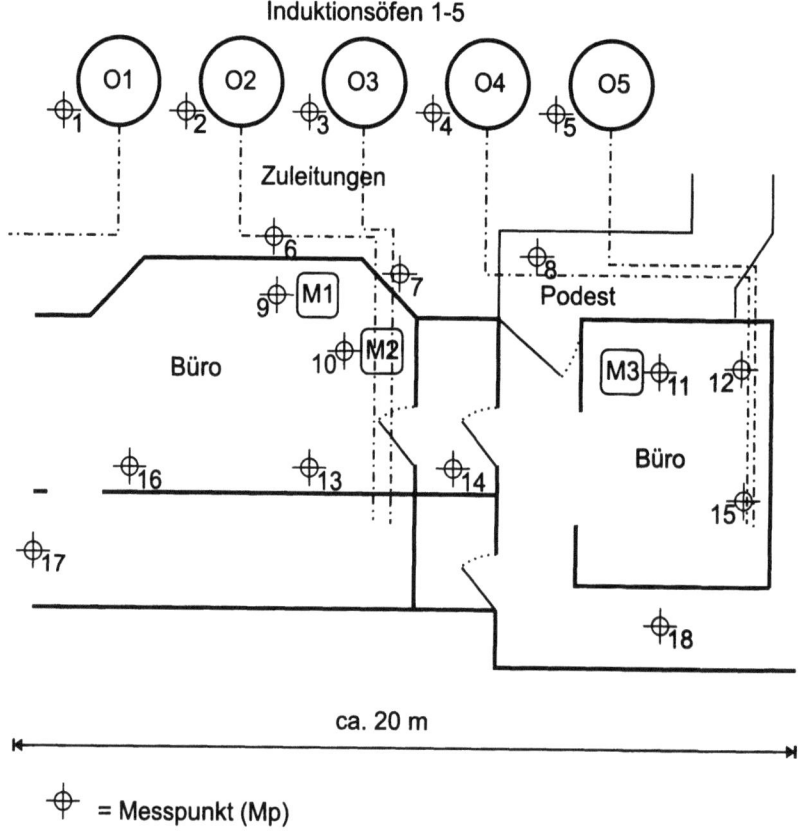

Bild 7-60 Aufbau der Anlage und Position ausgewählter Messpunkte.

Die Zuleitungen von den entfernten Transformatorstationen zu den Schmelzöfen waren in einem Keller unterhalb der Arbeitsebene verlegt, wobei die Verlegewege den räumlichen Gegebenheiten angepasst waren (Bild 7-60).

7.6 Beispiele aus der Praxis

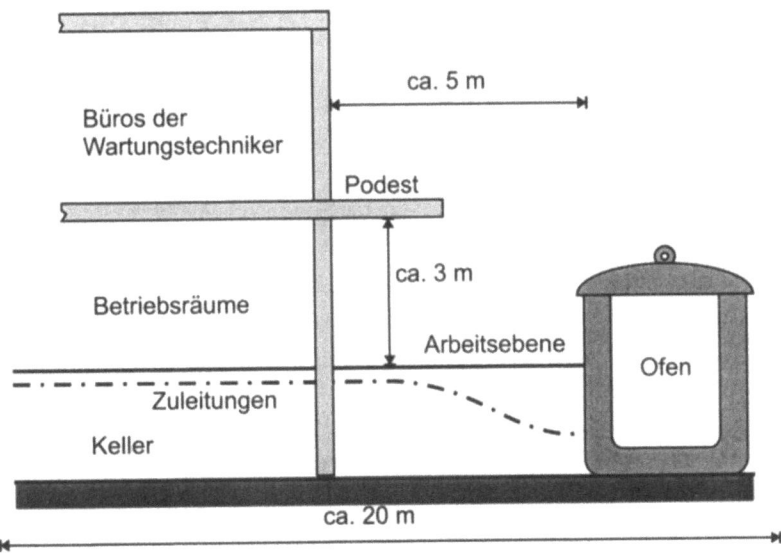

Bild 7-61 Schematischer Schnitt durch die Anlage

7.6.5.2 Messungen

Durchführung der Messung

Die Aufnahme der Messwerte erfolgte im Hinblick auf die Zielsetzung der Monitorentstörung ohne Berücksichtigung der Anforderungen an eine Messung zum Nachweis der Einhaltung der Grenzwerte der 26. BImSchV.

Unter der Voraussetzung, dass es sich bei den vorhandenen magnetischen Feldern fast ausschließlich um 50 Hz Komponenten handelt, kam als Messgerät ein isotrop arbeitendes Magnetfeldmessgerät mit einer Bandbreite von 30 Hz bis 2 kHz zum Einsatz, das den Effektivwert der magnetischen Ersatzfeldstärke anzeigt.

Die Anlage befand sich zum Zeitpunkt der Messungen im automatischen Schmelzbetrieb mit selbsttätiger Umschaltung zwischen Heiz- und Warmhaltebetrieb, was zu sich ständig ändernden Lastfällen führte und eine Bestimmung der aktuellen Momentanbelastungen im Rahmen der Untersuchungen nicht möglich machte. Eine über die gesamte Messdauer konstante Last konnte ebenfalls nicht gefahren werden. Die aufgenommenen Messwerte sind somit vor dem Hintergrund zu beurteilen, dass es sich um Momentanwerte handelt, die u.U. nicht die maximale Belastung darstellen.

Vorgehensweise

Aufgrund der zunächst unbekannten Situation bezüglich Feldverteilung und -quellen wurde im gesamten interessierenden Bereich eine Aufnahme der Momentanwerte der magnetischen Flussdichte als Übersichtsmessung durchgeführt, um relevante Messpunkte festlegen zu können. Eine solche Messung zeigt bereits tendenziell die Bereiche maximaler Feldbelastung und unter Berücksichtigung, dass die magnetische Flussdichte mit dem Abstand zur Quelle abnimmt, die Richtung der Feldquellen.

Basierend auf dieser Übersichtsmessung wurden interessierende Messpunkte festgelegt, an denen jeweils über einen Zeitraum von mehreren Minuten die maximalen Effektivwerte der Ersatzflussdichte bestimmt wurden. Die Länge des Messzeitraumes wurde so gewählt, dass, unter Berücksichtigung der Ablaufsteuerung des automatischen Schmelzbetriebes, davon ausgegangen werden konnte, dass innerhalb dieses Zeitraumes mindestens einmal der maximale Lastfall eingetreten ist.

Festgelegte Messpunkte:

- Unmittelbare Nähe zu den Schmelzöfen, da die Induktionsöfen funktionsbedingt im Innern hohe Felder erzeugen und diese möglicherweise in die Umgebung streuen.
- Bodenbereich der Arbeitsebene, da dort die höchsten Flussdichtewerte ermittelt wurden.
- Standorte der gestörten Rechnermonitore, um die Wirkung möglicher Abschirmmaßnahmen abschätzen zu können.
- Mögliche Alternativstandorte für die Kontroll- und Steuerrechner, um gegebenenfalls einen Umbau in geringer belastete Bereiche vornehmen zu können.

Die Effektivwerte der so ermittelten Ersatzflussdichte an ausgewählten Messpunkten sind in Tabelle 7.20 dargestellt.

7.6.5.3 Untersuchungsergebnisse

Beurteilung der Untersuchungsergebnisse im Hinblick auf die Monitorentstörung

- Die Werte der magnetischen Flussdichte lagen an den Monitorstandorten deutlich oberhalb der geforderten Störfestigkeitsgrenzwerte für Monitore und ließen eine Entstörung der Monitore auch durch Mu-Metall Abschirmungen nicht erwarten.
- Ein Umstellen der Rechner erschien nicht sinnvoll, da keine Alternativstandorte mit ausreichend geringer Feldbelastung vorhanden waren.
- Als Hauptursache für die hohe Feldbelastung wurden die Zuleitungen zu den Schmelzöfen ermittelt. Der Verlauf der Zuleitungen konnte durch Flussdichtemessungen auf dem Boden der Arbeitsebene exakt nachvollzogen und durch Messungen direkt an den Leitungen verifiziert werden.
- Die Flussdichtewerte direkt an den Schmelzöfen lag nur bei geöffneter Ofenabdeckung oberhalb der Flussdichtewerte an den Zuleitungen und spielten für die Feldbelastung in den Büroräumlichkeiten aufgrund der Entfernung gegenüber den Zuleitungen nur eine untergeordnete Rolle.

Als Abhilfemaßnahmen konnten lediglich eine Neuverlegung der Zuleitungskabel mit räumlich größerer Entfernung zu den Büros oder der Einsatz von Flüssigkristallmonitoren (LCD-Monitore) empfohlen werden.

7.6 Beispiele aus der Praxis

Tabelle 7.20 Messwerte

Messpunkt	Mess-/Betriebsparameter	Magnetische Flussdichte [µT]
1	Außenwand Induktionsofen / Heizbetrieb	200
	Rand Induktionsofen, Deckel geöffnet / Heizbetrieb	400
2	Außenwand Induktionsofen / Heizbetrieb	200
	Rand Induktionsofen, Deckel geöffnet / Heizbetrieb	400
3	Außenwand Induktionsofen / Warmhaltebetrieb	10
	Rand Induktionsofen, Deckel geöffnet / Warmhaltebetrieb	60
4	Außenwand Induktionsofen / Heizbetrieb	200
	Rand Induktionsofen, Deckel geöffnet / Heizbetrieb	400
5	Außenwand Induktionsofen / Heizbetrieb	200
	Rand Induktionsofen, Deckel geöffnet / Heizbetrieb	400
6	Boden Arbeitsebene	300
7	Boden Arbeitsebene	300
8	Podestboden	70
9	Büroboden	11
	Monitorhöhe	9
10	Büroboden	13
	Monitorhöhe	10
11	Büroboden	5
	Monitorhöhe	4
12	Büroboden	12
13	Büroboden	8
14	Büroboden	6,5
15	Büroboden	10
16	Büroboden	3,5
17	Büroboden	2
	1 m über Boden	1,6
18	Fußboden	2

7.6.6 Amateurfunkstationen

Die Aussendungen von Amateurfunkstationen sind eine weitere Quelle hochfrequenter Felder. Zum Verständnis des Amateurfunkdienstes sind einige Vorausbemerkungen notwendig. Der Amateurfunkdienst hat einen experimentellen Charakter und dient den beteiligten Funkamateuren zur eigenen technischen Fortbildung, aber auch zur Kommunikation untereinander. Die Aussendungen sind meist nur auf kurze Sendeperioden beschränkt, automatische Stationen arbeiten nur mit geringer Sendeleistung und befinden sich, um größere Reichweiten zu erzielen, meist an exponierten Standorten.

Aus dem Experimentalfunkdienst resultiert eine Vielzahl von Übertragungsarten, Modulationsarten und eingesetzten Frequenzen.

7.6.6.1 Frequenzbereiche des Amateurfunkdienstes

In Deutschland sind dem Amateurfunk folgende Frequenzbereiche zugeteilt:

Tabelle 7.21 Frequenzbereiche Amateurfunkdienst

Frequenzbereich	Status	maximale Sendeleistung
1815 – 1835 kHz 1850 – 1890 kHz	sekundär	75 W
3500 – 3800 kHz	primär	750 W
7000 – 7100 kHz	primär, exklusiv	750 W
10100 – 10150 kHz	sekundär	150 W
14000 – 14350 kHz	primär, exklusiv	750 W
18068 – 18168 kHz	sekundär	750 W
21000 – 21450 kHz	primär, exklusiv	750 W
24890 – 24990 kHz	sekundär	750 W
28 – 29,7 MHz	primär, exklusiv	750 W
144 – 146 MHz	primär, exklusiv	750 W
430 – 440 MHz	primär	750 W
1240 – 1300 MHz	sekundär	750 W
2320 – 2450 MHz	sekundär	75 W
3400 – 3475 MHz	sekundär	75 W
5650 – 5860 MHz	sekundär	75 W
10 – 10,5 GHz	sekundär	75 W
24 – 24,05 GHz	primär, exklusiv	75 W
24,05 – 24,25 GHz	sekundär	75 W
47 – 47,2 GHz	primär, exklusiv	75 W
75,5 – 76 GHz	primär, exklusiv	75 W
76 – 81 GHz	sekundär	75 W
119,98 – 120,2 GHz	sekundär	75 W
142 – 144 GHz	primär, exklusiv	75 W
144 – 149 GHz	sekundär	75 W
241 – 248 GHz	sekundär	75 W
248 – 250 GHz	primär, exklusiv	75 W

Die derzeit am häufigsten verwendeten Frequenzbereiche sind der Kurzwellenbereich (f < 30 MHz) sowie das 2-Meter-Band (144-146 MHz) und das 70-Zentimeter-Band (430-440 MHz). Abweichend von den oben angegebenen maximalen Sendeleistungen werden typisch 100 W auf der Kurzwelle und 50 W auf den UKW-Bändern verwendet.

Eine primäre und exklusive Zuteilung bedeutet, dass in diesen Frequenzbereichen ausschließlich Amateurfunkstationen arbeiten dürfen.

Ein primärer Funkdienst darf von den sekundären Funkdiensten im gleichen Frequenzbereich nicht gestört werden, ebenso geniest ein Sekundärfunkdienst keinen Schutz vor Störungen durch den Primärdienst.

7.6.6.2 Selbsterklärung nach 26. BImSchV

Ebenso wie kommerzielle Funkdienste sind auch Funkamateure verpflichtet, die Grenzwerte nach der 26. BImSchV einzuhalten. Die Vorgehensweise hierzu unterscheidet sich aber grundlegend von anderen Funkdiensten. Der Funkamateur ist berechtigt und verpflichtet, der Regulierungsbehörde eine Berechnung der von der eigenen Anlage ausgehenden elektromagnetischen Felder vorzulegen. Diese Berechnung stellt der Funkamateur selbst auf. Die RegTP führt aufgrund dieser Selbsterklärung eine Plausibilitätsprüfung durch. Dieses Verfahren ist durchaus verständlich, da eine Gleichbehandlung mit anderen Funkdiensten dem experimentellen Grundgedanken des Amateurfunks widersprechen würde.

Eine Berechnung stellt der Funkamateur vorzugsweise mit einer geeigneten Software an, hierzu ist beim DARC[4] das Programm Watt erhältlich (Bild 7-62), in das die notwendigen Parameter eingegeben werden können und das hieraus den notwendigen Sicherheitsabstand errechnet. Die Formulare zur Selbsterklärung bei der RegTP können mit dieser Software ebenfalls erstellt werden. Die Datenbank des Programms umfasst alle gängigen Kabel- und Antennentypen und vereinfacht den Berechnungsaufwand erheblich.

Der Funkamateur ist verpflichtet bei jeder Änderung an seiner Anlage eine neue Berechnung durchzuführen und diese an die RegTP weiterzugeben.

7.6.6.3 Messungen an Amateurfunkanlagen

Grundsätzlich sollten Messungen in Zusammenarbeit mit dem betroffenen Funkamateur stattfinden, er kann als Betreiber der Sendeanlage wertvolle Hinweise geben und er ist die einzige Person die die Anlage in Betrieb setzten kann. In der Regel wird der Funkamateur bei einer Messung hilfreich zur Seite stehen, aufgrund seiner Fachkompetenz, die er in einer Prüfung bei der RegTP nachgewiesen hat, sollte er auch erster Ansprechpartner bei Problemen sein, die einen vermuteten Zusammenhang mit seiner Station haben.

---

[4] DARC – Deutscher Amateur Radio Club (Vereinigung der deutschen Funkamateure)

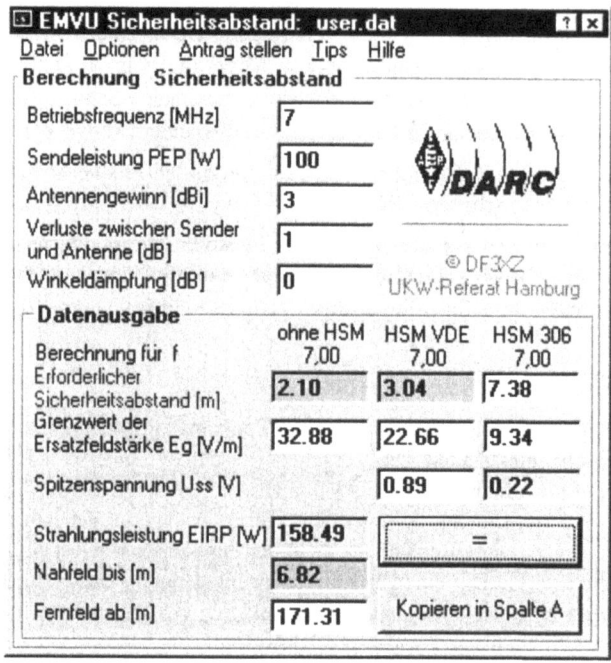

Bild 7-62 WATT-Software (http://www.darc.de)

Bei der Durchführung der Messung empfiehlt sich folgende Vorgehensweise:

1. Festlegen der Messpunkte, in der Regel an den Grundstücksgrenzen.
2. Inbetriebnahme der Sendeanlage mit der maximalen Senderausgangsleistung (Betriebsart sollte vorzugsweise FM oder ein getasteter CW-Träger sein).
3. Bei drehbarer Antenne ist diese einmal um 360° zu drehen und während der Drehung der Maximalwert festzustellen.
4. Punkt 2 und 3 sind für jeden benutzen Frequenzbereich zu wiederholen.

Der Funkamateur wird selten mehrere Frequenzen gleichzeitig benutzen, sollte dies der Fall sein, muss nach DIN-VDE 0848 bewertet werden.

8 Abhilfemaßnahmen

8.1 Allgemeines

Die Wirkmechanismen einer elektromagnetischen Beeinflussung können in einfacher Form entsprechend Bild 8-1 dargestellt werden.

Bild 8-1 Elektromagnetisches Beeinflussungsmodell

Die Störsignale einer Quelle koppeln über definierte Koppelpfade in eine Störsenke, ein störempfindliches Gerät oder, im EMVU-Bereich, in einen störempfindlichen Organismus ein. Abhilfemaßnahmen zur Vermeidung negativer Auswirkungen auf Seiten der Senke lassen sich dementsprechend in drei Gruppen unterteilen:

- Reduktion der Störemissionen der Quelle
- Beeinflussung der Übertragungswege zur Reduktion der Störeinkopplung
- Erhöhung der Störfestigkeit der Senke

Reduktion der Störemissionen bedeutet einen direkten Eingriff in die Quelle. Solche Eingriffe werden, wenn es sich um künstliche Quellen handelt, sinnvollerweise in der Entwicklungs- und Produktionsphase der Geräte, Systeme oder Anlagen durchgeführt. Im Bereich der Geräte-EMV existieren Gesetze, Richtlinien und Normen, die die Gerätehersteller zur Einhaltung vorgeschriebener Grenzwerte verpflichten. Mögliche Maßnahmen zur Reduktion der Emissionen und Einhaltung der Anforderungen bestehen zum Beispiel in der Auswahl einer emissionsarmen Schaltungstechnik und der Realisierung eines EMV-gerechten Schaltungsdesigns. Im konkreten Falle kann das bedeuten, dass, wenn möglich, geräteinterne Signalspannungen- und Ströme reduziert, Bandbreiten begrenzt und Layoutabmessungen minimiert werden. Die Reduktion der Signalpegel führt zu reduzierten Emissionspegeln, die Begrenzung der Bandbreiten zu frequenzbegrenzten Emissionen und die Verkleinerung der Layoutabmessungen zu geringeren Antennenwirkungen der abstrahlenden Strukturen.

Diese Maßnahmen sind jedoch bei bereits vorhandenen technischen Quellen, die die Störungen unbeabsichtigt aussenden, nur noch schwer, bei technischen Quellen, die die Signale funktionsbedingt ausstrahlen (zum Beispiel Sendefunkanlagen) kaum und bei natürlichen Quellen überhaupt nicht zu realisieren.

Eine Erhöhung der Störfestigkeit der Senke gegen Störemissionen ist nur bei technischen Geräten, und dort in geeigneter Form auch nur im Vorfeld der Entwicklung, möglich. Für biologische Störsenken bestehen bisher keine Möglichkeiten, die Störempfindlichkeit durch Impfungen zu erhöhen oder negative Auswirkungen durch Medikamente zu behandeln.

Abhilfemaßnahmen lassen sich jedoch fast immer, wenn auch teilweise mit hohem finanziellem und technischem Aufwand, bei der Beeinflussung der Übertragungswege durchführen, wobei die Schirmung die gängigste Maßnahme darstellt.

8.2 Schirmung

Unter Schirmung versteht man Maßnahmen, die die Ausbreitung elektrischer, magnetischer oder elektromagnetischer Felder aus einer Quelle bzw. die Einstrahlung solcher Felder in eine Senke verhindern oder reduzieren sollen. Diese Maßnahmen müssen die Feldenergie in geeigneter Weise ableiten oder umsetzen, um eine negative Beeinflussung der Senke zu verhindern. Üblicherweise werden passive Schirmungsmaßnahmen durch Umhüllung von Quelle oder Senke mit einem leitfähigen Material bzw. Einbringung einer leitfähigen Fläche vor die Quelle oder Senke ausgeführt. In Abhängigkeit von der Geometrie der Quellen und der Art der Felder sind dabei die einzelnen Maßnahmen zu unterscheiden.

Für die in Abschnitt 2.1 dargestellten Quellen sind Schirmungsmaßnahmen nur bei künstlichen Quellen, die ungewollte elektrische, magnetische oder elektromagnetische Felder abstrahlen, möglich. Natürliche Störquellen sind konstruktionstechnisch nicht zu erfassen und eine Schirmung gewollt abgestrahlter Felder, wie im Falle von Rundfunksendern, funktionstechnisch nicht realisierbar. Auf Seite der Senke, unabhängig davon, ob es sich um technische Geräte oder biologische Organismen handelt, sind Schirmungsmaßnahmen fast immer möglich. Als zu berücksichtigende Quellen kommen Geräte, Leitungen und Anlagen in Betracht, was zu einer Unterscheidung zwischen Gehäuseschirmung, Kabelschirmung und Raumschirmung führt. Gleiches gilt für die Senke, sofern es sich um technische Geräte handelt. Eine Schirmung biologischer Organismen ist dauerhaft lediglich durch eine Schirmung der Aufenthaltsräume möglich. In speziellen Fällen, z.B. bei Arbeiten in elektromagnetisch stark belasteten Umgebungen können Schutzanzüge zum Einsatz kommen.

In Abhängigkeit von der Art der Felder kommen bei der Schirmung unterschiedliche Wirkmechanismen zum Tragen. Die Felder unterteilt man dazu in stationäre Felder und veränderliche Felder, wobei bei den veränderlichen nochmals eine Unterscheidung zwischen quasistationären und schnell veränderlichen Feldern getroffen wird. Bei den stationären Feldern handelt es sich um elektrostatische oder magnetostatische Felder, bei den quasistationären um elektrische und magnetische Wechselfelder und bei den schnell veränderlichen Feldern um elektromagnetische Wellen.

8.2.1 Wirkmechanismen

8.2.1.1 Metallische Gehäuseschirmung gegen elektrostatische Felder

Die Schirmwirkung gegen elektrostatische Felder beruht auf einer Ladungsverschiebung in einem leitfähigen Gehäuse. Die durch ein äußeres Feld auf die Ladungsträger im Gehäusematerial einwirkenden elektrostatischen Feldkräfte bewirken eine Umverteilung der Ladungen, bis alle Tangentialkomponenten der elektrischen Feldstärke zu null geworden sind. Die dann von den verschobenen Ladungen ausgehenden elektrostatischen Felder überlagern sich gegenseitig und mit dem äußeren elektrostatischen Feld derart, dass das Feld im Inneren einer geschlossenen, leitfähigen, aber beliebig geformten Gehäusehülle in jedem Punkt zu null wird.

8.2.1.2 Dielektrische Gehäuseschirmung gegen elektrostatische Felder

Eine gewisse Schirmwirkung gegen elektrostatische Felder lässt sich auch mit Hilfe dielektrischer Gehäusematerialien erzielen. Der Effekt beruht dabei auf einer Umlenkung des Elektrischen Feldes. Die dielektrische Leitfähigkeit eines Materials, d.h. die Fähigkeit, einen elektrischen Fluss zu führen, ist abhängig von der Permittivität ε des Materials. Umschließt man einen Feldbereich mit einer dielektrischen Hülle hoher Permittivität, so wird unter zusätzlicher Abhängigkeit von der Dicke des Materials ein großer Teil des den Bereich zuvor durchsetzenden Flusses konzentriert in der Hülle geführt. Mit Hilfe dielektrischer Schirme lässt sich lediglich eine Reduzierung, nicht aber eine vollständige Abschirmung elektrostatischer Felder erreichen.

8.2.1.3 Ferromagnetische Gehäuseschirmung gegen magnetostatische Felder

Statische Magnetfelder lassen sich nicht wie die elektrostatischen Felder durch eine einfache metallische Umhüllung, z.B. aus Kupfer, abschirmen. Die unter Abschnitt 8.2.1.1 beschriebenen Effekte treten hier nicht auf. Vergleichbar zur dielektrischen Gehäuseschirmung gegen statische elektrische Felder kann hier eine Reduzierung der magnetischen Feldbelastung des umschlossenen Raumes durch Umleitung des magnetischen Flusses über hochpermeable Materialien erreicht werden. Mit steigender Permeabilität μ des Gehäusematerials, ein Maß für die Fähigkeit eines Materials, den magnetischen Fluß zu führen, und zunehmender Wandstärke wird ein wachsender Teil des den ungeschirmten Raum durchsetzenden statischen Magnetfeldes in der Hülle geführt und die Feldbelastung im umschlossenen Raum reduziert.

8.2.1.4 Gehäuseschirmung gegen niederfrequente elektrische Wechselfelder

Die Schirmung gegen niederfrequente, quasistatische elektrische Wechselfelder erfolgt zunächst nach dem gleichen Funktionsprinzip wie die Schirmung gegen statische elektrische Felder. Mit wachsender Frequenz tritt jedoch in Abhängigkeit von den Gehäuseabmessung eine Phasenverschiebung zwischen den Feldern der umverteilten Ladungen ein, so dass eine vollständige Auslöschung der Felder im Innern des Gehäuses nicht mehr gegeben ist.

8.2.1.5 Gehäuseschirmung gegen niederfrequente magnetische Wechselfelder

Die Schirmung gegen niederfrequente, quasistatische Magnetfelder kann mittels ferromagnetischer Gehäusematerialien in gleicher Weise erfolgen wie die Schirmung gegen statische Magnetfelder. Zusätzlich zu der unter Abschnitt 3.2.6.3 beschriebenen Wirkungsweise werden in elektrisch leitfähigen Materialien in Abhängigkeit von deren Leitfähigkeit Ströme, sogenannte Wirbelströme, induziert. Diese Ströme erzeugen ebenfalls Magnetfelder, die der Wirkung des verursachenden Feldes entgegengerichtet sind und so zu einer Reduktion des magnetischen Feldes im Gehäuseinnern führen.

8.2.1.6 Gehäuseschirmung gegen hochfrequente elektromagnetische Felder

Die quasistatische Betrachtungsweise kann mit steigender Frequenz nicht mehr für die Beurteilung der Schirmwirkung eines Gehäuses herangezogen werden. Magnetisches und elektrisches Feld sind jetzt im Fernfeld eines Senders über den Feldwellenwiderstand des freien Raumes fest miteinander verkoppelt. Die auf das Gehäuse eintreffende elektromagnetische Welle verursacht in den leitenden Gehäusewänden Ströme, die selbst ein elektromagnetisches Feld verursachen. Die Schirmwirkung beruht dann auf einer destruktiven Überlagerung der von außen einfallenden und der von den induzierten Strömen verursachten Feldern. Die Güte einer Schirmung wird als frequenzabhängige Größe, die Schirmdämpfung, angegeben und ist von verschiedenen Material- und Geometriegrößen, z.B. spezifischer Leitfähigkeit und Dicke des verwendeten Materials sowie Gehäuseabmessungen abhängig. Bei hohen Frequenzen können sich Schirmgehäuse wie Hohlraumresonatoren verhalten, was zu Einbrüchen im Schirmdämpfungsverlauf führt.

Eine optimale Schirmwirkung erhält man nur für vollständig geschlossene Schirme. Die in der praktischen Ausführung jedoch fast immer notwendigen Gehäuseöffnungen, z.B. Lüftungsschlitze, Öffnungen für Anzeige- und Bedienelemente in Geräteschirmungen oder Fensteröffnungen in Raumschirmungen, verhindern die ungestörte Ladungsverschiebung oder Ausbildung von Wirbelströmen und reduzieren so die Schirmwirkung. In Abhängigkeit von den Abmessungen der Öffnungen stellen diese für höhere Frequenzen Schirmlücken dar, die ungehindert durchdrungen werden können. Insbesondere Gehäuseschlitze können für einzelne Frequenzen als sogenannte Schlitzstrahler wirken und im Gehäuseinnern Feldstärken hervorrufen, die für diese Frequenz am zu schützenden Objekt höher sind als bei ungeschirmtem Aufbau.

Die in der Regel notwendige Einführung von Leitungen und Kabeln in ein Schirmgehäuse oder einen geschirmten Raum können, wenn sie ungefiltert eingeführt werden, die Schirmwirkung vollständig zunichte machen. Äußere elektromagnetische Felder induzieren in ungeschirmten Kabeln hochfrequente Störströme, die durch die Antennenwirkung der im geschirmten Raum verlegten Kabelanteile dort wieder ein elektromagnetisches Feld abstrahlen. Bei solchen Kabeln ist dafür zu sorgen, dass sie im Innern des geschirmten Raumes störstromfrei gehalten werden. Das kann zum einen dadurch geschehen, dass die Störgrößen am Eintrittspunkt der Kabel durch spezielle Filter absorbiert, reflektiert oder abgeleitet werden, zum anderen dadurch dass das Kabel durch eine Kabelschirmung, die in geeigneter Weise mit dem Schirmgehäuse oder dem Schirmraum verbunden sein muss, mit in den Schirmraum integriert wird. Im zweiten Fall kann der Kabelschirm als eine Erweiterung des Gehäuse- oder Raumschirmes betrachtet werden, wobei darauf zu achten ist, dass der Kabelschirm am fernen Ende ebenfalls geschlossen ist.

Ideale, geschlossene Schirme benötigen keine Erdverbindung, um ihre Schirmwirkung zu erreichen. In der Praxis müssen jedoch alle Schirmteile eine Erdverbindung besitzen. Die Erdverbindungen stellen sicher, dass es zu keinen Potenzialanhebungen der Schirmteile gegenüber Erde kommen kann, die eine Personengefährdung durch zu hohe Berührungsspannungen zur Folge haben könnten, und dass bei nicht idealer Schirmauslegung Störströme gegen Erde abgeleitet werden können.

8.2.2 Schirmausführungen

8.2.2.1 Aufbau von Gehäuseschirmen

Effektive Gehäuseschirme werden in der technischen Realisierung zur Reduzierung von Störbeeinflussungen durch statische oder niederfrequente elektrische Felder und hochfrequente elektromagnetische Felder eingesetzt. Wirksame Schirmungen gegen statische oder niederfrequente magnetische Felder lassen sich in aller Regel nur mit einem großen technischen und finanziellen Aufwand realisieren und spielen daher in der Praxis nur eine untergeordnete Rolle.

Ideale Schirmwirkungen lassen sich nur durch vollständig geschlossene Schirme erzielen, weshalb bei der Gehäusekonstruktion besonderes Augenmerk auf die Ausgestaltung der technisch notwendigen Gehäuseöffnungen gerichtet werden muss. Bild 8-2 zeigt eine Übersicht notwendiger Gehäuseöffnungen.

8.2 Schirmung

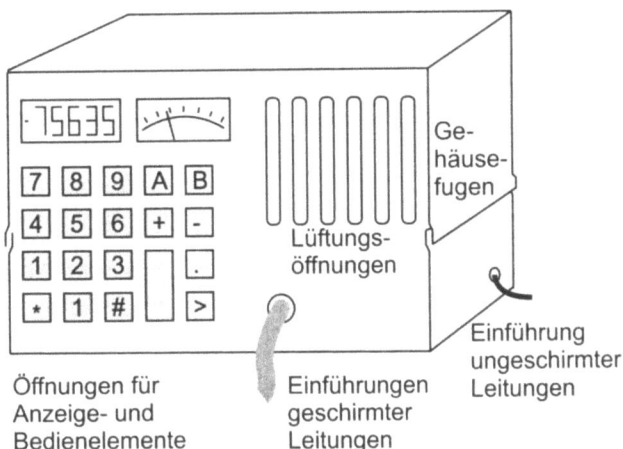

Bild 8-2 Öffnungen in Gehäuseschirmen

Gehäusefugen

Technisch einsetzbare Schirmgehäuse bestehen aus einzelnen Teilen, die nach dem Zusammenbau Fugen und Spalten aufweisen. Solche Fugen stellen für die sich ausbildenden Schirmströme bei einfachem Zusammenstecken oder Schrauben hohe Impedanzen dar, die die freie Ausbildung der Schirmströme beeinflussen und bei geeigneten Abmessungen als Schlitzstrahler fungieren können. Idealerweise sollten solche Fugen verschweisst oder verlötet sein. Zum Erhalt der Funktionalität können spezielle elektrische Dichtungen, Federleisten oder leitfähige Kunststoffdichtungen eingebaut werden, um die Übergangswiderstände zu minimieren. Dabei ist eine enge Verschraubung der Einzelteile vorteilhaft.

Gehäuseöffnungen

Anzeige- und Bedienelemente benötigen Öffnungen im Schirmgehäuse, die nicht verschlossen werden können und die Schirmwirkung reduzieren. Zur Verbesserung der Schirmwirkung können Öffnungen für Anzeigeelemente mit durchsichtigen Drahtgeflechten oder leitfähig beschichteten, durchsichtigen Kunststoffen verschlossen werden. Die Schirmwirkung dieser Materialien ist naturgemäß relativ gering.

Die Öffnungen für Bedienelemente können in aller Regel nicht verschlossen werden. Bedienelemente können jedoch aus dem Schirm herausgenommen werden, wenn dieser hinter den Bedienelementen geschlossen wird und die Zuleitungen zu den Bedienelementen gefiltert in den zu schirmenden Bereich geführt werden.

Zum Verschließen von Lüftungsöffnungen können bei geringer Schirmwirkung Lochbleche mit geringen Lochquerschnitten verwendet werden. Gute Schirmergebnisse lassen sich mit sogenannten Wabenkaminen erzielen. Hierbei werden über der Öffnung eine Vielzahl von Röhren parallel angeordnet. Die Dämpfung nimmt mit steigendem Verhältnis von Röhrenlänge zu -durchmesser zu.

Einführungen geschirmter Leitungen

Bei Ausgestaltung und Anschluss der Kabelschirme gemäß Kapitel 8.2.2.2 wird eine Erweiterung des geschirmten Raumes um den Kabelschirm erreicht, so dass die Gesamtschirmwirkung lediglich durch die Schirmwirkung des Kabelschirmgeflechts beeinflusst wird.

Einführung ungeschirmter Leitungen

Ungeschirmte Leitungen können Störströme, erzeugt durch externe elektromagnetische Felder, in das Gehäuse tragen und dort als Antenne wirken. Solche Leitungen müssen direkt am Gehäuseeingang gefiltert werden, um eine Einkopplung externer Störgrößen zu verhindern.

8.2.2.2 Aufbau von Kabelschirmen

Die Wirkung von Kabelschirmen hängt neben Schirmkenndaten, wie Leitfähigkeit, Dicke des Materials und Ausführung, z.B. Flechtart, maßgeblich von der Art der Kontaktierung ab. Auch hier muss, wie bei der Gehäuseschirmung, auf ein geschlossenes Konzept geachtet werden.

Häufig werden geschirmte Kabel verwendet und der Schirm endet an der Steckverbindung oder Kabelauflegestelle ohne Kontaktierung mit Masse oder mit weiterführenden Schirmteilen. In einem solchen Fall ist der Kabelschirm weitestgehend wirkungslos. Äußere Störgrößen können auf die ungeschirmten Leiterenden einkoppeln und möglicherweise vorhandene Schirmströme finden keine Ableitmöglichkeit gegen Masse, so dass auch sie auf die einzelnen Kabeladern einkoppeln können.

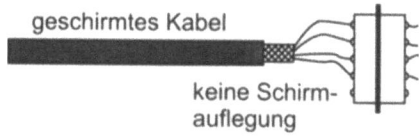

Bild 8-3 Offenes Schirmende

Eine weit verbreitete Technik zur Schirmanbindung ist die Verwendung von sogenannten „pigtails".

Bild 8-4 „pig-tail"-Anbindung

Hierbei wird das Schirmende zu einem dünnen Leiter zusammengedreht und über einen Steckerpin mit dem Gehäuseschirm oder einem weiterführenden Kabelschirm verbunden. Auch in diesem Fall sind ungeschirmte Leiterenden vorhanden, in die äußere Störfelder einkoppeln können. Die hergestellte Masseverbindung zur Ableitung vorhandener Schirmströme besitzt

8.2 Schirmung

außerdem, abhängig von der Länge des „pig-tail", eine relativ hohe Impedanz, so dass die Schirmströme dennoch auf die Innenleiter überkoppeln können.

Beste Schirmwirkung liefert eine rundumkontaktierte Schirmanbindung, bei der die Innenleiter der Kabel den geschirmten Bereich nicht verlassen. Bei Steckverbindungen lässt sich das über geeignete Stecker mit metallischen oder metallisierten Gehäusen entsprechend Bild 8-5 realisieren.

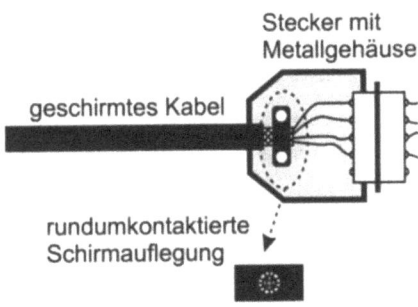

Bild 8-5 Rundumkontaktierte Schirmanbindung

Der Kabelschirm wird mittels einer geeigneten Klemmvorrichtung über den gesamten Umfang kontaktiert und großflächig mit dem metallischen Steckergehäuse verbunden. Diese Verbindung besitzt eine niedrige Impedanz und das Gehäuse stellt die Fortsetzung des Kabelschirmes dar, die die Enden der Innenleiter bis zum Gerätegehäuse unterbrechungsfrei umschließt.

8.2.2.3 Aufbau geschirmter Räume

Für den Aufbau von Raumschirmungen sind die gleichen Konstruktionsanforderungen wie beim Aufbau von Gehäuseschirmen einzuhalten. Beim Zusammenfügen der einzelnen Schirmelemente ist auf die Gewährleistung HF-technisch einwandfreier Verbindungen zu achten, die durch Verschweißen oder Verlöten erreicht werden können. Ein- und abgehende Leitungen sind wie unter Abschnitt 8.2.2.1 zu behandeln und gegebenenfalls zu filtern. Besonders problematisch stellt sich hier jedoch die Behandlung der Öffnungen, d.h. Türen und Fenster, dar. Türen müssen aus dem gleichen Schirmmaterial bestehen wie die übrige Raumschirmung und im geschlossenen Zustand muss ein niederimpedanter Rundumkontakt sichergestellt sein. Um dennoch die Funktionalität zu bewahren, müssen Tür und Türrahmen mit speziellen Kontaktleisten versehen werden, die auch beim ständigen Öffnen und Schließen eine ausreichende Kontaktierung garantieren. Bezüglich der Kontaktierung werden an Fensteröffnungen die gleichen Anforderungen wie an Türen gestellt. Erschwerend kommt hier noch hinzu, dass die Fenster nicht aus massiven Metallelementen hergestellt sein dürfen. Mit steigender Schirmwirkung, jedoch sinkender Funktionalität können leitfähig beschichtete, durchsichtige Kunststoffe, durchsichtige Drahtgeflechte, Lochbleche oder Wabenkamine eingesetzt werden.

Wirksame Schirmungen lassen sich für Wohnräume demzufolge nur mit erheblich verminderter Wohnqualität realisieren.

8.2.2.4 Raumauskleidung mit „EMV-Tapeten"

Als Schutzmaßnahme vor unerwünschtem Elektrosmog werden auf dem Markt Wandverkleidungen, sogenannte „EMV-Tapeten", angeboten, mit denen Wohnräume ausgekleidet werden können. Diese Tapeten bestehen aus leitfähigen Materialien, die entsprechend den oben beschriebenen Wirkmechanismen eine Dämpfung elektromagnetischer Felder bewirken können. Die in der Werbung beschriebenen Dämpfungswerte, die teilweise mit bis zu 60 dB und mehr angegeben werden, sind jedoch mit einer gewissen Vorsicht zu beurteilen. Diese Werte werden in der Regel nur bei kompletter, absolut geschlossener Raumauskleidung erreicht. Für den Anwender bedeutet das, dass neben den Wänden auch Decke und Fußboden des zu schirmenden Raumes ausgekleidet werden und alle Stoßstellen elektrisch leitend miteinander verbunden werden müssen. Zur Herstellung dieser Verbindungen werden spezielle Installationssets aus leitfähigen Klebebändern und Abdeckstreifen angeboten. Die besondere Problematik dieser Maßnahme liegt aber wie bei dem Aufbau metallisch geschirmter Räume in den Fenster und Türöffnungen. Besitzen sie keine schirmende Wirkung, was bei Wohnräumen üblich ist, so können elektromagnetische Felder in Abhängigkeit von der Größe der Öffnungen ungehindert eindringen. Bei den Anbietern der Tapeten findet man hier in aller Regel nur den Hinweis, dass Fenster und Türen in das System mit einzubeziehen sind, jedoch keine Erläuterungen, wie das zu geschehen hat. Nennenswerte Gesamtschirmungen erreicht man, wenn Fenster und Türen eine entsprechende elektrische Leitfähigkeit, metallische Rahmen und eine leitfähige Rundumkontaktierung von Glasscheibe bzw. Türblatt zu Rahmen und Rahmen zu Tapete besitzen. Für gewöhnlich werden in Wohnräume elektrische Energiekabel, Telefonleitungen und Rundfunkanschlüsse geführt. Diese Leitungen sind, wenn sie nicht am Eintrittspunkt in den zu schirmenden Raum geeignet gefiltert werden, in der Lage, elektromagnetische Störsignale von außerhalb in den Raum zu führen und dort abzustrahlen. Diese und andere, durch elektrische und elektronische Geräte im Raum erzeugten elektromagnetischen Felder, können an den leitfähigen Raumwänden reflektiert werden was, abhängig von der Raumgeometrie, bei bestimmten Frequenzen zu stehenden Wellen und somit zu erhöhten Feldstärkewerten führen kann.

8.2.2.5 EMV Schutzanzüge

Speziell für Arbeiten an Anlagen, bei denen elektrische und elektromagnetische Felder hoher Intensität bestehen und deren Betrieb für die erforderlichen Arbeiten nicht unterbrochen werden kann, werden Schutzbekleidungen angeboten. Zweck der HF-Schutzkleidung ist die Einhaltung festgelegter Expositionsgrenzwerte im Innern der Kleidung. Die Schutzbekleidung stellt eine flexible, auf den Träger angepasste Schirmhülle dar. Die verwendeten Materialien und Stoffe müssen eine durchgängige elektrische Leitfähigkeit besitzen und den Träger ohne Öffnungen umschließen. Bei den Stoffen, die zusätzlich zu ihrer Leitfähigkeit noch atmungsaktiv sein müssen, handelt es sich um leitfähig beschichtete Textilien oder um Gewebe mit Metallfäden.

Solche Anzüge besitzen lediglich eine Schirmwirkung gegen elektrische oder elektromagnetische Felder, nicht jedoch gegen niederfrequente magnetische. Da eine ausreichende Schirmwirkung das vollständige Umhüllen, insbesondere auch des Kopfbereiches des Trägers notwendig machen, erscheint ein alltäglicher Einsatz solcher Maßnahmen unmöglich.

Eine Gefahr bei solchen Anzügen besteht in einer möglichen Entzündung des Materials. Durch die mit der Schirmwirkung verbundene Umsetzung elektromagnetischer Energie kann es zu einer Erwärmung des Materials und Funkenbildung kommen was, wie vereinzelt berichtet, zu einer Entzündung des Gewebes führen kann.

8.3 Filterung

Effektive Schirmungsmaßnahmen sind vor allem im HF-Berich nur in Verbindung mit geeigneten Filtermaßnahmen durchführbar, damit leitungsgeführte Störungen nicht über Energie-, Daten- oder Steuerleitungen in den geschirmten Bereich ein- oder aus einem solchen herausgeführt werden.

Filterung heißt, dass die Pegel der leitungsgeführten Störsignale, die in ein Schirmgehäuse eingeleitet oder aus einem Schirmgehäuse herausgeführt werden, so weit herabgesetzt werden, dass die gestellten Anforderungen eingehalten werden. Der Filtereffekt beruht auf Absorption und/oder Reflektion der unerwünschten Störsignale. Im Fall der Absorption wird die Energie der Störsignale an verlustbehafteten Elementen wie ohmschen Widerständen in Wärme umgesetzt. Im Fall der Reflektion werden die Störsignale über induktive oder kapazitive Bauelemente zur verursachenden Quelle zurückgeleitet und müssen an anderer Stelle absorbiert werden.

Die korrekte Auswahl und Dimensionierung der jeweiligen Filterschaltung ist abhängig von den Impedanzen der Quelle, der Leitungen und der Senke. Für die verschiedensten Anwendungsfälle stehen eine Vielzahl unterschiedlicher Filtertypen kommerziell zur Verfügung. Von entscheidender Bedeutung für den korrekten Einsatz der Filter ist jedoch die Montage. Der Einbau der Filter muss so erfolgen, dass nicht zusätzlich leitungsgeführte Koppelwege, wie unter Abschnitt 3.2 beschrieben, entstehen. Zur Verhinderung einer galvanischen Kopplung der Störsignale muss den Filtern eine niederimpedante Erdverbindung zur Verfügung gestellt werden. Um induktive oder kapazitive Kopplungen zu vermeiden, dürfen störbehaftete und gefilterte Leitungen nicht gemeinsam geführt werden.

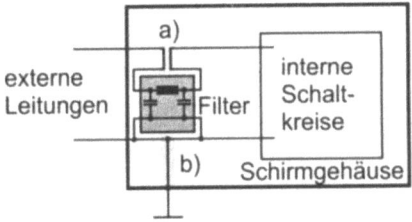

Bild 8-6 Unzulänglicher Filtereinbau

Bei einem Filtereinbau nach Bild 8-6 werden die externen Leitungen zunächst ungefiltert in das Schirmgehäuse eingeführt und erst innerhalb des Schirmgehäuses über den Filter geleitet. Im Bereich a) sind störbehaftete und gefilterte Leitungen parallel geführt, so dass es in dem grau hinterlegten Bereich zu induktiver oder kapazitiver Kopplung zwischen den Leitungen kommen kann. Die Störgrößen der Leitungen vor dem Filter koppeln auf die entstörten Leitungen über, so dass die Filterwirkung zunichte gemacht wird. In dem grau hinterlegten Bereich b) wird ein gemeinsames Leiterstück für die Ableitung der Störgrößen aus dem Filter und die Masseverbindung der internen Schaltkreise benutzt. Die Störgrößen rufen auf dem grau hinterlegten Leitungsstück Spannungsabfälle hervor, die entsprechend den Ausführungen in Abschnitt 3.2.1 zu einer Störbeeinflussung der internen Schaltkreise führen kann.

Zusätzlich können die ungefiltert in das Schirmgehäuse eingeführten Leitungen elektromagnetische Felder abstrahlen, die sich dann ungehindert innerhalb des Schirmgehäuses ausbreiten und ebenfalls zu einer Störbeeinflussung führen können.

Bild 8-7 zeigt einen korrekten Filtereinbau.

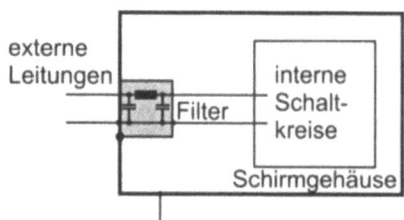

Bild 8-7 Korrekter Filtereinbau

Das Filter ist in die Wand des Schirmgehäuses integriert und großflächig mit dieser und damit niederimpedant mit Masse verbunden. Im Ableitpfad der Störsignale existieren keine mit der Masseverbindung der internen Schaltkreise gemeinsam benutzten Leitungen und damit keine galvanische Kopplung. Es werden keine gestörten Leitungen in das Schirmgehäuse eingeführt, so dass es zu keiner Störkopplung zwischen ungestörten und gefilterten Leitungen kommen kann.

8.4 Aktive Kompensation

Sei einiger Zeit versucht man, externe Felder aktiv zu kompensieren. Um einen begrenzten Bereich feldfrei zu halten, werden definierte Gegenfelder erzeugt, um die in diesem Bereich vorhandenen externen Felder zu kompensieren. Anwendung findet dieses Prinzip in der Entstörung von Rechnermonitoren, wenn diese durch externe magnetische Felder beeinflusst werden und ein flackerndes Bild erzeugen. Der Kompensator besteht aus einer würfelförmigen Anordnung von Leiterstäben, die den Monitor von allen Seiten umschließen. Ein elektronisches Steuergerät misst über Magnetfeld-Sensoren das von außen einwirkende Störfeld und treibt in den Leitern der würfelförmigen Anordnung Ströme, die ein entsprechend großes Gegenfeld innerhalb des Würfels erzeugen. Laut Herstellerangaben soll dieses Verfahren in der Lage sein, Felder von wechselnder Intensität, Richtung und Frequenz zu kompensieren. Aufgrund der Bandbegrenzung auf 10 Hz bis 1 kHz lassen sich jedoch lediglich niederfrequente magnetische Felder der Energieversorgung, z.B. die 16 2/3-Hz-Felder der Bahnstrom- oder 50-Hz-Felder der allgemeinen Energieversorgung inklusive der niederwertigen Oberwellen kompensieren. Auch stark inhomogene Felder, wie sie noch im Nahbereich der felderzeugenden Quelle vorherrschen, lassen sich in der Regel nicht ausreichend kompensieren.

8.5 Abstand

Die Intensität elektrischer, magnetischer und elektromagnetischer Felder fällt, in Abhängigkeit von der Art der felderzeugenden Quelle, mit dem Abstand ab. Ist einer Vergrößerung des räumlichen Abstandes zu einer felderzeugenden Quelle möglich, so ermöglicht diese Maßnahme eine Reduktion der Feldbelastung ohne zusätzlichen technischen Geräteaufwand. Im industriellen Bereich ist eine Reduktion der Feldbelastung der Arbeiter, die mit felderzeugenden Maschinen und Geräten arbeiten müssen, durch Abstandsvergrößerung häufig nicht möglich. Im privaten Bereich stellt die Vergrößerung des Abstandes jedoch oft die einzig sinnvolle

Maßnahme zur Reduktion der Auswirkungen elektromagnetischer Felder dar. Im Wohnbereich gehen ausreichende Schirmungsmaßnahmen in der Regel mit einem Verlust an Wohnqualität einher, da Fenster und Türen mit in das Schirmkonzept integriert werden müssen. Bei Wohnhausneubauten sollten bei der Grundstücksauswahl und Einteilung größtmögliche Abstände zu felderzeugenden Quellen wie Hochspannungsleitungen, Transformatorstationen oder Sendefunkanlagen eingehalten werden. Wohnungsintern lässt sich die Feldbelastung in Bereichen längerer Aufenthaltsdauer wie zum Beispiel im Schlafzimmer durch geeignete Wohnraumeinteilung reduzieren.

8.6 Beispiele aus der Praxis

Schirmungsmaßnahmen sind im Allgemeinen die kostspieligste Möglichkeit, die Auswirkungen elektromagnetischer Störbeeinflussungen zu minimieren. Die folgenden Beispiele erläutern, wie gebäudeintern die Beeinflussungen, insbesondere durch im Gebäude erzeugte Störgrößen, auch ohne Schirmungsmaßnahmen reduziert werden können.

8.6.1 Monitorstörungen

Augenfälligste Auswirkung auch geringer niederfrequenter magnetischer Wechselfelder ist das Auftreten von Monitorstörungen in Form von Bildschirmflackern in Verbindung mit verschwommenen oder völlig unleserlichen Texten. Ursache hierfür ist die Beeinflussung der Elektronen im Elektronenstrahl einer Bildröhre. Die Übertragung der Bildinformation erfolgt durch gezielte Ablenkung des Elektronenstrahls mittels einer magnetischen Ablenkeinrichtung.

Wird dem internen erzeugten Magnetfeld ein äußeres magnetisches Wechselfeld überlagert, so erfahren die Elektronen eine zusätzliche Ablenkung. Die Elektronen treffen dann nicht mehr auf die gewünschte Stelle des Bildschirms, sondern – in Abhängigkeit von Stärke und Polarisation des äußeren Feldes – auf benachbarte Bildpunkte.

Das Ausmaß des Einflusses äußerer Magnetfelder ist abhängig von der Qualität des verwendeten Monitors. Die EN 50082 erlaubt bei 50-Hz-Feldern eine Beeinflussbarkeit von Monitoren mit Industriestandard durch äußere Magnetfelder ab 3,75 µT, für sonstige ab 1,25 µT.

Die Praxis hat jedoch gezeigt, dass leichte, kaum sichtbare Beeinflussungen bei 15-Zoll-Monitoren schon ab 0,8 µT, bei 21-Zoll-Monitoren sogar ab 0,3 µT zu erwarten sind.

Solche nur ganz geringe Störungen, die beim ersten Betrachten des Monitors kaum wahrzunehmen sind, führen häufig unbemerkt zu einer gesundheitlichen Beeinträchtigung des Rechnernutzers. Eine andauernde Bildschirmarbeit an einem derart gestörten Gerät kann zu vorzeitigen Ermüdungserscheinungen in Verbindung mit Kopfschmerzen und dauerhaften Augenschädigungen führen (Kapitel 4).

Als Ursachen für die störenden niederfrequenten magnetischen Felder können z.B. Netztransformatoren benachbarter Elektrogeräte, Halogen-Seilsysteme für die Raumbeleuchtung, in räumlicher Nähe installierte Hochspannungsleitungen, Fahrleitungen von Schienenfahrzeugen oder eine unzureichende Elektroinstallation in Frage kommen.

In der überwiegenden Zahl der praktischen Entstöruntersuchungen vor Ort wurde als Ursache solcher Felder das Erdungssystem der Gebäude ermittelt.

In diesen Fällen war die Elektroinstallation der untersuchten Gebäude in Vier-Leiter-Technik ausgeführt, bei der anstelle von getrenntem Neutral- und Schutzleiter ein gemeinsamer Leiter, der sogenannte PEN, verlegt wird. Dieser Leiter übernimmt sowohl die Funktion des Neutralleiters, der bei unsymmetrischer Belastung des Drehstromsystems Betriebsströme führt, als auch die Funktion des Schutzleiters, an den metallische Teile der Gebäudeinstallation und –konstruktion zur Erfüllung der Schutzanforderungen der VDE 0100 angebunden werden. In der praktischen Realisierung führt dies in der Regel zu einer Vermaschung von PEN-Leiter und metallischen Teilen der Gebäudeinstallation und –konstruktion, wodurch den fließenden Betriebsströmen zusätzliche Strompfade zur Verfügung gestellt werden.

Beispiel 8.1

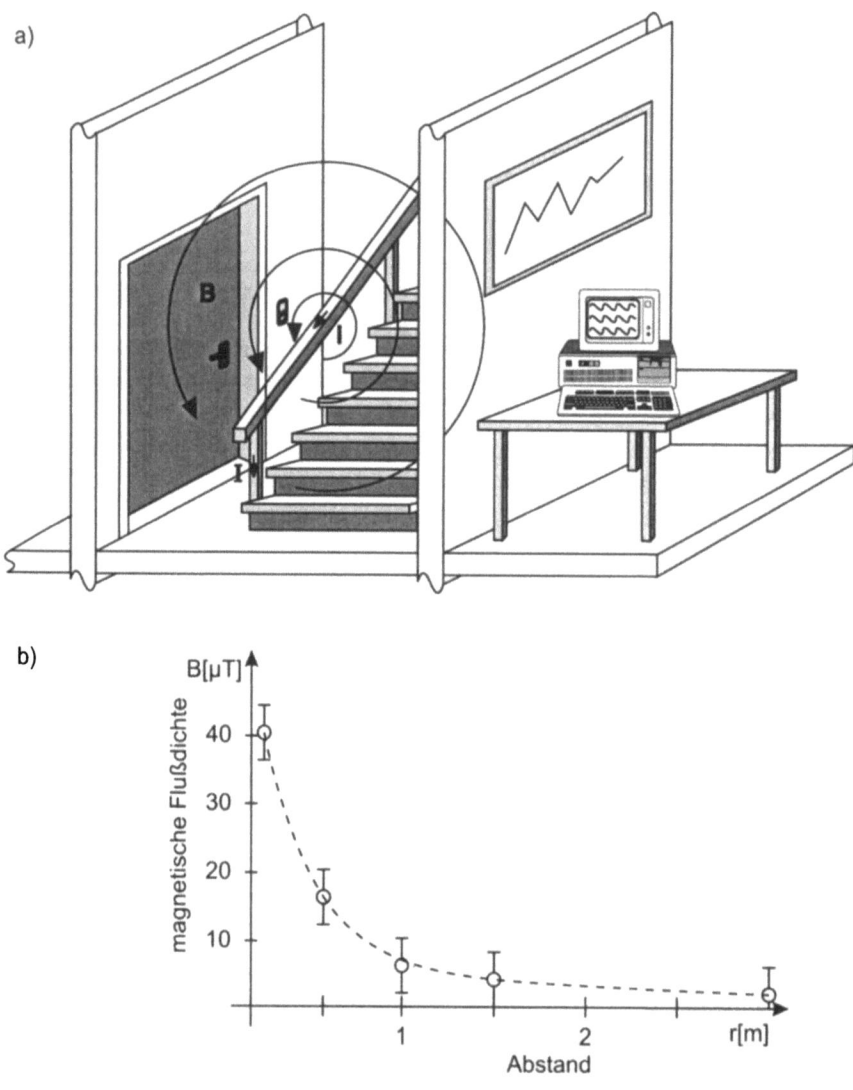

Bild 8-8 Vagabundierende Betriebsströme im Erdungssystem (a), Messwerte (b)

8.6 Beispiele aus der Praxis

Konstruktionsbedingt sind diese zusätzlichen Strompfade niederimpedanter als der PEN-Leiter, so dass sie einen Großteil der Ströme führen, die dann räumlich isoliert von den Zuleitungsströmen durch die Gebäude fließen.

Bild 8-8 zeigt eine Situation in einem mehrstöckigen Industriegebäude. Im Erdgeschoss befinden sich zu beiden Seiten des Treppenhauses Büroräume, in denen die Monitore der Arbeitsplatzrechner in der Nähe des Treppenhauses deutliche Störungen aufwiesen.

Die gemessenen Werte der magnetischen Flussdichte lagen im Bereich der Arbeitsplatzrechner mit ca. 4 µT deutlich über dem für Datensichtgeräte geforderten minimalen Störfestigkeitsgrenzwert von 1,25 µT. Mit zunehmendem Abstand vom Treppenhaus sanken die Messwerte, so dass die Quelle der magnetischen Felder im Treppenhaus zu suchen war. Die einzige dort vorhandene Elektroinstallation war die Beleuchtung, die aufgrund ihrer Ausführung und Höhe der fließenden Ströme als Ursache ausgeschlossen werden konnte. Die höchsten Flussdichtewerte mit ca. 40 µT wurden am metallischen Geländer der Treppe gemessen, was zu dem Schluss führte, dass das Geländer einen hohen Strom in der Größenordnung von ca. 20 A führen musste.

Wie in Industriegebäuden üblich, war die Energieversorgung in Vier-Leiter-Technik mit PEN ausgeführt, der mehrfach mit der Gebäudebewehrung verbunden war. Das metallische Geländer war ebenfalls sowohl in den Obergeschossen als auch im Untergeschoss mit der Gebäudebewehrung verbunden und stellte für die über den PEN fließenden Betriebs- und Erdableitströme einen parallelen Strompfad dar.

Durch einseitige galvanische Trennung des Geländers von der Gebäudebewehrung konnten der Strompfad aufgetrennt und die Ausbildung der störenden magnetischen Wechselfelder verhindert werden.

8.6.2 Haushaltsgeräte

Haushaltsgeräte im privaten Wohnbereich verursachen eine nicht zu vernachlässigende elektrische, magnetische und elektromagnetische Feldbelastung. Die wirkungsvollste Maßnahme zur Vermeidung negativer Auswirkungen durch solche Felder wäre der vollständige Verzicht auf den Einsatz jeglicher elektrischer und elektronischer Geräte, was jedoch einem Rückschritt ins tiefste Mittelalter gleichkäme. Ein gänzlicher Verzicht auf Rundfunk und Fernsehen, elektrische Beleuchtung oder Kühl- und Gefriergeräte erscheint unvorstellbar. Die Auswirkungen dieser hausintern erzeugten Felder auf die Bewohner können jedoch unter Einhaltung gewisser Vorsichtsmaßnahmen und Einsatz verschiedener Schutzvorkehrungen minimiert werden.

Einfachste Möglichkeit zur Reduktion der Feldbelastung bietet die Einhaltung von Mindestabständen zu den feldverursachenden Quellen. Die magnetische Feldstärke der von Haushaltsgeräten erzeugten Felder ist etwa umgekehrt proportional zum Quadrat des Abstands von den Geräten. Abstände von 30 cm sind zumeist ausreichend, um eine Überschreitung der momentan gültigen Grenzwerte der 26. BImSchV von 100 µT ausschließen zu können (vergleiche Tabelle 5.3). Bei Abständen über einem Meter werden bei den meisten Geräten auch die Grenzwertempfehlungen kritischer Institute von 0,2 µT nicht mehr überschritten.

Bei der Wohnraumgestaltung sollte dieser Aspekt berücksichtigt werden. Plätze, an denen man sich längere Zeit ununterbrochen aufhält, insbesondere Betten, aber auch Sitzgruppen sollten einen ausreichenden Abstand zu solchen Geräten besitzen, die während der Aufenthaltsdauer ständig in Betrieb sind. Häufig unterschätzte Geräte stellen die in vielen Schlafzimmern vorhandenen netzbetriebenen Radiowecker dar. Die Radiowecker müssen ständig in Betrieb sein, um die Weckfunktion ausführen zu können. Die aus Kostengründen meist schwach dimensionierten Netztransformatoren erzeugen vergleichsweise hohe magnetische Streufelder, denen sich der Schlafende, wenn die Geräte direkt neben dem Bett platziert sind, in unmittelbarer

Nähe stundenlang aussetzt. Dabei kommt die wohl gesichertste Auswirkung niederfrequenter magnetischer Felder, die Reduktion der Melatoninproduktion, gerade in der Schlafensphase zum Tragen. Soll der elektrische Radiowecker, um nicht auf das morgendliche Wecken mit Musik verzichten zu müssen, nicht gegen einen mechanischen oder batteriebetriebenen Wecker ausgetauscht werden, so sollte doch ein ausreichender Abstand eingehalten und der Wecker in einiger Entfernung zum Bett aufgestellt werden. Auch die in angrenzenden Räumlichkeiten installierten Elektrogeräte sollten bei der Wohnraumgestaltung mit berücksichtigt werden. So sollten auf der gegenüberliegenden Seite der an das Kopfende des Bettes angrenzenden Wand keine dauerhaft betriebenen Elektrogeräte, wie z.B. Kühl- oder Gefriergeräte, installiert sein. Vergleichbare Überlegungen gelten auch für die Sitzgruppen, wenngleich die Aufenthaltsdauer dort kürzer ist und die Betroffenen sich nicht in der Schlafphase befinden. Besonders beachtenswert sind hier Leselampen mit Niedervolt-Halogentechnik. Diese Beleuchtungseinrichtungen arbeiten auf Niedervolt-Basis und besitzen demzufolge Netztransformatoren, die wie die Transformatoren der Radiowecker und auch alle übrigen Geräte mit Kleinspannung, magnetische Streufelder erzeugen. Diese Geräte können, bei sekundärseitig geschaltetem Transformator, im ausgeschalteten Zustand höhere Streufelder erzeugen als im eingeschalteten Zustand. Häufig erfolgt die Stromzufuhr zum Glühmittel über Stab- oder Seilsysteme mit räumlich getrennter Leitungsführung. Die relativ hohen Ströme von mehreren Ampere führen in Verbindung mit der durch die Leitungsführung bestimmten, großen Schleifenfläche zu hohen magnetischen Feldern. Ausreichende Abstände, insbesondere zu Leselampen, sind jedoch häufig nicht einzuhalten. Eine Reduktion der magnetischen Felder ist aber durch Verzicht auf Halogenbeleuchtung zugunsten herkömmlicher Glühlampen möglich.

Hierin liegen weitere Möglichkeiten zur Reduktion der Feldbelastung durch Haushaltsgeräte. Jeder kann selbst prüfen, ob ein gänzlicher Verzicht auf verschiedene Geräte nicht möglich ist und dann, bei unverzichtbaren Geräten, diejenigen mit den niedrigsten Störfeldern auswählen. Erste Gerätehersteller beginnen damit, ihre Produkte nicht nur auf die Einhaltung der Geräte-EMV hin zu entwickeln, sondern auch im Hinblick auf eine Minimierung der biologischen Belastung. Es bestehen aber auch prinzipielle Unterschiede bei verschiedenen Geräten mit gleicher Funktion. Geräte mit primärseitig geschaltetem Netztransformator erzeugen im Gegensatz zu sekundärseitig geschalteten Geräten im ausgeschalteten Zustand keinerlei magnetische Streufelder. Energiesparbeleuchtungen mit elektronischen Vorschaltgeräten reduzieren zwar den Energiebedarf, erzeugen aber funktionsbedingt, in Abhängigkeit von der Qualität der Geräte, mehr oder weniger starke hochfrequente elektromagnetische Felder. Viele Geräte der Unterhaltungselektronik, Fernseher, Videorecorder, Stereoanlagen und Ähnliche, können überhaupt nicht vollständig abgeschaltet werden. Nach dem Ausschalten gehen sie in den sogenannten Stand-by-Modus, in dem Teile der Elektronik in Betrieb bleiben, um z.B. Timerfunktionen aufrechtzuerhalten und einen Start per Fernbedienung zu ermöglichen. Bei diesen Geräten muss zur vollständigen Abschaltung eine Trennung vom Netz erfolgen, entweder durch Abziehen der Versorgungsstecker oder schaltbare Steckdosen.

Bisher nicht betrachtet wurde eine Belastung durch elektrische Felder. Die Ausbildung magnetischer Felder, die durch fließenden Strom erzeugt werden, ist bei vollständig ausgeschalteten Geräten gänzlich unterbunden. Elektrische Felder hingegen werden von elektrischen Spannungen verursacht. In Bezug auf die Haushaltsgeräte bedeutet dies, dass auch ausgeschaltete, noch mit dem Versorgungsnetz verbundene Geräte in Abhängigkeit von der Lage des Netzschalters weiterhin niederfrequente elektrische Felder erzeugen können. Die Spannung steht auf den Netzleitungen bis zum Schalter an und somit, bei einpoligen Schaltern, je nach Phasenlage auch im gesamten Gerät. Abhilfe schafft hier nur eine komplette Trennung vom Netz. Zusätzlich erzeugen auch die Installationsleitungen im Gebäude elektrische Felder ohne dass Verbraucher angeschlossen sind. Diese Umstand sollte bei der Wohnraumgestaltung ebenfalls berücksichtigt werden. In praktischen Untersuchungen wurden in der Nähe zu in Wänden installierten Installationsleitungen elektrische Feldstärken deutlich über 100 V/m gemessen, die damit mehr als doppelt so hoch liegen wie die Empfehlungen kritischer Institute für eine Dauerexposition. Für den Schlafbereich bedeutet das z.B., dass nicht nur darauf zu achten ist, dass keine Elektrogeräte in unmittelbarer Nähe zum Bett betrieben werden sonder auch, dass sich in Bettnähe möglichst keine Elektroinstallationen, d.h. auch keine Steckdosen befinden die während der Aufenthaltszeit Spannung führen. Sind solche Installationen dennoch vorhanden, so sollten diese für den Fall der Nichtbenutzung spannungsfrei geschaltet werden.

Für solche Maßnahmen werden mittlerweile Zusatzgeräte, sogenannte Netzfreischalter, angeboten, die, wenn die Leistungsaufnahme in einem Stromkreis unter einen eingestellten oder einstellbaren Wert sinkt, den kompletten Stromkreis vom Versorgungsnetz trennen.

Netzfreischalter sind Geräte, die in der Hausverteilung installiert werden. Nach Abschalten des letzten Verbrauchers in einem Stromkreis, wenn kein Verbrauch mehr registriert wird, schaltet der Netzfreischalter automatisch den ganzen Stromkreis von der Netzspannung ab. Lediglich eine 15-V bzw. 5-V-Gleichspannung bleibt zur Überwachung anliegen. Die angeschlossenen Verbraucher sowie alle Installationsleitungen dieses Kreises sind frei von Netzspannung und damit verbundenen elektrischen Wechselfeldern. Wird ein Verbraucher eingeschaltet, so fließt in der Regel ein geringer Gleichstrom, der durch den Netzfreischalter detektiert wird und zum Ankoppeln des Stromkreises an das Versorgungsnetz führt. Netzfreischalter können nur in solchen Stromkreisen wirksam werden, an die keine Dauerverbraucher wie Kühl- und Gefriergeräte, Radiowecker, Telefonanlagen und Ähnliches angeschlossen sind. In diesen Kreisen wird ständig Leistung verbraucht, was eine automatische Abschaltung unmöglich macht. Ein sinnvoller Einsatz von Netzfreischaltern ist demzufolge nur in solchen Wohnräumen möglich, in denen eine ausreichende Anzahl getrennter Stromkreise vorhanden ist.

Für den unachtsamen Elektroinstallateur können solche Netzfreischalter eine lebensbedrohliche Gefahr darstellen, auf die an dieser Stelle hingewiesen werden soll. Ist ein Stromkreis, an dem Elektroinstallationen durchgeführt werden sollen, zum Zeitpunkt der Arbeiten durch einen Netzfreischalter von Netzspannung getrennt, so zeigen übliche Spannungsprüfgeräte wie Phasenprüfer oder Multimeter keine gefährlichen Spannungen an, und der Elektroinstallateur geht von Spannungsfreiheit aus. Beim Berühren des Stromkreises kann der Netzfreischalter die Person jedoch als sich einschaltenden Verbraucher erkennen und dann den Kreis mit Netzspannung verbinden. Auf diese Weise ist es bereits zu tödlichen Unfällen gekommen.

Schutz vor niederfrequenten elektrischen Feldern kann auch durch die Verwendung von geschirmten Leitungen und Geräten erfolgen. Mit geringem Mehraufwand können bei der Neuinstallation der Energieversorgung die Installationsleitungen geschirmt ausgeführt werden, was eine Ausbildung von niederfrequenten elektrischen Feldern in den Wohnräumen verhindert. Kommerzielle Haushaltsgeräte, die häufig schutzisoliert ausgeführt sind, besitzen in diesem Fall nicht einmal einen Schutzleiteranschluss, so dass eine Schirmung dieser Geräte unmöglich ist.

Weiterführende Abhilfemaßnahmen sind bezüglich der Haushaltsgeräte nicht sinnvoll. Das Einbringen von separaten Schirmungsmaßnahmen ist in der Regel mit Funktionseinschränkungen der Geräte verbunden.

8.6.3 Gebäudeinstallation

Im Rahmen der elektromagnetischen Feldbelastung in Gebäuden spielt die Elektroinstallation in vielen Fällen eine entscheidende Rolle. Zum einen kann ein beachtlicher Anteil der niederfrequenten elektrischen und magnetischen Feldbelastung in Räumlichkeiten, insbesondere in Industrie- und Geschäftsgebäuden, durch die Elektroinstallation direkt verursacht werden, zum anderen kann die Elektroinstallation als Ausbreitungsmedium für hochfrequente elektromagnetische Felder dienen. Diese Feldbelastungen lassen sich durch eine frühzeitige Planung geeigneter Installationskonzepte stark reduzieren, so dass im Nachhinein notwendige Abschirmungs- und Kompensationsmaßnahmen überflüssig werden.

Das vorliegende Kapitel stellt verschiedene gängige Installationskonzepte mit ihren Vor- und Nachteilen bezüglich der niederfrequenten Feldbelastung vor und gibt Installationshinweise für entsprechend optimierte Systeme. Für die Ausbreitung hochfrequenter Störgrößen ist vor allem das Erdungssystem verantwortlich. Es bildet in Verbindung mit Filterschaltungen und Schirmungsmaßnahmen den Ableitpfad für externe und geräteintern erzeugte hochfrequente Störsignale und führt diese Größen entlang der Installationswege durch das Gebäude. Die in der Regel vergleichsweise langen Installationskabel besitzen ideale Antennenwirkungen, wodurch eine Abstrahlung hochfrequenter Felder ermöglicht wird. Durch eine geeignete Dimensionierung der Leiter und geschickte Verlegung lassen sich die Auswirkungen minimieren.

Nennenswerte niederfrequente Magnetfelder werden oft von den Energieversorgungssystemen verursacht, bei denen eine räumliche Trennung zwischen Hin- und Rückleiter vorliegt. Gegenüber der Verwendung mehradriger Kabel, bei denen die Strompfade räumlich eng beieinander liegen, erfolgt beim Einsatz von Stromschienensystemen, Einzelleitern oder Seilsystemen nur eine geringe Kompensation der Magnetfelder von Hin- und Rückleiter.

In Abhängigkeit von der bei einer Gebäudeinstallation verwendeten Netzform kann auch das Erdungssystem räumlich isolierte Strompfade darstellen und zu einer beachtlichen magnetischen Feldbelastung im Gebäude führen, die eine gesundheitliche Gefahr für Menschen und ein erhebliches Störpotential für elektrische und elektronische Betriebsmittel darstellt.

8.6.3.1 Netzformen und Erdungen

Die in der Praxis vorkommenden Netzformen und Erdungssysteme für Stromquellen und zu schützende Körper werden international einheitlich durch eine Buchstabenkombination gekennzeichnet. Die ersten beiden Buchstaben beschreiben die Erdungsbedingungen der speisenden Stromquelle und der zu schützenden Körper, ein durch Bindestrich getrennter dritter und gegebenenfalls vierter Buchstabe geben die Anordnung von Neutral- und Schutzleiter an.

Erster Buchstabe:

Erdungsbedingungen der speisenden Stromquelle,
- T = direkte Erdung eines Punktes,
- I = Isolierung aller aktiven Teile von Erde oder Verbindung eines Punktes mit Erde über eine Impedanz.

Zweiter Buchstabe:

Erdungsbedingungen der zu schützenden Körper, z.B. angeschlossener Geräte, der elektrischen Anlage,
- T = Körper direkt geerdet, unabhängig von einer etwa bestehenden Erdung der Stromversorgung,
- N = Körper direkt mit der Betriebserde verbunden, in Wechselspannungsnetzen im Allgemeinen mit dem Sternpunkt.

Weitere Buchstaben:

Anordnung von Neutral- und Schutzleiter,

8.6 Beispiele aus der Praxis

S = Neutral und Schutzleiter getrennt,
C = Neutral- und Schutzleiter in einem Leiter kombiniert.

Die TN-Netze stellen die in der Praxis am häufigsten verwendeten Netzformen dar. Lediglich ein einzelner Punkt, in der Regel der Sternpunkt der Transformatoren oder der Mittelpunktsleiter am Hausübergabepunkt, ist direkt geerdet. Die zu schützenden Körper können auf unterschiedliche Weise mit dieser Betriebserde verbunden werden, wobei drei Ausführungsarten zu unterscheiden sind.

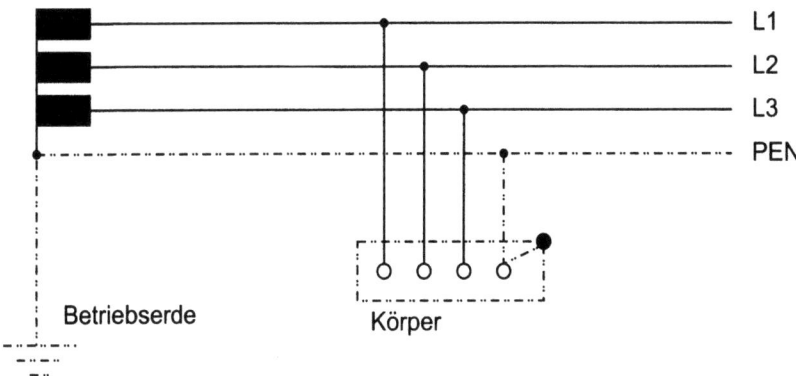

Bild 8-9 TN-C-Netz

Im TN-C-Netz sind die aktiven Leiter der speisenden Stromquelle an einem Punkt mit der Betriebserde verbunden. Die zu schützenden Körper werden über einen Leiter, der auch die Betriebsrückströme führt, an den zentralen Erdungspunkt angeschlossen. Dieser Leiter, der sowohl die Neutralleiterfunktion durch Führen der Betriebsströme als auch die Schutzfunktion der Anlage übernimmt, wird als PEN-Leiter bezeichnet.

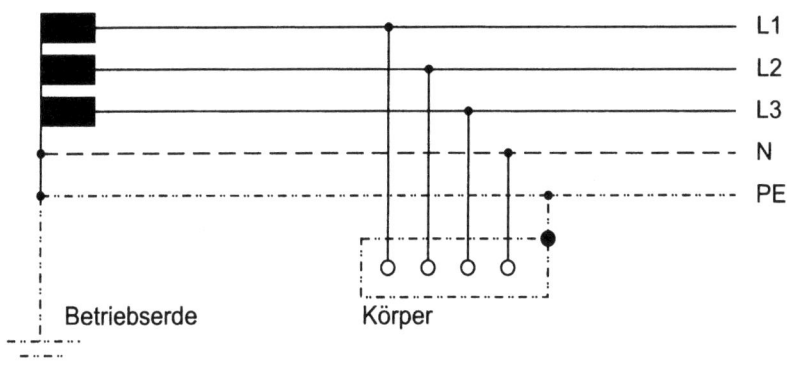

Bild 8-10 TN-S-Netz

Wie im TN-C-Netz sind auch im TN-S-Netz die aktiven Leiter der speisenden Stromquelle an einem Punkt mit der Betriebserde verbunden. Im TN-S-Netz werden Neutral- und Schutzleiterfunktion über getrennte Leitungen realisiert. Ein sogenannter PE-Leiter (protective earth) zum Anschluss der zu schützenden Körper stellt die Verbindung zur zentralen Betriebserde her und ein zusätzlicher Neutral(N)-Leiter führt die Betriebsströme. Eine Verbindung zwischen Schutzleiter und Neutralleiter ist ausschließlich in einem Punkt, zweckmäßigerweise in der Nähe des Anschlusspunktes der Betriebserde, zulässig. Bei Einhaltung dieser Forderung bleibt der Schutzleiter frei von anlageninternen Betriebsströmen.

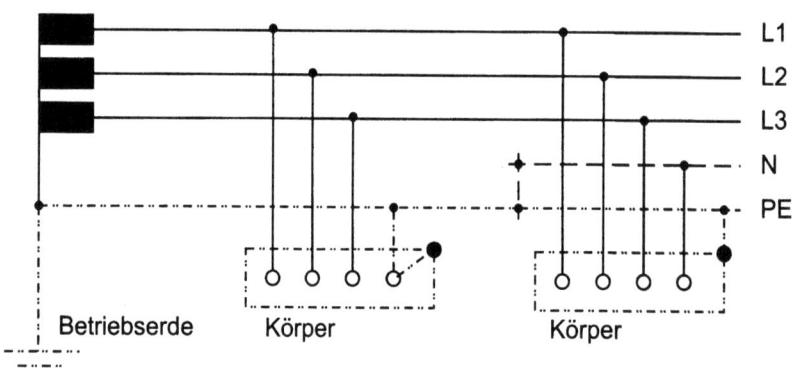

Bild 8-11 TN-C-S-Netz

Das TN-C-S-Netz stellt eine Mischform der TN-C- und TN-S-Netze dar. In einigen Teilen des Netzes werden Neutral- und Schutzleiter getrennt geführt, in anderen Teilen werden die Funktionen von Neutral- und Schutzleiter in einem PEN-Leiter zusammengefasst.

Von geringer Bedeutung für den praktischen Einsatz sind die TT- und IT-Netze.

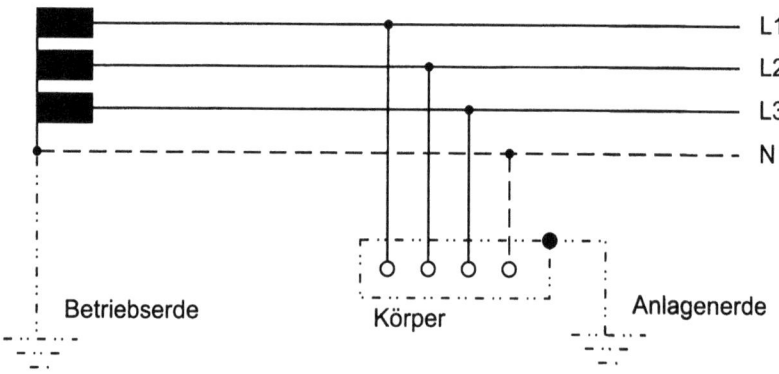

Bild 8-12 TT-Netz

8.6 Beispiele aus der Praxis

Die Erdung der speisenden Sromquelle erfolgt im TT-Netz entsprechend der Erdung in den TN-Netzen. Gegenüber dem TN-S-Netz wird jedoch die Erdung des zu schützenden Körpers nicht über eine Verbindung zur Betriebserde mittels eines PE-Leiters, sondern über eine separate Verbindung zu einer getrennten Erde, der sogenannten Anlagenerde, durchgeführt.

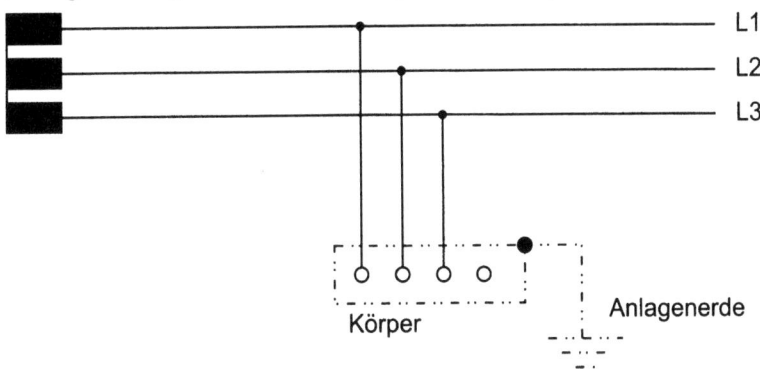

Bild 8-13 IT-Netz

Im IT-Netz besteht keine direkte Verbindung zwischen aktiven Leitern der speisenden Stromquelle und geerdeten Teilen. Die Körper sind wie beim TT-Netz mit einer Anlagenerde verbunden.

8.6.3.2 Gängige Installationspraktiken

In der praktischen Umsetzung wird insbesondere in Industrieanlagen und großen Gebäudekomplexen mit hohem Energiebedarf das Energieversorgungsnetz aus Kostengründen als TN-C- oder TN-C-S-Netz realisiert. Dabei werden ab dem Hausübergabepunkt die einzelnen Unterverteilungssysteme, z.B. auf Stockwerksebene, über ein Vier-Leiter-Kabel mit drei Phasen- und einem PEN-Leiter angefahren. In den Unterverteilungen erfolgt eine Aufteilung des PEN in PE- und N-Leiter und somit ein Übergang von einem TN-C- auf ein TN-S-Netz sowie die Installation einer Potenzialausgleichsschiene. An das Potenzialausgleichssystem der Unterverteilungen werden aus Sicherheitsgründen alle metallischen Teile, wie Wasserleitungen, Heizungssysteme und Teile der Gebäudebewehrung, angeschlossen, was dann entsprechend Bild 8-15 zu einer Vernetzung metallischer Teile des Gebäudes und des PEN führt. Als Folge dieser Vernetzung können Betriebsrückströme der elektrischen Anlage nun nicht mehr ausschließlich über den PEN-Leiter, sondern auch über alle metallischen Leitungen des Gebäudes fließen.

Die anerkannten Installationsregeln für elektrische Energieversorgungsanlagen, z.B. VDE 0100, basieren bei der Auslegung des N-Leiters auf der Überlegung, dass sich bei weitestgehend symmetrischer Belastung eines Drehstromsystems nur eine minimale Belastung des Neutralleiters einstellt. Demzufolge wird eine Reduktion des N- bzw. PEN-Leiterquerschnitts auf die Hälfte des Außenleiterquerschnitts, mindestens jedoch 10 mm^2, erlaubt.

Aufgrund der zunehmenden Zahl von Einphasen-Wechselstromverbrauchern kann jedoch nicht mehr von einer ausreichend symmetrischen Belastung des Drehstromsystems ausgegangen werden und die Stromsumme im Sternpunkt ist nicht mehr null.

Zudem steigt die Strombelastung des Neutralleiters auch bei absolut symmetrischer Belastung mit dem vermehrten Einsatz von Verbrauchern mit Schaltnetzteilen. Diese Verbraucher verursachen Oberwellen im Energieversorgungsnetz, bei denen sich bei einer Phasenverschiebung der Grundwelle von 120° im Drehstromsystem die ganzzahligen Vielfachen der dritten Oberwelle nicht auslöschen, sondern addieren. Die Folge ist, dass die Ströme auf dem Neutralleiter unter Umständen höher liegen als die Ströme auf den Außenleitern. Es kam in Verbindung mit einem reduzierten Querschnitt schon zu Brandschäden. Bild 8-12 zeigt symmetrische Phasenströme in einem Drehstromsystem mit 150-Hz-Anteilen, die 20 Prozent der Grundwelle betragen, sowie den resultierenden Summenstrom im Neutralleiter.

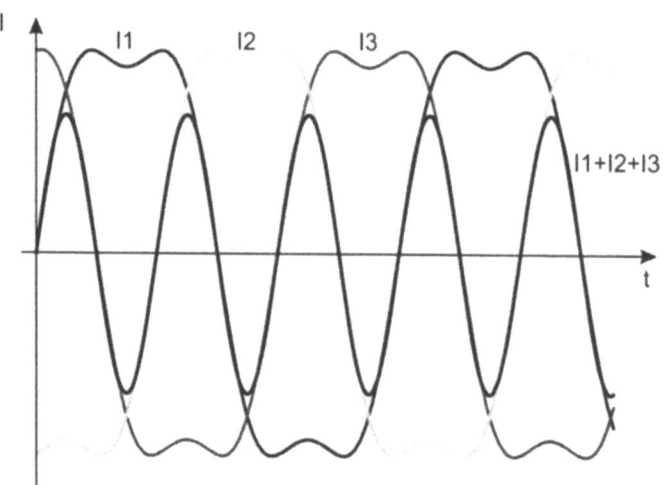

Bild 8-14 Oberwellenbehaftete Phasenströme im Drehstromsystem

Bild 8-15 zeigt beispielhaft die Ausbreitung von Betriebsströmen in metallischen Teilen der Haustechnik. Dargestellt sind zwei Verbraucher in Form von Personal-Computern, die über ein TN-C-Netz versorgt werden. Neutral- und Schutzleiter sind gemeinsam geführt. An den PEN-Leiter sind zusätzlich die metallischen Teile der Heizungsinstallation an verschiedenen Punkten angeschlossen, was der gängigen Installationspraktik entspricht. Die Betriebsrückströme der Verbraucher fließen zum PEN-Leiter, wo ihnen nun zur Ausbreitung nicht nur der Leiter selbst, sondern auch das angeschlossene Rohrsystem der Heizungsinstallation zur Verfügung steht.

Der Anteil der im TN-C-Netz über das Erdungssystem fließenden Betriebsströme steigt mit zunehmender Impedanz der PEN-Leiter, die aufgrund des möglicherweise reduzierten Querschnitts und der großen Länge des installierten Leitermaterials häufig deutlich über den Werten des vermaschten Leitersystems metallischer Gebäudeteile liegt. Bei Entstöruntersuchungen in Gebäudeinstallationen wurden teilweise Ströme von mehr als 20 A auf solchen Rohrsystemen gemessen.

Diese Ströme fließen räumlich getrennt vom Hinleiter, so dass eine Kompensation der Felder nicht möglich ist. Die sich ausbildenden Schleifen sind so groß, dass die Rohre für eine überschlägige Berechnung als Einzelleiter betrachtet werden können.

8.6 Beispiele aus der Praxis

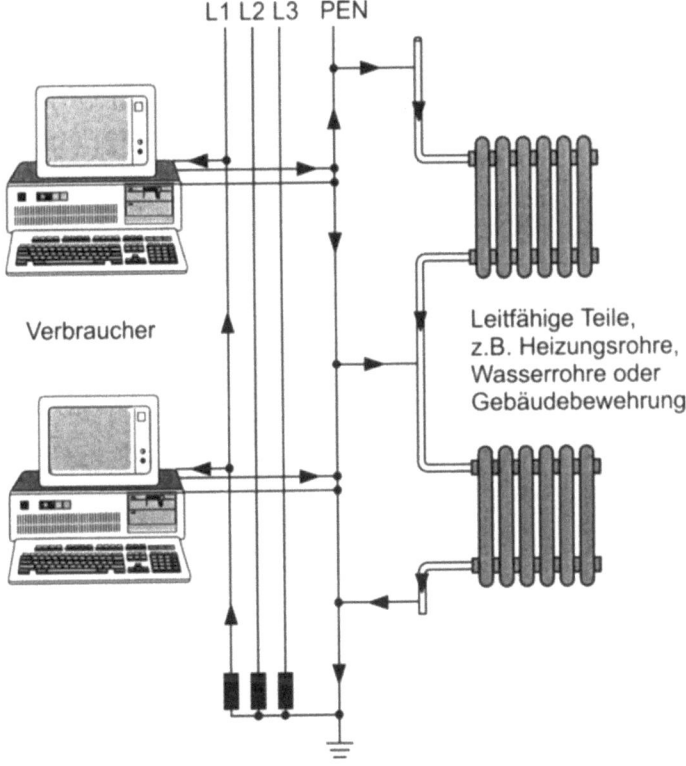

Bild 8-15 Ausbildung von Betriebsströmen auf dem Erdungssystem im TN-C-Netz

Die Höhe der Flussdichte des magnetischen Feldes, das z.B. durch ein einzeln verlegtes, stromführendes Heizungsrohr verursacht wird, lässt sich im Abstand r näherungsweise durch die Formel

$$H = \frac{I}{2\pi \cdot r} \tag{8.1}$$

berechnen. So ist ein solches in einem Abstand von 0,5 m zu einem Monitor verlegtes Heizungsrohr bereits ab einer Strombelastung von 3 A in der Lage, den Monitor zu stören (Abschnitt 8.6.1).

Auch die Energieversorgungskabel, in denen durch die beschriebene Situation der Summenstrom nicht null ist, können näherungsweise als ein den Differenzstrom führenden Einzelleiter betrachtet werden, der die entsprechenden Magnetfelder erzeugt.

8.6.3.3 Gegenmaßnahmen

Zur Vermeidung der beschriebenen Problematik ist es unumgänglich, die metallischen Teile des Gebäudes frei von Betriebsströmen zu halten, was durch eine konsequente Realisierung eines TN-S-Netzes für die Energieversorgung erreicht werden kann. Durch die getrennte Führung von Neutral- und Schutzleiter kann dieser, und damit die mit ihm verbundenen metallischen Gebäude- und Anlagenteile, nicht von Betriebsströmen als Rückleiter genutzt werden. Auf diese Weise bleibt, außer im Fehlerfall, auch der Summenstrom der Versorgungskabel gleich null. Dies reduziert zusätzlich die magnetische Feldbelastung im Gebäude.

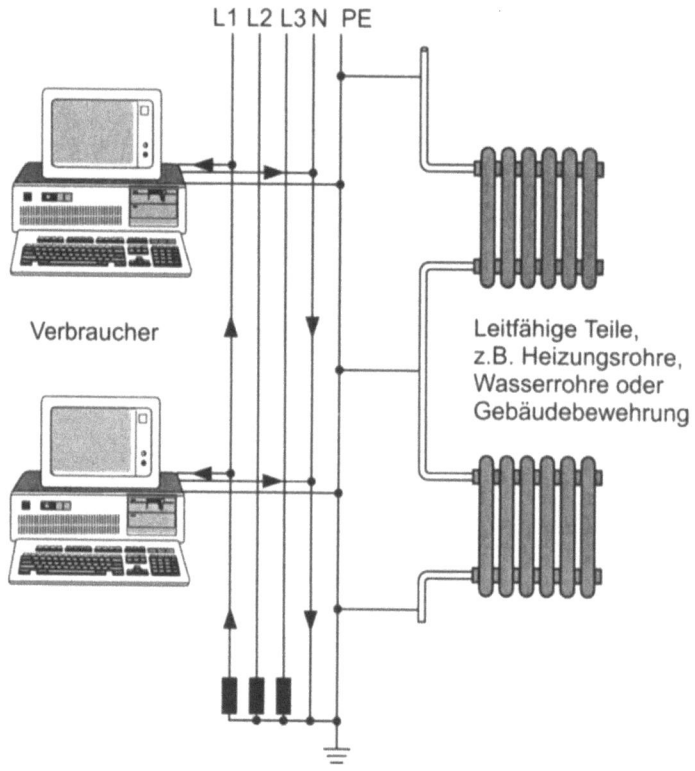

Bild 8-16 Ausbildung von Betriebsströmen im TN-S-Netz

Um die Wirksamkeit dieser Netzform bezüglich der Erdungsproblematik sicherzustellen, ist die Ausführung zu überwachen. Ab Transformator oder Hausübergabepunkt müssen getrennte Leitungen für Neutral- und Schutzfunktion zur Verfügung stehen, PEN-Leiter sind im gesamten Gebäude unzulässig. Außer in der Nähe des zentralen Erdungspunktes dürfen keine Verbindungen zwischen N und PE bestehen, auch bei Mehrfacheinspeisung darf keine Mehrfacherdung des N-Leiters erfolgen.

Die verwendeten Querschnitte für den Neutralleiter sollten eine ausreichende Stromtragfähigkeit sicherstellen und keine Reduktion gegenüber den Außenleiterquerschnitten aufweisen. Bei der sonst drohenden Brandgefahr werden betriebsintern häufig als Notmaßnahme Neutral- und

Schutzleiter parallel genutzt, um den effektiven Querschnitt zu erhöhen. Durch eine solche Maßnahme wird das Prinzip des TN-S-Netzes ausgehebelt.

Zur Speisung der Unterverteilungen sollten nicht, wie teilweise üblich, Einzelleiter oder Schienensysteme verwendet werden, da nur die räumlich enge Verlegung von Hin- und Rückleiter eine weitestgehende Kompensation der magnetischen Felder ermöglicht.

8.6.3.4 Hochfrequente Feldbelastung durch die Elektroinstallation

Elektrische und elektronische Geräte, die hochfrequente Störsignale erzeugen, besitzen zur Einhaltung der gesetzlichen Forderungen bezüglich der Geräte-EMV häufig Gehäuse- und Leitungsschirmungen sowie Filtereinrichtungen an den Ein- und Ausgängen. Diese Maßnahmen benötigen funktionsbedingt Anschlüsse an das Erdungs- und Massungssystem, um die Störsignale in geeigneter Form gegen Erde ableiten zu können. In der gängigen Installationspraxis wird als Erdanbindung das bereits vorhandene Erdungssystem der Energieversorgung genutzt. Praktische Untersuchungen haben gezeigt, dass dieses System in der Regel als Ableitmedium für hochfrequente Störsignale ungeeignet ist. In Erdungssystemen, bei denen eine Vermaschung zwischen Erdleitern und metallischen Gebäudeteilen besteht, stellt sich die Situation entsprechend der im niederfrequenten Bereich dar. Ableitströme, die über die Erdleiter fließen sollen, können sich aufgrund der Vermaschung mit metallischen Gebäudeteilen im ganzen Gebäude ausbreiten. Als besonders erschwerend kommt hinzu, dass die Impedanz der Erdleiter, die im höherfrequenten Bereich fast ausschließlich durch die Induktivität der Leiter bestimmt wird, mit zunehmender Frequenz steigt.

$$|X_L| = 2\pi \cdot f \cdot L \tag{8.2}$$

Die Induktivität der Ableitwege bestimmt sich durch die Geometrie der Leitungsführung und die innere Induktivität der verwendeten Leiter. Bei gleichen Leiterquerschnitten stellt ein vermaschtes System einen niederinduktiveren Pfad als Einzelleiter dar, so dass die höherfrequenten Störströme die vermaschten metallischen Gebäudeteile bevorzugen.

Auch die strikte Trennung zwischen Erdungssystem und metallischen Gebäudeteilen durch sternförmige Anbindung schafft nur bedingt Abhilfe. Durch kapazitive Ankopplungen des Erdungssystems an metallische Gebäudestrukturen besteht im höherfrequenten Bereich eine Verbindung der verschiedenen Systeme. Als Abhilfemaßnahme kommt lediglich die Installation eines eigens auf die Anforderungen der Ableitung von HF-Störungen abgestimmten, niederinduktiven Massungssystems in Frage.

Die innere Induktivität eines Leiters ist umgekehrt proportional zum mittleren geometrischen Abstand der einzelnen Strompfade innerhalb des Leiters, so dass sich bei gleicher Leiterquerschnittsfläche band- oder folienförmige Materialien gegenüber Rundleitern als vorteilhafter erweisen.

8.6.3.5 Anforderungen an die Elektroinstallation

Gestaltungsziel der Gebäudeinstallationen muss sein, durch Wahl eines optimalen Erdungs- und Massungskonzepts in Verbindung mit einer geeigneten Netzform das Gebäude frei von elektrischen, magnetischen und elektromagnetischen Störfeldern zu halten. Neben der Minimierung der Feldbelastung für die Nutzer des Gebäudes wird dadurch zusätzlich für den Betrieb von elektrischen und elektronischen Geräten und Anlagen, insbesondere auch von störempfindlichen lokalen Datenanlagen, eine optimale elektromagnetische Umgebung zur Verfügung gestellt.

Die Gebäudeinstallation ist Übertragungsmedium für die unterschiedlichsten Arten von Nutz- und Störsignalen. Die installierten Kabel und Leitungen besitzen aufgrund ihrer räumlichen Ausdehnung eine ideale Antennenwirkung und können so unerwünschte Störfelder im Gebäude erzeugen. Mögliche, zu erwartende Störgrößen lassen sich wie folgt unterscheiden:

- Zur Energieübertragung notwendige Betriebsspannungen und -ströme der Elektroinstallation erzeugen niederfrequente elektrische und magnetische Felder.
- Niederfrequente Ströme auf den Leitern des Erdungssystems erzeugen niederfrequente magnetische Felder. Die niederfrequenten Ströme im Erdungssystem können sich aus Erdableitströmen und Betriebsströmen zusammensetzen. Besonders hohe Erdableitströme entstehen in solchen Gebäuden, in denen leistungsstarke Maschinen betrieben werden, die zur Gewährleistung der EMV-Festigkeit am Versorgungseingang Entstörfilter besitzen. Diese Filter leiten Teile der Betriebsströme über die verwendeten Entstörbauteile gegen Erde ab. Aus diesem Grund können in solchen Gebäuden auch Standard-Fehlerstromschutzeinrichtungen (FI-Schalter) nicht zum Einsatz kommen, da diese die Erdableitströme detektieren und dann die Energieversorgung abschalten würden. Betriebsströme auf dem Erdungssystem entstehen z.B. durch Ausbildung der Energieversorgung als vier-Leiter-System, bei dem den Betriebsströmen als Rückleiter neben dem PEN-Leiter auch das gesamte angeschlossene und vermaschte Erdungssystem zur Verfügung stehen.
- Hochfrequente Störströme werden aus Anlagenteilen des Gebäudes in die Energieversorgung und das Erdungssystem eingekoppelt, wo sie für einen weiten Frequenzbereich ideale Antennen zur Abstrahlung hochfrequenter elektromagnetischer Felder finden. Zu den leistungsstärksten Störern zählen in diesem Zusammenhang Frequenzumrichterantriebe, wie sie heutzutage in fast allen regelbaren Industrieantrieben zu finden sind.
- Pulsförmige Störgrößen, in der EMV als Burst- oder Surge-Störungen bezeichnet, entstehen durch induktive Schalthandlungen, Leistungsumschaltungen im Versorgungsnetz oder bei Blitzeinschlägen in die Energieversorgung. Bei den sogenannten Surge-Impulsen handelt es sich um schnelle leistungsstarke Spannungsimpulse hoher Amplitude, die in impedanzarmen Leitungen hohe Ströme im Kilo-Ampere-Bereich hervorrufen. Diese Ströme erzeugen starke, hochfrequente jedoch schnell abklingende magnetische Felder.

Weitere, möglicherweise vorhandene Störsignale, wie z.B. die Ableitung von Impulsen aus Entladungen statischer Elektrizität, spielen bei der Felderzeugung durch die Elektroinstallation oder das Erdungssystem eine zu vernachlässigende Rolle und werden nicht weiter betrachtet.

Das Erdungs- und Massungssystem muss somit in Verbindung mit dem Energieversorgungssystem bezüglich der Feldminimierung im Gebäude folgende Aufgaben erfüllen:

1. Vermeidung bzw. Minimierung der Ausbildung niederfrequenter elektrischer und magnetischer Felder, hervorgerufen durch die Betriebsspannungen und -ströme in der Energieversorgung
2. Vermeidung bzw. Minimierung der Ausbildung von niederfrequenten Strömen im Erdungssystem
3. Vermeidung bzw. Minimierung der Einkopplung hochfrequenter Störströme in die Energieversorgung und das Erdungssystem
4. Herstellung unkritischer, feldkompensierter Ableitwege für unvermeidliche niederfrequente Ströme im Erdungssystem
5. Herstellung HF-tauglicher Ableitwege für nicht vermeidbare hochfrequente Störströme über das Erdungssystem
6. Herstellung unkritischer Ableitwege für pulsförmige Störströme.

8.6 Beispiele aus der Praxis

Zum Erreichen der gesteckten Ziele ist der erste Punkt die Ausbildung des gesamten Energieversorgungsnetzes als TN-S-Netz in Fünfleitertechnik. So sollten z.B. für das Anfahren der Unterverteilungen Kabel vom Typ NYCWY 4x70SM/35 und nicht Einzelleiter vergleichbaren Querschnitts eingesetzt werden. Die strikte Trennung von Neutral- und Schutzleiter verhindert eine Ausbildung von Betriebsströmen auf dem Schutzleiter und damit im Erdungssystem. Durch eine Führung aller Leiter inklusive Schutzleiter in einem gemeinsamen Kabel wird auch bei vorhandenen, nicht zu vernachlässigenden Erdableitströmen erreicht, dass der Summenstrom des Fünfleiterkabels null beträgt. In Verbindung mit den geringen Abständen der Einzelleiter zueinander wird dann eine weitestgehende Kompensation der durch die einzelnen Phasen erzeugten niederfrequenten magnetischen Felder erreicht.

Die nachfolgenden Bilder zeigen an einem Beispiel die Unterschiede in den sich ausbildenden niederfrequenten Magnetfeldern (50 Hz) im Bereich um die Leitungsführung. Bei der Berechnung wurde in beiden Fällen von einer symmetrischen Strombelastung aller Phasen (L1, L2 und L3) von jeweils 150 A und aus simulationstechnischen Gründen von einer unendlichen transversalen Ausdehnung ausgegangen. Die Zuordnung der Phasen zu den Einzelleitern in Bild 8-17 wurde zu L1, L2, L3, N und PE gewählt, der Leiterquerschnitt beträgt 70 mm^2, der Abstand der Mittelpunkte der einzelnen Leiter zueinander ist 50 mm.

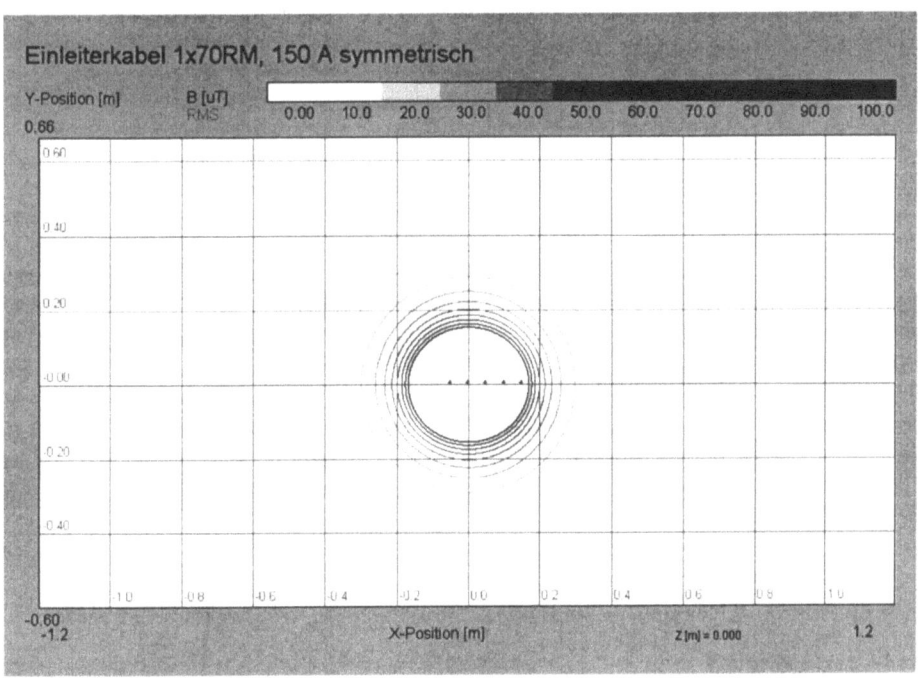

Bild 8-17 Resultierendes Feld bei Einzelleiterführung

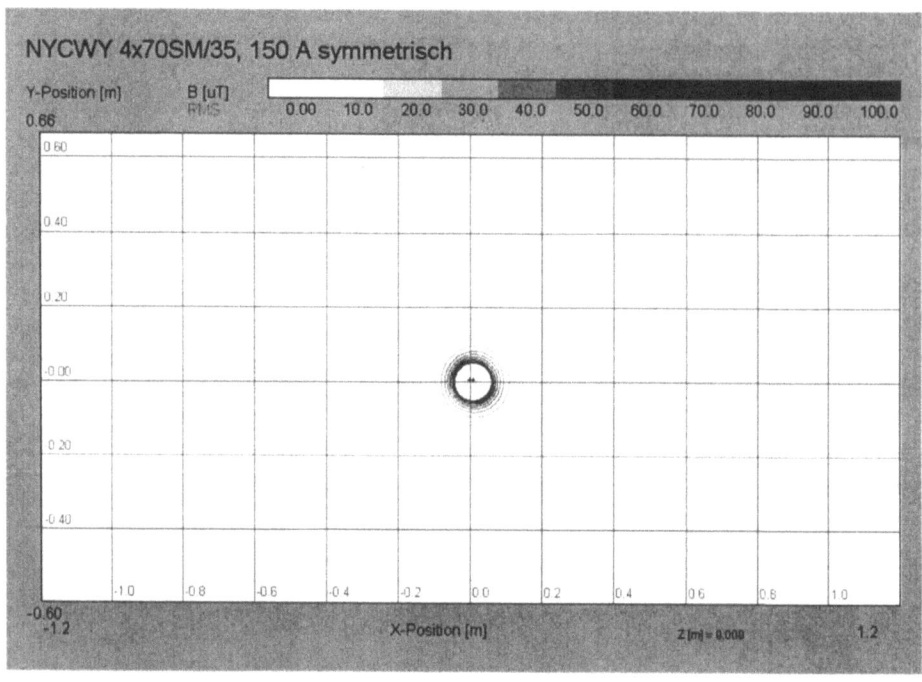

Bild 8-18 Resultierendes Feld bei Fünfleiterkabel

Vergleichend wurde in Bild 8-18 das niederfrequente Magnetfeld eines Mehrleiterkabels vom Typ NYCWY 4x70SM/35 berechnet. Das Kabel besteht aus vier Einzelleitern, die die Phasen- und den Neutralleiter bilden, und einem Schirm, der alle Kabel umschließt und als Schutzleiter benutzt wird. In der Darstellung ist die Zuordnung zu den Einzelleitern, im Uhrzeigersinn betrachtet, beginnend oben links, L1, L2, L3 und N.

Die Unterschiede in der Ausbildung der niederfrequenten magnetischen Felder sind deutlich zu erkennen. Während bei Einzelleiterführung der Wert von 10 µT erst nach 30 - 40 cm vom Koordinatenursprung unterschritten wird, erfolgt dies bei der Führung im Mehrleiterkabel bereits nach 15 - 20 cm.

Wird im Bereich der Zuleitungen zu den einzelnen Elektrounterverteilungen anstelle eines Kabels mit fünf Einzelleitern ein geschirmtes Vierleiterkabel verwendet, bei dem der Schutzleiter als Schirm um die drei Phasen und den Neutralleiter ausgeführt ist, so wird auch bei Aufputz-Montage die Ausbildung eines niederfrequenten elektrischen Feldes im Bereich um das Kabel verhindert.

Für die einphasige Versorgung der Endverbraucher stehen vergleichbare Kabeltypen nicht zur Verfügung. Standardmäßig handelt es sich um dreiadrige Kabel für eine Phase, Neutral- und Schutzleiter. Eine vergleichbare Kompensation der niederfrequenten magnetischen Felder wird hierdurch erreicht, nicht jedoch eine komplette Abschirmung des niederfrequenten elektrischen Feldes. Wird das angestrebt, so sind spezielle geschirmte Kabel zu verwenden, bei denen zusätzlich um die drei Leiter ein Schirmgeflecht oder eine Schirmfolie angeordnet ist, wodurch bei entsprechender Erdung eine Ausbildung niederfrequenter elektrischer Felder im Bereich der Kabel verhindert wird.

Um die Ausbildung von Erdableitströmen in metallischen Gebäudestrukturen zu verhindern, sollte die Anbindung aller zu erdenden Teile durch separate Leitungen an den Erder des Hausübergabepunktes erfolgen. Häufig ist diese Maßnahme aus sicherheits- oder installationstechnischen Gründen, insbesondere bei großen Gebäuden, nicht durchführbar und eine Anbindung an das Schutzleitersystem an verschiedenen Punkten, zum Beispiel in den Unterverteilungen, unumgänglich. In diesem Fall sind die Querschnitte des Schutzleitersystems so zu dimensionieren, dass der Erdableitwiderstand dieser Leiter geringer ist als der Ableitwiderstand der vermaschten Gebäudestruktur.

Zur Ableitung höherfrequenter Störströme der EMV-Schutzeinrichtungen sind die Erdungs- und Massungspunkte der Filter und Schirme über band- oder folienförmige Leitermaterialien mit Erde zu verbinden. Diese Anbindung führt üblicherweise über eine geräteinterne Verbindung der Anschlusspunkte von Filtern und Schirmen um Schutzleiter zu einer Vermaschung der HF-Erdung mit dem Schutzleitersystem. In diesem Fall sind die Leiterquerschnitte der Folien und Bandmaterialien so zu wählen, dass der Ableitwiderstand der HF-Erdung für niederfrequente Ströme höher ist als der des Schutzleitersystems, für hochfrequente Ströme niedriger. Wird ein gemeinsames Erdungs- und Massungssystem für nieder- und hochfrequente Ströme angestrebt, so sind Bandmaterialien mit ausreichender Stromtragfähigkeit für die niederfrequenten Ströme sowie minimaler Induktivität zur Gewährleistung eines ausreichend niedrigen Ableitwiderstandes im HF-Bereich auszuwählen.

9 Literaturverzeichnis

ADAC Motorwelt, *Handy-Verbot*, Heft 3/99, S. 6, ADAC Verlag, München 1999.

Angerer, M., *Auch Bahnstrom läßt den Bildschirm flimmern*, Deine Bahn 6/96, S. 358-361.

Bahmeier, G., *Feldsonden für Kalibrierzwecke und zur Bestimmung von Betrag und Richtung der elektrischen Feldstärke*, VDI-Verlag GmbH, Düsseldorf 1994.

Bartknecht, W., *Explosionsschutz: Grundlagen und Anwendung*, Springer Verlag, Heidelberg 1993.

Bauhofer, P., *Handbuch für Hochspannungsfreileitungen*, Niederfrequente Felder und deren wirksame Reduktion, Verband der Elektrizitätswerke Österreichs, 1994

Berg, F., *Untersuchung von Entscheidungskriterien für die Ermittlung nieder- und hochfrequenter Feldgrößen*, Diplomarbeit an der Universität Kaiserslautern, 1998.

Berichte der Strahlenschutzkommission, Heft 7: Schutz vor niederfrequenten elektrischen und magnetischen Feldern der Energieversorgung und –anwendung, Empfehlung der Strahlenschutzkommission, Gustav Fischer Verlag, Stuttgart 1997.

Berichte der Strahlenschutzkommission, Jahresbericht 1998, Heft 20 (1999), Gustav Fischer Verlag, Stuttgart 1999.

Bochanky, L., *Planung öffentlicher Elektroenergieverteilungsnetze*, Gestaltung, Bemessung, Betriebsweise, Netzrückwirkungen, VEB Deutscher Verlag für Grundstoffindustrie, Leipzig 1984.

Bosse, G., Mecklenbräuker, W., *Grundlagen der Elektrotechnik I – Das elektrostatische Feld und der Gleichstrom*, 3. Auflage, VDI Verlag GmbH, Düsseldorf 1996.

Bosse, G., Wiesemann, G., *Grundlagen der Elektrotechnik II – Das magnetische Feld und die elektromagnetische Induktion*, 4. Auflage, VDI Verlag GmbH, Düsseldorf 1996.

Brinkmann, K., Schaefer, H. (Hrsg.), *Elektromagnetische Verträglichkeit biologischer Systeme*. Bd. 1: Gesundheitsrisiken durch magnetische Gleichfelder, VDE-Verlag, Berlin 1991.

Brinkmann, K., Schaefer, H. (Hrsg.), Eberle, P. (Verf.), *Elektromagnetische Verträglichkeit biologischer Systeme*. Bd. 2: Einwirkung magnetischer Wechselfelder auf menschliche periphere Lymphozyten und tierisches Knochenmark, VDE-Verlag, Berlin 1992.

Brinkmann, K., Schaefer, H. (Hrsg.), Stamm, A. (Verf.), *Elektromagnetische Verträglichkeit biologischer Systeme*. Bd. 3: Untersuchungen zur Magnetfeldexposition der Bevölkerung im Niederfrequenzbereich, VDE-Verlag, Berlin 1993.

Brinkmann, K., Kärner, H.C., Schaefer, H. (Hrsg.), *Elektromagnetische Verträglichkeit biologischer Systeme*. Bd. 4: Elektromagnetische Verträglichkeit biologischer Systeme in schwachen 50-Hz-Magnetfeldern, VDE-Verlag, Berlin/Offenbach 1995.

Brinkmann, K., Friedrich, G. (Hrsg.), *Elektromagnetische Verträglichkeit biologischer Systeme*. Bd. 5: Biologische Wirkungen hochfrequenter elektromagnetischer Felder des Mobil- und Polizeifunks, VDE-Verlag, Berlin/Offenbach 1997.

Brinkmann, K. (Hrsg.), *Elektromagnetische Verträglichkeit biologischer Systeme*. Bd. 6: Untersuchungen der magnetischen Flußdichten in Wohnungen und Industrie und deren biologische Bewertung, VDE-Verlag, Berlin/Offenbach 1999.

Brüggemeyer, H. et al., *Die Verordnung über elektromagnetische Felder in der Praxis*, Elektrizitätswirtschaft, Jg. 96 (1997), Heft 23, S. 1350–1358, Verlags- und Wirtschaftsgesellschaft der Elektrizitätswerke mbH, VWEW, Frankfurt 1997

Bundesministerium für Post und Telekommunikation, Vfg 306/1977, Gewährleistung des Schutzes von Personen in elektromagnetischen Felder, die von ortsfesten Sendefunkanlagen ausgesendet werden gemäß §6 der Telekommunikationszulassungsverordnung (TKZuLV) in Verbindung mit §59 Telekommunikationsgesetz (TKG) und des §7 des Amateurfunkgesetzes (AFuG 1997), Amtsblatt 34/97, Bonn 1997.

Schriftenreihe der RegTP zur EMVU, Bundesweite Messaktion 1992, Messungen der elektromagnetischen Feldstärke an 1075 ausgewählten Orten im Bundesgebiet auf der Grundlage des normenentwurfs DIN VDE 0848 Teil 2 (10/91), Bestellnummer 201 001 000-1, RegTP, Mainz

Schriftenreihe der RegTP zur EMVU, Bundesweite EMVU-Messaktion 1996/97, Messtechnische Erfassung von Feldstärken an 1250 ausgewählten Orten im Bundesgebiet auf der Grundlage des Normentwurfs DIN VDE 0848 (10/91), Bestellnummer 201 001 025-1, RegTP, Mainz

Deutsch, C., *Elektromagnetische Strahlung und Öffentliches Recht*, Schriften zum internationalen und öffentlichen Recht, Verlag Peter Lang, Frankfurt 1998.

DIN EN 50081-1, Elektromagnetische Verträglichkeit (EMV), Fachgrundnorm Störaussendung, Teil 1: Wohnbereich, Geschäfts- und Gewerbebereich sowie Kleinbetriebe, VDE-Verlag, Berlin 1993.

DIN EN 50081-2, Elektromagnetische Verträglichkeit (EMV), Fachgrundnorm Störaussendung, Teil 2: Industriebereich, VDE-Verlag, Berlin 1994.

DIN EN 50082-1, Elektromagnetische Verträglichkeit (EMV), Fachgrundnorm Störfestigkeit, Teil 1: Wohnbereich, Geschäfts- und Gewerbebereich sowie Kleinbetriebe, VDE-Verlag, Berlin 1997.

DIN EN 50082-2, Elektromagnetische Verträglichkeit (EMV), Fachgrundnorm Störfestigkeit, Teil 2: Industriebereich, VDE-Verlag, Berlin 1996.

DIN VDE 0210, Bau von Starkstrom-Freileitungen mit Nennspannungen über 1 kV, VDE-Verlag, Berlin 1985.

DIN VDE 0211, Bau von Starkstrom-Freileitungen mit Nennspannungen bis 1000 V, VDE-Verlag, Berlin 1985.

DIN VDE 0848-1, Sicherheit in elektrischen, magnetischen und elektromagnetischen Feldern, Teil 1: Meß- und Berechnungsverfahren, Entwurf Juli 1998, VDE-Verlag, Berlin 1998.

DIN VDE 0848-2, Sicherheit in elektrischen, magnetischen und elektromagnetischen Feldern, Teil 2: Schutz von Personen im Frequenzbereich von 30 kHz bis 300 GHz, Entwurf Oktober 1991, VDE-Verlag, Berlin 1991.

DIN VDE 0848-3-1, Sicherheit in elektrischen, magnetischen und elektromagnetischen Feldern, Teil 3-1:Schutz von Personen mit aktiven Körperhilfsmitteln im Frequenzbereich 0 Hz bis 300 GHz, Entwurf Juni 1999, VDE-Verlag, Berlin 1999.

DIN VDE 0848-4, Sicherheit in elektrischen, magnetischen und elektromagnetischen Feldern, Teil 4: Grenzwerte für Feldstärken zum Schutz von Personen im Frequenzbereich von 0 Hz bis 30 kHz, Oktober 1989, VDE-Verlag, Berlin 1989.

DIN VDE 0848-5, Sicherheit in elektrischen, magnetischen und elektromagnetischen Feldern, Teil 5: Explosionsschutz, Entwurf Oktober 1998, VDE-Verlag, Berlin 1998.

DIN VDE 0848-11, Teil 11: Messung von niederfrequenten magnetischen und elektrischen Feldern in Bezug auf die Exposition des Menschen, Spezielle Anforderungen an die Meßgeräte und Anleitung für die Messungen (IEC 85/148/CDV:1997), Entwurf August 1998, VDE-Verlag, Berlin 1998.

DIN 48170 vom August 1986, Dachständer für Starkstrom-Freileitungen mit Nennspannungen bis 1000°V, Zusammenstellung, Einzelteile, VDE-Verlag, Berlin 1986.

DIN 48174 Teil 2 vom November 1984, Querträger für Dachständer für Starkstrom-Freileitungen mit Nennspannungen bis 1000°V, VDE-Verlag, Berlin 1984.

DIN 54345, Teil 2: Prüfung von Textilien, Elektrostatisches Verhalten, Bestimmung der Personenaufladung beim Begehen von textilen Bodenbelägen, VDE-Verlag, Berlin 1991.

E DIN VDE 0228 Teil 6, Dezember 1992, Beeinflussung von Einrichtungen der Informationstechnik, Elektrische und magnetische Felder von Starkstromanlagen im Frequenzbereich von 0 bis 10 kHz, VDE-Verlag, Berlin 1992.

E DIN EN 50279:1998-04, Optische Anzeigeneinheiten, Meßverfahren für niederfrequente elektrische und magnetische Nahfelder, VDE-Verlag, Berlin 1998.

Eggert, S., *Die Berufsgenossenschaftliche Vorschrift BGV B11 „Elektromagnetische Felder"*, EMC Kompendium, S. 40-42, publish-industry Verlag, München 2000.

Environmental Health Criteria 137 (1993): Electromagnetic Fields (300 Hz to 300 GHz), WHO, Geneva, Switzerland, ISBN 92-4-157137-3, 1993.

Fischer, R., Kießling, F., *Freileitungen, Planung, Berechnung, Ausführung*, 4. Auflage, Springer-Verlag, Heidelberg 1993.

Gandhi, O. P. (Editor), *Biological Effects and Medical Applications of Electromagnetic Energy*, Prentice Hall, Englewood Cliffs, New Jersey 08632 1990.

Guidelines on Limits of Exposure to Static Magnetic Fields, Health Physics, Vol. 66, No. 1, pp 113-122, 1994.

Guidelines for Limiting Exposure to Time-Varying Electric, Magnetic and Electromagnetic Fields (up to 300 GHz), Health Physics, Vol. 74, No. 4, pp 494-522, 1998.

Habiger, E., *Elektromagnetische Verträglichkeit*, Hüthig Verlag, Heidelberg 1992.

Hansen, V., Eibert, Th., Kammerer, H., Vaupel, Th., *HF-Design eines Messplatzes zur Untersuchung biologisch-zerebraler Effekte in niederfrequent gepulsten Hochfrequenzfeldern*, Edition Wissenschaft, Nr. 12, FGF, Bonn 1996.

Haubrich, H.-J. (Hrsg.), *Sicherheit im elektromagnetischen Umfeld*, VDE-Verlag, Berlin 1990.

Hauke, R., *Zündung explosionsfähiger Atmosphäre durch Funksender*, etz, Heft 15-16, VDE-Verlag, 1996.

Hering, E., Martin, R., Stohrer, M., *Physik für Ingenieure*, 3. Auflage, VDI-Verlag, Düsseldorf 1989.

Heuck, K., Dettmann, K.-D., *Elektrische Energieversorgung*, Vieweg Verlag, Braunschweig/Wiesbaden 1995.

Nelles, D., Tuttas, C., *Elektrische Energietechnik*, B.G. Teubner Verlag, Stuttgart 1998

ICNIRP Statement, Use of the ICNIRP EMF Guidelines, March 31, 1999.

Jarass, Hans D., *Bundes-Immissionsschutzgesetz: (BImSchG)*; Kommentar, 3. Auflage, C.H. Beck, München 1995.

Katalyse e.V., *Gesundheitsrisiken, Grenzwerte, Verbraucherschutz*, 4. Auflage, C. F. Müller Verlag, Heidelberg 1997.

Kedaj, J., Joussen, F., *mobilfunk - Das Handbuch der mobilen Sprach-, Text- und Datenkommunikation*, Interest Verlag, Augsburg 1998.

Kießling, F., Puschmann, R., Schmieder, A., Schmidt, P., *Fahrleitungen elektrischer Bahnen*, 2. Auflage, B.G. Teubner, Stuttgart Leipzig 1998.

Kobbe, H., *So schützen Sie sich vor Elektrosmog*, 1. Auflage, Verlag Hermann Bauer, Freiburg im Breisgau 1998.

Könen, P.-L., *Energieverteilung in der Niederspannungstechnik*, Pflaum-Verlag, München 1997.

König, H.L., *Wetterfühligkeit, Feldkräfte, Wünschelruteneffekt, Der Mensch im Einfluß elektromagnetischer Energieformen*, ungekürzte Sonderausgabe des Werkes „Unsichtbare Umwelt", Verlag Moos & Partner, München 1987.

König, H.L., Folkerts, E., *Elektrischer Strom als Umweltfaktor*, Pflaum-Verlag, München 1995

Krause, N., *Handbuch „Nichtionisierende Strahlung"*, Berufsgenossenschaft der Feinmechanik und Elektrotechnik, Köln.

Länderausschuß für Immissionsschutz, Schriftenreihe des LAI, Bd. 12, *Mögliche gesundheitliche Auswirkungen von elektrischen und magnetischen Feldern im Alltag*, Erich Schmidt Verlag, Berlin 1996.

Länderausschuß für Immissionsschutz, *Hinweise zur Durchführung der Verordnung über elektromagnetische Felder*, in der vom LAI in seiner 94. Sitzung vom 11.-13. Mai 1998 in Ulm gebilligten Fassung.

Länderausschuß für Immissionsschutz, *Empfehlungen für die Bekanntgabe von sachverständigen Stellen im Bereich des Immissionsschutzes*, Erich Schmidt Verlag, Berlin 1999.

Leitgeb, N., *Strahlen, Wellen, Felder, Ursachen und Auswirkungen auf Umwelt und Gesundheit*, 2. Auflage, Georg Thieme, Stuttgart und dtv, München 1991.

Leiß, P., Weiß, P., *Rationelles Dokumentieren von EMVU-Messungen*, EMC Kompendium 1999, KM Verlagsgesellschaft, München 1999.

Leiß, P., Weiß, P., *Operating data estimation of overhead transmission lines by combining field measurements with the principle of case-based reasoning*, Eleventh International Symposium on High-Voltage Engineering (ISH99), London 1999.

Leiß, P., Weiß, P., *Ein betreiberunabhängiges Untersuchungskonzept für Niederfrequenzanlagen*, Tagungsband der EMV 2000, Düsseldorf, VDE-Verlag, Berlin 2000.

Leiß, P., Weiß, P., *Einsatz von KI-Methoden bei EMVU-Untersuchungen an NF-Anlagen*, EMC Kompendium 2000, publish-industry Verlag, München 2000.

Mansfeld, W., *Funkortungs- und Funknavigationsanlagen*, 1. Auflage, Hüthig Verlag, Heidelberg 1994.

Meinke, Gundlach, *Taschenbuch der Hochfrequenztechnik*, 5. Auflage, Springer-Verlag, Berlin 1992.

Merkblatt 16, Berufsgenossenschaft der Feinmechanik und Elektrotechnik, *Schutz von Personen vor elektrischen, magnetischen und elektromagnetischen Feldern (MBL 16)*, Köln 1995.

Meßvorschrift BAPT 212 MV 20, Selektive Messung der örtlichen Amplitudenverteilung der elektrischen und magnetischen Feldstärke für die Kontrolle der Feldstärkegrenzwerte nach DIN VDE 0848, Teil 2 und 4, Januar 1995, BAPT, Mainz.

Meßvorschrift BAPT 212 MV 21, Feldstärkemessungen zur Kontrolle der Feldstärkegrenzwerte nach DIN VDE 0848 Teil 2 und 4, Juli 1994 mit 1. Änderung, BAPT, Mainz.

Meßvorschrift BAPT 212 MV 22, Kontrolle der Einhaltung der abgeleiteten Grenzwerte für direkt einwirkende Feldgrößen nach DIN VDE 0848 Teil 2 und Teil 4 in Wohnungen und anderen Räumen, Januar 1995, BAPT, Mainz.

Meuser, A., *Elektrische Sicherheit und Elektromagnetische Verträglichkeit*, VDE-Schriftenreihe Normen verständlich, VDE-Verlag GmbH Berlin Offenbach, 1999.

Moeller, F., Fricke, H., Frohne, H., Vaske, P., *Grundlagen der Elektrotechnik*, 16. Auflage, B. G. Teubner, Stuttgart 1976.

Morgan, D., *A handbook for EMC testing and measurement*, Peter Peregrinus Ltd, 1994.

Neitzke, H.-P. et al., *Risiko Elektrosmog?*, Auswirkungen elektromagnetischer Felder auf Gesundheit und Umwelt, Birkhäuser Verlag, Basel, Boston, Berlin 1994.

Nelles, D., Tuttas, Ch., *Elektrische Energietechnik*, B. G. Teubner, Stuttgart 1998.

Probleme mit Elektrosmog, Gesundheit, Sicherheit und Gesetzgebung in der Diskussion über elektromagnetische Felder, Dokumentation zur ZIRP-Fachtagung Birkenfeld 6.12.1996, Verlag Dr. Gebhard & Hilden, Idar-Oberstein 1996.

Rothammel, K., *Antennenbuch*, Franckh-Kosmos Verlag, Stuttgart 1995.

Schwab, A.J., *Elektromagnetische Verträglichkeit*, 4. Auflage, Springer-Verlag, Heidelberg 1996.

Standard der Baubiologischen Messtechnik (SBM-98/5), Baubiologie Maes und IBN, Neuss 1998.

Tagungsband Nichtionisierende Strahlung, Berufsgenossenschaft der Feinmechanik und Elektrotechnik, 7.-9. November 1988, Köln 1988.

Unfallverhütungsvorschrift VBG 1, „Allgemeine Vorschriften" vom 28. Juli 1977 in der Fassung vom 1. April 1992 mit Durchführungshinweisen vom April 1996, Berufsgenossenschaft der Feinmechanik und Elektrotechnik, Köln 1996.

Unfallverhütungsvorschrift VBG 4, „Elektrische Anlagen und Betriebsmittel" vom 1. April 1979 mit Durchführungshinweisen vom Oktober 1996 und Anhang vom April 1996, Berufsgenossenschaft der Feinmechanik und Elektrotechnik, Köln 1996.

Vorentwurf zur Unfallverhütungsvorschrift UVV (Elektromagnetische Felder), Stand: Dezember 1997, Berufsgenossenschaft der Feinmechanik und Elektrotechnik, Köln 1997.

van Dyck, P., *Messung elektrischer und magnetischer Felder im Nahbereich von Sendeanlagen*, Diplomarbeit an der Universität Kaiserslautern 1999.

VDE, *Die 26. BImSch.-Verordnung und ihre praktische Umsetzung*, Handbuch zur Seminarveranstaltung 10.12.1997, VDE Bezirk Kurpfalz, Mannheim 1997.

Veröffentlichungen der Strahlenschutzkommission, Band 22, Schutz vor elektromagnetischer Strahlung beim Mobilfunk, Gustav Fischer Verlag, Stuttgart 1992.

Weber, A., *EMV in der Praxis*, 2. Auflage, Hüthig Verlag, Heidelberg 1996.

Wehinger, H., *Explosionsschutz elektrischer Anlagen: Einführung für den Praktiker*, expert-Verlag 1995.

Williams, T., *EMC for Product Designers*, Butterworth-Heinemann Ltd, Oxford 1995

Zimmert, G., *Rückleiterseile in Oberleitungen – Anwendung bei Wechselstrombahnen zur Erhöhung der Wirtschaftlichkeit*, Eisenbahningenieur 45 (1994) 2, S. 91-96.

Zimmert, G., Hofmann, G., Jecksties, R., Kraft, R., Schneider, E., *Rückleiter in Oberleitungsanlagen auf der Strecke Magdeburg – Marienborn*, Elektrische Bahnen 92 (1994) 4, S. 105-111.

Zinke, O., Brunswig, H., *Hochfrequenztechnik*, 5. Auflage, Springer-Verlag, Berlin 1995.

10 Anhang

In dieser Auflistung findet der Leser, ohne Anspruch auf Vollständigkeit und Richtigkeit der gemachten Angaben, die Adressen von Personen, Institutionen und Firmen die sich mit dem Bereich der elektromagnetischen Umweltverträglichkeit befassen. Diese Aufstellung dient der Erleichterung einer ersten Kontaktaufnahme, es ist den Autoren nicht möglich für jede Fragestellung einen geeigneten Ansprechpartner anzugeben.

10.1 Ministerien und Länderbehörden

Bundesministerium für Arbeit und Sozialordnung
Jägerstraße 9
10117 Berlin
Tel.: 030/2014-0, Fax: 030/204-1830

Bundesministerium für Gesundheit
Am Probsthof 78 a
53121 Bonn
Tel.: 01888/441-0, Fax: 01888/441-4900

Bundesministerium für Umwelt Naturschutz und Reaktorsicherheit
Kennedyallee 5
53175 Bonn
Tel.: 0228/305-0, Fax: 0228/305-3225

Bundesministerium für Wirtschaft und Technologie
Scharnhorststraße 34-37
10115 Berlin
Tel.: 01888/615-0, Fax: 030/2014-7010

In den einzelnen Bundesländern sind unterschiedliche Ministerien mit Aufgaben aus dem Bereich der EMVU beschäftigt, in Rheinland-Pfalz ist dies z.B.:

Ministerium für Umwelt und Forsten
Kaiser-Friedrich-Straße 1
55116 Mainz
Tel.: 06131/16-0, Fax: 06131/16-4646

In anderen Bundesländern ist das zuständige Ministerium zu erfragen.

10.2 Staatliche Einrichtungen

Bundesamt für den Strahlenschutz (BfS)
Postfach 100149
38201 Salzgitter
Tel.: 05341/885-130, Fax: 05341/885-150

Bundesanstalt für Arbeitsschutz und Arbeitsmedizin
Nöldnerstraße 40-42
10317 Berlin
30810 Glossar
Tel.: 030/51548-0, Fax: 030/51548-170

Regulierungsbehörde für Telekommunikation und Post
Heussallee 2-10
53113 Bonn
Tel.: 0228/14-0, Fax: 0228/14-8872

Strahlenschutzkommission
Geschäftsstelle beim Bundesamt für Strahlenschutz
Postfach 12 06 29
53048 Bonn
Fax: 0228/676459

Umweltbundesamt
Seecktstraße 6-10
13581 Berlin
Tel.: 030/8903-0, Fax: 030/8903-3232

10.3 Universitäten und Forschungseinrichtungen

Forschungsgemeinschaft Funk e.V.
Rathausgasse 11a
53111 Bonn
Tel.: 0228/72622-0, Fax: 0228/72622-11

Institut für Mobil- und Satellitenfunktechnik GmbH
Carl-Friedrich-Gauß-Str. 2
47475 Kamp-Lintfort
Tel.: 02842/981100, Fax: 02842/981199

Technische Universität Dresden
Institut für Elektroenergieversorgung und
Gesellschaft für Wissens- und Technologietransfer
01062 Dresden
Tel.: 0351/463-5104, Fax: 0351/463-7036

Universität Kaiserslautern
Lehrstuhl für Hochspannungstechnik und EMV
Erwin-Schrödinger-Straße
67653 Kaiserslautern
Tel.: 0631/205-2070, Fax: 0631/205-2168

10.4 Interessensgemeinschaften / Normungsarbeit

Berufsgenossenschaft der Feinmechanik und Elektrotechnik
Gustav-Heinemann-Ufer 130
50968 Köln
Tel.: 0221/3778-0 Fax: 0221/342503

Deutsche Elektrotechnische Kommission im DIN und VDE (DKE)
Stresemannallee 15
60596 Frankfurt am Main
Tel.: 069/6308-0, Fax: 069/6312925

Katalyse e.V.
Institut für angewandte Umweltforschung
Marsiliusstraße 11
50937 Köln
Tel.: 0221/944048-0, Fax: 0221/944048-9

Medizinische Baubiologie und Umweltanalytik
Schorlemer Straße 87
41464 Neuss
Tel.: 02131/43741, Fax: 02131/44127

Vereinigung Deutscher Elektrizitätswerke VDEW e.V.
Stresemannallee 23
60596 Frankfurt am Main
Tel.: 069/6304-1, Fax: 069/6304-289

VDE Verband der Elektrotechnik Elektronik Informationstechnik e.V.
Stresemannallee 15
60596 Frankfurt am Main
Tel.: 069/6308-0, Fax: 069/6312925

10.5 Messgerätehersteller und Anbieter von Simulationsprogrammen

Die Aufstellung einiger Hersteller von EMVU-Messtechnik kann nicht vollständig sein und die Nennung soll keinerlei Wertung aus Sicht der Autoren darstellen. Eine sinnvolle Abwägung zwischen dem Angeboten der Hersteller und dem eigenen Bedarf muss dem Leser überlassen werden.

Agilent Technologies Deutschland GmbH
Herrenberger Straße 130
71034 Böblingen
Tel.: 07031/464-4675, Fax: 07031/464-2365

Forschungsgesellschaft für Energie- und Umwelttechnologie FGEU mbH
Yorkstraße 60
10965 Berlin
Tel.: 030/786-9799, Fax: 030/786-6389

IEV GmbH
Strecknitzer Tannen 46
23562 Lübeck
Tel.: 0451/501684, Fax: 0451/5041013

Maschek Elektronik
Theodor-Heuss-Straße 3
86916 Kaufering
Tel.: 08191/70221, Fax: 08191/70223

Rohde & Schwarz GmbH & Co. KG
Mühldorfstraße 15
81671 München
Tel.: 089/4129-0, Fax: 089/4129-3777

Symann & Trebbau EMV Meßsysteme GmbH
Lange Straße 71
59555 Lippstadt
Tel.: 02941/59345, Fax: 02941/59346

Wandel & Goltermann GmbH & Co.
Elektronische Messtechnik
Mühlenweg 5
72800 Eningen u.A.
Tel.: 07121/861580, Fax: 07121/861480

10.6 Außenstellen der Regulierungsbehörde für Telekommunikation und Post

Die Außenstellen der RegTP stellen in vielen Fragen zu im Bereich hochfrequenter Felder die erste Anlaufstelle dar, durch die regionale Verteilung der Außenstellen sollte immer ein Ansprechpartner in der Nähe zu finden sein.

Tabelle 10.1 Außenstellen der RegTP

Außenstelle	Anschrift	Ort	Telefon	Fax
Augsburg	Morellstr. 33	86159 Augsburg	0821/2577-0	0821/2577-180
Bayreuth	Josephsplatz 8	95444 Bayreuth	0921/75 57-0	0921/7557-180
Berlin	Seidelstraße 49	13405 Berlin	030/22480-0	030/22480-180
Braunschweig	Theodor-Heuss-Str. 5a	38122 Braunschweig	0531/2829-0	0531/2829-180
Bremen	Bennigsenstr. 3	28205 Bremen	0421/43444-0	0421/43444-180
Chemnitz	Straße der Nationen 2-4	09111 Chemnitz	0371/4582-0	0371/4582-180
Cottbus	Hutungstr. 51	03044 Cottbus	0355/8775-0	0355/8775-180
Darmstadt	Neckarstraße 8-10	64283 Darmstadt	06151/135-0	06151/135-180
Detmold	Heidenoldendorferstr. 136	32758 Detmold	05231/913-0	05231/913-180
Dortmund	Alter Hellweg 56	44379 Dortmund	0231/9955-0	0231/9955-180

10.6 Außenstellen der Regulierungsbehörde für Telekommunikation und Post

Außenstelle	Anschrift	Ort	Telefon	Fax
Dresden	Semperstr. 15	01069 Dresden	0351/4736-0	0351/4736-180
Düren	Arnoldsweilerstr. 23	52351 Düren	02421/187-0	02421/187-180
Erfurt	Zur alten Ziegelei 16	99091 Erfurt	0361/7398-0	0361/7398-180
Eschborn	Mergenthaler Allee 35-37	65760 Eschborn	06196/965-0	06196/965-180
Freiburg	Engelbergerstraße 41 k	79106 Freiburg	0761/2822-0	0761/2822-180
Fulda	Rangstr. 39	36043 Fulda	0661/9730-0	0661/9730-180
Göttingen	Bertha-von-Suttner-Str. 1	37085 Göttingen	0551/5071-0	0551/5071-180
Halle	Philipp-Müller-Str. 44/1	06110 Halle	0345/2315-0	0345/2315-180
Hamburg	Sachsenstr. 12+14	20097 Hamburg	040/23655-0	040/23655-180
Hannover	Willestraße 2	30173 Hannover	0511/2855-0	0511/2855-180
Karlsruhe	Kanalweg 90	76149 Karlsruhe	0721/9828-0	0721/9828-180
Kassel	Königstor 20	34117 Kassel	0561/7292-0	0561/7292-180
Kiel	Wittland 10	24109 Kiel	0431/5853-0	0431/5853-180
Koblenz	Im Acker 23	56072 Koblenz	0261/9229-0	0261/9229-180
Köln	Stolberger Str. 112	50933 Köln	0221/94500-0	0221/94500-180
Konstanz	Robert-Gerwig-Str. 12	78467 Konstanz	07531/589-0	07531/589-180
Landshut	Liebigstr. 3	84030 Landshut	0871/9721-0	0871/9721-180
Leer	Hermann-Lange-Ring 28	26789 Leer	0491/9298-0	0491/9298-180
Leipzig	Arno-Nitzsche-Str. 43-45	04277 Leipzig	0341/8660-0	0341/8660-180
Lübeck	Daimlerstr. 1	23617 Stockelsdorf	0451/4902-0	0451/4902-180
Magdeburg	Hohendodeleber Str. 4	39110 Magdeburg	0391/7380-0	0391/7380-180
Meschede	Nördeltstr. 5	59872 Meschede	0291/9955-0	0291/9955-180
Mettmann	Fuhr 4	42781 Haan	02104/9694-0	02104/9694-180
Mülheim	Aktienstr. 1-7	45473 Mülheim	0208/4507-0	0208/4507-180
München	Maria-Josepha-Str. 13-15	80802 München	089/38606-0	089/38606-180
Münster	Hansaring 66	48155 Münster	0251/6081-0	0251/6081-180
Neubrandenburg	Voßstr. 6	17033 Neubrandenburg	0395/5583-0	0395/5583-180
Neustadt	Schütt 13	67433 Neustadt	06321/934-0	06321/934-180
Nürnberg	Breslauer Str. 396	90471 Nürnberg	0911/9804-0	0911/9804-180
Oldenburg	Eylersweg 9	26135 Oldenburg	0441/9203-0	0441/9203-180
Recklinghausen	August-Schmidt-Ring 9	45665 Recklinghausen	02361/947-0	02361/947-180
Regensburg	Im Gewerbepark A 15	93059 Regensburg	0941/4626-0	0941/4626-180
Reutlingen	Gustav-Schwab-Str. 34	72762 Reutlingen	07121/926-0	07121/926-180
Rosenheim	Arnulfstr. 13	83026 Rosenheim	08031/260-0	08031/260-180
Rostock	Nobelstraße 55	18059 Rostock	0381/4022-0	0381/4022-180
Saarbrücken	Beethovenstr. 1	66111 Saarbrücken	0681/9330-0	0681/9330-180

Außenstelle	Anschrift	Ort	Telefon	Fax
Schwäbisch Hall	Einkornstr. 109	74523 Schwäbisch Hall	0791/9424-0	0791/9424-180
Schwerin	Pappelgrund 16	19055 Schwerin	0385/5004-0	0385/5004-180
Stuttgart	Schockenriedstr. 8c	70565 Stuttgart	0711/7832-0	0711/7832-180
Würzburg	Barbarastr. 10	97074 Würzburg	0931/7941-0	0931/7941-180

11 Sachwortverzeichnis

Abhilfemaßnahmen	279
Absorptionsrate, spezifisch	58
Abstand	288
Amateurfunk	
- Frequenzbereiche	276
- Stationen	276
Anlagen	
- anzeigepflichtig	66
- Anzeige	71, 74
- Hochfrequenz	69
- Niederfrequenz	69
Anlagenauslastung, höchste	73
Antenne	29, 164
- bikonisch	166
- breitbandig	165
- Horn-	167
- logarithmisch-periodische-	33, 165
- Parabol-	166
- Wirkfläche	34
- Yagi-Uda-	31
Antennenmodus	49
Aperturweite	243
Aufladung, elektrostatisch	54
Aufhängepunkte	194
Aufenthalt, vorübergehend	72
Augenblicksmessung	189
Auslastung	179, 184
- maximale	191
Auswertung	246
Azimut	34
Bahnen, elektrische	267
Bahnstromleitungen	69
Basisgrenzwerte	58
Basisstation	234
Baubiologie	62, 129
Beeinflussungsmodell	279
Berechnung	
- hochfrequente Felder	96
- niederfrequente Felder	95
- Mobilfunk-Basisstation	237
- Rundfunksendeanlagen	245
Berufsgenossenschaft	117
Blitze	6
Bodenprofil	186
Bundesamt für den Strahlenschutz	115
Bundesimmissionsschutzgesetz	66
Coulombsches Gesetz	9
Dachständerleitung	248
- Messung	251
- Simulation	253
DAM	232, 243
Dauermessung	173, 189
Detektoren	164
Dielektrika	13, 15
Dielektrizitätsfaktor	10
DIN VDE 0210	110
DIN VDE 0211	110
DIN VDE 0848	88
Diodengleichrichter	158
Dipol	30
- elektrischer	38
- kurzer-	31
Dokumentation	247
Doppelleitung	19
Downtild	236
Drahtgeflecht	285
Drehspulinstrument	134
Drehstromdoppelsystem	197
Dreiphasensystem	197
Durchflutungsgesetz	18
Durchhang	180
ECOLOG	129
Eindringtiefe	59
Einwirkungsbereich	73
Einwirkzeit	100
Einzelleiter	18
EIRP	29
Elektrolyse	37
Elektrosensibilität	60
Elevation	34, 240
Emissionsquellen	231
EMVG-Gesetz	125
EMV	
- Schutzanzug	286
- Tapete	286
EN 50279	122
Energiesparleuchten	292
Erdbodenbeschaffenheit	183

Erdkabel	69
Erdmagnetfeld	5
Erdströme, vagabundierende	270
ERP	29
Ersatzfeldstärke	105,159
Ersatzflussdichte	106
Erwärmung	38
Explosionsgruppen	108
Explosionsschutz	107
Expositionsbereich 1	98,104,119
Expositionsbereich 2	98,105,119
Fachgrundnorm	125
Fahrdrahtspannungen	267
Feld	
- elektrisch	7
- elektromagnetisch	25
- Energie	8
- Fern-	47
- homogen	98
- inhomogen	98
- magnetisch	16
- Nah-	47
- statisch, elektrisch	7
- statisch, magnetisch	17
Feldanalysator	153
Feldberechnung	
- dreidimensional	169
- zweidimensional	169
Feldlinienbild	9
Feldmühle	142
Feldstärke	
- elektrisch	7
Fernfeld	47
- abschätzung	83,242
FFT-Analysator	153
Fieldmeter	154
Filter	287
- einbau	287
Flimmern	54
Flussdichte	
- elektrisch	10,11
Forschungsgemeinschaft Funk	119
Freileitungen	69,114
Frequenz	25
Ganzkörperexposition	59
Gaussmeter	147
Gebäudeinstallation	293
Gefährdung, unmittelbar	101

Gegentaktmodus	48
Gehäuse	
- fugen	283
- öffnungen	283
- schirm	282
Geometrieerfassung	195
Geopathologie	131
Gleichrichterschaltung	136
Gleichtaktmodus	48
Gleichzeitigkeitsfaktor	249
Graetzbrücke	136
Grenzleistung, thermisch	192
Grenzwerte	
- Basis-	99
- Expositionsbereich 1	99,105
- Expositionsbereich 2	100,105
- Hochfrequenzanlagen	70
- Niederfrequenzanlagen	70
- Vorsorge	128
Grundrauschen	161
GSM	233
Hall	
- effekt	144
- konstante	145
- spannung	145
Hauptstrahlrichtung	238
Haushaltsgeräte	256,291
- Messung	257
Herzschrittmacher	55,101,117
Hochfrequenzanlagen	69
Hochrechnung	191,211
Hochspannungsfreileitungen	178
Horizontaldiagramm	29
Hypersensibilität	60
ICNIRP	120
IEEE	127
Immission	66
Implantate	102
Induktions	
- gesetz	151
- öfen	271
- wirkung	23
Induktivität	
- Gegen-	45
Influenz	13,37,141,148
INIRC	120
Installationspraktiken	297
IRPA	120

In-vitro-Experimente	57	Mess	
In-vivo-Experimente	57	- ablauf	189
Isoliniendarstellung	199	- ebene	186
Isotropie-Fehler	153	- empfänger	139,161
IT-Netz	297	- größen, nichtelektrisch	133
		- geräte	156
Kabel	114	- kette	133
- bögen	217	- punkte	188
- Mehrleiter-	218	- technik	133
- resonanzen	50	Messung	
Kalzium-Ionen-Austausch	58	- Augenblicks-	189
KATALYSE e.V.	128	- Berührungsspannungen	94
Kernspintomographie	38	- Dachständerleitung	251
Körper		- Dauer-	189
- hilfsmittel	101	- DIN VDE 0848	90
- spannung	63	- Effektivwert	90,157
- stromdichte	58	- elektrische Feldstärke	90
Kompensation, aktive	288	- Frequenz	93
Kontrollierter Bereich	98	- Gesamtkörperableitstrom	94
Koppelpfade	279	- Haushaltsgeräte	257
Kopplung		- Hochfrequenzbereich	231
- galvanisch	40	- Kapazität	94
- induktiv	44	- Körperstromdichte	94
- kapazitiv	42	- isotrop	159
- magnetisch	44	- Leistungsflussdichte	91
- Strahlungs-	46	- magnetische Feldstärke	90
Kopplungswege	39	- Mobilfunk-Basisstation	235
Kostenfragen	174	- Niederfrequenzbereich	177
Kraft		- Pulsspitzenleistung	158
- magnetisches Feld	21	- Rundfunksendeanlagen	242
Kurzzeitexposition	98	- Spannung	93
		- spezifische Absorption	94
LAI-Hinweise	71	- Spitzenwert	90
Lastflussrichtung	183	- Strom	93
Leistung	28	- Trafostation	207
- Augenblickswert	97	- Vorsorge	62
- mittlere	97	- Wirkleistungs	93
- Spitzen-	97	Messvorschriften	82
- Umrechnungsfaktoren	232	Mindestabstände	111
Leistungsflussdichte, äußere	59	- Mobiltelefone	117
Leiter, parallel	43	Mindestluftstrecken	113
Leitungseinführung	282	Mobilfunk	233
LEMP	6	- Berechnung Basisstation	237
Lichtgeschwindigkeit	25	- Messkonzeption Basisstation	235
Lochblech	285	Modulation	231
Logarithmisch-periodische Antenne	33	- Amplituden-	26
Lorentzkraft	24,38	- Frequenz-	26
		- Puls	26
Magnetfeldsonde, isotrop	152	Monitor	
Magnetosphene	37	- Emission	123
Melatoninproduktion	58	- störungen	54,289

MPR	122	RMS	157
Multimeter		Rückstromführung	267
- analog	139	Rundfunksendeanlagen	
- digital	139	- Berechnungen	245
		- Messungen	242
Nahfeld	47		
Netzformen	294	Sachverständige Stelle	74
Netzfreischalter	293	Schirmung	280
Neutralleiter		- dielektrisch	281
- querschnitte	300	- ferromagnetisch	281
- strom	221	- Gehäuse-	282
Niederfrequenzanlagen	69	- Kabel-	284
Niederspannungsgerüst	208	- metallisch	280
		- Raum-	285
Oberflächenladungen	54	Schlag, elektrisch	54
Oberwellen	214,222,298	Schmelzöfen	272
Öffnungswinkel	167	Schubabschaltung	237
Ortsnetzstation	206	Schwingung, periodisch	3
Ortstermin	169	Selbsterklärung	277
Oszilloskop	139	Sendearten	97,232
		Senke	279
Parabolspiegel	33	Sensor	
PEN-Strom	223	- elektrooptisch	148
Permeabilitätskonstante	17	- kapazitiv	149
Permittivität	10	- elektrisches Feld	162
- Werte	13	Signal, gepulst	237
Personenschutz	98	Simulation	168
Phasenbelegung	194	- Dachständerleitung	253
Pig-Tail	284	- Hochspannungsfreileitung	194
Plattenkondensator	11,142	- Trafostation	215
Polarisation	15,27	Simulationsebene	199
Polarisationswirkung	38	Sondenabstände	87
Power-Control	237	Spannungsteiler	137
Prüfbericht	246	- kapazitiv	143
Prüffeldstärken	126	Spektrum	
Puls		- elektromagnetisch	3
- dauer	158	- Übersicht	4
- spitzenleistung	158	Spektrumanalysator	139,160
- wiederholfrequenz	158	Spot-Messung	173
Punktladung	9,11	Stand-by-Modus	292
		Starke-Schröder	141
Quelle	279	Störaussendung	125
		Störfestigkeit	125
Radiästhesie	131	Störquelle	39
Rechte-Hand-Regel	22	Störsenke	39
Referenzmessgerät	191	Strahlenschutzkommision	116
RegTP	78	Strahler	
ReSyMeSa	78	- isotrop	30
Richt		- Rund-	30
- diagramm	239	- $\lambda/4$-	30
- wirkung	31		

Strahlungsmonitor	164	Yagi-Uda-Antenne	31
Stromdichte	18		
- modell	58	Zangenamperemeter	139
Stromschiene	216	Zeigerdiagramm	221
Studien, epidemiologisch	57	Zellenstruktur	235
Sweep-Zeit	161	Zündgrenzwerte	108
		Zweidrahtleitung	13
Tageslastkurve	190		
TCO	122	26. BImSchV	69
TDM	234		
Teilkörperexposition	59		
Teslameter	147		
Thermoelement	158		
TN-C-Netz	295		
TN-C-S-Netz	296		
TN-S-Netz	295		
Trafostation	206		
- Auslastung	207		
- Messung	207		
- Simulation	215		
TT-Netz	296		

Überhitzung 222
Überlagerung 104
Umgebungs
  - einfluss 224
  - temperatur 180
Umspannanlagen 69,114
Unfallverhütungsvorschrift 118
Unsymmetrie 182,208

Vakuumlichtgeschwindigkeit 3
Verdrillung 196
Vertikaldiagramm 29
Verweilzeit 189
Voltmeter, rotierend 143

Wabenkamin 285
Wechselfelder
  - elektrisch 15
  - magnetisch 24
WHO 120
Windgeschwindigkeit 183
Wirbelströme 38
Wirkungen
  - biologisch 54
  - indirekt 54,55
  - thermisch 58
Wohnung 88
Worst-case-Abschätzung 181

Weitere Titel aus dem Programm

Wolfgang Böge (Hrsg.)
Vieweg Handbuch Elektrotechnik
Nachschlagewerk für Studium und Beruf
1998. XXXVIII, 1140 S. mit 1805 Abb., 273 Tab. Geb. DM 168,00
ISBN 3-528-04944-8

Dieses Handbuch stellt in systematischer Form alle wesentlichen Grundlagen der Elektrotechnik in der komprimierten Form eines Nachschlagewerkes zusammen. Es wurde für Studenten und Praktiker entwickelt. Für Spezialisten eines bestimmten Fachgebiets wird ein umfassender Einblick in Nachbargebiete geboten. Die didaktisch ausgezeichneten Darstellungen ermöglichen eine rasche Erarbeitung des umfangreichen Inhalts. Über 1800 Abbildungen und Tabellen, passgenau ausgewählte Formeln, Hinweise, Schaltpläne und Normen führen den Benutzer sicher durch die Elektrotechnik.

Alfred Böge (Hrsg.)
Das Techniker Handbuch
Grundlagen und Anwendungen der Maschinenbau-Technik
15., überarb. und erw. Aufl. 1999. XVI, 1720 S. mit 1800 Abb., 306 Tab. und mehr als 3800 Stichwörtern, Geb. DM 148,00
ISBN 3-528-34053-3

Das Techniker Handbuch enthält den Stoff der Grundlagen- und Anwendungsfächer im Maschinenbau. Anwendungsorientierte Problemstellungen führen in das Stoffgebiet ein, Berechnungs- und Dimensionierungsgleichungen werden hergeleitet und deren Anwendung an Beispielen gezeigt. In der jetzt 15. Auflage des bewährten Handbuches wurde der Abschnitt Werkstoffe bearbeitet. Die Stahlsorten und Werkstoffbezeichnungen wurden der aktuellen Normung angepasst. Das Gebiet der speicherprogrammierbaren Steuerungen wurde um einen Abschnitt über die IEC 1131 ergänzt. Mit diesem Handbuch lassen sich neben einzelnen Fragestellungen ganz besonders auch komplexe Aufgaben sicher bearbeiten.

Abraham-Lincoln-Straße 46
65189 Wiesbaden
Fax 0611.7878-400
www.vieweg.de

Stand 1.4.2000
Änderungen vorbehalten.
Erhältlich im Buchhandel oder im Verlag.

Weitere Titel aus dem Programm

Martin Vömel, Dieter Zastrow
Aufgabensammlung Elektrotechnik 1
Gleichstrom und elektrisches Feld.
Mit strukturiertem Kernwissen,
Lösungsstrategien und -methoden
1994. X, 247 S. (Viewegs Fachbücher der Technik) Br. DM 29,80
ISBN 3-528-04932-4

Die thematisch gegliederte Aufgabensammlung stellt für jeden Aufgabenteil das erforderliche Grundwissen einschließlich der typischen Lösungsmethoden in kurzer und zusammenhängender Weise bereit. Jeder Aufgabenkomplex bietet Übungen der Schwierigkeitsgrade leicht, mittelschwer und anspruchsvoll an. Der Schwierigkeitsgrad der Aufgaben ist durch Symbole gekennzeichnet. Alle Übungsaufgaben sind ausführlich gelöst.

Martin Vömel, Dieter Zastrow
Aufgabensammlung Elektrotechnik 2
Magnetisches Feld und Wechselstrom.
Mit strukturiertem Kernwissen,
Lösungsstrategien und -methoden
1998. VIII, 258 S. mit 764 Abb. (Viewegs Fachbücher der Technik) Br. DM 29,80
ISBN 3-528-03822-5

Eine sichere Beherrschung der Grundlagen der Elektrotechnik ist ohne Bearbeitung von Übungsaufgaben nicht erreichbar. In diesem Band werden Übungsaufgaben zur Wechselstromtechnik, gestaffelt nach Schwierigkeitsgrad, gestellt und im Anschluss eines jeden Kapitels ausführlich mit Zwischenschritten gelöst. Jedem Kapitel ist ein Übersichtsblatt vorangestellt, das das erforderliche Grundwissen gerafft zusammenträgt.

Abraham-Lincoln-Straße 46
65189 Wiesbaden
Fax 0611.7878-400
www.vieweg.de

Stand 1.4.2000
Änderungen vorbehalten.
Erhältlich im Buchhandel oder im Verlag.

Weitere Titel aus dem Programm

Lothar Papula
Mathematische Formelsammlung
Für Ingenieure und Naturwissenschaftler
6., durchges. Aufl. 2000. XXVI, 411 S. mit zahlr. Abb. und Rechenbeisp. und einer ausführl. Integraltafel. (Viewegs Fachbücher der Technik) Br. DM 48,00
ISBN 3-528-54442-2

Inhalt: Allgemeine Grundlagen aus Algebra, Arithmetik und Geometrie - Vektorrechnung - Funktionen und Kurven - Differentialrechnung - Integralrechnung - Unendliche Reihen, Taylor- und Fourier- Reihen - Lineare Algebra - Komplexe Zahlen und Funktionen - Differential- und Integralrechnung für Funktionen von mehreren Variablen - Gewöhnliche Differentialgleichungen - Fehler- und Ausgleichsrechnung - Laplace-Transformationen - Vektoranalysis

Diese Formelsammlung folgt in Aufbau und Stoffauswahl dem dreibändigen Werk Mathematik für Ingenieure und Naturwissenschaftler desselben Autors. Sie enthält alle wesentlichen für das naturwissenschaftlich-technische Studium benötigten mathematischen Formeln und bietet folgende Vorteile:
- Rascher Zugriff zur gewünschten Information durch ein ausführliches Inhalts- und Sachwortverzeichnis.
- Alle wichtigen Daten werden durch Formeln verdeutlicht.
- Rechenbeispiele, die zeigen, wie man die Formeln treffsicher auf eigene Problemstellungen anwendet.
- Eine Tabelle der wichtigsten Laplace-Transformationen.
- Eine auf eingefärbtem Papier gedruckte ausführliche Integraltafel im Anhang.

In der vorangegangenen Auflage wurden neu aufgenommen die Kapitel Komplexe Matrizen und Eigenwertprobleme in der linearen Algebra, Differentialgleichungen nter-Ordnung und Systeme von Differentialgleichungen im Kapitel Differentialgleichungen sowie das Kapitel Vektoranalysis. Deshalb konnte die Bearbeitung dieser 6. Auflage sich auf das Durchsehen der neu aufgenommenen Kapitel und die Beseitigung von Druckfehler beschränken.

Abraham-Lincoln-Straße 46
65189 Wiesbaden
Fax 0611.7878-400
www.vieweg.de

Stand 1.4.2000
Änderungen vorbehalten.
Erhältlich im Buchhandel oder im Verlag.

If you have any concerns about our products,
you can contact us on
ProductSafety@springernature.com

In case Publisher is established outside the EU,
the EU authorized representative is:
**Springer Nature Customer Service Center GmbH
Europaplatz 3, 69115 Heidelberg, Germany**

Printed by Libri Plureos GmbH
in Hamburg, Germany